Esercizi di Matematica Generale

IUSTITIAM COLIMUS

Alfio Giarlotta

Esercizi di Matematica Generale

TERZA EDIZIONE

Giappichelli

VIA PO, 21 - TEL. 011-81.53.111
http://www.giappichelli.it

ISBN/EAN 979-12-211-0927-6
ISBN/EAN 979-12-211-5918-9 (ebook - pdf)

G. Giappichelli Editore

MARCHIO STORICO

Questo libro è stato stampato su carta certificata, riciclabile al 100%

Stampa: Rotolito S.p.A. - Pioltello (MI)

A Gemma e Tea

«*La matematica è senza macula d'errore e certissima per sé.*»
Dante Alighieri
(poeta, scrittore e politico, 1265 - 1321)

«*O studianti, studiate le matematiche, e non edificate sanza fondamenti.*»
Leonardo da Vinci
(pittore, scultore, scienziato, architetto, ingegnere, inventore e scrittore, 1452 - 1519)

«*L'anima dell'uomo ha tre chiavi che aprono tutto: la cifra, la lettera, la nota.*
Sapere, pensare, sognare.»
Victor Hugo
(poeta, drammaturgo, scrittore e statista, 1802 - 1885)

«*Se le persone credono che la matematica non sia semplice,*
è soltanto perché non si rendono conto di quanto la vita sia complicata.»
John von Neumann
(matematico, fisico, economista ed informatico, 1903 - 1957)

Indice

Prefazione

Consci del fatto che il lettore – soprattutto qualora sia uno studente concentrato sul mero superamento dell'esame di Matematica Generale – si sofferma raramente più di qualche minuto sulla Prefazione di un libro, saremo stringati e schematici.

Contenuto

Gli esercizi di questo volume sono parzialmente tratti – con modifiche ed aggiunte, spesso sostanziali – dai compiti di esame di Matematica Generale somministrati nel ventennio 2005-2024 agli studenti del Corso di Laurea in Economia Aziendale, Dipartimento di Economia e Impresa, Università degli Studi di Catania. Altri esercizi sono stati creati *ex novo*.

Questa terza edizione consta di trenta capitoli, ove ciascun capitolo è interamente dedicato ad un compito d'esame. I trenta capitoli del libro sono, nell'ordine, così articolati:

- quindici compiti d'esame, con gli svolgimenti completi e dettagliati di tutti gli esercizi;
- quindici compiti d'esame, senza gli svolgimenti degli esercizi (che sono demandati al lettore) ma con le risposte presentate in Appendice.

Obiettivo

Questo libro intende fornire agli studenti un ausilio per il superamento dell'esame scritto di Matematica Generale. A tal fine, lo svolgimento degli esercizi è inusualmente pedissequo, per consentire al lettore di cogliere la metodologia di risoluzione senza doversi preoccupare dei calcoli. Alcuni esercizi – soprattutto negli ultimi capitoli – costituiscono un'occasione per presentare in un modo alternativo importanti aspetti della teoria.

Struttura

Ciascun capitolo/compito d'esame consta di dodici quesiti, di cui sei formano la Parte A e sei la Parte B. Lo schema utilizzato per ciascuno dei dodici esercizi è quello dei quesiti con risposte a scelta multipla (5 risposte possibili, di cui soltanto una è corretta).

I sei quesiti di **Parte A** vertono su una miscellanea di argomenti, che sono di notevole importanza nel processo formativo di uno studente che intenda perseguire lo studio di discipline economiche mediante strumenti di carattere quantitativo. Tali argomenti sono trattati estesamente nei primi otto capitoli del seguente libro di recentissima pubblicazione:

> [GL2024] Alfio Giarlotta e Fabio Lamantia.
> *Matematica Generale. Teoria e Pratica con quesiti a scelta multipla.*
> Volume I. Giappichelli 2024.

Gli argomenti dei quesiti oggetto della Parte A sono i seguenti:

1. elementi di logica e tavole di verità;
2. insiemistica, funzioni, cardinalità e relazioni binarie;
3. calcolo combinatorio;
4. insiemi di numeri reali;
5. vettori, matrici e determinanti;
6. sistemi lineari (parametrici e non parametrici);
7. rette nel piano e quesiti di carattere geometrico;
8. strutture algebriche (gruppi, anelli, corpi, campi e spazi vettoriali).

I sei quesiti di **Parte B** vertono su vari aspetti connessi allo studio delle funzioni reali di una variabile reale, trattati nel seguente libro di futura uscita (programmata per il 2025):

> [GL2025] Alfio Giarlotta e Fabio Lamantia.
> *Matematica Generale. Teoria e Pratica con quesiti a scelta multipla.*
> Volume II. Giappichelli 2025.

Tali argomenti sono i seguenti:

1. disequazioni e insiemi di esistenza;
2. limiti e forme indeterminate;
3. continuità e derivabilità;
4. teoremi fondamentali del calcolo differenziale;
5. applicazioni del calcolo differenziale;
6. studio e grafico di funzioni;
7. integrali indefiniti;
8. integrali definiti e calcolo di aree.

I sei quesiti di Parte A sono, a loro volta, suddivisi in tre gruppi di difficoltà crescente: **A.1** (3 esercizi), **A.2** (2 esercizi) e **A.3** (1 esercizio).[1]

- **Parte A.1**: i tre quesiti di questa parte sono in genere i più semplici e non richiedono molti calcoli; nella maggioranza dei casi, per la loro risoluzione è sufficiente la mera applicazione delle definizioni e delle proprietà note.
- **Parte A.2**: i due quesiti di questa parte sono leggermente più complessi e possono richiedere uno svolgimento un po' più articolato.
- **Parte A.3**: l'unico quesito di questa parte è riservato agli studenti che vogliano cimentarsi nella risoluzione di un problema che richiede ragionamenti più profondi e/o una conoscenza sistematica della teoria; tuttavia, in genere, i relativi calcoli non sono né lunghi né difficili.

[1] Naturalmente, in sede di valutazione dell'elaborato scritto, il punteggio attribuito agli esercizi di Parte A.3 è maggiore di quello attribuito agli esercizi di Parte A.2, che a sua volta è maggiore di quello attribuito agli esercizi di Parte A.1. Al momento in cui scriviamo, a ciascun esercizio di Parte A.1 sono attribuiti 4 punti nel caso di risposta corretta (0 punti nel caso di assenza di risposta e -1 punto nel caso di risposta sbagliata); a ciascun esercizio di Parte A.2 sono attribuiti 8 punti nel caso di risposta corretta (0 punti nel caso di assenza di risposta e -2 punti nel caso di risposta sbagliata); all'unico esercizio di Parte A.3 sono attribuiti 12 punti nel caso di risposta corretta (0 punti nel caso di assenza di risposta e -3 punti nel caso di risposta sbagliata).

In modo assolutamente simmetrico, i sei esercizi di Parte B sono divisi in tre gruppi di difficoltà crescente: **B.1** (3 esercizi), **B.2** (2 esercizi) e **B.3** (1 esercizio).[2]

Suggerimenti per la lettura

Nel tentativo di conciliare rigore e agilità espositiva, commetteremo a volte dei leggeri abusi terminologici: ad esempio, parleremo indifferentemente di 'area di un triangolo' e 'valore dell'area di un triangolo', oppure 'punto di flesso di una funzione' e 'punto di flesso per il grafico di una funzione', etc. La ragione di questa lieve concessione all'imprecisione è il tentativo di non appesantire eccessivamente la trattazione con un rigore formale che renderebbe alcune formulazioni poco duttili e comprensibili.

Di seguito elenchiamo alcuni suggerimenti che il lettore è invitato a seguire al fine di massimizzare l'utilità derivante da un'attenta lettura di questo volume.

Nozioni teoriche. Non ci stancheremo mai di ripetere ciò che è da tutti i docenti ritenuto ovvio: *È inutile tentare di risolvere i quesiti d'esame in assenza di un'adeguata preparazione teorica.* L'esame scritto di Matematica Generale è indissolubilmente legato all'esame orale. Pertanto, consigliamo vivamente al lettore di assicurarsi che abbia capito e maturato a sufficienza tutte le nozioni teoriche utilizzate negli esercizi.

Risoluzioni degli esercizi. I primi quindici capitoli sono comprensivi di un accurato – a volte finanche prolisso – svolgimento dei dodici esercizi a risposta multipla in esso contenuti. Non è necessario affrontare gli esercizi di ciascun compito nell'ordine in cui sono presentati; ad esempio, il lettore potrebbe decidere di risolvere subito quelli che ritiene più consoni alla propria preparazione.

Ordine dei capitoli. Consigliamo di leggere i capitoli nell'ordine in cui sono presentati. La ragione è che nei primi capitoli dedichiamo una particolare attenzione ad introdurre la notazione che viene poi utilizzata nei capitoli successivi. Inoltre, alcuni 'tipi' di esercizi sono volutamente ripetuti in due o tre capitoli consecutivi, al fine di permettere al lettore di sviluppare la capacità di riconoscere problemi simili. Negli ultimi capitoli che svolgono per esteso compiti d'esame sono infine presenti delle brevi divagazioni, che suggeriscono come affrontare problemi similari o di carattere più generale.

Capitoli senza svolgimenti. Gli ultimi quindici capitoli del libro sono compiti d'esame senza svolgimenti. Si consiglia di affrontare i relativi esercizi soltanto dopo avere risolto i precedenti quindici compiti d'esame.

Riferimenti bibliografici

Lo svolgimento degli esercizi di questo libro assume esclusivamente la conoscenza di base di un Corso di Matematica Generale di primo livello. In particolare, non è necessaria la conoscenza della teoria delle funzioni reali di più variabili reali. Pertanto, qualsiasi libro di Matematica Generale che sia sufficientemente approfondito può considerarsi un adeguato supporto teorico. Tuttavia, per gli esercizi della parte A, faremo spesso riferimento al testo [GL2024] prima menzionato. Nelle successive – speriamo – edizioni di questo testo di esercizi faremo anche esplicito riferimento al Volume II del testo di Matematica Generale a cura dei medesimi autori [GL2025].

[2] La valutazione numerica degli esercizi di Parte B.1, B.2 e B.3 è analoga, rispettivamente, a quella degli esercizi di Parte A.1, A.2 e A.3.

Ringraziamenti

Ringrazio Silvia Angilella per la stesura dei compiti d'esame da cui alcuni esercizi di questo libro sono tratti, nonché per i vent'anni di insegnamento svolto assieme, in armonia e comunanza di vedute. Ringrazio altresì i miei stimati colleghi Fabio Lamantia e Damiano Rossello per alcuni commenti relativi al contenuto e alla formulazione dei quesiti.

Sono oltremodo grato ai miei cari allievi Angelo (Petralia), Davide (Carpentiere), Ester (Sudano) e Sergio (Sessa) per un attento controllo degli svolgimenti degli esercizi, nonché per tante utili osservazioni formulate 'con l'occhio dello studente'. Relativamente a questa terza edizione, ringrazio anche svariati studenti che hanno segnalato sviste nelle precedenti edizioni nonché suggerito svolgimenti alternativi rispetto a quelli presentati. In ogni caso, gli eventuali errori presenti in questo volume sono esclusivamente a me ascrivibili.

Desidero inoltre esprimere la mia gratitudine allo Staff della Casa Editrice Giappichelli per il supporto tecnico, la pazienza e l'attenzione che mi ha dimostrato nel corso dell'elaborazione delle varie edizioni di questo libro.

Novissima autem non minimus, ringrazio il mio caro amico Domenico Cantone[3] per avere acconsentito all'utilizzo di un suo disegno[4] nella copertina di questo volume nonché la mia amata sorella Stefania Giarlotta per l'interpretazione grafica del disegno e per il progetto della copertina.

[3] Dipartimento di Matematica e Informatica, Università degli Studi di Catania.

[4] Il disegno originario, che esibisce un'altra dimostrazione puramente grafica del famoso Teorema di Pitagora, è apparso nel seguente articolo: Domenico Cantone (2020), "Yet another proof without words of the Pythagorean Theorem", *Mathematics Magazine* 93(4), p. 306.

Capitolo 1

Parte A.1

Esercizio 1. Siano $\overrightarrow{r}$ ed $\overrightarrow{s}$ le rette di equazione, rispettivamente, $x = -1$ e $x = 5$. Sia inoltre $\overrightarrow{t}$ una retta di equazione $y = mx + n$ passante per il punto $P \equiv (-1, 3)$. Per quale valore reale POSITIVO di $m \in \mathbb{R}$ l'area del trapezio delimitato da $\overrightarrow{r}$, $\overrightarrow{s}$, $\overrightarrow{x}$ e $\overrightarrow{t}$ vale 21?

1. $m = \frac{2}{7}$
2. $m = \frac{1}{6}$
3. $m = \frac{4}{9}$
4. $m = \frac{3}{8}$
5. Nessuna delle altre risposte

Esercizio 2. Quanti sono i numeri naturali c_1c_2 di due cifre tali che $|c_1 - c_2| \leqslant 1$? (Ad esempio, i numeri 10, 89 e 44 soddisfano la condizione richiesta.)

1. 14
2. 17
3. 21
4. 26
5. Nessuna delle altre risposte

Esercizio 3. Sia data la matrice

$$A = \begin{pmatrix} \lambda-1 & \lambda & \frac{10}{3} \\ 1 & -2 & \lambda \\ 0 & 3 & 1 \end{pmatrix}$$

con λ parametro reale. Quale delle seguenti asserzioni è VERA?

1. $r(A) = 3$ per ogni $\lambda \in \mathbb{R}$
2. Per $\lambda = 2$, $\det(A^{-1}) = \det(A)^{-1}$
3. Per $\lambda = 0$, $\det(\frac{1}{2}A) = 6$
4. Esistono infiniti valori di λ per cui $r(A) = 2$
5. Nessuna delle altre risposte

Parte A.2

Esercizio 4. Siano dati gli insiemi numerici

$$X = \left\{2 + \frac{3}{n+2} : n \in \mathbb{N}\right\} \cup \{2\} \qquad \text{e} \qquad Y = \left\{2 - \frac{3}{n} : n \in \mathbb{N}^*\right\} \cup [-1, 1] ,$$

ove $\mathbb{N}^* = \mathbb{N} \setminus \{0\}$. Quale delle seguenti asserzioni è VERA?

1. $DX \setminus DY = \emptyset$
2. $\max Y = \min X$
3. $X \cup Y$ non è chiuso
4. $D(X \cup Y)$ è un intervallo chiuso
5. FY è un insieme finito

Esercizio 5. Sia dato il sistema lineare

$$\begin{cases} ax + y + 4z = 2 \\ x - 3z = a \\ 2x + y + a^2 z = 2 \end{cases}$$

con $a \in \mathbb{R}$. Quale delle seguenti asserzioni è VERA?

1. Il sistema è sempre possibile
2. Per $a = 2$, la terna $(2, -2, 0)$ è l'unica soluzione del sistema
3. Esistono due valori distinti di a per cui il sistema è impossibile
4. Esiste esattamente un valore di a per cui il sistema è indeterminato
5. Nessuna delle altre risposte

Parte A.3

Esercizio 6. Siano dati i seguenti numeri naturali:

(a) $P^{(r)}_{2,2,2,2,2}$

(b) P_8

(c) $D_{9,5}$

(d) $D^{(r)}_{7,4}$

(e) $C^{(r)}_{5,6} \cdot C^{(r)}_{3,2}$.

Quale delle seguenti asserzioni è VERA?

1. (a) > (b) > (c) > (e)
2. (b) > (a) > (d)
3. (c) > (b) > (e)
4. (d) > (c) > (e)
5. (a) > (b) > (d) > (c)

Parte B.1

Esercizio 7. Qual è l'insieme delle soluzioni della disequazione

$$2^{\sqrt{|x^2-7|}} \leqslant 8\,?$$

1. $[-3, 3]$
2. $]-\infty, -3] \cup [3, +\infty[$
3. $[-4, 4]$
4. $]-\infty, -2] \cup [2, +\infty[$
5. Nessuna delle altre risposte

Esercizio 8. Sia data la funzione $f\colon \mathbb{R} \to \mathbb{R}$ definita da

$$f(x) = \begin{cases} a\,e^{x-\frac{1}{2}} & \text{per} \quad x \leqslant 1/2 \\ x^2 - 4x + b & \text{per} \quad x > 1/2 \end{cases}$$

con a, b parametri reali. Per quali valori di $a, b \in \mathbb{R}$ la funzione f è derivabile in $\mathbb{R}$?

1. $(a, b) = \left(-3, -\frac{1}{8}\right)$
2. $(a, b) = \left(1, \frac{11}{4}\right)$
3. $(a, b) = \left(1, -\frac{3}{4}\right)$
4. $(a, b) = \left(-3, \frac{7}{4}\right)$
5. Nessuna delle altre risposte

Esercizio 9. Quanto vale

$$\lim_{x \to -2} \Big[1 + \log(3 + x)\Big]^{\frac{1}{\operatorname{sen}(\pi x)}}\,?$$

1. $\frac{1}{\pi}$
2. $\frac{\pi}{e}$
3. $e^{\frac{1}{\pi}}$
4. $e^{-\pi}$
5. Nessuna delle altre risposte

Parte B.2

Esercizio 10. Sia data la funzione definita dalla legge

$$f(x) = \frac{x-1}{|x-2|}$$

nel suo insieme di esistenza. Quale delle seguenti affermazioni è VERA?

[1] f è decrescente in $x = 1$ e $x = 3$

[2] f ha un punto di flesso

[3] f ha esattamente un asintoto orizzontale

[4] f ha un minimo assoluto

[5] $\int_0^1 f(x)\,dx < -\frac{1}{4}$

Esercizio 11. Quanto vale

$$\int_0^{\frac{1}{2}} \frac{2x-5}{x^2-3x+2}\,dx\,?$$

[1] $-3\log 2 + 2\log 3$

[2] $3\log 2 + 4\log 3$

[3] $-\log 6$

[4] $5\log 2 - 3\log 3$

[5] $\log 2 - \log 3$

Parte B.3

Esercizio 12. Sia $f\colon [0,+\infty[\to \mathbb{R}$ una funzione continua tale che $f(0) = f(1) = 1$ e $f(2) = -1$. Quale delle seguenti asserzioni è FALSA?

[1] L'immagine di f ristretta a $[0,4]$ contiene l'intervallo $[-1,1]$

[2] Esiste $c \in]0,1[$ tale che $f(c) = 2c$

[3] Se $f'(x) > 0$ per ogni $x \in [3,+\infty[$, allora f ha un minimo relativo e assoluto

[4] Se $f'(x) < 0$ per ogni $x \in [5,+\infty[$, allora f ha un massimo assoluto

[5] Se $f'(x) \geqslant 0$ per ogni $x \in]0,1[$, allora $\int_0^1 f(x)\,dx > 1$

Soluzioni

Svolgimento 1. Il primo passo per la risoluzione di un qualsiasi esercizio di carattere geometrico è sempre quello di dare un'accurata rappresentazione grafica dei dati. Nel caso in esame, si ha:

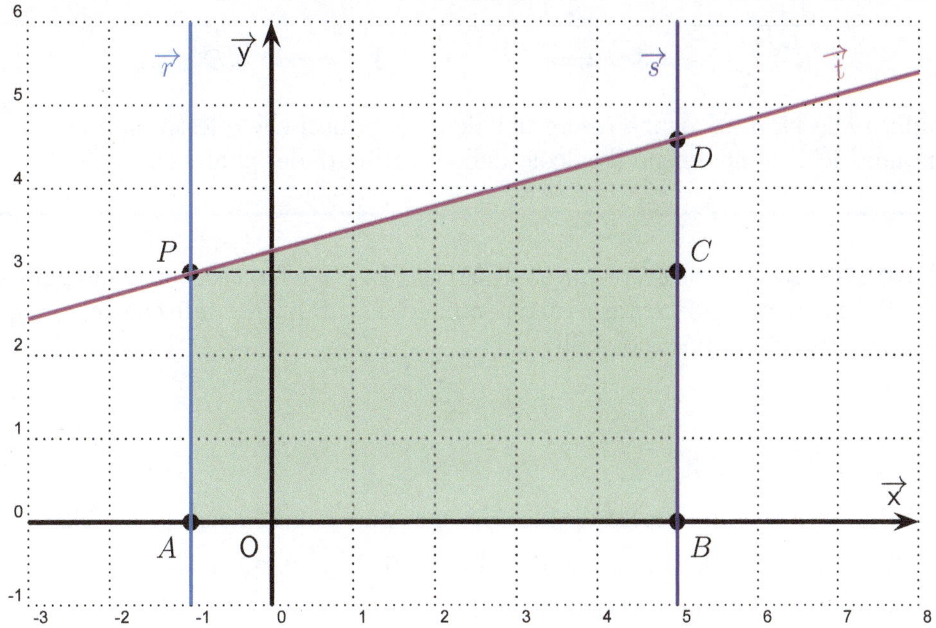

Il problema richiede di determinare il coefficiente angolare m della retta $\vec{t}$ in modo che l'area del trapezio $ABDP$, evidenziata in colore verde, sia uguale a 21. Si noti che, poiché la retta $\vec{t}$ deve passare dal punto $P \equiv (-1, 3)$, la sua equazione generica è data da

$$y - 3 = m(x - (-1))$$

ossia

$$y = mx + (m + 3)$$

ove il coefficiente angolare m è maggiore di 0. Pertanto, le coordinate del punto D, intersezione delle rette $\vec{s}$ e $\vec{t}$, si ottengono risolvendo il sistema

$$\begin{cases} x = 5 \\ y = mx + (m + 3)\,. \end{cases}$$

I punti $A \equiv (-1, 0)$, $B \equiv (5, 0)$, $C \equiv (5, 3)$ e $D \equiv (5, 6m + 3)$ sono aggiunti al grafico per chiarezza. Osserviamo che l'ordinata del punto D è maggiore dell'ordinata del punto C, in quanto m è positivo per ipotesi.

Impostato geometricamente il problema, risolverlo risulta agevole. Infatti, basta imporre che l'area del trapezio sia uguale a 21 e successivamente risolvere la corrispondente equazione nella variabile m (ricordando che m deve essere maggiore di 0 e dunque scartando eventuali soluzioni non positive). Essendo

$$\begin{aligned} \mathsf{Area}(ABDP) = 21 \quad &\Longleftrightarrow \quad \frac{(\overline{AP} + \overline{BD}) \cdot \overline{AB}}{2} = 21 \\ &\Longleftrightarrow \quad \frac{(3 + 6m + 3)\,6}{2} = 21 \\ &\Longleftrightarrow \quad m = \frac{1}{6}\,, \end{aligned}$$

la risposta corretta è la $\boxed{2}$.

Un modo alternativo di risolvere il problema, probabilmente più semplice, è basato su facili considerazioni geometriche. L'area del trapezio $ABDP$ è uguale alla somma di due aree: quella del rettangolo $ABCP$ e quella del triangolo CDP. L'area del rettangolo $ABCP$ è uguale a $3 \cdot 6 = 18$. Pertanto, possiamo risolvere il problema trovando il valore positivo di m tale che l'area del triangolo CDP sia uguale a $21 - 18 = 3$, ossia

$$\frac{\overline{CD} \cdot \overline{CP}}{2} = 3 \iff \frac{\overline{CD} \cdot 6}{2} = 3 \iff \overline{CD} = 1\,,$$

il che implica che $m = \frac{\Delta y}{\Delta x}$ debba essere uguale a $\frac{1}{6}$. Si noti che questo modo di risolvere il problema non richiede nemmeno il calcolo delle coordinate del punto D.

Svolgimento 2. Per risolvere questo esercizio basta effettuare un conteggio dei casi possibili. Poiché si devono contare tutti i numeri naturali c_1c_2 tali che $|c_1 - c_2| \leqslant 1$, i seguenti tre casi sono gli unici possibili:

(i) $c_1 = c_2 - 1$,

(ii) $c_1 = c_2$,

(iii) $c_1 = c_2 + 1$.

Avendosi (si ricordi che un numero di due cifre non può avere 0 come prima cifra)

- 8 configurazioni del tipo (i), ossia 12, 23, ..., 89,
- 9 configurazioni del tipo (ii), ossia 11, 22, ..., 99,
- 9 configurazioni del tipo (iii), ossia 10, 21, ..., 98,

il numero totale dei casi possibili è $8 + 9 + 9 = 26$. Dunque la risposta corretta è la $\boxed{4}$.

Svolgimento 3. Calcoliamo innanzitutto il determinante della matrice A:

$$\det(A) = \det\begin{pmatrix} \lambda-1 & \lambda & \frac{10}{3} \\ 1 & -2 & \lambda \\ 0 & 3 & 1 \end{pmatrix} = -3\lambda^2 + 12 = -3(\lambda^2 - 4)\,,$$

che si annulla per $\lambda = \pm 2$. Poiché l'estratta di ordine due di Sud-Est

$$\begin{pmatrix} 1 & -2 \\ 0 & 3 \end{pmatrix}$$

ha determinante non nullo, il rango di A assume i seguenti valori al variare del parametro reale λ:

$$r(A) = \begin{cases} 2 & \text{se} \quad \lambda = \pm 2\,, \\ 3 & \text{se} \quad \lambda \in \mathbb{R} \setminus \{\pm 2\}\,. \end{cases}$$

Da quanto sopra, si evince immediatamente che le seguenti risposte sono false: la $\boxed{1}$, la $\boxed{2}$ (in quanto per $\lambda = 2$ l'inversa di A non esiste) e la $\boxed{4}$. Inoltre, per $\lambda = 0$, si ha $\det(A) = 12$, per cui, essendo A una matrice quadrata di ordine 3, si ottiene[5]

$$\det\left(\tfrac{1}{2}A\right) = \left(\tfrac{1}{2}\right)^3 \det(A) = \tfrac{1}{8}\,12 = \tfrac{3}{2}\,.$$

Pertanto, anche la risposta $\boxed{3}$ è falsa e dunque la risposta corretta è la $\boxed{5}$.

[5] Ricordiamo che se si moltiplica una riga di una matrice quadrata per un numero, allora il determinante della nuova matrice è uguale al determinante della matrice originaria moltiplicato per quel numero. Pertanto, nel caso in esame, poiché la matrice $\frac{1}{2}A$ è ottenuta da A moltiplicandone tutte e tre le righe per $\frac{1}{2}$, il determinante di $\frac{1}{2}A$ è uguale al determinante di A moltiplicato per $\left(\frac{1}{2}\right)^3$: in simboli, $\det\left(\frac{1}{2}A\right) = \left(\frac{1}{2}\right)^3 \det(A)$.

Svolgimento 4. Per avere un'idea del comportamento degli insiemi X e Y, calcoliamone alcuni valori:

X: $2+\frac{3}{2}=\frac{7}{2}$ (per $n=0$), $2+1=3$ (per $n=1$), $2+\frac{3}{4}=\frac{11}{4}$ (per $n=2$), etc.

Y: $2-\frac{3}{1}=-1$ (per $n=1$), $2-\frac{3}{2}=\frac{1}{2}$ (per $n=2$), $2-1=1$ (per $n=3$), etc.

Così come per i quesiti di carattere geometrico, anche per quelli relativi agli insiemi numerici risulta fondamentale una rappresentazione grafica degli insiemi dati. Nel caso in esame, si ha:

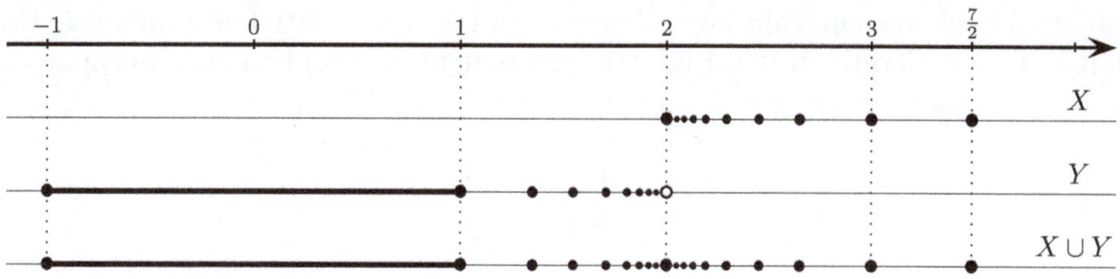

L'insieme X è formato da una *successione* infinita (monotona decrescente) di punti che converge a 2 dalla destra,[6] a cui è stato aggiunto il punto di accumulazione 2. L'insieme Y è formato da una successione infinita (monotona crescente) di punti che converge a 2 dalla sinistra,[7] a cui è stato aggiunto l'intervallo chiuso $[-1,1]$ (ma non il punto 2, come si vede dalla figura). Risulta facile verificare quanto segue:

- $DX=\{2\}$, $FX=X$, $\mathring{X}=\emptyset$, $\overline{X}=X$ (X è chiuso), $\min X=2$, $\max X=\frac{7}{2}$;
- $DY=[-1,1]\cup\{2\}$, $FY=(Y\setminus[-1,1])\cup\{-1,1,2\}$, $\mathring{Y}=]-1,1[$, $\overline{Y}=Y\cup\{2\}$, $\min Y=-1$, $\sup Y=2$ ($\nexists \max Y$);
- $D(X\cup Y)=[-1,1]\cup\{2\}=DY$, $F(X\cup Y)=FX\cup FY$, $X\mathring{\cup}Y=]-1,1[=\mathring{Y}$, $\overline{X\cup Y}=X\cup Y$ ($X\cup Y$ è chiuso), $\min(X\cup Y)=-1$, $\max(X\cup Y)=\frac{7}{2}$.

La risposta vera è la [1]. Osserviamo che la risposta [2] è falsa, in quanto Y non ha un massimo (ma soltanto l'estremo superiore). Inoltre sono false anche le risposte [3] e [4] (quest'ultima in quanto $D(X\cup Y)$ non è un intervallo per colpa del punto 2). Infine, anche la risposta [5] è falsa, in quanto FY è un insieme infinito (soltanto alcuni punti della successione sono 'assorbiti' dall'intervallo $[-1,1]$).

Svolgimento 5. Per risolvere il sistema mediante il *Teorema di Rouchè-Capelli*, determiniamo il rango della matrice incompleta A e quello della matrice completa B al variare del parametro reale a, ove

$$A=\begin{pmatrix} a & 1 & 4\\ 1 & 0 & -3\\ 2 & 1 & a^2\end{pmatrix} \quad \text{e} \quad B=\begin{pmatrix} a & 1 & 4 & 2\\ 1 & 0 & -3 & a\\ 2 & 1 & a^2 & 2\end{pmatrix}.$$

Poiché l'estratta di ordine 2 di Sud-Ovest

$$S=\begin{pmatrix} 1 & 0\\ 2 & 1\end{pmatrix}$$

[6] In simboli, $\lim\limits_{n\to+\infty}\left(2+\frac{3}{n+2}\right)=2^+$.

[7] In simboli, $\lim\limits_{n\to+\infty}\left(2-\frac{3}{n}\right)=2^-$.

della matrice A ha determinante non nullo, si ha $r(A) \geqslant 2$ per ogni $a \in \mathbb{R}$. Inoltre, essendo $\det(A) = -a^2 + 3a - 2$, per cui

$$\det(A) = 0 \qquad \Longleftrightarrow \qquad a^2 - 3a + 2 = 0 \qquad \Longleftrightarrow \qquad a = 1 \text{ oppure } a = 2\,,$$

si ottiene

$$r(A) = \begin{cases} 2 & \text{se } a \in \{1,2\} \\ 3 & \text{se } a \in \mathbb{R} \setminus \{1,2\}\,. \end{cases}$$

Per determinare il rango della matrice completa B al variare del parametro a, applichiamo il *Teorema degli orlati*. (Ricordiamo che ovviamente si ha $r(A) \leqslant r(B) \leqslant 3$ per ogni $a \in \mathbb{R}$.) Pertanto, dobbiamo soltanto calcolare i determinanti dei due orlati dell'estratta S. Un orlato lo abbiamo già considerato: trattasi infatti della matrice incompleta A. Il secondo orlato di S è dato dalla seguente matrice:

$$T = \begin{pmatrix} a & 1 & 2 \\ 1 & 0 & a \\ 2 & 1 & 2 \end{pmatrix}.$$

Essendo $\det(T) = -a^2 + 2a$, per cui

$$\det(T) = 0 \qquad \Longleftrightarrow \qquad -a(a-2) = 0 \qquad \Longleftrightarrow \qquad a = 0 \text{ oppure } a = 2\,,$$

si ottiene:

- per $a = 2$, si annullano entrambi i minori orlati di S, dunque $r(B)$ rimane 2;
- per $a = 1$, si annulla il determinante dell'orlato A ma non quello dell'orlato T; pertanto, $r(B) = 3$ in questo caso.

In conclusione, si ha

$$r(B) = \begin{cases} 2 & \text{se } a = 2 \\ 3 & \text{se } a \in \mathbb{R} \setminus \{2\}\,. \end{cases}$$

Adesso applichiamo il *Teorema di Rouchè-Capelli* per determinare il comportamento del sistema lineare al variare del parametro $a \in \mathbb{R}$:

valore di a	$r(A)$	$r(B)$	sistema	numero soluzioni
1	2	3	impossibile	0
2	2	2	indeterminato	∞^1
$\neq 1,2$	3	3	determinato	1

Alla luce di questa analisi, la risposta corretta è la [4], mentre le risposte [1], [2] e [3] sono false (per $a = 2$, la terna $(2, -2, 0)$ è invero una soluzione del sistema, ma non è l'unica).

Svolgimento 6. Si ha

$$P^{(\mathrm{r})}_{2,2,2,2,2} = \frac{10!}{(2!)^5} = \frac{10 \cdot 9 \cdot 8 \cdot 7 \cdot 6 \cdot 5 \cdot 4 \cdot 3 \cdot 2}{32} = 5 \cdot 9 \cdot 8 \cdot 7 \cdot 3 \cdot 5 \cdot 3\,,$$

nonché

$$C^{(\mathrm{r})}_{5,6}\, C^{(\mathrm{r})}_{3,2} = \binom{10}{6}\binom{4}{2} = \binom{10}{4}\frac{4 \cdot 3}{2!} = \frac{10 \cdot 9 \cdot 8 \cdot 7}{4!}\, 6 = 9 \cdot 7 \cdot 5 \cdot 4\,.$$

Scrivendo i cinque numeri naturali come segue[8]

$$\begin{array}{lllll}
\text{(a)} & P^{(r)}_{2,2,2,2,2} & = 5\cdot 9\cdot 8\cdot 7\cdot 3\cdot 5\cdot 3 & = 8\cdot 7\cdot 9\cdot 5\cdot 30 \\
\text{(b)} & P_8 & = 8\cdot 7\cdot 6\cdot 5\cdot 4\cdot 3\cdot 2 & = 8\cdot 7\cdot 6\cdot 5\cdot 24 \\
\text{(c)} & D_{9,5} & = 9\cdot 8\cdot 7\cdot 6\cdot 5 & = 8\cdot 7\cdot 6\cdot 5\cdot 9 \\
\text{(d)} & D^{(r)}_{7,4} & = 7\cdot 7\cdot 7\cdot 7 & = 7\cdot 7\cdot 7\cdot 1\cdot 7 \\
\text{(e)} & C^{(r)}_{5,6}\,C^{(r)}_{3,2} & = 9\cdot 7\cdot 5\cdot 4 & = 9\cdot 4\cdot 7\cdot 1\cdot 5
\end{array}$$

e confrontando i singoli fattori, si ottiene (a) > (b) > (c) > (d) > (e). Pertanto la risposta corretta è la $\boxed{\mathbf{1}}$.

Svolgimento 7. La disequazione in esame si può riscrivere come segue:

$$2^{\sqrt{|x^2-7|}} \leqslant 8 \iff 2^{\sqrt{|x^2-7|}} \leqslant 2^3 \iff \sqrt{|x^2-7|} \leqslant 3$$

essendo la base delle potenze maggiore di 1. Trattandosi di una disequazione del tipo $\sqrt{A(x)} \leqslant B(x)$, essa si può riscrivere in modo equivalente

$$\begin{cases} |x^2-7| \geqslant 0 \\ 3 \geqslant 0 \\ |x^2-7| \leqslant 3^2 \end{cases}$$

ossia, essendo la prima e la seconda disequazione sempre soddisfatte,

$$|x^2-7| \leqslant 9\,.$$

Poiché ci siamo ricondotti ad una disequazione del tipo $|A(x)| \leqslant B(x)$, risolvere la disequazione originaria equivale a risolvere

$$\begin{cases} x^2-7 \leqslant 9 \\ x^2-7 \geqslant -9 \end{cases} \iff \begin{cases} x^2 \leqslant 16 \\ x^2 \geqslant -2 \end{cases} \iff x^2 \leqslant 16 \iff -4 \leqslant x \leqslant 4\,.$$

Pertanto, la risposta corretta è $[-4,4]$, ossia la $\boxed{\mathbf{3}}$.

Svolgimento 8. La funzione $f\colon \mathbb{R} \to \mathbb{R}$ definita da

$$f(x) = \begin{cases} a\,e^{x-\frac{1}{2}} & \text{per } x \leqslant 1/2 \\ x^2-4x+b & \text{per } x > 1/2 \end{cases}$$

è ovviamente (continua e) derivabile in $\mathbb{R} \setminus \left\{\frac{1}{2}\right\}$, a prescindere dal valore dei parametri $a, b \in \mathbb{R}$. L'unico punto in cui la funzione potrebbe risultare discontinua o non derivabile è $\frac{1}{2}$, in quanto le leggi che la definiscono in $\left]-\infty, \frac{1}{2}\right]$ e in $\left]\frac{1}{2}, +\infty\right[$ sono diverse. Ne segue

$$f \text{ è derivabile in } \mathbb{R} \iff f \text{ è derivabile in } \tfrac{1}{2} \iff \begin{cases} \text{(i)} & f \text{ è continua in } \frac{1}{2} \\ \text{(ii)} & f'_-(\frac{1}{2}) = f'_+(\frac{1}{2})\,. \end{cases}$$

La condizione (i) è verificata se e solo se

$$\lim_{x\to\frac{1}{2}^-} f(x) = f\left(\tfrac{1}{2}\right) = \lim_{x\to\frac{1}{2}^+} f(x)\,.$$

[8] Poiché non è consentito l'uso della calcolatrice durante l'esame scritto, è necessario decomporre opportunamente i numeri risultanti dai calcoli in fattori al fine di poterli ordinare.

Risultando

$$\lim_{x\to\frac{1}{2}^-} f(x) = \lim_{x\to\frac{1}{2}^-} \left(a\,\mathrm{e}^{x-\frac{1}{2}}\right) = a\,\mathrm{e}^0 = a = f\left(\tfrac{1}{2}\right)$$

(l'ultima uguaglianza segue dal fatto che f è continua dalla sinistra in $\frac{1}{2}$), nonché

$$\lim_{x\to\frac{1}{2}^+} f(x) = \lim_{x\to\frac{1}{2}^+} \left(x^2 - 4x + b\right) = b - \tfrac{7}{4}\,,$$

la condizione (i) diventa $a = b - \frac{7}{4}$.

Inoltre, essendo

$$f'_-\left(\tfrac{1}{2}\right) = \left[\mathsf{D}\left(a\,\mathrm{e}^{x-\frac{1}{2}}\right)\right]_{x=\frac{1}{2}} = \left[a\,\mathrm{e}^{x-\frac{1}{2}}\right]_{x=\frac{1}{2}} = a\,,$$

$$f'_+\left(\tfrac{1}{2}\right) = \left[\mathsf{D}\left(x^2 - 4x + b\right)\right]_{x=\frac{1}{2}} = \left[2x - 4\right]_{x=\frac{1}{2}} = -3\,,$$

la condizione (ii) equivale ad $a = -3$.

Infine, formando un sistema con le due condizioni di cui sopra, si ottiene che f è derivabile in $\frac{1}{2}$ (e dunque in $\mathbb{R}$) se e solo se

$$\begin{cases} a = b - \frac{7}{4} \\ a = -3 \end{cases} \iff (a, b) = \left(-3, -\tfrac{5}{4}\right).$$

Pertanto, la risposta corretta è la $\boxed{5}$.

Svolgimento 9. Il limite si presenta nelle forma indeterminata $[1^\infty]$. Essendo

$$\lim_{x\to-2}\left[1+\log(x+3)\right]^{\frac{1}{\mathrm{sen}(\pi x)}} = \lim_{x\to-2}\left[1+\log(x+3)\right]^{\frac{1}{\log(x+3)}\,\frac{\log(x+3)}{x+2}\,\frac{x+2}{\mathrm{sen}(\pi x)}}$$

$$= \lim_{x\to-2}\left(\left[1+\log(x+3)\right]^{\frac{1}{\log(x+3)}}\right)^{\frac{\log((x+2)+1)}{x+2}\,\frac{x+2}{\mathrm{sen}(\pi x)}}$$

nonché

$$\lim_{x\to-2}\left[1+\log(x+3)\right]^{\frac{1}{\log(x+3)}} = \mathrm{e} \qquad \text{(limite notevole)},$$

$$\lim_{x\to-2}\frac{\log((x+2)+1)}{x+2} = 1 \qquad \text{(limite notevole)},$$

$$\lim_{x\to-2}\frac{x+2}{\mathrm{sen}(\pi x)} = \lim_{x\to-2}\frac{1}{\pi\cos(\pi x)} = \frac{1}{\pi} \qquad (\textit{Teorema di de l'Hôpital}),$$

si ottiene

$$\lim_{x\to-2}\left[1+\log(x+3)\right]^{\frac{1}{\mathrm{sen}(\pi x)}} = \mathrm{e}^{\frac{1}{\pi}}.$$

Pertanto, la risposta corretta è la $\boxed{3}$.

Svolgimento 10. Nello studio di una funzione in cui è presente un valore assoluto, il primo passo consiste nel determinare il suo insieme d'esistenza e scomporre la legge di definizione in due o più leggi. Nel caso in esame, essendo f definita dalla legge

$$f(x) = \frac{x-1}{|x-2|},$$

il suo insieme di esistenza I è dato da

$$I = \mathbb{R} \setminus \{2\}.$$

Pertanto, si ha, per ogni $x \in I$,

$$f(x) = \frac{x-1}{|x-2|} = \begin{cases} \dfrac{x-1}{x-2} & \text{se } x-2>0 \\[2ex] \dfrac{x-1}{2-x} & \text{se } x-2<0 \end{cases} = \begin{cases} \dfrac{x-1}{x-2} & \text{se } x>2 \\[2ex] -\dfrac{x-1}{x-2} & \text{se } x<2. \end{cases}$$

In sintesi, f è definita dalla legge $f(x) = g(x) = \frac{x-1}{x-2}$ nell'intervallo aperto $]2,+\infty[$ e dalla legge $f(x) = h(x) = -\frac{x-1}{x-2} = -g(x)$ nell'intervallo aperto $]-\infty, 2[$. Pertanto, studiamo innanzitutto la funzione razionale fratta

$$g\colon \mathbb{R}\setminus\{2\} \to \mathbb{R}, \qquad g(x) = \frac{x-1}{x-2} \qquad \forall x \in \mathbb{R}\setminus\{2\}.$$

Successivamente, deriveremo dal grafico di g quello della funzione f.

1) Insieme d'esistenza. Continuità. La funzione g è continua in tutto il suo insieme d'esistenza $I = \mathbb{R}\setminus\{2\}$ (che diventa il *dominio* della funzione).[9] Inoltre, g non presenta simmetrie e non è periodica.

2) Localizzazione. Studiamo il segno della funzione e l'esistenza di eventuali intersezioni con gli assi cartesiani. Essendo

$$x-1 \geqslant 0 \iff x \geqslant 1 \qquad \text{e} \qquad x-2 \geqslant 0 \iff x \geqslant 2,$$

si ottiene graficamente (ove il simbolo '$*$' sta per 'non definito')

		1		2	
$x-1$	$-$	0	$+$		$+$
$x-2$	$-$		$-$	0	$+$
$\frac{x-1}{x-2}$	$+$	0	$-$	$*$	$+$

Riassumendo, si ha:

$$g(x) \geqslant 0 \iff \frac{x-1}{x-2} \geqslant 0 \iff x \leqslant 1 \text{ oppure } x > 2.$$

Le intersezioni con gli assi cartesiani sono ottenute come segue:

$$\begin{cases} g \\ \overrightarrow{x} \end{cases} \iff \begin{cases} y = \frac{x-1}{x-2} \\ y = 0 \end{cases} \iff \begin{cases} x = 1 \\ y = 0 \end{cases} \iff (x,y) = (1,0),$$

$$\begin{cases} g \\ \overrightarrow{y} \end{cases} \iff \begin{cases} y = \frac{x-1}{x-2} \\ x = 0 \end{cases} \iff \begin{cases} x = 0 \\ y = \frac{1}{2} \end{cases} \iff (x,y) = \left(0, \tfrac{1}{2}\right).$$

3) Comportamento agli estremi e in frontiera. Asintoti. Poiché l'insieme di esistenza è dato da $I =]-\infty, 2[\cup]2, +\infty[$, calcoliamo i seguenti quattro limiti:

[9] Si rinvia al libro di teoria [GL2025] per la differenza (concettuale) tra 'insieme d'esistenza' e 'dominio' di una funzione.

$$\lim_{x\to-\infty} g(x) = \lim_{x\to-\infty} \frac{x-1}{x-2} = 1^- \quad \text{(il numeratore è minore del denominatore)}$$

$$\lim_{x\to2^-} g(x) = \lim_{x\to2^-} \frac{x-1}{x-2} = -\infty \quad \text{(il denominatore tende a 0 da sinistra)}$$

$$\lim_{x\to2^+} g(x) = \lim_{x\to2^+} \frac{x-1}{x-2} = +\infty \quad \text{(il denominatore tende a 0 da destra)}$$

$$\lim_{x\to+\infty} g(x) = \lim_{x\to+\infty} \frac{x-1}{x-2} = 1^+ \quad \text{(il numeratore è maggiore del denominatore).}$$

(Per convincersi che il primo limite tende a 1 dalla sinistra e non dalla destra, immaginiamo di dare a x valore -1000. La frazione sarà uguale a $\frac{-1001}{-1002} = \frac{1001}{1002} < 1$. Un ragionamento analogo permette di concludere che il quarto limite tende a 1 dalla destra.) Ne segue che il grafico di g presenta:

- un asintoto orizzontale completo (destro e sinistro), avente equazione $y = 1$;
- un asintoto verticale completo (destro e sinistro), avente equazione $x = 2$;
- nessun asintoto obliquo.

4) ***Rappresentazione grafica parziale.*** Alla luce dei punti 1), 2) e 3), possiamo tracciare un grafico approssimativo della funzione g, che ci permette di immaginare un possibile andamento del grafico completo di g. Nella figura che segue, le zone ombreggiate con un tratteggio obliquo sono quelle in cui il grafico della funzione g **non** si trova. Il grafico (parziale) della funzione g è in colore blu.

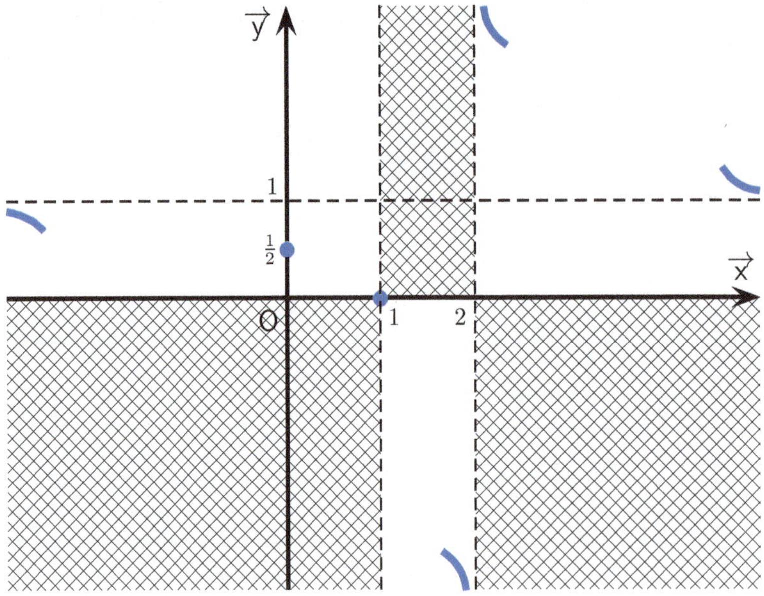

A questo punto, lo studente che abbia già svolto svariati studi di funzione sarà probabilmente in grado di disegnare correttamente il grafico completo di g. Tuttavia, per evitare di trarre (pericolose) conclusioni affrettate, consigliamo di procedere in modo sistematico, calcolando anche le derivate (prima, seconda e, se necessario, le successive), al fine di determinare la crescenza/decrescenza e la concavità/convessità della funzione.

5) ***Derivata prima.*** Lo studio della derivata prima ci permette di determinare gli intervalli in cui la funzione è crescente o decrescente, eventuali punti di massimo o minimo relativi, nonché eventuali punti angolosi o cuspidali. Si ha:

$$g'(x) \;=\; \frac{(x-2)-(x-1)}{(x-2)^2} \;=\; -\frac{1}{(x-2)^2}\,.$$

Pertanto, la derivata prima g' ha lo stesso insieme d'esistenza I della funzione g, ossia g è derivabile in tutto il suo dominio (dunque non esistono né punti angolosi né punti cuspidali). Si noti che g' risulta anche continua in tutto I. Inoltre, essendo

$$g'(x) < 0 \qquad \forall x \in I =]-\infty, 2[\, \cup\,]2, +\infty[\;,$$

la funzione g è decrescente *in ogni punto del suo dominio* I, come invero era lecito aspettarsi dal grafico parziale della g di cui al punto 4).

Attenzione! La decrescenza di g in I implica la decrescenza di g in ogni intervallo contenuto in I, ma non la decrescenza nell'unione di due intervalli disgiunti contenuti in I.[10] Per esempio, la funzione g **non** è decrescente nell'insieme $J =]1, 2[\, \cup\, [3, 6]$, pur essendo decrescente in ogni punto di J.

A questo punto saremmo già in grado di completare il grafico G_g della funzione g con ragionevole certezza, tracciando due curve con la concavità verso il basso (dunque senza massimi e minimi relativi, nonché senza flessi). Tuttavia, una consigliabile cautela impone il completamento dello studio di g, mediante il calcolo della derivata seconda (e, se necessario, delle derivate successive alla seconda).

6) ***Derivata seconda.*** Lo studio della derivata seconda ci permette di determinare gli intervalli in cui la funzione è concava o convessa, nonché eventuali punti di flesso (a tangente non verticale). Essendo

$$g''(x) \;=\; D\left[-\frac{1}{(x-2)^2}\right] \;=\; \frac{2}{(x-2)^3}\,,$$

si ottiene

$$g''(x) \begin{cases} > 0 & \text{se } x > 2 \\ > 0 & \text{se } x < 2\,. \end{cases}$$

Pertanto, il grafico di g volge la concavità verso l'alto (ossia g è convessa) in $]2, +\infty[$, e volge la concavità verso il basso (ossia g è concava) in $]-\infty, 2[$.

7) ***Rappresentazione grafica completa.*** Possiamo adesso disegnare il grafico G_g di g:

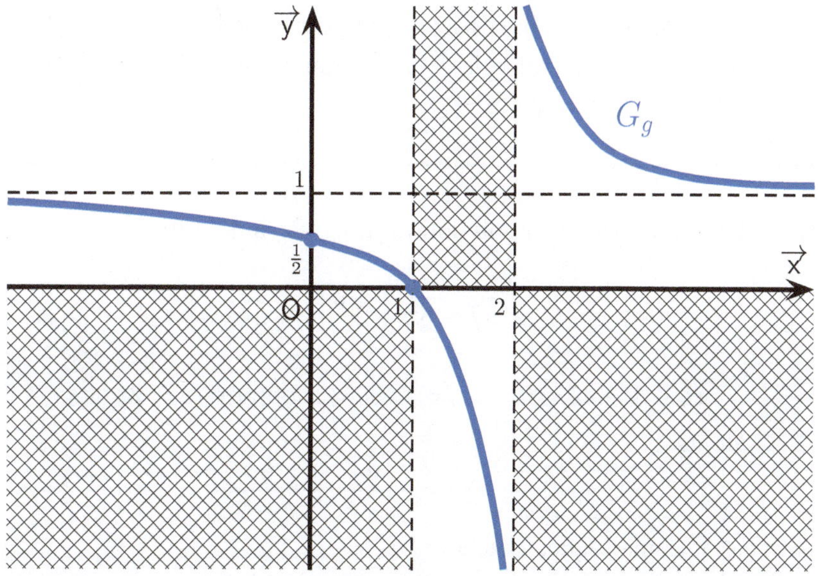

[10] Ricordiamo che esistono due nozioni di crescenza/decrescenza: una è puntuale e l'altra è riferita agli intervalli.

Dal grafico della funzione g possiamo adesso ricavare il grafico G_f della nostra funzione f. A tal fine, essendo $f(x) = -g(x)$ per $x \in]-\infty, 2[$ e $f(x) = g(x)$ per $x \in]2, +\infty[$, basta prendere l'immagine speculare (rispetto all'asse $\vec{x}$) del grafico di g ristretto a $]-\infty, -2[$, mantenendo invece inalterato il grafico di g ristretto a $]2, +\infty[$.

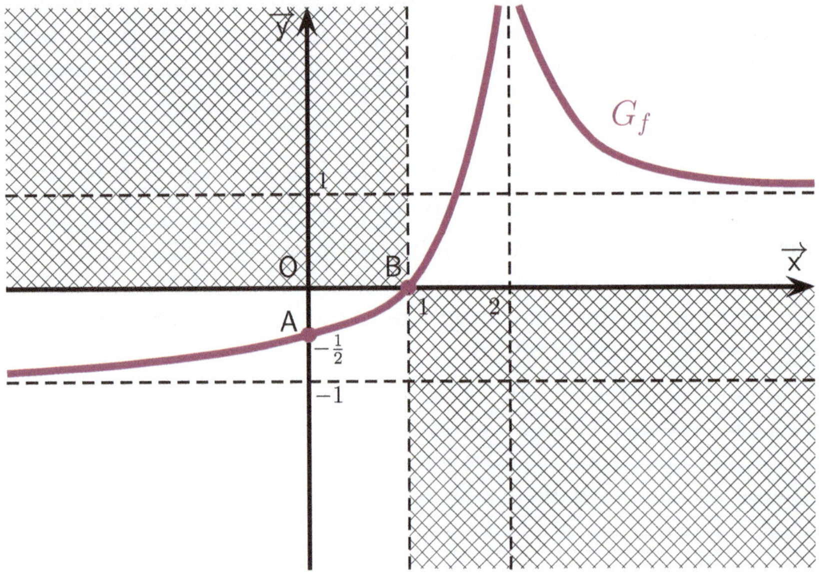

Adesso la risoluzione del quesito è immediata.

[1] *Falsa*, perché f è crescente per $x = 1$.

[2] *Falsa*, perché f non ha flessi.

[3] *Falsa*, perché f ha due asintoti orizzontali.

[4] *Falsa*, perché f non ha minimo assoluto. (Si noti che f è però inferiormente limitata, essendo $\inf f = -1$.)

[5] **Vera**. Infatti, l'integrale definito è uguale al valore (cambiato di segno, in quanto la figura si trova nel semipiano negativo) dell'area del 'triangoloide' compreso tra i due assi cartesiani e il grafico G_f nell'intervallo $[0, 1]$. Tale area è, in valore assoluto, maggiore dell'area del triangolo ABO, i cui vertici sono i punti $A \equiv \left(0, -\frac{1}{2}\right)$, $B \equiv (1, 0)$ e $O \equiv (0, 0)$. Poiché l'area del triangolo ABO vale $\frac{1}{4}$, l'area del triangoloide di cui sopra vale più di $\frac{1}{4}$ e dunque l'integrale vale meno di $-\frac{1}{4}$.

Svolgimento 11. Innanzitutto risolviamo l'integrale indefinito

$$\int \frac{2x-5}{x^2-3x+2}\, dx\,.$$

Essendo

$$x^2 - 3x + 2 = 0 \quad \Longleftrightarrow \quad x = 1 \text{ oppure } x = 2\,,$$

esistono $a, b \in \mathbb{R}$ tali che

$$\frac{2x-5}{x^2-3x+2} = \frac{a}{x-1} + \frac{b}{x-2}\,.$$

Determiniamo $a, b \in \mathbb{R}$ come segue. Poiché

$$2x - 5 = a(x-2) + b(x-1) \quad \Longleftrightarrow \quad 2x - 5 = (a+b)x - (2a+b)\,,$$

si ha, per il *Principio di identità dei polinomi*,

$$\begin{cases} 2 = a + b \\ 5 = 2a + b \end{cases} \iff \begin{cases} a = 3 \\ b = -1\,. \end{cases}$$

Pertanto, si può risolvere l'integrale originario come segue:

$$\begin{aligned} \int \frac{2x-5}{x^2-3x+2}\,dx &= \int \left(\frac{3}{x-1} - \frac{1}{x-2}\right) dx \\ &= \int \frac{3}{x-1}\,dx - \int \frac{1}{x-2}\,dx \\ &= 3\log|x-1| \;-\; \log|x-2| \;+\; C\,. \end{aligned}$$

Denotata con F una primitiva della funzione integranda f, si ha, per la formula che connette integrale definito e integrale indefinito (che è un corollario del *Teorema fondamentale del calcolo integrale*, detto anche *Teorema di Torricelli-Barrow*),

$$\int_a^b f(x)\,dx \;=\; F(b) - F(a)\,,$$

da cui, nel nostro caso,

$$\begin{aligned} \int_0^{\frac{1}{2}} \frac{2x-5}{x^2-3x+2}\,dx &= F\left(\tfrac{1}{2}\right) - F(0) \\ &= \Big[3\log|x-1| \;-\; \log|x-2|\Big]_0^{\frac{1}{2}} \\ &= \left(3\log\tfrac{1}{2} - \log\tfrac{3}{2}\right) - \left(3\log 1 - \log 2\right) \\ &= 3\log 2^{-1} - (\log 3 - \log 2) + \log 2 \\ &= -3\log 2 - \log 3 + \log 2 + \log 2 \\ &= -(\log 2 + \log 3) \\ &= -\log(2\cdot 3) \\ &= -\log 6\,. \end{aligned}$$

Pertanto, la risposta corretta è la $\boxed{3}$.

Svolgimento 12. Rappresentiamo graficamente i dati a nostra disposizione (i tre punti del grafico della funzione *continua* $f\colon\ [0, +\infty[\ \to \mathbb{R}$ sono in colore blu):

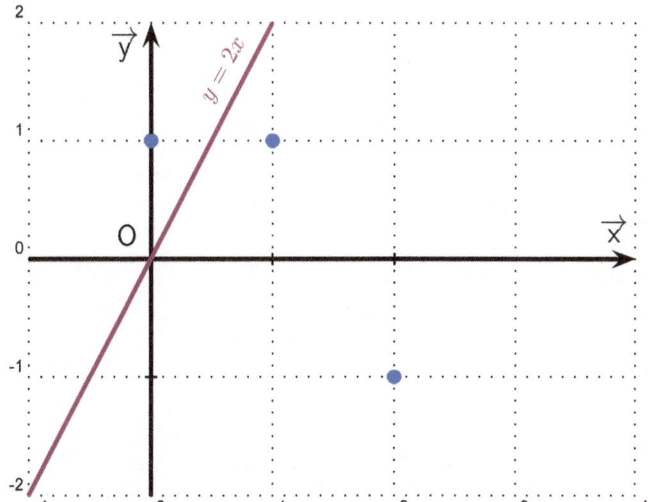

$\boxed{1}$ *Vera.* La funzione $f \upharpoonright [0,4]$ (restrizione di f a $[0,4]$) è continua in un intervallo chiuso e limitato. Pertanto, per il *Teorema di Weierstrass*, se assume due valori, allora assume anche tutti quelli compresi tra di essi. Poiché si ha $f(0) = 1$ e $f(2) = -1$ per ipotesi, ne segue che $f \upharpoonright [0,4]$ assume tutti i valori compresi tra -1 e 1, ossia l'immagine $\operatorname{im}(f \upharpoonright [0,4]$ contiene l'intervallo chiuso $[-1,1]$.

$\boxed{2}$ *Vera.* Essendo f continua in $[0,1]$, è evidente che il grafico G_f di f deve intersecare il grafico $G_{\overrightarrow{r}}$ della retta $\overrightarrow{r}$ avente equazione $y = 2x$ (in colore magenta in figura). Pertanto, esiste $c \in \,]0,1[$ tale che il punto $(c, f(c)) \in G_f$ appartiene anche a $G_{\overrightarrow{r}}$. In altri termini, esiste $c \in \,]0,1[$ tale che $f(c) = 2c$.

Il paragrafo precedente giustifica in modo intuitivo la verità dell'asserzione $\boxed{2}$. Per una dimostrare formale, consideriamo la funzione $g\colon [0,1] \to \mathbb{R}$ definita da $g(x) = f(x) - 2x$ per ogni $x \in [0,1]$. La funzione g è continua nel suo dominio, in quanto differenza di due funzioni continue. Inoltre risulta $g(0) = 1$ e $g(1) = -1$. Per il *Teorema di esistenza degli zeri*, esiste $c \in \,]0,1[$ tale che $g(c) = f(c) - 2c = 0$, da cui $f(c) = 2c$.

$\boxed{3}$ *Vera.* Per ipotesi f' è strettamente positiva nell'intervallo $[3,+\infty[$. Ne segue che f è strettamente crescente in tale intervallo; in particolare, $f(3) < f(x)$ per ogni x in $]3,+\infty[$. Inoltre, f è continua nell'intervallo chiuso e limitato $[0,3]$, per cui ammette ivi un minimo assoluto m in forza del *Teorema di Weierstrass*. Essendo $m \leqslant f(2) = -1 < 1 = f(0)$, tale minimo assoluto m è raggiunto in un punto c dell'intervallo $]0,3]$. Pertanto, il punto $c \in \,]0,3]$ tale che $f(c) = m$ è sia un punto di minimo assoluto per f (essendo $m = f(c) \leqslant f(x)$ anche per ogni x nell'intervallo aperto $]3,+\infty[$) che un punto di minimo relativo per f (in quanto c non si trova in frontiera).

$\boxed{4}$ *Vera.* Per ipotesi f' è strettamente negativa nell'intervallo $[5,+\infty[$. Ne segue che f è strettamente decrescente in tale intervallo; in particolare, $f(x) < f(5)$ per ogni $x \in \,]5,+\infty[$. Inoltre, f è continua nell'intervallo chiuso e limitato $[0,5]$, per cui ammette ivi un massimo assoluto M in forza del *Teorema di Weierstrass*. Ne segue che il numero $M' = \max\{f(5), M\}$ è il massimo assoluto della funzione f nel suo intero dominio. Domanda: *f ha necessariamente anche un punto di massimo relativo?* La risposta a tale domanda richiede attenzione.

$\boxed{5}$ **Falsa**. Per ipotesi f' è non negativa in $]0,1[$, per cui f è debolmente crescente in tale intervallo. Tuttavia, risultando $f(0) = f(1)$ ed essendo f continua in $[0,1]$, f non può che essere costante in $[0,1]$, ossia $f(x) = 1$ per ogni $x \in [0,1]$. Ne segue che il valore di $\int_0^1 f(x)\,dx$ è uguale al valore dell'area del quadrato di lato unitario, ossia 1.

Capitolo 2

Parte A.1

Esercizio 1. Siano date la retta $\overrightarrow{s}$ di equazione $x = 4$ e la retta $\overrightarrow{t}$ di equazione $y = mx+n$ passante per $P(0, 4)$ e tale che $-1 < m < 0$. Per quale valore di m l'area del trapezio formato dalle rette $\overrightarrow{s}$, $\overrightarrow{t}$, $\overrightarrow{x}$ e $\overrightarrow{y}$ vale 12 ?

1. $m = -\frac{2}{5}$
2. $m = -\frac{1}{2}$
3. $m = -\frac{4}{5}$
4. $m = -\frac{3}{4}$
5. Nessuna delle altre risposte

Esercizio 2. Siano A, B e C tre insiemi tali che $|A| = 7$, $|B| = 6$, $|A \cup B| = 10$ e $C \subseteq A \cap B$. Quale delle seguenti asserzioni è VERA?

1. $|C \setminus (A \cup B)| \geqslant 1$
2. $C \cap B = B$
3. $|\mathcal{P}(C)| \leqslant 7$
4. Se $|C| > 2$, allora $\binom{|C|}{2} = 3$
5. Nessuna delle altre risposte

Esercizio 3. Sia A una proposizione logica. Quale delle seguenti formule NON è una TAUTOLOGIA?

1. $(A \Longrightarrow A) \Longrightarrow (A \vee \neg A)$
2. $(A \Longrightarrow \neg A) \Longrightarrow \neg A$
3. $(\neg A \Longrightarrow A) \Longrightarrow A$
4. $(\neg A \Longrightarrow (\neg A \wedge A)) \Longrightarrow A$
5. Nessuna delle altre risposte

Parte A.2

Esercizio 4. Siano dati gli insiemi numerici

$$X = \left\{ -1 - \frac{1}{\sqrt{n+1}} : n \in \mathbb{N} \right\} \qquad \text{e} \qquad Y = [-1, 1[\cup \left\{ 2 - \frac{1}{n+1} : n \in \mathbb{N} \right\}.$$

Quale delle seguenti asserzioni è FALSA?

1. $D(FX)$ ha esattamente un elemento
2. X e Y sono separati e contigui
3. $Y \setminus \mathring{Y}$ è chiuso
4. $DX \cap DY \neq \emptyset$
5. $\left|\overline{X} \setminus X\right| = 1$

Esercizio 5. Sia dato il sistema lineare

$$\begin{cases} ax - ay = 1 \\ ax + (2+a)y = 1 \\ -2x + (a-1)y = 1 \end{cases}$$

con $a \in \mathbb{R}$. Quale delle seguenti asserzioni è VERA?

1. Il sistema è possibile per esattamente due valori di $a \in \mathbb{R}$
2. Il sistema è indeterminato per $a = -1$
3. Non esiste un numero infinito di valori di $a \in \mathbb{R}$ per cui il sistema è impossibile
4. La coppia ordinata $(1, 3)$ è soluzione del sistema per tre valori di $a \in \mathbb{R}$
5. Nessuna delle altre risposte

Parte A.3

Esercizio 6. Quanti sono i numeri naturali $c_1c_2c_3c_4c_5$ di cinque cifre tali che

$$|c_1 - c_5| \geqslant 7 \qquad \text{e} \qquad c_2 + c_3 + c_4 = 11\,?$$

(Ad esempio, i numeri 13448 e 92270 sono di questo tipo.)

1. 702
2. 693
3. 670
4. 648
5. 621

Parte B.1

Esercizio 7. Qual è l'insieme delle soluzioni della disequazione

$$\left(2x^2 - x + 6\right)^{\frac{1}{2}} \geqslant x - 2 \ ?$$

1. $\mathbb{R}$
2. $]-\infty, 2]$
3. $\emptyset$
4. $[-1, +\infty[$
5. Nessuna delle altre risposte

Esercizio 8. Siano $f, g\colon \mathbb{R} \to \mathbb{R}$ le funzioni rispettivamente definite da

$$f(x) = |x| - 2 \qquad \text{e} \qquad g(x) = -|x| + 2$$

per ogni $x \in \mathbb{R}$. Quanto vale l'area della regione di piano delimitata dai grafici delle due funzioni f e g nell'intervallo chiuso $[-3, 3]$?

1. 8
2. 10
3. 14
4. 16
5. 20

Esercizio 9. Quanto vale

$$\lim_{x \to +\infty} \left(x^{-1}\right)^{5-x} \ ?$$

1. 0
2. 1
3. e^{-1}
4. $+\infty$
5. Nessuna delle altre risposte

Parte B.2

Esercizio 10. Sia data la funzione definita dalla legge

$$f(x) = \frac{x^3 - 10x^2}{x - 1}$$

nel suo insieme di esistenza. Quale delle seguenti affermazioni è VERA? (Per rispondere, non occorre calcolare la derivata seconda.)

[1] f ha un asintoto orizzontale o un asintoto obliquo

[2] f ha due punti distinti di massimo relativo

[3] f ha un punto di minimo relativo e un punto di minimo assoluto

[4] $\operatorname{im} f \neq \mathbb{R}$

[5] Nessuna delle altre risposte

Esercizio 11. Quanto vale $\displaystyle\int_{-3}^{0} \frac{1+x}{\sqrt{1-x}}\, dx$?

[1] $\frac{2}{5}$

[2] $-\frac{2}{3}$

[3] $-\frac{7}{5}$

[4] $\frac{8}{3}$

[5] Nessuna delle altre risposte

Parte B.3

Esercizio 12. Sia $f\colon [1,7] \to \mathbb{R}$ una funzione dotata di derivata seconda all'interno del suo dominio. Quale delle seguenti asserzioni è VERA?

[1] f ha un massimo assoluto interno e un minimo assoluto interno

[2] Se $f''(x) = 0$ per ogni $x \in [2,6]$, allora f ha un numero infinito di punti critici

[3] Se $f'(x) \geqslant 0$ per ogni $x \in [2,6]$ e $f(6) = 3$, allora $\displaystyle\int_2^6 f(x)\, dx \leqslant 12$

[4] Se $f(1) = 2 = f(7)$ e $f'(4) = 3$, allora f ha un punto critico

[5] Nessuna delle altre risposte

Soluzioni

Svolgimento 1. Come abbiamo già fatto per l'Esercizio 1 del Capitolo 1, cominciamo con una rappresentazione grafica del problema. Si ha:

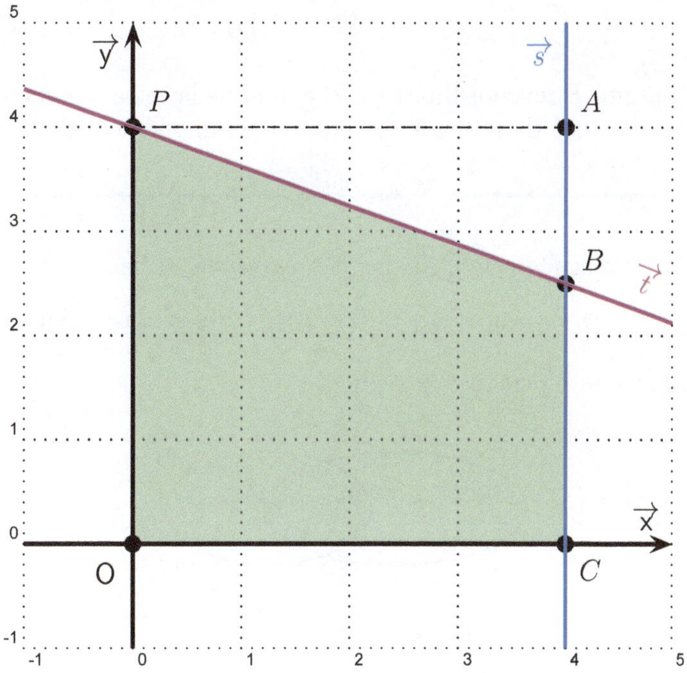

Il problema richiede di determinare il coefficiente angolare m, con $-1 < m < 0$, della retta $\overrightarrow{t}$ in modo che l'area del trapezio $BCOP$, evidenziata in colore verde, sia uguale a 12. (Si noti che il vincolo $-1 < m < 0$ implica che l'ordinata del punto B sia un numero strettamente compreso tra 0 e 4; ne segue che $BCOP$ è un trapezio.) Poiché la retta $\overrightarrow{t}$ deve passare dal punto $P \equiv (0, 4)$, la sua equazione generica è data da $y - 4 = m(x - 0)$, ossia

$$\left(\overrightarrow{t}\right) \qquad y = mx + 4\,.$$

Come nell'esercizio geometrico del Capitolo 1, ci sono vari modi di risolvere il problema. Ne illustriamo due, entrambi molto semplici.

(1) Poiché la determinazione dell'area del trapezio richiede la conoscenza di tre elementi (base maggiore, base minore e altezza) e ne conosciamo già due (base maggiore e altezza), basta imporre che l'area del trapezio valga 12, determinare la lunghezza della base minore e conseguentemente l'ordinata del punto B, ed infine sostituire le coordinate di B nell'equazione della retta $\overrightarrow{t}$ per trovare m. Formalmente, essendo

$$\begin{aligned} \mathsf{Area}(BCOP) = 12 \quad &\iff \quad \frac{\overline{OP} + \overline{BC}}{2} \cdot \overline{CO} = 12 \\ &\iff \quad \frac{4 + \overline{BC}}{2} \cdot 4 = 12 \\ &\iff \quad \overline{BC} = 2\,, \end{aligned}$$

l'ordinata del punto B è 2. Ne segue che possiamo ottenere il coefficiente angolare m imponendo il passaggio della retta $\overline{t}$ per il punto B come segue:

$$2 = 4m + 4 \quad \iff \quad m = -\frac{1}{2}\,,$$

per cui la risposta corretta è la $\boxed{\mathbf{2}}$.

(2) L'area del quadrato $ACOP$ vale 16. Pertanto, si ha

$$\begin{aligned}\mathsf{Area}(BCOP) = 12 \quad &\Longleftrightarrow \quad \mathsf{Area}(ABP) = 4 \\ &\Longleftrightarrow \quad \frac{\overline{AP} \cdot \overline{AB}}{2} = \frac{4\,\overline{AB}}{2} = 4 \\ &\Longleftrightarrow \quad \overline{AB} = 2\,.\end{aligned}$$

Ne segue che il punto B ha coordinate $(4, 2)$ e dunque la retta $\vec{t}$ ha coefficiente angolare $m = -\frac{1}{2}$ (come si evince da immediate considerazioni geometriche).

Svolgimento 2. Per la *Proprietà dei quattro cardinali*, si ha:

$$|A \cap B| \;=\; |A| + |B| - |A \cup B| \;=\; 7 + 6 - 10 \;=\; 3\,.$$

Graficamente la situazione è pertanto la seguente:

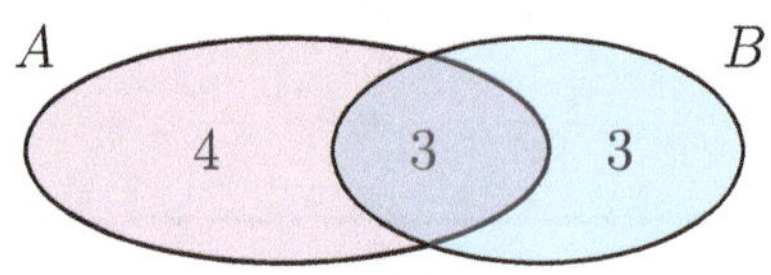

Essendo C incluso in $A \cap B$, si ha $0 \leqslant |C| \leqslant 3$.

$\boxed{1}$ *Falsa.* Da $C \subseteq A \cap B$ segue $C \setminus (A \cup B) = \emptyset$, ossia $|C \setminus (A \cup B)| = 0$.

$\boxed{2}$ *Falsa.* Da $C \subseteq A \cap B$ segue $C \cap B = C$ (e non $C \cap B = B$, che è sicuramente falsa perché B contiene propriamente C).

$\boxed{3}$ *Falsa.* Essendo $|C| \leqslant 3$, si ha $|\mathcal{P}(C)| \leqslant 2^3 = 8$. Pertanto, $|\mathcal{P}(C)|$ vale 8 nel caso in cui $C = A \cap B$.

$\boxed{4}$ **Vera.** Se $|C| > 2$, allora $|C| = 3$. Ne segue

$$\binom{|C|}{2} = \binom{3}{2} = \binom{3}{1} = 3\,.$$

Svolgimento 3. Costruiamo una tavola di verità per determinare se una tra le quattro formule $\boxed{1}$-$\boxed{4}$ non è una tautologia. Per chiarezza, determiniamo innanzitutto i valori di verità di tutte le sottoformule componenti le formule $\boxed{1}$-$\boxed{4}$, e solo successivamente il valore di verità delle formule $\boxed{1}$-$\boxed{4}$.

A	$\neg A$	$A \Longrightarrow A$	$A \vee \neg A$	$A \wedge \neg A$	$A \Longrightarrow \neg A$	$\neg A \Longrightarrow A$	$\neg A \Longrightarrow (\neg A \wedge A)$	**1**	**2**	**3**	**4**
V	F	V	V	F	F	V	V	V	V	V	V
F	V	V	V	F	V	F	F	V	V	V	V

La tavola di verità chiarisce che tutte le formule $\boxed{1}$-$\boxed{4}$ sono tautologie. Pertanto, la risposta corretta è la $\boxed{5}$.

Svolgimento 4. Calcoliamo alcuni numeri che stanno in X e Y.

- L'insieme numerico X è formato da una successione crescente di punti (ossia $-2, -1-\frac{1}{\sqrt{2}}, -1-\frac{1}{\sqrt{3}}, -1-\frac{1}{2}, -1-\frac{1}{\sqrt{5}}, \ldots$) che converge a -1 dalla sinistra.
- L'insieme numerico Y è formato da una successione crescente di punti (ossia $1, \frac{3}{2}, \frac{5}{3}, \frac{7}{4}, \ldots$) che converge a 2 dalla sinistra, a cui si aggiunge l'intervallo semiaperto $[-1,1[$. Si noti che il numero 1 fa parte della successione che converge a 2, essendo ottenuto per $n = 0$.

La rappresentazione grafica degli insiemi X e Y è la seguente:

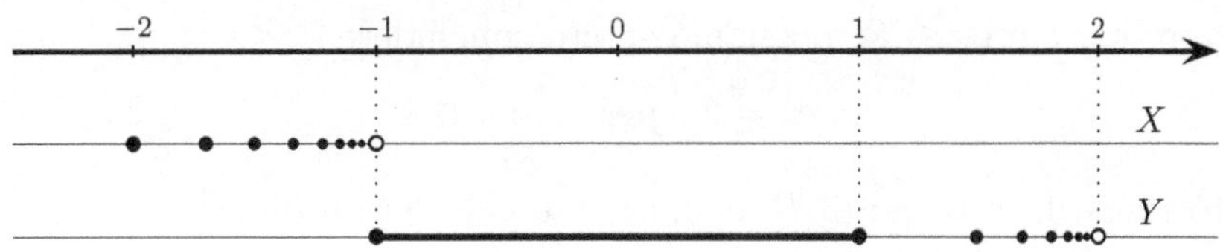

Si ha:

- $DX = \{-1\}$, $FX = X \cup \{-1\}$, $\overline{X} = X \cup \{-1\}$ (dunque X non è chiuso), $\mathring{X} = \emptyset$, $\sup X = -1$, $\nexists \max X$, $\min X = -2$;
- $DY = [-1,1] \cup \{2\}$, $FY = \left\{2 - \frac{1}{n+1} : n \in \mathbb{N}\right\} \cup \{-1,2\}$, $\overline{Y} = Y \cup \{2\}$ (dunque Y non è chiuso), $\mathring{Y} =]-1,1[$, $\sup Y = 2$, $\nexists \max Y$, $\min Y = -1$.

Adesso determiniamo la risposta corretta.

[1] *Vera.* Essendo $D(FX) = D(X \cup \{-1\}) = \{-1\}$, l'insieme $D(FX)$ contiene esattamente un elemento.

[2] *Vera.* Essendo $x \leqslant y$ per ogni $x \in X$ e $y \in Y$, gli insiemi X e Y sono separati, con X insieme inferiore e Y insieme superiore. Inoltre, sono anche contigui, essendo $\sup X = -1 = \inf Y$.

[3] Falsa. Avendosi

$$Y \setminus \mathring{Y} \;=\; Y \setminus]-1,1[\;=\; \{-1\} \cup \left\{2 - \frac{1}{n+1} : n \in \mathbb{N}\right\},$$

ne segue che l'insieme $Y \setminus \mathring{Y}$ non è chiuso, perché 2 è punto d'accumulazione per $Y \setminus \mathring{Y}$ ma non appartiene all'insieme.

[4] *Vera.* $DX \cap DY = \{-1\} \neq \emptyset$.

[5] *Vera.* Essendo $\overline{X} \setminus X = \{-1\}$, risulta $\left|\overline{X} \setminus X\right| = 1$.

Svolgimento 5. La matrice incompleta A e la matrice completa B associate al sistema assegnato sono le seguenti:

$$A = \begin{pmatrix} a & -a \\ a & a+2 \\ -2 & a-1 \end{pmatrix} \qquad \text{e} \qquad B = \begin{pmatrix} a & -a & 1 \\ a & a+2 & 1 \\ -2 & a-1 & 1 \end{pmatrix}.$$

In quanto segue, determiniamo il rango di A e di B al variare del parametro reale a, ove $1 \leqslant r(A) \leqslant 2$ e $1 \leqslant r(B) \leqslant 3$.[11]

[11] Potremmo già osservare che $r(B)$ è almeno 2 qualunque sia il valore del parametro reale a, in quanto l'estratta di ordine 2 di Sud-Est $\begin{pmatrix} a+2 & 1 \\ a-1 & 1 \end{pmatrix}$ ha sempre determinante non nullo; tuttavia, preferiamo procedere in modo sistematico (e generale), evitando considerazioni interlocutorie.

Per quanto riguarda il rango di A, dovremmo in teoria calcolare i determinanti di $C_{3,2} \times C_{2,2} = 3$ estratte di ordine 2 e successivamente confrontare i valori per cui esse si annullano. Il *Teorema degli orlati* ci permette di risparmiare il computo di un determinante: invero, basta calcolare i determinanti dei due orlati dell'estratta 1×1 costituita dall'elemento -2, ossia i determinanti di

$$P = \begin{pmatrix} a & -a \\ -2 & a-1 \end{pmatrix} \qquad \text{e} \qquad Q = \begin{pmatrix} a & a+2 \\ -2 & a-1 \end{pmatrix}.$$

Poiché $\det(P) = a^2 - 3a$ si annulla per $a \in \{0, 3\}$ mentre $\det(Q) = a^2 + 4 + 4$ è sempre maggiore di zero per ogni $a \in \mathcal{R}$, possiamo subito concludere che

$$r(A) = 2 \quad \text{per ogni } a \in \mathbb{R}\,.$$

Per quanto riguarda il rango di B, è sufficiente calcolare il determinante di B. Essendo $\det(B) = 2a^2 + 6a + 4$ e dunque

$$\det(B) = 0 \quad \iff \quad a^2 + 3a + 2 = 0 \quad \iff \quad a = -1 \text{ oppure } a = -2\,,$$

si ottiene

$$r(B) \;=\; \begin{cases} 2 & \text{se } a \in \{-1, -2\} \\ 3 & \text{se } a \in \mathbb{R} \setminus \{-1, -2\}\,. \end{cases}$$

Adesso applichiamo il *Teorema di Rouchè-Capelli* per studiare il comportamento del sistema lineare al variare del parametro $a \in \mathbb{R}$:

valore di a	$r(A)$	$r(B)$	sistema	numero soluzioni
-1	2	2	determinato	1
-2	2	2	determinato	1
$\neq -1, -2$	2	3	impossibile	0

Alla luce di questa analisi, la risposta corretta (vera) è la $\boxed{1}$.

Svolgimento 6. Si vuole determinare quanti sono i numeri naturali $c_1c_2c_3c_4c_5$ di cinque cifre soddisfacenti la seguenti due condizioni:

(i) $|c_1 - c_5| \geqslant 7$, ossia $c_1 - c_5 \in \{7, 8, 9\}$ oppure $c_5 - c_1 \in \{7, 8, 9\}$;[12]

(ii) $c_2 + c_3 + c_4 = 11$.

Poiché le due condizioni sono indipendenti – la (i) riguarda la prima e l'ultima cifra, la (ii) le tre cifre centrali –, basta calcolare separatamente il numero di casi possibili sia per (i) che per (ii) e successivamente fare il prodotto di tali numeri.

Per quanto riguarda (i), i casi possibili sono i seguenti:

$$\overset{7}{\sqcup}\sqcup\sqcup\sqcup\overset{0}{\sqcup} \quad \overset{8}{\sqcup}\sqcup\sqcup\sqcup\overset{1}{\sqcup} \quad \overset{9}{\sqcup}\sqcup\sqcup\sqcup\overset{2}{\sqcup} \quad \overset{8}{\sqcup}\sqcup\sqcup\sqcup\overset{0}{\sqcup} \quad \overset{9}{\sqcup}\sqcup\sqcup\sqcup\overset{1}{\sqcup} \quad \overset{9}{\sqcup}\sqcup\sqcup\sqcup\overset{0}{\sqcup}$$

$$\overset{1}{\sqcup}\sqcup\sqcup\sqcup\overset{8}{\sqcup} \quad \overset{2}{\sqcup}\sqcup\sqcup\sqcup\overset{9}{\sqcup} \quad \overset{1}{\sqcup}\sqcup\sqcup\sqcup\overset{9}{\sqcup}\,.$$

Pertanto, abbiamo 9 casi.

Per quanto riguarda (ii), il numero di casi possibili è uguale al numero di modi in cui si possono distribuire 11 palline uguali (le 11 unità) su tre scatole distinte (le 3 cifre), sotto la condizione che ciascuna scatola possa contenere al massimo 9 palline (essendo una cifra).

[12] Invero $c_5 - c_1 \in \{7, 8\}$, poiché $c_1 \neq 0$ implica $c_5 - c_1 \neq 9$. Questa osservazione è inglobata nell'analisi seguente.

I casi 'cattivi' sono quelli in cui una delle tre scatole contiene 11 palline oppure 10 palline, ossia

$$\underset{\sqcup\sqcup\sqcup\sqcup\sqcup}{11\ 0\ 0} \qquad \underset{\sqcup\sqcup\sqcup\sqcup\sqcup}{0\ 11\ 0} \qquad \underset{\sqcup\sqcup\sqcup\sqcup\sqcup}{0\ 0\ 11}$$

$$\underset{\sqcup\sqcup\sqcup\sqcup\sqcup}{10\ 1\ 0} \quad \underset{\sqcup\sqcup\sqcup\sqcup\sqcup}{10\ 0\ 1} \quad \underset{\sqcup\sqcup\sqcup\sqcup\sqcup}{1\ 10\ 0} \quad \underset{\sqcup\sqcup\sqcup\sqcup\sqcup}{1\ 0\ 10} \quad \underset{\sqcup\sqcup\sqcup\sqcup\sqcup}{0\ 10\ 1} \quad \underset{\sqcup\sqcup\sqcup\sqcup\sqcup}{0\ 1\ 10}$$

per un totale di 9 casi. Ne segue che il numero di casi possibili del tipo (ii) è dato da

$$C^{(r)}_{3,11} - 9 = \binom{13}{11} - 9 = \binom{13}{2} - 9 = \frac{13 \cdot 12}{2!} - 9 = 69 .$$

In conclusione, il numero complessivo di casi possibili è $9 \cdot 69 = 621$, sicché la risposta corretta è la $\boxed{5}$.

Svolgimento 7. Si ha

$$\sqrt{2x^2 - x + 6} \geqslant x - 2 \iff \begin{cases} x - 2 \leqslant 0 \\ 2x^2 - x + 6 \geqslant 0 \end{cases} \text{oppure} \begin{cases} x - 2 > 0 \\ 2x^2 - x + 6 \geqslant (x-2)^2. \end{cases}$$

Risolviamo separatamente i due sistemi e poi facciamo l'unione delle loro soluzioni.

Denotato con S_1 l'insieme delle soluzioni del primo sistema, poiché la prima equazione soddisfatta per i numeri reali $\leqslant 2$ e la seconda per ogni numero reale (essendo $\Delta < 0$), si ha:

$$S_1 = \left]-\infty, 2\right] \cap \mathbb{R} = \left]-\infty, 2\right] .$$

Denotiamo con S_2 l'insieme delle soluzioni del secondo sistema. La prima disequazione è soddisfatta per ogni reale strettamente maggiore si 2. Inoltre, essendo

$$2x^2 - x + 6 \geqslant (x-2)^2 \iff x^2 + 3x + 2 \geqslant 0 \iff x \leqslant -2 \text{ oppure } x \geqslant -1$$

(in quanto $x^2 + 3x + 2 = 0$ se e solo se $x = -2$ oppure $x = -1$), si ottiene:

$$S_2 = \left]-2, +\infty\right[\cap \Big(\left]-\infty, -2\right[\cup \left]-1, +\infty\right[\Big) = \left]-2, +\infty\right[.$$

In conclusione, l'insieme S delle soluzioni della disequazione originaria è dato da

$$S = S_1 \cup S_2 = \left]-\infty, 2\right] \cup \left]-2, +\infty\right[= \mathbb{R}$$

e dunque la risposta corretta è la $\boxed{1}$.

Svolgimento 8. Disegniamo i grafici delle due funzioni f (in blu) e g (in magenta):

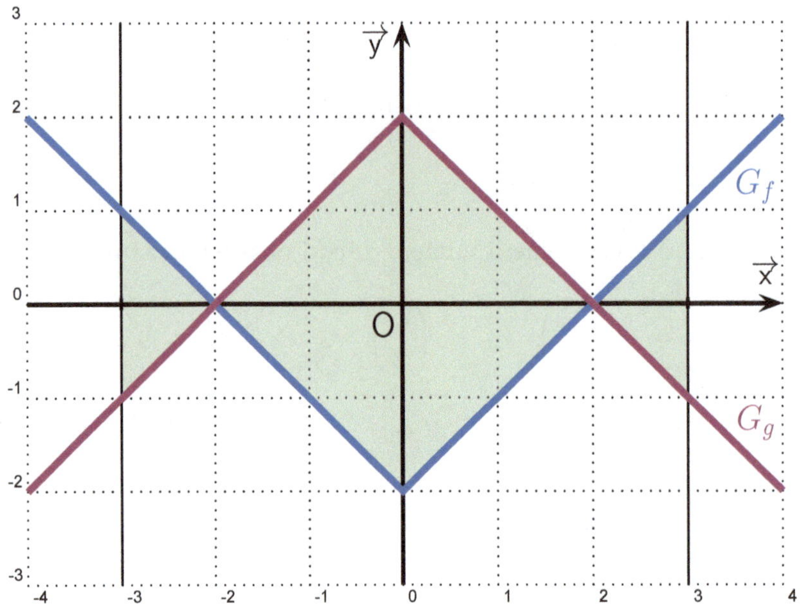

Si noti che il grafico di f è la traslazione (di due unità verso il basso) del grafico della funzione definita da $|x|$, mentre il grafico di g è la traslazione (di due unità verso l'alto) del grafico della funzione definita da $-|x|$. L'area della regione di piano tra i grafici delle due funzioni nell'intervallo chiuso $[-3, 3]$ è dunque quella evidenziata in colore verde in figura. Un semplice calcolo permette di concludere che la risposta corretta è la $\boxed{2}$, essendo

$$\text{Area}(\blacktriangleright) + \text{Area}(\blacklozenge) + \text{Area}(\blacktriangleleft) = \frac{2 \cdot 1}{2} + \sqrt{8} \cdot \sqrt{8} + \frac{2 \cdot 1}{2} = 10 .$$

(Si noti che l'area del quadrato centrale si può anche calcolare sommando i valori delle aree dei quattro triangoli che lo compongono, ciascuno avente area di valore 2.)

Svolgimento 9. Il limite si presenta nelle forma indeterminata $[0^0]$. Essendo

$$\lim_{x \to +\infty} (x^{-1})^{5^{-x}} = \lim_{x \to +\infty} e^{\log(x^{-1})^{5^{-x}}} = \lim_{x \to +\infty} e^{5^{-x} \log(x^{-1})} ,$$

nonché

$$\begin{aligned} \lim_{x \to +\infty} 5^{-x} \log\left(x^{-1}\right) &= \lim_{x \to +\infty} \frac{\log \frac{1}{x}}{5^x} \\ &= \lim_{x \to +\infty} \frac{\frac{-\frac{1}{x^2}}{\frac{1}{x}}}{5^x \log 5} && (\textit{Teorema di de l'Hôpital}) \\ &= -\lim_{x \to +\infty} \frac{1}{x\, 5^x \log 5} = 0 , \end{aligned}$$

si ottiene

$$\lim_{x \to +\infty} (x^{-1})^{5^{-x}} = e^0 = 1 .$$

Pertanto, la risposta corretta è la $\boxed{2}$.

Svolgimento 10. Studiamo la funzione razionale fratta definita dalla legge

$$f(x) = \frac{x^3 - 10x^2}{x - 1}$$

nel suo insieme d'esistenza (che sarà, come al solito, il dominio della funzione).

*1) **Insieme d'esistenza. Continuità.*** La funzione f è continua in tutto il suo insieme d'esistenza

$$I = \mathbb{R} \setminus \{1\}.$$

Inoltre, f non presenta simmetrie *(perché?)* e non è periodica.

*2) **Localizzazione.*** Studiamo il segno della funzione e l'esistenza di eventuali intersezioni con gli assi cartesiani. Essendo

$$x^3 - 10x^2 \geqslant 0 \iff x^2(x-10) \geqslant 0 \qquad \text{e} \qquad x - 1 \geqslant 0 \iff x \geqslant 1,$$

si ottiene graficamente (ove il simbolo '$*$' sta per 'non definito')

		0		1		10	
x^2	+	0	+		+		+
$x-10$	−		−		−	0	+
$x^2(x-10)$	−	0	−		−	0	+
$x-1$	−		−	0	+		+
$\frac{x^2(x-10)}{x-1}$	+	0	+	$*$	−	0	+

Le intersezioni con gli assi cartesiani sono ottenute come segue:

$$\begin{cases} f \\ \overrightarrow{x} \end{cases} \iff \begin{cases} y = \frac{x^3-10x^2}{x-1} \\ y = 0 \end{cases} \iff \begin{cases} x = 0 \\ y = 0 \end{cases} \text{o} \begin{cases} x = 10 \\ y = 0 \end{cases} \iff \begin{cases} (x,y) = (0,0) \\ (x,y) = (10,0) \end{cases}$$

$$\begin{cases} f \\ \overrightarrow{y} \end{cases} \iff \begin{cases} y = \frac{x^3-10x^2}{x-1} \\ x = 0 \end{cases} \iff \begin{cases} x = 0 \\ y = 0 \end{cases} \iff (x,y) = (0,0).$$

*3) **Comportamento agli estremi e in frontiera. Asintoti.*** Poiché l'insieme di esistenza è $I =]-\infty, 1[\cup]1, +\infty[$, calcoliamo i seguenti quattro limiti:

$$\lim_{x\to-\infty} \frac{x^3-10x^2}{x-1} = \lim_{x\to-\infty} x^2\,\frac{x-10}{x-1} = \lim_{x\to-\infty} x^2 \lim_{x\to-\infty} \frac{x-10}{x-1} = +\infty$$

$$\lim_{x\to1^-} \frac{x^3-10x^2}{x-1} = \lim_{x\to1^-} x^2\,\frac{x-10}{x-1} = \lim_{x\to1^-} x^2 \lim_{x\to1^-} \frac{x-10}{x-1} = +\infty$$

$$\lim_{x\to1^+} \frac{x^3-10x^2}{x-1} = \lim_{x\to1^+} x^2\,\frac{x-10}{x-1} = \lim_{x\to1^+} x^2 \lim_{x\to1^+} \frac{x-10}{x-1} = -\infty$$

$$\lim_{x\to+\infty} \frac{x^3-10x^2}{x-1} = \lim_{x\to+\infty} x^2\,\frac{x-10}{x-1} = \lim_{x\to+\infty} x^2 \lim_{x\to+\infty} \frac{x-10}{x-1} = +\infty.$$

Si noti che il secondo limite vale $+\infty$ in quanto, al tendere di x a 1 dalla sinistra, sia il numeratore che il denominatore della funzione razionale fratta $\frac{x-10}{x-1}$ sono negativi. Per ragioni simili il terzo limite vale $-\infty$: in questo caso, al tendere di x a 1 dalla destra, il numeratore è negativo ma il denominatore è positivo.

Ne segue che il grafico di f presenta:

- un asintoto verticale completo (destro e sinistro), avente equazione $x = 1$;
- nessun asintoto orizzontale;

- nessun asintoto obliquo (in quanto $\lim_{x\to\pm\infty} \frac{f(x)}{x}$ è infinito) *(verificare!)*.

4) Rappresentazione grafica parziale. Alla luce dei punti 1), 2) e 3), possiamo tracciare un grafico parziale (in colore blu) della funzione f. Come nel Capitolo 1, le zone con un tratteggio obliquo sono quelle in cui il grafico della funzione f **non** si trova.

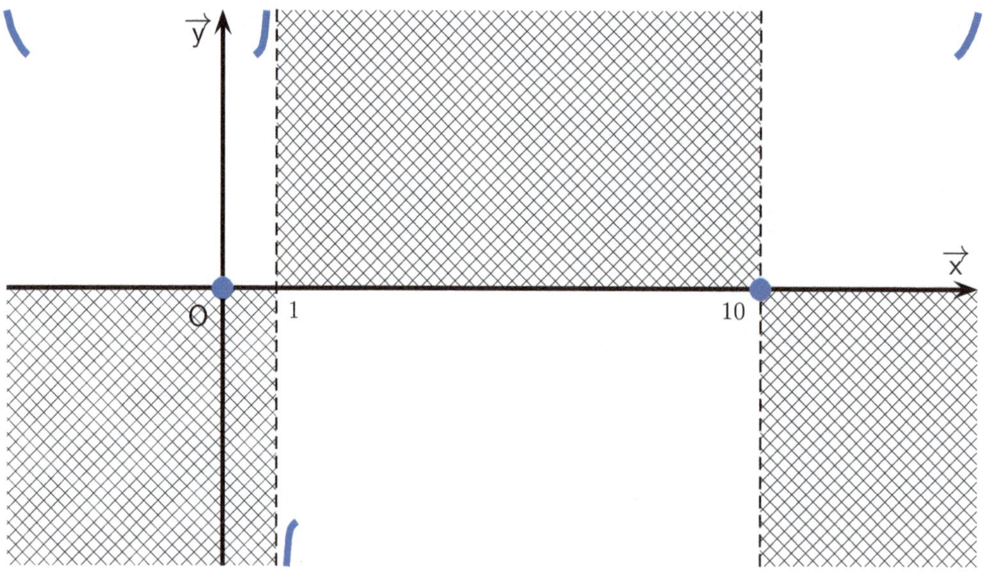

Possiamo già scartare molte delle risposte date. Infatti, [1] è falsa, in quanto f non ha asintoti orizzontali oppure obliqui. Anche la [3] è falsa, in quanto f ha un minimo relativo per $x = 0$, ma non un minimo assoluto, essendo inferiormente non limitata. Infine, escludiamo la risposta [4], in quanto l'immagine di f ristretta a $]1, +\infty[$ è $\mathbb{R}$ (essendo continua), per cui, *a fortiori*, $\mathrm{im} f = \mathbb{R}$.

5) Derivata prima. Si ha:

$$f'(x) = \frac{(3x^2 - 20x)(x-1) - (x^3 - 10x^2)}{(x-1)^2} = \frac{x\,(2x^2 - 13x + 20)}{(x-1)^2}.$$

La derivata prima f' ha lo stesso insieme d'esistenza $I = \mathbb{R} \setminus \{1\}$ della funzione f, per cui f è derivabile in tutto il suo dominio. Si noti che f' risulta anche continua in tutto I. Inoltre, poiché il polinomio $2x^2 - 13x + 20$ si annulla per $x = 4$ e $x = \frac{5}{2}$, si ottiene

		0		1		$\frac{5}{2}$		4	
x	$-$	0	$+$		$+$		$+$		$+$
$2x^2 - 13x + 20$	$+$		$+$		$+$	0	$-$	0	$+$
$(x-1)^2$	$+$		$+$	0	$+$		$+$		$+$
$f'(x)$	$-$	0	$+$	$*$	$+$	0	$-$	0	$+$
$f(x)$	$\searrow$	min relativo	$\nearrow$		$\nearrow$	max relativo	$\searrow$	min relativo	$\nearrow$

(Il simbolo '$\nearrow$' sta per 'crescente', mentre il simbolo '$\searrow$' sta per 'decrescente'.) Si noti che l'analisi appena fatta conferma ciò che sapevamo già, ossia che la f ha un minimo relativo in $x = 0$, ma fornisce ulteriori informazioni rilevanti.

6) Rappresentazione grafica (quasi) completa. Disegniamo una versione aggiornata del grafico di f, aggiungendo i (nuovi) punti di massimo e minimo relativo:

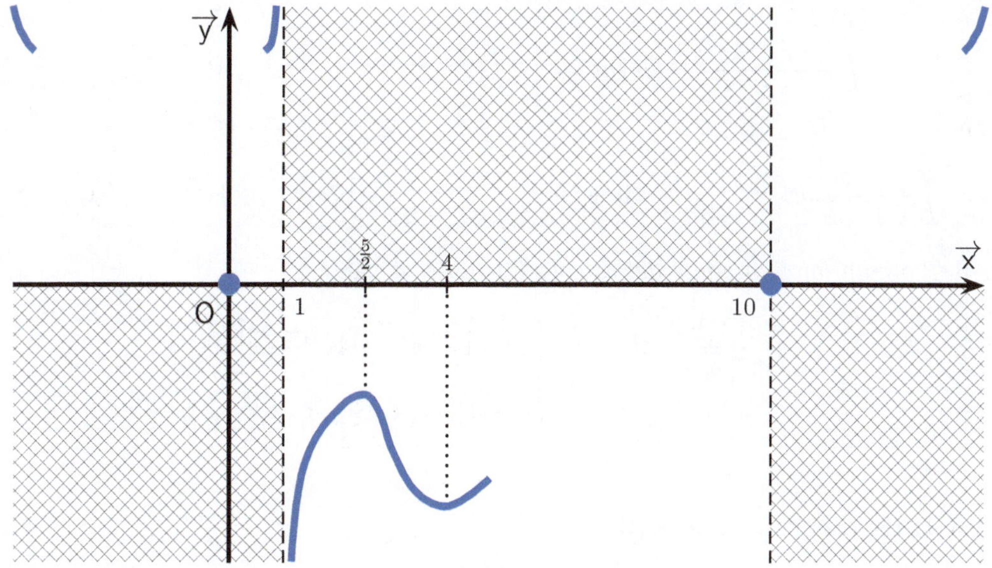

A questo punto possiamo escludere anche la risposta $\boxed{2}$: invero, essendo f crescente in $[4, +\infty[$, essa non presenta ivi punti di massimo relativo, e dunque l'unico punto di massimo relativo si ha per $x = \frac{5}{2}$. Ne segue che la risposta corretta è la $\boxed{5}$.

Completiamo la risoluzione dell'esercizio presentando il grafico completo della funzione, che è esattamente quello che ci si aspetta.

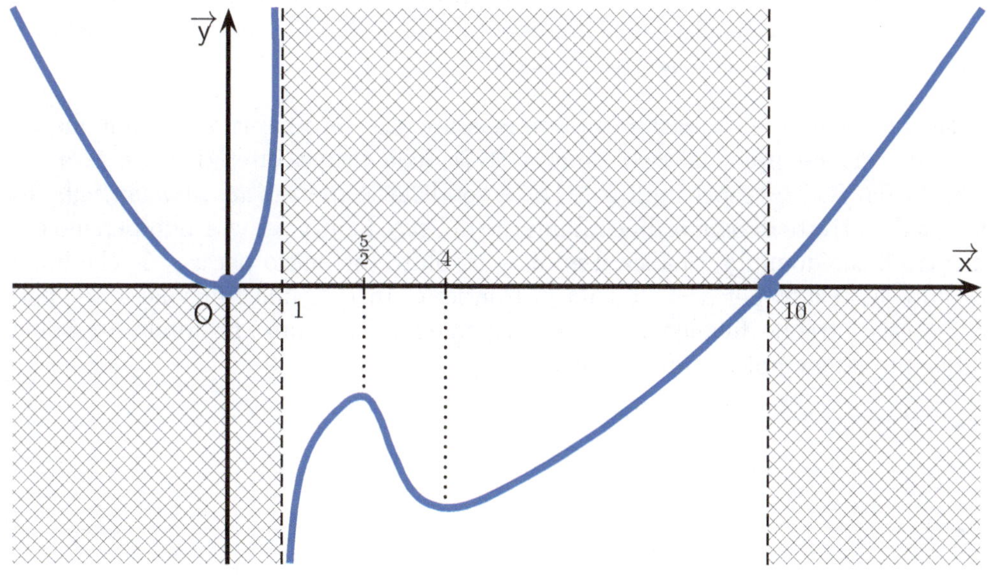

Svolgimento 11. Innanzitutto risolviamo l'integrale indefinito

$$\int \frac{1+x}{\sqrt{1-x}}\,dx$$

utilizzando il *Metodo di integrazione per sostituzione.*

Posto $t = \sqrt{1-x}$, si ha $t^2 = 1-x$, $x = 1-t^2$, $dx = -2t\,dt$. Essendo

$$\int \frac{1+x}{\sqrt{1-x}}\,dx = \left[\int \frac{1+(1-t^2)}{t}\,(-2t)\,dt\right]_{t=\sqrt{1-x}},$$

ove

$$\int \frac{1+(1-t^2)}{t}(-2t)\,dt = -2\int (2-t^2)\,dt = \frac{2}{3}t^3 - 4t + C\,,$$

si ottiene

$$\int \frac{1+x}{\sqrt{1-x}}\,dx = \left[\frac{2}{3}t^3 - 4t + C\right]_{t=\sqrt{1-x}} = \frac{2}{3}\left(\sqrt{1-x}\right)^3 - 4\sqrt{1-x} + C\,.$$

Per il *Teorema fondamentale del calcolo integrale*, si ha

$$\begin{aligned}\int_{-3}^{0} \frac{1+x}{\sqrt{1-x}}\,dx &= \left[\tfrac{2}{3}\left(\sqrt{1-x}\right)^3 - 4\sqrt{1-x}\right]_{-3}^{0} \\ &= \left(\tfrac{2}{3} - 4\right) - \left(\tfrac{2}{3}\cdot 8 - 4\cdot 2\right) \\ &= -\tfrac{2}{3}\,.\end{aligned}$$

Pertanto, la risposta corretta è la **[2]**.

Svolgimento 12. Si consideri un'arbitraria funzione $f\colon [1,7] \to \mathbb{R}$ che sia dotata di derivata seconda (e dunque prima) *all'interno* del suo dominio.

Attenzione! Questa funzione è certamente continua in $]1,7[$, ma potrebbe presentare delle discontinuità (di seconda o terza specie) in frontiera. Pertanto, il *Teorema di Lagrangia*,[13] il *Teorema di Rolle* e il *Teorema di Weierstrass* **non** sono applicabili, in quanto la funzione f non è necessariamente continua nell'intervallo chiuso $[1,7]$. Tuttavia, tali risultati sono applicabili alla restrizione di f ad un intervallo chiuso $[a,b]$, ove $1 < a < b < 7$.

[1] *Falsa.* La f non ha necessariamente un massimo assoluto interno e un minimo assoluto interno. Per esempio, la restrizione a $[1,7]$ della prima bisettrice, ossia la funzione definita da $f(x) = x$ per ogni $x \in [1,7]$, soddisfa le ipotesi *ad abundantiam* (essendo dotata di derivate di ogni ordine all'interno del suo dominio ed essendo persino continua in tutto il suo dominio), ma sia il minimo assoluto (ottenuto per $x = 1$) che il massimo assoluto (ottenuto per $x = 7$) sono in frontiera. Invero, una funzione f soddisfacente le ipotesi potrebbe financo non avere né massimo assoluto né minimo assoluto. Si immagini, ad esempio, un funzione $f\colon [1,7] \to \mathbb{R}$ tale che

- $\exists f''(x)$ in $]1,7[$,
- $f(1) = f(7) = 3$,
- $\lim_{x\to 1^+} f(x) = +\infty$,
- $\lim_{x\to 7^-} f(x) = -\infty$.

(La definizione formale di una tale funzione è lasciata al lettore.)

[2] *Falsa.* Il fatto che $f''(x) = 0$ nell'intervallo $[2,6]$ non fornisce alcuna informazione sull'esistenza di punti critici (ossia punti in cui si annulla la derivata prima). Invero, non solo non esistono necessariamente infiniti punti critici, ma addirittura potrebbe non essercene nessuno. Per esempio, la restrizione a $[1,7]$ della prima bisettrice è tale che $f''(x) = 0$ per ogni $x \in [1,7]$, ma non ha alcun punto critico, essendo $f'(x) = 1$ per ogni $x \in [1,7]$.

[13] **Giuseppe Luigi Lagrangia** (Torino, 25 gennaio 1736 – Parigi, 10 aprile 1813), che successivamente assunse il nome di Joseph-Louis Lagrange.

[3] **Vera.** L'ipotesi $f'(x) \geqslant 0$ per ogni $x \in [2,6]$ implica che la funzione sia debolmente crescente nell'intervallo $[2,6]$. Essendo $f(6) = 3$ per ipotesi, si ha $f(x) \leqslant 3$ per ogni $x \in [2,6]$. Ne segue

$$\int_2^6 f(x)\,dx \leqslant \int_2^6 3\,dx = 3 \cdot 4 = 12\,,$$

come volevasi dimostrare.

[4] *Falsa.* Se fosse applicabile il *Teorema di Rolle*, allora esisterebbe certamente un punto critico, senza alcuna necessità di utilizzare l'ipotesi accessoria $f'(4) = 3$. Tuttavia, la funzione di cui nelle ipotesi non è necessariamente continua in frontiera, per cui il teorema in esame non si può utilizzare. Questo naturalmente non permette di evincere *sic et simpliciter* che la [4] sia falsa, in quanto teoricamente la verità dell'asserto potrebbe essere verificabile con altre tecniche. Invero, l'unico modo per dimostrare la falsità dell'asserzione [4] è quello di esibire concretamente un *controesempio*, ossia una funzione per cui valgano le ipotesi ma non la tesi.[14] Le seguente funzione soddisfa tali condizioni:

$$f\colon [1,6] \to \mathbb{R}\,, \quad f(x) = \begin{cases} 3x & \text{se } x \in \,]1,7[\\ 2 & \text{se } x = 1 \text{ oppure } x = 7\,. \end{cases}$$

Si lascia al lettore la verifica che la funzione sopra definita è effettivamente un controesempio alla verità dell'asserzione [4].

[14] Sulla nozione di 'controesempio', si veda [GL2024], Capitolo 1 (Logica), Sezione 1.1.11 (Esempio e controesempio).

Capitolo 3

Parte A.1

Esercizio 1. Siano A, B, C, D insiemi non vuoti tali che

(i) $D \subseteq A \cap B$,

(ii) $C \cap D = D$,

(iii) $|A| = 9$, $|B| = 8$, $|C| = 7$,

(iv) $|A \cup B \cup C| = 17$,

(v) $|A \cap B| = |A \cap C| = |B \cap C| = 3$.

Quale delle seguenti asserzioni è VERA?

1. $C \subseteq A$
2. $A \cap B \subseteq C$
3. $|A \setminus C| = 5$
4. $|\mathcal{P}(D)| \in \{2, 4\}$
5. $|B \setminus (A \cap C)| = 4$

Esercizio 2. Sia data la matrice

$$A = \begin{pmatrix} 1 & 0 & 0 & 1 \\ 0 & 1 & 1 & 0 \\ 0 & 0 & -2 & 1 \\ -1 & 3 & 0 & 1 \end{pmatrix}.$$

Quanto vale $\det(2A^{-1})$?

1. $\frac{16}{3}$
2. $\frac{2}{3}$
3. -16
4. -2
5. Nessuna delle altre risposte

Esercizio 3. Qual è l'equazione della retta $\overrightarrow{r}$ passante per il punto $P \equiv (1, 2)$ e con coefficiente angolare $m > 2$ tale che $\overrightarrow{r}$, la retta di equazione $y = 3$ e gli assi cartesiani formino un trapezio avente area $\frac{5}{2}$?

1. $y = 3x - 1$
2. $y = \frac{9}{2}x - \frac{5}{2}$
3. $y = \frac{7}{2}x - \frac{3}{2}$
4. $y = 4x - 2$
5. Nessuna delle altre risposte

Parte A.2

Esercizio 4. Sia dato il sistema lineare

$$\begin{cases} x + ay = 1 \\ -x + z = a \\ ay + az = 1 \end{cases}$$

con a parametro reale. Quale delle seguenti asserzioni è VERA?

1. Il sistema è determinato per un numero finito di valori di a
2. Il sistema è impossibile per un numero infinito di valori di a
3. Se $a = 2$, la terna $(x, y, z) = \left(-4, \frac{5}{2}, -2\right)$ è una delle infinite soluzioni del sistema
4. Non esiste $a \in \mathbb{R}$ per cui il sistema è indeterminato
5. Nessuna delle altre risposte

Esercizio 5. Sia X il seguente insieme numerico:

$$X = [1, 5[\cup \left\{1 - \frac{4}{z} : z \in \mathbb{Z} \setminus \{0\}\right\}.$$

Quale delle seguenti asserzioni è VERA?

1. X non è chiuso
2. $DX \setminus FX$ è un intervallo aperto
3. $\overline{X} \setminus X$ è un insieme infinito
4. X ha un minimo ma non un massimo
5. $FX \setminus DX$ non ha punti d'accumulazione

Parte A.3

Esercizio 6. Quanti sono i numeri naturali di 4 cifre tali che la prima cifra sia pari e la somma delle loro quattro cifre valga 12?
(Ad esempio, i numeri 2424 e 6321 soddisfano le condizioni date.)

1. 151
2. 132
3. 108
4. 87
5. 63

Parte B.1

Esercizio 7. Qual è l'insieme d'esistenza della funzione definita dalla legge

$$f(x) = \sqrt{\log_{\frac{1}{2}} \frac{x^2 - 9}{x^2 - 5x + 4}} \;?$$

[1] $\left]1, \frac{13}{5}\right] \cup \left]4, +\infty\right[$

[2] $\left]-\infty, -3\right[\cup \left[\frac{13}{5}, 3\right[$

[3] $\left]-\infty, 3\right[\cup \left]4, +\infty\right[$

[4] $\left]1, \frac{13}{5}\right] \cup \left]3, 4\right[$

[5] Nessuna delle altre risposte

Esercizio 8. Quanto vale

$$\lim_{x \to +\infty} \log \left(\frac{x+2}{x-1}\right)^{\frac{e^x + 1}{x-1}} \;?$$

[1] 0

[2] e^{-1}

[3] -1

[4] $+\infty$

[5] Nessuna delle altre risposte

Esercizio 9. Sia $f\colon \mathbb{R} \to \mathbb{R}$ la funzione definita come segue:

$$f(x) = \begin{cases} |x+1| & \text{se } |x| \geqslant 2 \\ |x| - 1 & \text{se } |x| < 2\,. \end{cases}$$

Quale tra le seguenti asserzioni è VERA?

[1] f ha esattamente un punto di discontinuità

[2] f ha un minimo relativo ma non un minimo assoluto

[3] $\int_{-2}^{2} f(x)\,dx > 0$

[4] f ha due punti angolosi

[5] f è una funzione pari o dispari

Parte B.2

Esercizio 10. Sia data la funzione definita dalla legge

$$f(x) = \frac{1}{\sqrt{x-2}}$$

nel suo insieme d'esistenza. Quale delle seguenti asserzioni è FALSA?

[1] f non ha un flesso

[2] $\frac{3}{2} < \int_3^6 f(x)\,dx < \frac{9}{4}$

[3] f non ha minimo assoluto

[4] $\mathrm{im} f =]0, +\infty[$

[5] $\int_6^{11} f(x)\,dx \geqslant \frac{25}{12}$

Esercizio 11. Quanto vale

$$\int_0^1 \frac{3x-4}{x^2-6x+8}\,dx\ ?$$

[1] $7\log 3 - 4\log 2$

[2] $4\log 3 - 7\log 2$

[3] $-6\log\frac{4}{3} + 5\log 2$

[4] $-3\log\frac{3}{4} - 2\log 2$

[5] Nessuna delle altre risposte

Parte B.3

Esercizio 12. Sia $f\colon [0,7] \cup [8,10] \to \mathbb{R}$ una funzione dotata di derivata prima all'interno del suo dominio. Quale delle seguenti asserzioni è VERA?

[1] Se $f(0) = f(4) = f(7) = 2$, allora f ha almeno un punto critico

[2] f ristretta a $[0,7]$ è limitata

[3] f può avere dei punti di discontinuità di prima specie

[4] f ristretta a $[8,10]$ ha massimo assoluto

[5] Se $f(3) = \frac{1}{2}$, allora esiste $\delta > 0$ tale che $\int_{3-\delta}^{3+\delta} f(x)\,dx > 0$

Soluzioni

Svolgimento 1. Poiché $C \cap D = D$ se e solo se $D \subseteq C$, le condizioni (i) e (ii) implicano
$$D \subseteq A \cap B \cap C\,.$$
Inoltre, utilizzando la *Proprietà degli otto cardinali*
$$|A \cup B \cup C| \;=\; |A| + |B| + |C| - \Big(|A \cap B| + |A \cap C| + |B \cap C|\Big) + |A \cap B \cap C|\,,$$
si ottiene dalle condizioni (iii) e (iv)
$$\begin{aligned} |A \cap B \cap C| &= |A \cup B \cup C| + \Big(|A \cap B| + |A \cap C| + |B \cap C|\Big) - \Big(|A| + |B| + |C|\Big) \\ &= 17 + (3+3+3) - (9+8+7) \\ &= 2\,. \end{aligned}$$
Calcoli elementari permettono di rappresentare graficamente la situazione come segue:

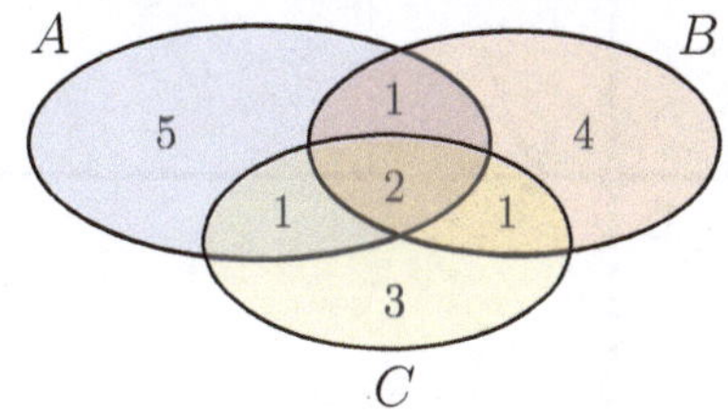

Si noti che, essendo $\emptyset \neq D \subseteq A \cap B \cap C$, si ha $1 \leqslant |D| \leqslant 2$.

[1] *Falsa.* L'insieme C non è incluso nell'insieme A, essendo $|C \setminus A| = 4$.

[2] *Falsa.* L'insieme $A \cap B$ non è incluso nell'insieme C, in quanto esiste un elemento che appartiene ad $A \cap B$ ma non a C.

[3] *Falsa.* $|A \setminus C| = 6$.

[4] **Vera.** Essendo $|D| \in \{1, 2\}$ e $|\mathcal{P}(D)| = 2^{|D|}$, ne segue $|\mathcal{P}(D)| \in \{2, 4\}$.

[5] *Falsa.* $|B \setminus (A \cap C)| = 6$.

Svolgimento 2. Essendo A una matrice 4×4, si ha
$$\det(2A^{-1}) \;=\; 2^4 \det(A^{-1}) \;=\; \frac{16}{\det(A)}\,.$$
Pertanto, per rispondere al quesito basta calcolare il determinante di A. Si ha:
$$\begin{aligned} \det(A) &= \det\begin{pmatrix} 1 & 0 & 0 & 1 \\ 0 & 1 & 1 & 0 \\ 0 & 0 & -2 & 1 \\ -1 & 3 & 0 & 1 \end{pmatrix} \\ &= \det\begin{pmatrix} 1 & 0 & 0 & 1 \\ 0 & 1 & 1 & 0 \\ 0 & 0 & -2 & 1 \\ 0 & 3 & 0 & 2 \end{pmatrix} && (\text{riga } 1 + \text{riga } 4 \;\longmapsto\; \text{riga } 4) \\ &= 1\,(-1)^{1+1} \det\begin{pmatrix} 1 & 1 & 0 \\ 0 & -2 & 1 \\ 3 & 0 & 2 \end{pmatrix} && (\textit{Primo Teorema di Laplace}) \\ &= -1\,. \end{aligned}$$

Ne segue che $\det(2A^{-1}) = -16$, ossia la risposta corretta è la $\boxed{\mathbf{3}}$.

Svolgimento 3. Come di consueto, rappresentiamo graficamente il problema:

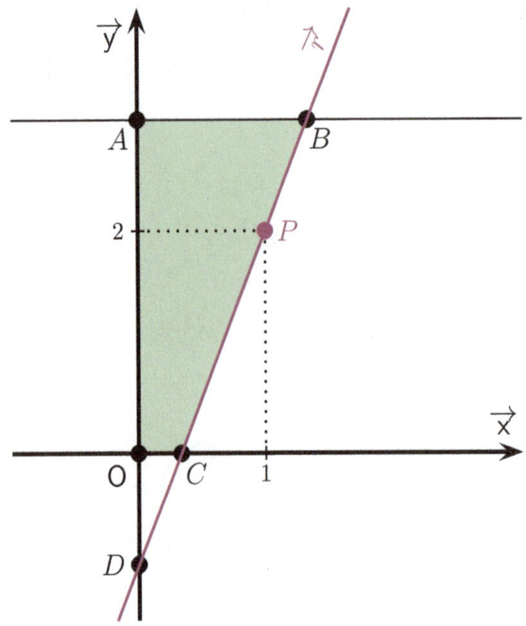

Il problema richiede di determinare il coefficiente angolare $m > 2$ della retta $\vec{r}$ in modo che l'area del trapezio $ABCO$, evidenziata in colore verde, sia uguale a $\frac{5}{2}$. Si noti che il vincolo $m > 2$ implica che l'ordinata del punto D, intersezione della retta $\vec{r}$ e l'asse $\vec{y}$, debba essere negativa; ne segue che $ABCO$ è un trapezio. Poiché la retta $\vec{r}$ deve passare dal punto $P \equiv (1, 2)$, la sua equazione generica è data da

$$y - 2 = m(x - 1)\,,$$

ossia

$$y = mx + (2 - m)\,.$$

Calcoliamo le ascisse (positive) dei punti B e C, in modo da potere esprimere l'area del trapezio $ABCO$ in funzione del parametro $m > 2$. Per il punto B, si ha

$$\begin{cases} y = mx + (2 - m) \\ y = 3 \end{cases} \iff \begin{cases} x = \frac{m+1}{m} \\ y = 3 \end{cases} \iff B \equiv \left(\tfrac{m+1}{m}, 3\right).$$

Analogamente, per il punto C, si ha

$$\begin{cases} y = mx + (2 - m) \\ y = 0 \end{cases} \iff \begin{cases} x = \frac{m-2}{m} \\ y = 0 \end{cases} \iff C \equiv \left(\tfrac{m-2}{m}, 0\right).$$

Siamo pronti per risolvere il problema. Essendo

$$\mathsf{Area}(ABCO) = \frac{\overline{AB} + \overline{OC}}{2}\,\overline{AO} = \frac{\frac{m+1}{m} + \frac{m-2}{m}}{2}\,3 = \frac{3}{2}\,\frac{2m-1}{m}\,,$$

si ottiene

$$\mathsf{Area}(ABCO) = \frac{5}{2} \iff \frac{3}{2}\,\frac{2m-1}{m} = \frac{5}{2} \iff m = 3\,.$$

Pertanto, la retta $\vec{r}$ ha equazione

$$y = 3x - 1$$

e la risposta corretta è la $\boxed{1}$.

Svolgimento 4. Determiniamo il rango della matrice incompleta A e quello della matrice completa B al variare del parametro reale a, ove

$$A = \begin{pmatrix} 1 & a & 0 \\ -1 & 0 & 1 \\ 0 & a & a \end{pmatrix} \quad \text{e} \quad B = \begin{pmatrix} 1 & a & 0 & 1 \\ -1 & 0 & 1 & a \\ 0 & 1 & a & 1 \end{pmatrix}.$$

Poiché l'estratta

$$S = \begin{pmatrix} 1 & 0 \\ -1 & 1 \end{pmatrix}$$

della matrice A (ottenuto selezionando le prime due righe, nonché la prima e la terza colonna) ha determinante non nullo, si ha $r(A) \geqslant 2$ per ogni $a \in \mathbb{R}$. Inoltre, essendo $\det(A) = a^2 - a = a(a-1)$, per cui

$$\det(A) = 0 \iff a = 0 \text{ oppure } a = 1,$$

si ottiene

$$r(A) = \begin{cases} 2 & \text{se } a \in \{0,1\} \\ 3 & \text{se } a \in \mathbb{R} \setminus \{0,1\}. \end{cases}$$

Per determinare il rango della matrice completa B al variare del parametro a, applichiamo il *Teorema degli orlati.* (Ricordiamo che si ha $r(A) \leqslant r(B) \leqslant 3$ per ogni $a \in \mathbb{R}$.) Pertanto, dobbiamo soltanto calcolare i determinanti dei due orlati dell'estratta S. Un orlato lo abbiamo già considerato: trattasi infatti della matrice incompleta A. Il secondo orlato di S è dato dalla seguente matrice:

$$T = \begin{pmatrix} 1 & 0 & 1 \\ -1 & 1 & a \\ 0 & a & 1 \end{pmatrix}.$$

Essendo $\det(T) = -a^2 - a + 1$, per cui

$$\det(T) = 0 \iff a^2 + a - 1 = 0 \iff a = \frac{-1+\sqrt{5}}{2} \text{ oppure } a = \frac{-1-\sqrt{5}}{2},$$

si ottiene

$$r(B) = 3 \quad \text{per ogni } a \in \mathbb{R}.$$

In conclusione, per il *Teorema di Rouchè-Capelli*, si ha:

valore di a	$r(A)$	$r(B)$	sistema	numero soluzioni
0	2	3	impossibile	0
1	2	3	impossibile	0
$\neq 0, 1$	3	3	determinato	1

Alla luce di questa analisi, la risposta corretta è la $\boxed{4}$.

Svolgimento 5. L'insieme numerico X è formato dall'intervallo semichiuso $[1,5[$ unito ad una successione di punti $\left\{1 - \frac{4}{z} : z \in \mathbb{Z} \setminus \{0\}\right\}$ che converge ad 1 sia dalla sinistra (per $z \in \mathbb{N} \setminus \{0\}$) che dalla destra (per $z \in \mathbb{Z} \setminus \mathbb{N}$). Calcoliamo alcuni numeri della successione $\left\{1 - \frac{4}{z} : z \in \mathbb{Z} \setminus \{0\}\right\}$.

- Per z intero positivo, si ottiene la successione crescente $-3, -1, -\frac{1}{3}, 0, \frac{1}{5}, \frac{1}{3}, \ldots$ (in colore blu in figura), che converge a 1 dalla sinistra.

- Per z intero negativo, si ottiene la successione decrescente $5, 3, \frac{7}{3}, 2, \ldots$ (in colore magenta in figura), che converge a 1 dalla destra. Si noti che tutti i punti di questa successione, a parte 5, sono 'catturati' dall'intervallo $[1, 5[$ e dunque non danno alcun contributo all'insieme X.

La rappresentazione grafica dell'insieme X è la seguente:

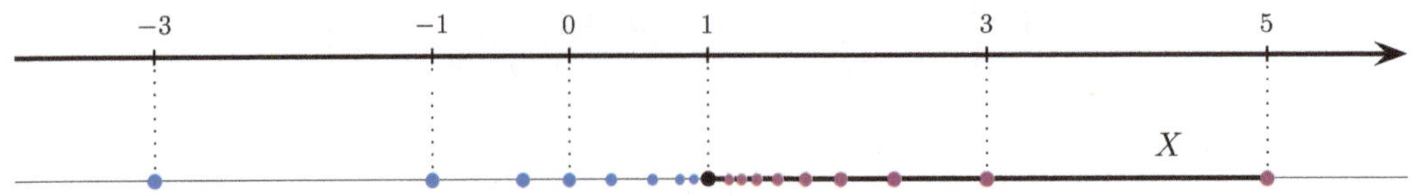

Si ha: $DX = [1,5]$, $FX = X \setminus]1,5[$, $\overline{X} = X$, $\mathring{X} =]1,5[$, $\max X = 5$, $\min X = -3$.

[1] *Falsa.* X è chiuso, essendo $\overline{X} = X$.

[2] **Vera.** $DX \setminus FX = \;]1,5[$ è un intervallo aperto.

[3] *Falsa.* $\overline{X} \setminus X = \emptyset$.

[4] *Falsa.* X ha sia un minimo che un massimo.

[5] *Falsa.* $FX \setminus DX = \left\{1 - \frac{4}{n} : n \in \mathbb{N} \setminus \{0\}\right\}$, per cui $D(FX \setminus DX) = \{1\}$.

Svolgimento 6. Determiniamo quanti sono i numeri naturali $c_1c_2c_3c_4$ soddisfacenti le condizioni date mediante un'applicazione della *Regola della somma.* Pertanto, facciamo una lista esaustiva di casi mutualmente esclusivi, calcoliamo il numero di configurazioni possibili in ciascun caso, ed infine sommiamo i risultati ottenuti. Poiché la cifra c_1 deve essere pari, i casi possibili sono quattro:

(1) $\overset{2}{\sqcup}\sqcup\sqcup\sqcup$ con $c_2 + c_3 + c_4 = 12 - 2 = 10$;

(2) $\overset{4}{\sqcup}\sqcup\sqcup\sqcup$ con $c_2 + c_3 + c_4 = 12 - 4 = 8$;

(3) $\overset{6}{\sqcup}\sqcup\sqcup\sqcup$ con $c_2 + c_3 + c_4 = 12 - 6 = 6$;

(4) $\overset{8}{\sqcup}\sqcup\sqcup\sqcup$ con $c_2 + c_3 + c_4 = 12 - 8 = 4$.

Contare le configurazioni del tipo (1) equivale a contare il numero di distribuzioni di 10 palline indistinguibili (le 10 unità) su 3 scatole diverse (le 3 cifre), dal cui computo occorre eliminare quelle distribuzioni che non possono verificarsi perché una cifra può essere al massimo 9 (ossia ogni scatola può contenere al massimo 9 palline). Pertanto, le configurazioni del tipo (1) sono

$$C^{(\mathrm{r})}_{3,10} - 3,$$

ove 3 sono le seguenti configurazioni vietate, ossia $\overset{2}{\sqcup}\overset{10}{\sqcup}\overset{0}{\sqcup}\overset{0}{\sqcup}$, $\overset{2}{\sqcup}\overset{0}{\sqcup}\overset{10}{\sqcup}\overset{0}{\sqcup}$, $\overset{2}{\sqcup}\overset{0}{\sqcup}\overset{0}{\sqcup}\overset{10}{\sqcup}$.

Contare le configurazioni del tipo (2) equivale a contare il numero di distribuzioni di 8 palline indistinguibili (le 8 unità) su 3 scatole diverse (le 3 cifre), non essendoci configurazioni vietate. Pertanto, le configurazioni del tipo (2) sono

$$C^{(\mathrm{r})}_{3,8}.$$

Per la stessa ragione, il numero di configurazioni di tipo (3) e (4) è, rispettivamente,

$$C^{(\mathrm{r})}_{3,6} \quad \text{e} \quad C^{(\mathrm{r})}_{3,4}.$$

In conclusione, il numero totale di configurazioni ammissibili è dato da

$$\begin{aligned} C^{(\mathrm{r})}_{3,10} - 3 + C^{(\mathrm{r})}_{3,8} + C^{(\mathrm{r})}_{3,6} + C^{(\mathrm{r})}_{3,4} &= \binom{12}{10} + \binom{10}{8} + \binom{8}{6} + \binom{6}{4} - 3 \\ &= \binom{12}{2} + \binom{10}{2} + \binom{8}{2} + \binom{6}{2} - 3 \\ &= 66 + 45 + 28 + 15 - 3 \\ &= 151. \end{aligned}$$

Pertanto, la risposta corretta è la **1**.

Svolgimento 7. L'insieme d'esistenza della funzione f è dato dall'insieme delle soluzioni della disequazione

$$\log_{\frac{1}{2}} \frac{x^2-9}{x^2-5x+4} \geqslant 0\,,$$

che, essendo la base del logaritmo compresa tra 0 e 1, equivale al sistema

$$\begin{cases} \dfrac{x^2-9}{x^2-5x+4} > 0 \\[2ex] \left(\dfrac{1}{2}\right)^{\log_{\frac{1}{2}} \frac{x^2-9}{x^2-5x+4}} \leqslant \left(\dfrac{1}{2}\right)^0 \end{cases} \iff \begin{cases} \dfrac{x^2-9}{x^2-5x+4} > 0 \\[2ex] \dfrac{x^2-9}{x^2-5x+4} \leqslant 1 \end{cases} \iff \begin{cases} \dfrac{x^2-9}{x^2-5x+4} > 0 \\[2ex] \dfrac{5x-13}{x^2-5x+4} \leqslant 0\,. \end{cases}$$

Risolviamo separatamente le due disequazioni del sistema e successivamente facciamo l'intersezione dei due insiemi di soluzioni.

Per la prima disequazione, osserviamo che

$$x^2 - 9 = 0 \quad \iff \quad x = \pm 3$$

nonché

$$x^2 - 5x + 4 = 0 \quad \iff \quad x = 1 \;\text{ oppure } x = 4\,.$$

Essendo

		-3		1		3		4	
x^2-9	$+$	0	$-$	$\vdots$	$-$	0	$+$	$\vdots$	$+$
x^2-5x+4	$+$	$\vdots$	$+$	0	$-$	$\vdots$	$-$	0	$+$
$\dfrac{x^2-9}{x^2-5x+4}$	$+$	0	$-$	$*$	$+$	0	$-$	$*$	$+$

l'insieme delle soluzioni S_1 della prima disequazione è dato da

$$S_1 = \left]\infty, -3\right[\,\cup\, \left]1, 3\right[\,\cup\, \left]4, +\infty\right[\,.$$

Per la seconda disequazione, essendo $5x - 13 = 0$ se e solo se $x = \frac{13}{5}$, si ottiene

		1		$\frac{13}{5}$		4	
$5x-13$	$-$	$\vdots$	$-$	0	$+$	$\vdots$	$+$
x^2-5x+4	$+$	0	$-$	$\vdots$	$-$	0	$+$
$\dfrac{5x-13}{x^2-5x+4}$	$-$	$*$	$+$	0	$-$	$*$	$+$

per cui l'insieme delle soluzioni S_2 è dato da

$$S_2 =]-\infty, 1] \cup \left[\tfrac{13}{5}, 4\right[.$$

In conclusione, rappresentando con una linea continua i valori per cui le disequazioni (e il sistema) sono soddisfatte, si ha

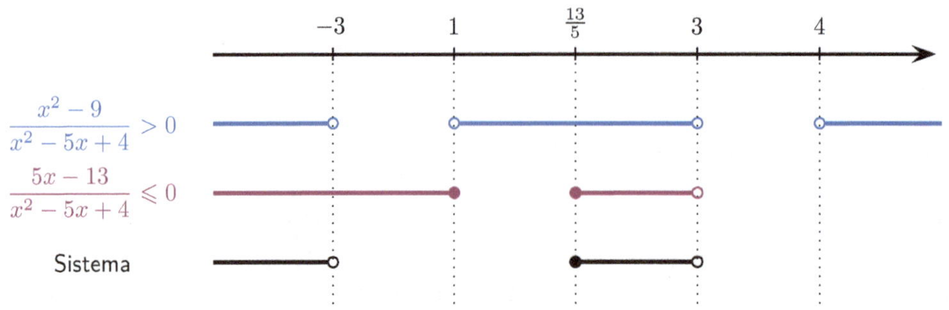

per cui l'insieme delle soluzioni della disequazione originaria è dato da

$$S = S_1 \cap S_2 =]-\infty, -3[\cup \left[\tfrac{13}{5}, 3\right[.$$

Pertanto, la risposta corretta è la **2**.

Svolgimento 8. Per il *Teorema di de l'Hôpital* si ha

$$\lim_{x\to+\infty} \frac{e^x+1}{x-1} = \lim_{x\to+\infty} \frac{e^x}{1} = +\infty .$$

Pertanto, il limite dato

$$\lim_{x\to+\infty} \log\left(\frac{x+2}{x-1}\right)^{\frac{e^x+1}{x-1}} = \log \lim_{x\to+\infty} \left(\frac{x+2}{x-1}\right)^{\frac{e^x+1}{x-1}}$$

si presenta nella forma indeterminata $[1^\infty]$. Si ha

$$\begin{aligned}
\lim_{x\to+\infty} \left(\frac{x+2}{x-1}\right)^{\frac{e^x+1}{x-1}} &= \lim_{x\to+\infty} \left(1+\frac{1}{\frac{x-1}{3}}\right)^{\frac{e^x+1}{x-1}} \\
&= \lim_{x\to+\infty} \left(1+\frac{1}{\frac{x-1}{3}}\right)^{\frac{x-1}{3}\,\frac{3}{x-1}\,\frac{e^x+1}{x-1}} \\
&= \lim_{x\to+\infty} \left[\left(1+\frac{1}{\frac{x-1}{3}}\right)^{\frac{x-1}{3}}\right]^{\frac{3(e^x+1)}{(x-1)^2}} \\
&= +\infty ,
\end{aligned}$$

in quanto, applicando un noto limite notevole e il *Teorema di de l'Hôpital*, risulta

$$\lim_{x\to+\infty} \left(1+\frac{1}{\frac{x-1}{3}}\right)^{\frac{x-1}{3}} = e \qquad \text{nonché} \qquad \lim_{x\to+\infty} \frac{3(e^x+1)}{(x-1)^2} = +\infty .$$

Ne segue

$$\lim_{x\to+\infty} \log\left(\frac{x+2}{x-1}\right)^{\frac{e^x+1}{x-1}} = \log \lim_{x\to+\infty} \left(\frac{x+2}{x-1}\right)^{\frac{e^x+1}{x-1}} = +\infty$$

e dunque la risposta corretta è la **4**.

Svolgimento 9. La funzione $f\colon \mathbb{R} \to \mathbb{R}$ è definita da due leggi come segue:

$$f(x) = \begin{cases} g(x) = |x+1| & \text{se } |x| \geqslant 2 \quad (\text{ossia se } x \leqslant -2 \text{ oppure } x \geqslant 2) \\ h(x) = |x| - 1 & \text{se } |x| < 2 \quad (\text{ossia se } -2 < x < 2)\,. \end{cases}$$

Studiamo le due funzioni g e h in tutto il loro insieme d'esistenza $\mathbb{R}$; successivamente, costruiremo il grafico G_f di f, prendendo G_g se $|x| \geqslant 2$ e G_h se $|x| < 2$.

Esplicitiamo la funzione $g\colon \mathbb{R} \to \mathbb{R}$ come segue:

$$g(x) = |x+1| = \begin{cases} x+1 & \text{se } x+1 \geqslant 0 \\ -(x+1) & \text{se } x+1 < 0 \end{cases} = \begin{cases} x+1 & \text{se } x \geqslant -1 \\ -x-1 & \text{se } x < -1\,. \end{cases}$$

Pertanto, il grafico di g è il seguente (la zona tratteggiata non ci interessa per la costruzione di G_f, poiché $f = g$ solo quando $x \leqslant -2$ oppure $x \geqslant 2$):

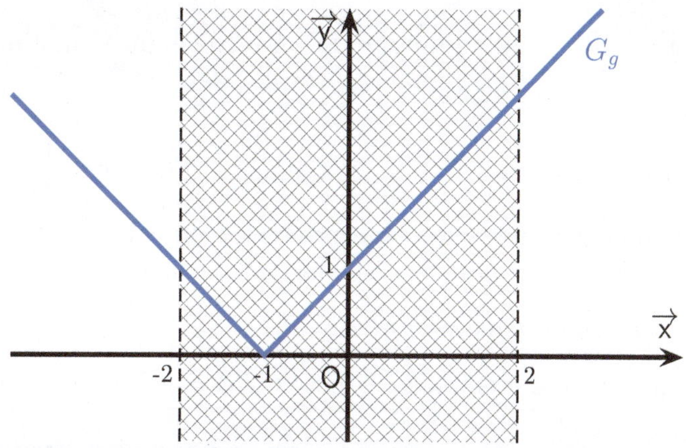

La funzione $h\colon \mathbb{R} \to \mathbb{R}$ è simile ad una delle due funzioni dell'Esercizio 8 del Capitolo 2. La sua definizione esplicita è la seguente:

$$h(x) = |x| - 1 = \begin{cases} x-1 & \text{se } x \geqslant 0 \\ -x-1 & \text{se } x < 0\,. \end{cases}$$

Invero, la funzione h è la traslazione (di una unità verso il basso) della funzione $|x|$:

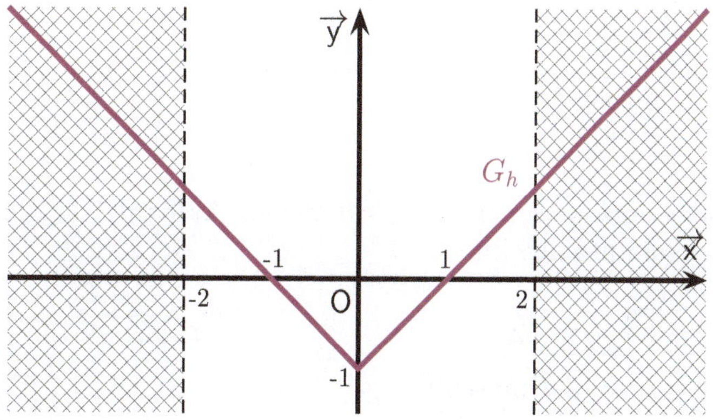

In conclusione, otteniamo il grafico di f come segue:

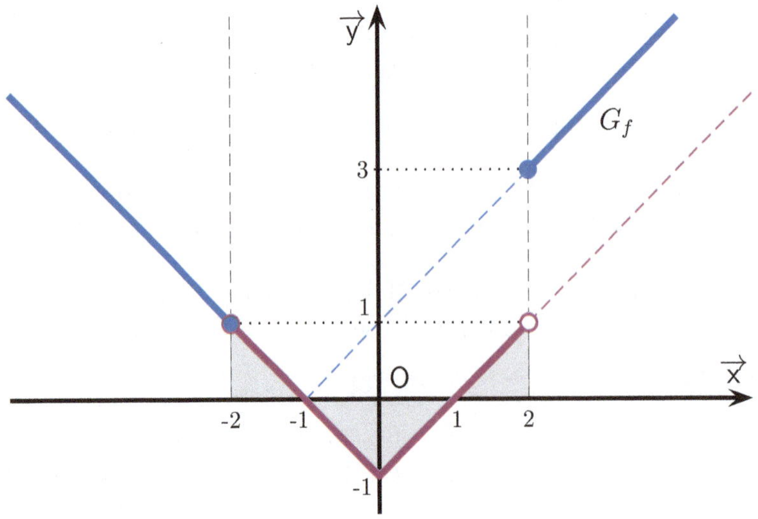

1 **Vera.** L'unico punto di discontinuità di f (di prima specie) si ha per $x = 2$ (ove f è continua dalla destra).

2 *Falsa.* Nel punto $x = 0$, f ha un minimo relativo che è anche minimo assoluto.

3 *Falsa.* Si ha:

$$\int_{-2}^{2} f(x)\,dx = \int_{-2}^{-1} f(x)\,dx + \int_{-1}^{1} f(x)\,dx + \int_{1}^{2} f(x)\,dx = \frac{1}{2} - 1 + \frac{1}{2} = 0\,.$$

(Le due aree ombreggiate nel semipiano positivo sono conteggiate con segno positivo, mentre quella nel semipiano negativo è conteggiata con segno negativo.)

4 *Falsa.* f ha un solo punto angoloso (in $x = 0$).

5 *Falsa.* f non è né pari (ad esempio, $f(-2) = 1 \neq 3 = f(2)$) né dispari.

Svolgimento 10. La funzione irrazionale fratta definita dalla legge

$$f(x) = \frac{1}{\sqrt{x-2}}$$

è molto semplice da studiare e disegnare.

1) ***Insieme d'esistenza. Continuità.*** L'insieme d'esistenza I di f si ottiene risolvendo la disequazione $x - 2 > 0$. Pertanto,

$$\mathsf{dom} f = I =]2, +\infty[\,.$$

La funzione f è continua in I.

2) ***Localizzazione.*** Si ha $f(x) > 0$ per ogni $x \in I$.

3) ***Comportamento agli estremi e in frontiera. Asintoti.*** Poiché $I =]2, +\infty[$, dobbiamo calcolare soltanto due limiti:

$$\lim_{x \to 2^+} \frac{1}{\sqrt{x-2}} = +\infty \qquad \text{e} \qquad \lim_{x \to +\infty} \frac{1}{\sqrt{x-2}} = 0^+\,.$$

Ne segue che il grafico di f presenta:

- un asintoto verticale destro, avente equazione $x = 2$;
- un asintoto orizzontale destro, l'asse $\vec{x}$.

*4) **Rappresentazione grafica parziale.*** Alla luce dei punti 1), 2) e 3), possiamo tracciare un grafico parziale della funzione f:

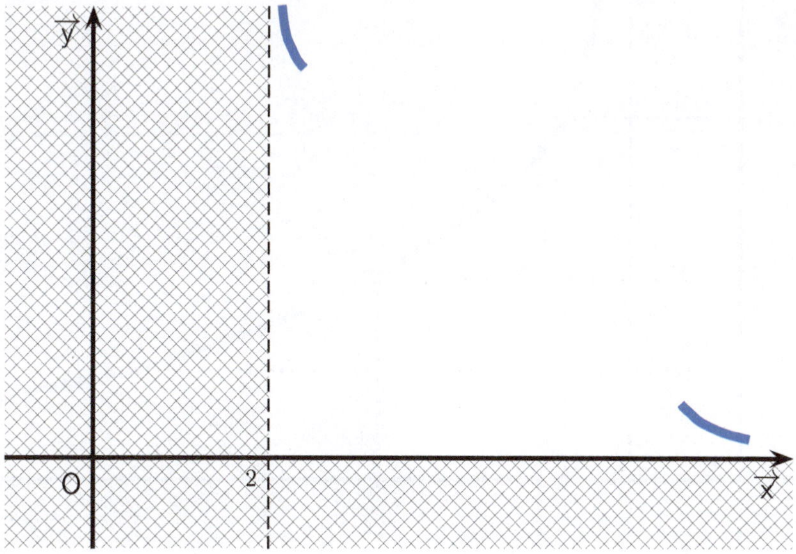

Il grafico parziale di f già ci consente di scartare due risposte. Invero, la $\boxed{3}$ è vera, in quanto f non può avere un minimo assoluto ($\inf f = 0$ ma $\nexists \min f$). Anche la risposta $\boxed{4}$ è vera: in forza della continuità di f e del comportamento in frontiera di cui al punto 3), si ha $\mathsf{codom}(f) =]0, +\infty[$. Infine, è lecito sospettare che anche la risposta $\boxed{1}$ vada scartata: appare infatti 'probabile' che f sia decrescente e convessa in tutto il suo dominio e dunque sia priva di punti di flesso. Tuttavia, sospendiamo al momento il giudizio sulla verità della risposta $\boxed{1}$, in quanto per trovare la risposta falsa dovremo comunque determinare la crescenza/decrescenza di f, nonché la sua convessità/concavità.

*5) **Derivata prima.*** Si ha:

$$f'(x) = \mathsf{D}\left[(x-2)^{-\frac{1}{2}}\right] = -\tfrac{1}{2}(x-2)^{-\frac{1}{2}-1} = -\frac{1}{2\sqrt{(x-2)^3}}\,.$$

Poiché $\sqrt{(x-2)^3} > 0$ per ogni $x \in I$, ne segue che $f'(x) < 0$ per ogni $x \in I$, per cui f è decrescente in tutto il suo dominio.

*6) **Derivata seconda.*** Si ha:

$$f''(x) = \mathsf{D}\left[-\tfrac{1}{2}(x-2)^{-\frac{3}{2}}\right] = \tfrac{3}{4}(x-2)^{-\frac{3}{2}-1} = \frac{3}{4}\,\frac{1}{\sqrt{(x-2)^5}}\,.$$

Poiché $\sqrt{(x-2)^5} > 0$ per ogni $x \in I$, ne segue che $f''(x) > 0$ per ogni $x \in I$, per cui f è convessa in tutto il suo dominio.

*7) **Rappresentazione grafica completa.*** Prima di disegnare il grafico completo, calcoliamo il valore che f assume per $x = 3$, $x = 6$ e $x = 11$:

$$f(3) = 1\,, \quad f(6) = \tfrac{1}{2}\,, \quad f(11) = \tfrac{1}{3}\,.$$

Pertanto, il grafico G_f di f passa per i punti $A \equiv (3,1)$, $B \equiv \left(6, \frac{1}{2}\right)$ e $C \equiv \left(11, \frac{1}{3}\right)$. Si noti che la rappresentazione geometrica di f usa un sistema di riferimento cartesiano *non omometrico*, ossia le unità di misura dei due assi cartesiani non sono uguali: ciò al fine di consentire una migliore visualizzazione dei dati.

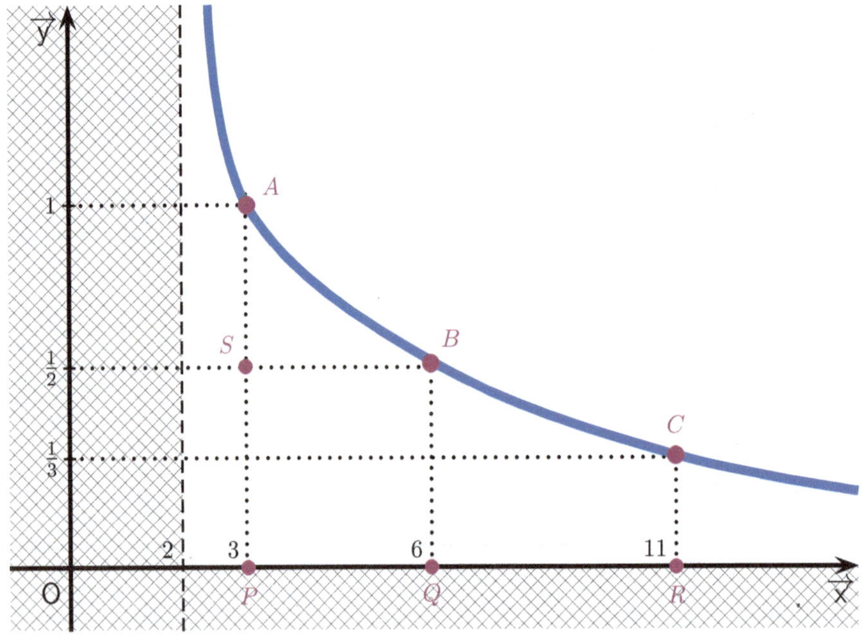

Risulta confermata l'intuizione che f non abbia flessi, per cui la risposta $\boxed{1}$ va scartata. Ne segue che la risposta corretta (falsa) è la $\boxed{2}$ oppure la $\boxed{5}$. Per determinare quale scegliere, calcoliamo i due integrali definiti. Essendo

$$\int \frac{1}{\sqrt{x-2}}\,dx = \int (x-2)^{-\frac{1}{2}}\,dx = \frac{(x-2)^{-\frac{1}{2}+1}}{-\frac{1}{2}+1} + C = 2\sqrt{x-2} + C\,,$$

si ottiene

$$\int_3^6 \frac{1}{\sqrt{x-2}}\,dx = \Big[2\sqrt{x-2}\Big]_3^6 = 2\,,$$

$$\int_6^{11} \frac{1}{\sqrt{x-2}}\,dx = \Big[2\sqrt{x-2}\Big]_6^{11} = 2\,.$$

Pertanto, la risposta corretta (falsa) è la $\boxed{5}$.

Un metodo alternativo – puramente geometrico e più rapido – per risolvere il quesito è il seguente. Denotiamo con $ABQP$ (rispettivamente, $BCRQ$) il trapezio avente come vertici i punti A, B, Q e P (rispettivamente, i punti B, C, R e Q); inoltre, denotiamo con $BQPS$ il rettangolo avente come vertici i punti B, Q, P e S. Poiché f è convessa nel suo dominio, si ha

$$\frac{3}{2} = \mathsf{Area}(BQPS) < \int_3^6 \frac{1}{\sqrt{x-2}}\,dx < \mathsf{Area}(ABQP) = \frac{9}{4}\,,$$

per cui la risposta $\boxed{2}$ è vera. Ne segue che $\boxed{5}$ è falsa. Invero, si ha

$$\int_6^{11} \frac{1}{\sqrt{x-2}}\,dx < \mathsf{Area}(BCRQ) = \frac{25}{12}\,.$$

Svolgimento 11. Innanzitutto risolviamo l'integrale indefinito

$$\int \frac{3x-4}{x^2-6x+8}\,dx\,.$$

Essendo

$$x^2 - 6x + 8 = 0 \quad \Longleftrightarrow \quad x = 2 \text{ oppure } x = 4,$$

esistono $a, b \in \mathbb{R}$ tali che

$$\frac{3x-4}{x^2-6x+8} = \frac{a}{x-2} + \frac{b}{x-4}.$$

Determiniamo $a, b \in \mathbb{R}$ come segue. Poiché

$$3x - 4 = a(x-4) + b(x-2) \quad \Longleftrightarrow \quad 3x - 4 = (a+b)x - (4a+2b),$$

si ha, per il *Principio di identità dei polinomi*,

$$\begin{cases} 3 = a + b \\ 4 = 4a + 2b \end{cases} \quad \Longleftrightarrow \quad \begin{cases} a = -1 \\ b = 4. \end{cases}$$

Pertanto, si può risolvere l'integrale originario come segue:

$$\begin{aligned} \int \frac{3x-4}{x^2-6x+8}\,dx &= \int \left(\frac{-1}{x-2} + \frac{4}{x-4}\right) dx \\ &= -\int \frac{1}{x-2}\,dx + 4\int \frac{1}{x-4}\,dx \\ &= -\log|x-2| \,+\, 4\log|x-4| \,+\, C. \end{aligned}$$

Siamo adesso pronti per determinare il valore dell'integrale definito, usando la formula fondamentale del calcolo integrale:

$$\begin{aligned} \int_0^1 \frac{3x-4}{x^2-6x+8}\,dx &= \Big[-\log|x-2| \,+\, 4\log|x-4|\Big]_0^1 \\ &= \big(-\log 1 + 4\log 3\big) - \big(-\log 2 + 4\log 4\big) \\ &= 4\log 3 + \log 2 - 4\log 2^2 \\ &= 4\log 3 - 7\log 2. \end{aligned}$$

Pertanto, la risposta corretta è la [2].

Svolgimento 12. Si consideri un'arbitraria funzione $f\colon [1,7] \cup [8,10] \to \mathbb{R}$ che sia dotata di derivata prima *all'interno* del suo dominio, ossia nell'insieme $]1,7[\, \cup\,]8,10[$. Similmente a quanto già osservato nella risoluzione dell'Esercizio 12 del Capitolo 2, questa funzione è certamente continua in $]1,7[\cup]8,10[$, ma potrebbe presentare delle discontinuità in frontiera, ossia in 1, 7, 8 o 10.

[1] *Falsa.* Se f fosse stata continua in almeno uno tra i due punti 0 e 7, allora l'asserzione sarebbe stata vera in forza del *Teorema di Rolle*, applicato alla restrizione di f all'intervallo chiuso $[0,4]$ oppure all'intervallo chiuso $[4,7]$. Non essendo tale condizione necessariamente verificata, l'asserzione è falsa: ad esempio, la funzione

$$f\colon [0,7] \cup [8,10] \to \mathbb{R}, \qquad f(x) = \begin{cases} 2 & \text{se } x = 0 \text{ oppure } x = 7 \\ x - 2 & \text{se } x \in \,]0,7[\, \cup [8,10] \end{cases}$$

soddisfa le ipotesi ma non la tesi (dunque è un *controesempio* alla verità dell'asserzione).

[2] *Falsa.* Se f fosse stata continua in 0 e 7 (e dunque nell'intervallo chiuso e limitato $[0,7]$), allora f sarebbe stata ivi limitata in forza del *Teorema di Weierstrass.* Non essendo tale ipotesi verificata, la restrizione di f all'intervallo $[0,7]$ può essere non limitata. Per esempio, non è difficile costruire una funzione $f\colon [0,7] \to \mathbb{R}$ con le seguenti caratteristiche:

- f è derivabile nell'intervallo aperto $]0,7[$ (e dunque ivi continua),
- f tende a $+\infty$ al tendere di x a 0 dalla destra (per cui $x=0$ è asintoto verticale destro),
- f tende a $-\infty$ al tendere di x a 7 dalla sinistra (per cui $x=7$ è asintoto verticale sinistro),
- $f(0)=f(4)=f(7)=2$.

Una tale funzione soddisfa le ipotesi, ma non è limitata, né inferiormente né superiormente.

[3] *Falsa.* La funzione f può avere punti di discontinuità in 0, 7, 8 o 10. Tali discontinuità possono soltanto essere di seconda o terza specie. Invero, supponiamo per assurdo che x_0 sia un punto di discontinuità di prima specie per f, ossia

$$\lim_{x\to x_0^-} f(x) = l_1 \neq l_2 = \lim_{x\to x_0^+} f(x)\,, \quad \text{con } l_1, l_2 \in \mathbb{R}\,.$$

Ne segue che il punto x_0 deve essere essere interno al dominio, altrimenti uno dei due limiti non sarebbe definito. Questo contraddice le ipotesi, in quanto f è continua all'interno del suo dominio.

[4] *Falsa.* Similmente al caso [2], se f fosse stata continua in 8 e 10 (e dunque nell'intervallo chiuso $[8,10]$), allora f sarebbe stata dotata di massimo assoluto in forza del *Teorema di Weierstrass*. Non essendo tale ipotesi verificata, f può non avere un massimo assoluto. Il controesempio fornito in [2] lo dimostra.

[5] **Vera.** Essendo f continua in $x=3$, si ha

$$\lim_{x\to 3} f(x) = f(3) = \tfrac{1}{2} > 0.$$

Per il *Teorema della permanenza del segno*, esiste un intorno $I_\varepsilon(3)$ del punto 3 contenuto nel dominio di f in cui la funzione assume lo stesso segno del limite, ossia è positiva. Poniamo $\delta = \frac{\varepsilon}{2}$. Poiché f ristretta all'intervallo chiuso $[3-\delta, 3+\delta]$ è continua (e limitata), essa risulta ivi integrabile e positiva. Ne segue

$$\int_{3-\delta}^{3+\delta} f(x)\,dx > 0\,,$$

come volevasi dimostrare.

Capitolo 4

Parte A.1

Esercizio 1. Siano A e B proposizioni logiche. Quale delle seguenti formule NON è una TAUTOLOGIA?

[1] $A \Longrightarrow (A \Longrightarrow A)$

[2] $(A \Longrightarrow B) \vee (A \vee B)$

[3] $B \Longrightarrow (A \Longrightarrow B)$

[4] $(\neg B \Longrightarrow \neg A) \Longleftrightarrow (A \Longrightarrow B)$

[5] Nessuna delle altre risposte

Esercizio 2. Sia X un insieme finito di cardinalità $n \geqslant 1$, e sia $\mathcal{P}(X)$ il suo insieme delle parti. Sia $\mathcal{R}$ la relazione binaria su $\mathcal{P}(X)$ definita come segue per ogni $A, B \in \mathcal{P}(X)$:

$$A \mathcal{R} B \iff A \setminus B = B \setminus A .$$

Quale delle seguenti asserzioni è VERA?

[1] $\mathcal{R}$ non è riflessiva

[2] $\mathcal{R}$ è una relazione d'equivalenza con 2^n classi

[3] $\mathcal{R}$ non è transitiva

[4] $\mathcal{R}$ non è antisimmetrica

[5] Nessuna delle altre risposte

Esercizio 3. Sia dato il sistema lineare

$$\begin{cases} x + ay = 1 \\ ax + y = -1 \end{cases}$$

con a parametro reale. Quale delle seguenti asserzioni è VERA?

[1] Per $a = 1$, il sistema è indeterminato

[2] Per $a = 0$, la coppia $(x, y) = (1, -1)$ è una delle infinite soluzioni del sistema

[3] Il sistema non è mai indeterminato

[4] Per $a = -3$, il sistema ammette almeno due soluzioni distinte

[5] Esiste un unico valore di $a \in \mathbb{R}$ per cui il sistema non ammette soluzioni

Parte A.2

Esercizio 4. Sia X il seguente insieme numerico:

$$X =]-\infty, 3[\cup \left\{2 - \frac{2}{z-3} : z \in \mathbb{Z} \setminus \{3\}\right\}.$$

Quale delle seguenti asserzioni è FALSA?

[1] $X \setminus FX$ è un insieme aperto

[2] $|DX \cap FX| = 1$

[3] FX è un insieme infinito

[4] X è chiuso

[5] DX è un intervallo

Esercizio 5. Quanto vale il determinante della matrice

$$A = \begin{pmatrix} 2 & 0 & 0 & 0 & 0 & 0 \\ 0 & 1 & 0 & 0 & 0 & 0 \\ 0 & 0 & 1 & -1 & 0 & 3 \\ 0 & 0 & 0 & 1 & 2 & -1 \\ 0 & 0 & -2 & 1 & 0 & 1 \\ 0 & 0 & 1 & 2 & 0 & 0 \end{pmatrix} ?$$

[1] 0

[2] 40

[3] 54

[4] -32

[5] -6

Parte A.3

Esercizio 6. Quante sono le funzioni suriettive da un insieme di 5 elementi ad un insieme di 3 elementi?

[1] 150

[2] 60

[3] $3^5 - 2^5 - 1$

[4] $5^3 - 5^2$

[5] 90

Parte B.1

Esercizio 7. Qual è l'insieme delle soluzioni della disequazione

$$\log_{\frac{1}{2}}(x^2 - x) > -1\ ?$$

1. $]-1, 2[$
2. $]-\infty, -1[\ \cup\ ]0, 2[$
3. $]-\infty, -1[\ \cup\ ]2, +\infty[$
4. $]-1, 0[\ \cup\ ]1, 2[$
5. Nessuna delle altre risposte

Esercizio 8. Quanto vale

$$\int_3^4 \frac{x^2 - x + 1}{x - 1}\,dx\ ?$$

1. $\log \frac{3}{2} + \frac{7}{2}$
2. $-\log 2 + \frac{5}{2}$
3. $2 \log 3 - \log 2 + \frac{3}{2}$
4. $\log \frac{2}{3} - \frac{5}{2}$
5. Nessuna delle altre risposte

Esercizio 9. Quanto vale

$$\lim_{x \to -\infty} \left(\frac{x - 1}{x + 3}\right)^{x^2 - 2x + 4}\ ?$$

1. 0
2. e^{-4}
3. $2\,\mathrm{e}$
4. $+\infty$
5. Nessuna delle altre risposte

Parte B.2

Esercizio 10. Sia $f\colon \mathbb{R} \to \mathbb{R}$ la funzione definita come segue:

$$f(x) = \begin{cases} -|x| + 1 & \text{se } 1 \leqslant |x| \leqslant 2 \\ |x| - 2 & \text{altrimenti} \end{cases} .$$

Quale tra le seguenti asserzioni è FALSA?

[1] f ha esattamente un punto angoloso

[2] f ha un minimo assoluto ma non un massimo assoluto

[3] f ha esattamente quattro punti di discontinuità di prima specie

[4] f è una funzione pari

[5] $\int_{-2}^{2} f(x)\,dx = -2$

Esercizio 11. Sia data la funzione f definita dalla legge

$$f(x) = \sqrt{\frac{x^3}{x-1}}$$

in tutto il suo insieme d'esistenza. Quale delle seguenti asserzioni è FALSA? (Non occorre calcolare la derivata seconda.)

[1] f ha un minimo assoluto di frontiera

[2] f ha un minimo relativo

[3] f ha un massimo relativo

[4] f ha due asintoti obliqui

[3] f ha un asintoto verticale

Parte B.3

Esercizio 12. Sia $f\colon \mathbb{R} \to \mathbb{R}$ una funzione la cui derivata è la mappa $f'\colon \mathbb{R} \to \mathbb{R}$ definita dalle leggi

$$f'(x) = \begin{cases} |x| - 1 & \text{se } |x| \leqslant 2 \\ 1 & \text{se } |x| > 2 . \end{cases}$$

Quale delle seguenti asserzioni è VERA?

[1] f non ha flessi

[2] f ha un minimo assoluto

[3] f è limitata superiormente

[4] f ha un punto angoloso

[5] Se $f(2) = 1$, allora $\int_{2}^{4} f(x)\,dx = 4$

Soluzioni

Svolgimento 1. Le tavole di verità delle formule [1]–[4] sono le seguenti:

A	$A \Longrightarrow A$	$A \Longrightarrow (A \Longrightarrow A)$
V	V	V
F	V	V

A	B	$A \Longrightarrow B$	$A \vee B$	$(A \Longrightarrow B) \vee (A \vee B)$
V	V	V	V	V
V	F	F	V	V
F	V	V	V	V
F	F	V	F	V

A	B	$A \Longrightarrow B$	$B \Longrightarrow (A \Longrightarrow B)$
V	V	V	V
V	F	F	V
F	V	V	V
F	F	V	V

A	B	$\neg B$	$\neg A$	$\neg B \Longrightarrow \neg A$	$A \Longrightarrow B$	$(\neg B \Longrightarrow \neg A) \Longleftrightarrow (A \Longrightarrow B)$
V	V	F	F	V	V	V
V	F	V	F	F	F	V
F	V	F	V	V	V	V
F	F	V	V	V	V	V

Pertanto, tutte le formule [1]–[4] sono tautologie e la risposta corretta è la **[5]**.

Svolgimento 2. Per capire la definizione della relazione binaria $\mathcal{R}$ su un arbitrario insieme finito, vediamo come funziona sull'insieme $X = \{x, y, z\}$. Il sottoinsieme $A = \{x, y\}$ non è nella relazione $\mathcal{R}$ con il sottoinsieme $B = \{y, z\}$, in quanto $A \setminus B = \{x\}$ è diverso da $B \setminus A = \{z\}$. Il sottoinsieme $A = \{x, y\}$ non è neanche nella relazione $\mathcal{R}$ con i sottoinsiemi $C = \{z\}$ e $D = \{x\}$, in quanto si verifica subito che $A \setminus C \neq C \setminus A$ e $A \setminus D \neq D \setminus A$. Invero, è semplice controllare che A è nella relazione $\mathcal{R}$ soltanto con se stesso. Questo ragionamento si estende ad un qualunque sottoinsieme di X, che si trova nella relazione $\mathcal{R}$ soltanto con se stesso.

Sia adesso X un arbitrario insieme finito. Per ogni $A, B \in \mathcal{P}(X)$, si ha

$$A \setminus B = \{x \in X : x \in A \wedge x \notin B\} \quad \text{e} \quad B \setminus A = \{x \in X : x \in B \wedge x \notin A\}.$$

Poiché due insiemi sono uguali se e solo se ognuno dei due è incluso nell'altro, si ottiene

$$\begin{aligned} A \setminus B = B \setminus A &\Longleftrightarrow (A \setminus B \subseteq B \setminus A) \wedge (B \setminus A \subseteq A \setminus B) \\ &\Longleftrightarrow (\nexists x \in X)(x \in A \wedge x \notin B) \wedge (\nexists x \in X)(x \in B \wedge x \notin A) \\ &\Longleftrightarrow (A \subseteq B) \wedge (B \subseteq A) \\ &\Longleftrightarrow A = B\,. \end{aligned}$$

Possiamo dunque concludere che la relazione $\mathcal{R}$ coincide con la classica relazione di uguaglianza! Pertanto, $\mathcal{R}$ è una relazione d'equivalenza in cui ogni classe contiene un solo elemento. Ne segue che, se X contiene $n \geqslant 1$ elementi, allora $\mathcal{R}$ è una relazione d'equivalenza su X avente esattamente $|\mathcal{P}(X)| = 2^n$ classi. La risposta corretta è dunque la **[2]**.

Svolgimento 3. Determiniamo il rango della matrice incompleta A e quello della matrice completa B al variare del parametro reale a, ove

$$A = \begin{pmatrix} 1 & a \\ a & 1 \end{pmatrix} \quad \text{e} \quad B = \begin{pmatrix} 1 & a & 1 \\ a & 1 & -1 \end{pmatrix}.$$

Essendo $\det(A) = 1 - a^2$, per cui $\det(A) = 0$ se e solo se $a = \pm 1$, si ottiene

$$r(A) = \begin{cases} 1 & \text{se} \quad a \in \{-1, 1\} \\ 2 & \text{se} \quad a \in \mathbb{R} \setminus \{-1, 1\}. \end{cases}$$

Per determinare il rango della matrice completa B al variare del parametro $a \in \mathbb{R}$, applichiamo il *Teorema degli orlati*, utilizzando l'estratta di ordine 1 di Nord-Ovest formato dal solo elemento 1. Dobbiamo calcolare i determinanti dei due orlati di tale minore. Un orlato lo abbiamo già considerato: trattasi infatti della matrice incompleta A. Il secondo orlato è dato dalla seguente matrice:

$$O = \begin{pmatrix} 1 & 1 \\ a & -1 \end{pmatrix}.$$

Essendo $\det(O) = -1 - a$, per cui $\det(O) = 0$ se e solo se $a = -1$, si ottiene che per $a = -1$ si annullano i determinanti di entrambi gli orlati, mentre per tutti gli altri valori di $a \in \mathbb{R}$ almeno uno dei due orlati ha determinante non nullo. Pertanto, si ha

$$r(B) = \begin{cases} 1 & \text{se} \quad a = -1 \\ 2 & \text{se} \quad a \in \mathbb{R} \setminus \{-1\}. \end{cases}$$

In conclusione, in forza del *Teorema di Rouchè-Capelli*, si ottiene:

valore di a	$r(A)$	$r(B)$	sistema	numero soluzioni
-1	1	1	indeterminato	∞^1
1	1	2	impossibile	0
$\neq \pm 1$	2	2	determinato	1

Alla luce dell'analisi svolta, la risposta corretta è la **5**.

Svolgimento 4. L'insieme numerico X è formato dall'intervallo aperto $]-\infty, 3[$ unito ad un insieme di punti $\left\{2 - \frac{2}{z-3} : z \in \mathbb{Z} \setminus \{3\}\right\}$ che converge ad 2 sia dalla sinistra (per $z \geqslant 4$) che dalla destra (per $z \leqslant 2$). Determiniamo alcuni elementi dell'insieme $\left\{2 - \frac{2}{z-3} : z \in \mathbb{Z} \setminus \{3\}\right\}$.

- Per $z \geqslant 4$ (ossia, nell'ordine, per $z = 4, 5, 6, 7, 8, 9, \ldots$), si ottiene la successione crescente $0, 1, \frac{4}{3}, \frac{3}{2}, \frac{8}{5}, \frac{5}{3}, \ldots$ (in colore blu in figura), che converge a 2 dalla sinistra. Si noti che tutti i punti di questa successione sono 'catturati' dall'intervallo aperto $]-\infty, 3[$ e dunque non danno alcun contributo all'insieme X.

- Per $z \leqslant 2$ (ossia, nell'ordine, per $z = 2, 1, 0, -1, -2, -3, \ldots$), si ottiene la successione decrescente $4, 3, \frac{8}{3}, \frac{5}{2}, \frac{12}{5}, \frac{7}{3}, \ldots$ (in colore magenta in figura), che converge a 2 dalla destra. Si noti che tutti i punti di questa successione, a parte i primi due, sono 'catturati' dall'intervallo aperto $]-\infty, 3[$ e dunque non danno alcun contributo all'insieme X.

La rappresentazione grafica dell'insieme X è la seguente:

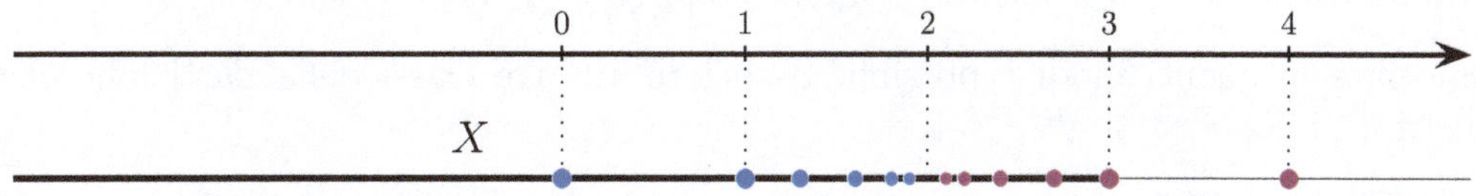

Essendo

$$DX = \left]-\infty, 3\right] \,,\; FX = \{3,4\} \,,\; \overline{X} = X \,,\; \mathring{X} = \left]-\infty, 3\right[\,,\; \max X = 4 \,,\; \inf X = -\infty \,,$$

possiamo immediatamente determinare la risposta corretta (falsa).

[1] *Vera.* $X \setminus FX = X \setminus \{3,4\} = \left]-\infty, -3\right[$ è un insieme aperto.

[2] *Vera.* Essendo $DX \cap FX = \left]-\infty, 3\right] \cap \{3,4\} = \{3\}$, si ha $|DX \cap FX| = 1$.

[3] Falsa. $FX = \{3,4\}$ è un insieme finito.

[4] *Vera.* Essendo $\overline{X} = X$, l'insieme X è chiuso.

[5] *Vera.* $DX = \left]-\infty, 3\right]$ è un intervallo.

Svolgimento 5. Per calcolare il determinante della matrice A, approfittiamo della presenza di tanti zeri nelle prime due righe di A ed applichiamo il *Primo Teorema di Laplace* ad esse (e poi lo riapplichiamo alla terza colonna):

$$\begin{aligned}
\det(A) &= \det \begin{pmatrix} 2 & 0 & 0 & 0 & 0 & 0 \\ 0 & 1 & 0 & 0 & 0 & 0 \\ 0 & 0 & 1 & -1 & 0 & 3 \\ 0 & 0 & 0 & 1 & 2 & -1 \\ 0 & 0 & -2 & 1 & 0 & 1 \\ 0 & 0 & -1 & 2 & 0 & 0 \end{pmatrix} \\
&= \det \begin{pmatrix} 2 & 0 \\ 0 & 1 \end{pmatrix} \cdot (-1)^{1+2+1+2} \cdot \det \begin{pmatrix} 1 & -1 & 0 & 3 \\ 0 & 1 & 2 & -1 \\ -2 & 1 & 0 & 1 \\ -1 & 2 & 0 & 0 \end{pmatrix} && (\text{\textit{T. Laplace} alle righe 1 e 2}) \\
&= 2 \cdot 1 \cdot 2 \cdot (-1)^{2+3} \cdot \det \begin{pmatrix} 1 & -1 & 3 \\ -2 & 1 & 1 \\ -1 & 2 & 0 \end{pmatrix} && (\text{\textit{T. Laplace} alla colonna 3}) \\
&= -4 \cdot (-10) \\
&= 40 \,.
\end{aligned}$$

Pertanto, la risposta corretta è la **[2]**.

Svolgimento 6. Sia A un insieme di 5 elementi e B un insieme di 3 elementi. Il calcolo del numero di funzioni suriettive da A in B consta di tre passi:[15]

[15] Esiste una formula generale per calcolare il numero di funzione suriettive tra due insiemi finiti. Tale formula utilizza il cosiddetto *Principio di inclusione-esclusione*: si veda [GL2024], Capitolo 3 (Calcolo combinatorio), Sezione 3.1.16. Si veda anche l'Esercizio 3.26 del Capitolo 3 e il relativo suggerimento, ove si menziona la formula generale per il calcolo del numero di funzioni suriettive, basata sui *numeri di Stirling di seconda specie*.

(1) calcolare il numero di partizioni di A in tre classi, ove in ogni classe (non vuota) ci stanno tutti e soli gli elementi di A che 'colpiscono' lo stesso elemento di B;

(2) calcolare in quanti modi è possibile associare alle tre classi della partizione elementi distinti di B;

(3) moltiplicare i due numeri ottenuti, applicando la *Regola del prodotto*.[16]

Per quanto riguarda il punto (1), osserviamo che le partizioni dell'insieme A in tre classi possono essere soltanto di due tipi:

(1.a) una classe con 3 elementi e due classi con 1 elemento ciascuna;

(1.b) due classi con 2 elementi e una classe con 1 elemento.

Graficamente:

(1.a) (1.b)

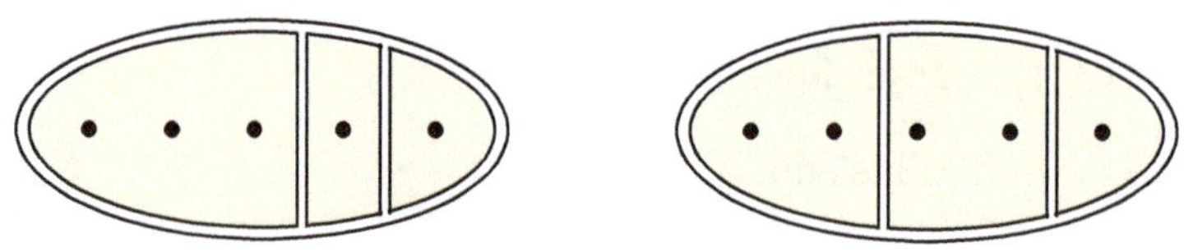

Le configurazioni di tipo (1.a) sono ottenute selezionando (senza ordine e senza ripetizione) 3 dei 5 elementi di A, in quanto i rimanenti 2 elementi sono gli unici elementi delle altre due classi. Pertanto, poiché l'ordine delle classi non conta, ci sono

$$\binom{5}{3} = \binom{5}{2} = 10$$

configurazioni del tipo (1.a). Le configurazioni del tipo (1.b) si ottengono selezionando (senza ordine e senza ripetizione) prima 2 dei 5 elementi di A (quelli che vanno nella prima classe), poi 2 dei rimanenti 3 elementi di A (quelli che vanno nella seconda classe) ed infine mettendo l'ultimo elemento nella terza classe. Pertanto, si potrebbe essere (erroneamente) indotti a pensare che il numero delle configurazioni di tipo (1.b) sia dato da

$$\binom{5}{3}\binom{3}{2}.$$

Tale calcolo è tuttavia scorretto, in quanto, come già osservato, l'ordine delle classi *non* rileva! Invero, in tal modo si finirebbe per contare due volte ciascuna partizione del tipo (1.b). Ad esempio, le due partizioni

$$\Big\{\{a,b\},\{c,d\},\{e\}\Big\} \quad \text{e} \quad \Big\{\{c,d\},\{a,b\},\{e\}\Big\},$$

rappresentate graficamente da

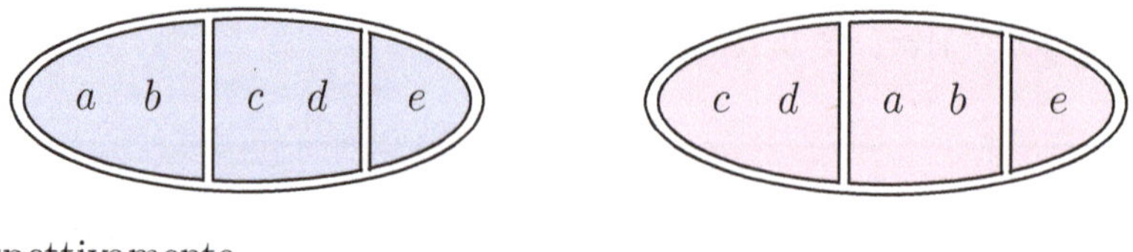

ed ottenute, rispettivamente,

- selezionando prima a e b, poi c e d, ed infine e (la prima),
- selezionando prima c e d, poi a e b, ed infine e (la seconda),

[16] Si veda [GL2024], Capitolo 3 (Calcolo Combinatorio), Sezione 3.1.9 (Regole di decomposizione).

sono le stesse da un punto di vista insiemistico! Pertanto, per correggere il calcolo delle configurazioni del tipo (1.b), dobbiamo dividere per 2 il risultato ottenuto precedentemente, che diventa[17]

$$\frac{\binom{5}{3}\binom{3}{2}}{2} = \frac{10 \cdot 3}{2} = 15\,.$$

In conclusione, il numero di partizioni di A in tre classi è $10 + 15 = 25$.

Per quanto riguarda il punto (2), è immediato osservare che il numero di modi in cui possiamo assegnare ad ogni classe della partizione un elemento distinto di B è dato da

$$P_3 = 3! = 6\,.$$

Pertanto, possiamo concludere che il numero totale di casi possibili è

$$25 \cdot 6 = 150$$

e dunque la risposta corretta è la $\boxed{1}$.

Svolgimento 7. Si ha:

$$\log_{\frac{1}{2}}(x^2 - x) > -1 \iff \begin{cases} x^2 - x < \left(\frac{1}{2}\right)^{-1} \\ x^2 - x > 0 \end{cases} \iff \begin{cases} x^2 - x - 2 < 0 \\ x^2 - x > 0\,. \end{cases}$$

Essendo

$$\begin{aligned} x^2 - x - 2 = 0 &\iff x = -1 \text{ oppure } x = 2 \\ x^2 - x = 0 &\iff x = 0 \text{ oppure } x = 1\,, \end{aligned}$$

otteniamo

$$\begin{aligned} x^2 - x - 2 < 0 &\iff -1 < x < 2 \\ x^2 - x > 0 &\iff x < 0 \text{ oppure } x > 1\,. \end{aligned}$$

Rappresentando con una linea continua le soluzioni delle due disequazioni, ossia

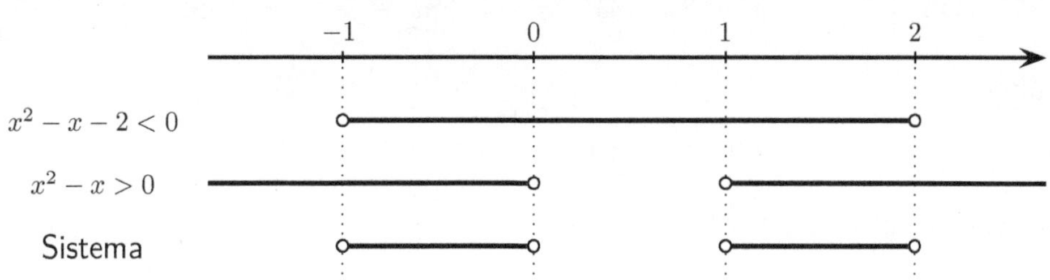

ne segue che l'insieme delle soluzioni del sistema (e dunque della disequazione originaria) è dato dall'insieme $]-1, 0[\ \cup\ ]1, 2[$, per cui la risposta corretta è la $\boxed{4}$.

Svolgimento 8. Risolviamo innanzitutto l'integrale indefinito. Trattandosi di un integrale di una funzione razionale fratta in cui il grado del polinomio dividendo è maggiore del grado del polinomio divisore, procediamo alla divisione tra i due polinomi, ottenendo[18]

$$\frac{x^2 - x + 1}{x - 1} = x + \frac{1}{x - 1}\,.$$

[17] Per ulteriori dettagli sul modo sistematico con cui affrontare questo tipo di problemi, si veda il Capitolo di Insiemistica in [GL2024], in particolare la Sezione 2.1.19 e gli Esercizi 2.1 e 2.19, nonché l'Esercizio 3.8 del Capitolo di Calcolo Combinatorio.

[18] Il lettore che non sia a conoscenza della tecnica di divisione tra polinomi può consultare l'Appendice di [GL2024].

Ne segue

$$\int \frac{x^2 - x + 1}{x - 1}\, dx = \int x\, dx + \int \frac{1}{x-1}\, dx = \frac{x^2}{2} + \log|x-1| + C\,,$$

da cui

$$\int_3^4 \frac{x^2 - x + 1}{x - 1}\, dx = \left[\frac{x^2}{2} + \log|x-1|\right]_3^4 = 8 + \log 3 - \frac{9}{2} - \log 2 = \frac{7}{2} + \log\frac{3}{2}\,.$$

Pertanto, la risposta corretta è la $\boxed{\mathbf{1}}$.

Svolgimento 9. Il limite si presenta nella forma indeterminata $[1^\infty]$. Essendo

$$\begin{aligned}
\lim_{x\to-\infty}\left(\frac{x-1}{x+3}\right)^{x^2-2x+4} &= \lim_{x\to-\infty}\left(\frac{(x+3)-4}{x+3}\right)^{x^2-2x+4} \\
&= \lim_{x\to-\infty}\left(1 + \frac{1}{-\frac{x+3}{4}}\right)^{x^2-2x+4} \\
&= \lim_{x\to-\infty}\left[\left(1 + \frac{1}{-\frac{x+3}{4}}\right)^{-\frac{x+3}{4}}\right]^{-\frac{4}{x+3}(x^2-2x+4)}
\end{aligned}$$

nonché

$$\lim_{x\to-\infty}\left(1 + \frac{1}{-\frac{x+3}{4}}\right)^{-\frac{x+3}{4}} = \mathrm{e}$$

e

$$\lim_{x\to-\infty}\left[-\frac{4}{x+3}(x^2-2x+4)\right] = -4\lim_{x\to-\infty}\frac{2x-2}{1} = +\infty\,,$$

otteniamo alfine

$$\lim_{x\to-\infty}\left(\frac{x-1}{x+3}\right)^{x^2-2x+4} = +\infty\,.$$

Pertanto, la risposta corretta è la $\boxed{\mathbf{4}}$.

Svolgimento 10. Questo quesito è simile all'Esercizio 8 del Capitolo 2. Denotiamo con $g(x)$ e $h(x)$ le due leggi che definiscono la funzione f, ossia

$$f(x) = \begin{cases} g(x) = -|x| + 1 & \text{se } 1 \leqslant |x| \leqslant 2 \\ h(x) = |x| - 2 & \text{altrimenti}\,. \end{cases}$$

Determiniamo dove utilizziamo la legge $g(x)$. Si ha

$$1 \leqslant |x| \leqslant 2 \iff \begin{cases} |x| \leqslant 2 \\ |x| \geqslant 1 \end{cases} \iff \begin{cases} -2 \leqslant x \leqslant 2 & \text{(i)} \\ x \leqslant -1 \text{ oppure } x \geqslant 1 & \text{(ii)} \end{cases}$$

ossia, rappresentando con una linea continua i valori per cui le due condizioni (i) e (ii) del sistema sono soddisfatte,

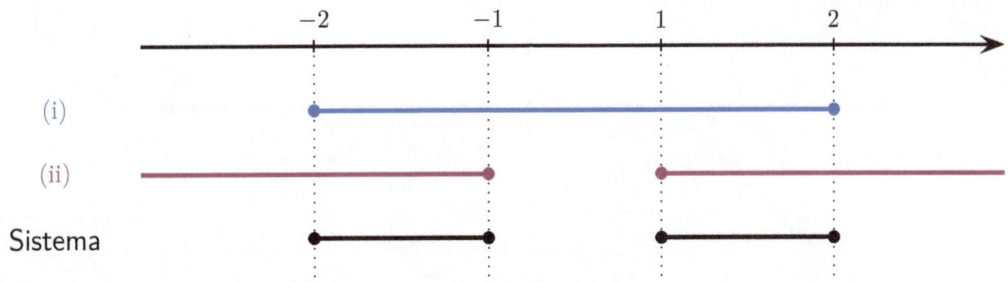

Pertanto, la legge $g(x)$ è utilizzata in $[-2,-1] \cup [1,2]$ e, conseguentemente, la legge $h(x)$ è utilizzata in $\mathbb{R} \setminus \big([-2,-1] \cup [1,2]\big)$. Ricapitolando, si ha:

$$f(x) = \begin{cases} g(x) = -|x| + 1 & \text{se } x \in [-2,-1] \cup [1,2] \\ h(x) = |x| - 2 & \text{se } x \in]-\infty,-2[\cup]-1,1[\cup]2,+\infty[\, . \end{cases}$$

Dai grafici delle due funzioni g (in blu) e h (in magenta), possiamo infine derivare il grafico della funzione originaria f come segue (tratto continuo, non tratteggiato):

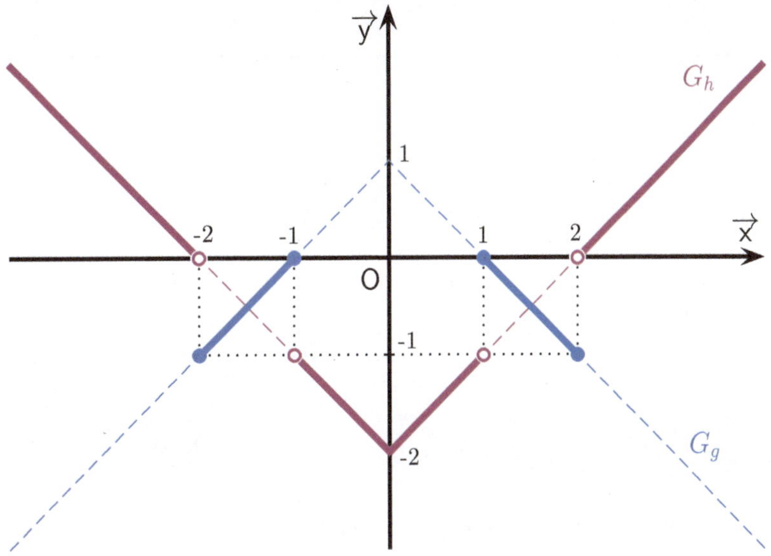

Determiniamo adesso quale tra le cinque risposte è corretta (falsa).

[1] *Vera.* L'unico punto angoloso si ha per $x = 0$.

[2] *Vera.* Il minimo assoluto di f è -2, ottenuto per $x = 0$. Inoltre, $\sup f = +\infty$ e dunque f non ha massimo assoluto.

[3] *Vera.* La funzione f ha esattamente quattro punti di discontinuità di prima specie, in $x = \pm 2$ e $x = \pm 1$.

[4] *Vera.* La funzione f è pari, in quanto $f(x) = f(-x)$ per ogni $x \in \mathbb{R}$.

[5] **Falsa.** Rispondiamo facendo ricorso a semplici considerazioni geometriche. Invero, l'integrale

$$\int_{-2}^{2} f(x)\, dx$$

risulta uguale alla somma delle tre aree delle superfici in colore verde nella seguente figura, considerate con segno negativo:

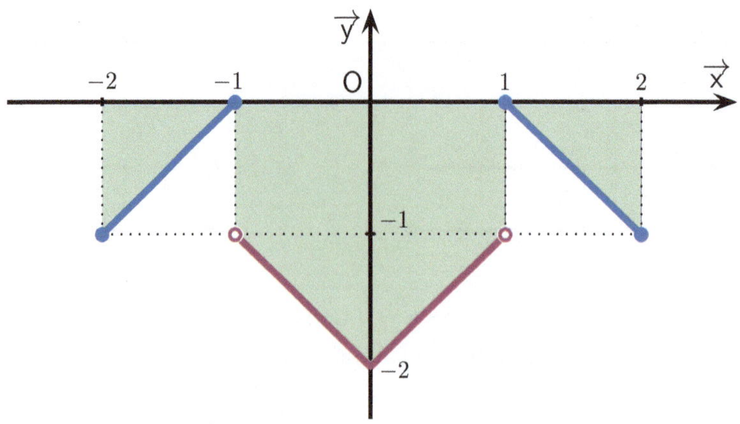

Poiché l'area del triangolo a destra (che è uguale all'area del triangolo a sinistra) vale $\frac{1}{2}$ e l'area del trapezio rettangolo di destra (che è uguale all'area del trapezio rettangolo di sinistra) vale $\frac{3}{2}$, si ottiene

$$\int_{-2}^{2} f(x)\, dx = -2\left(\frac{1}{2}+\frac{3}{2}\right) = -4\,.$$

Svolgimento 11. Studiamo la funzione irrazionale fratta definita dalla legge

$$f(x)=\sqrt{\frac{x^3}{x-1}}\,.$$

*1) **Insieme d'esistenza. Continuità.*** L'insieme d'esistenza I di f si ottiene risolvendo la disequazione razionale fratta

$$\frac{x^3}{x-1}\geqslant 0\,.$$

Essendo

$$x^3\geqslant 0 \iff x\geqslant 0 \qquad \text{e} \qquad x-1>0 \iff x>1\,,$$

si ottiene

$$I=\mathsf{dom}f=\left]-\infty,0\right]\cup\left]1,+\infty\right[\,.$$

La funzione f è continua in I. Inoltre, non presenta simmetrie. *(Verificare!)*

*2) **Localizzazione.*** Si ha $f(x)\geqslant 0$ per ogni $x\in I$. L'unica intersezione con gli assi cartesiani è l'origine $O\equiv(0,0)$. *(Verificare!)*

*3) **Comportamento agli estremi e in frontiera. Asintoti.*** Calcoliamo i seguenti tre limiti:

$$\lim_{x\to-\infty}\sqrt{\frac{x^3}{x-1}}=+\infty\,,\qquad \lim_{x\to1^+}\sqrt{\frac{x^3}{x-1}}=+\infty\,,\qquad \lim_{x\to+\infty}\sqrt{\frac{x^3}{x-1}}\qquad=+\infty\,.$$

Ne segue che il grafico di f presenta:

- un asintoto verticale destro, avente equazione $x=1$;
- nessun asintoto orizzontale.

Per completare l'analisi del comportamento di f agli estremi del dominio, determiniamo se f presenta asintoti obliqui. Essendo

$$m=\lim_{x\to-\infty}\frac{\sqrt{\frac{x^3}{x-1}}}{x}=\lim_{x\to-\infty}\frac{\sqrt{\frac{x^3}{x}}}{x}=\lim_{x\to-\infty}\frac{\sqrt{x^2}}{x}=\lim_{x\to-\infty}\frac{|x|}{x}=\lim_{x\to-\infty}\frac{-x}{x}=-1$$

nonché

$$\begin{aligned}
n &= \lim_{x\to-\infty} f(x) - mx \\
&= \lim_{x\to-\infty} \sqrt{\frac{x^3}{x-1}} + x \\
&= \lim_{x\to-\infty} \frac{\left(\sqrt{\frac{x^3}{x-1}} + x\right)\left(\sqrt{\frac{x^3}{x-1}} - x\right)}{\sqrt{\frac{x^3}{x-1}} - x} \\
&= \lim_{x\to-\infty} \frac{\frac{x^3}{x-1} - x^2}{|x|\sqrt{\frac{x}{x-1}} - x} \\
&= \lim_{x\to-\infty} \frac{\frac{x^2}{x-1}}{-x\left(\sqrt{\frac{x}{x-1}} + 1\right)} \\
&= -\lim_{x\to-\infty} \frac{x^2}{x(x-1)} \frac{1}{\sqrt{\frac{x}{x-1}} + 1} \\
&= -\left(1 \cdot \tfrac{1}{2}\right) = -\frac{1}{2},
\end{aligned}$$

la retta di equazione

$$y = -x - \frac{1}{2}$$

è asintoto obliquo sinistro. Similmente, si ha

$$m = \lim_{x\to+\infty} \frac{f(x)}{x} == 1 \qquad \text{e} \qquad n = \lim_{x\to+\infty} f(x) - mx = \frac{1}{2},$$

per cui la retta di equazione

$$y = x + \frac{1}{2}$$

è asintoto obliquo destro.

4) ***Rappresentazione grafica parziale.*** Alla luce dei punti 1), 2) e 3), possiamo tracciare un grafico parziale della funzione f:

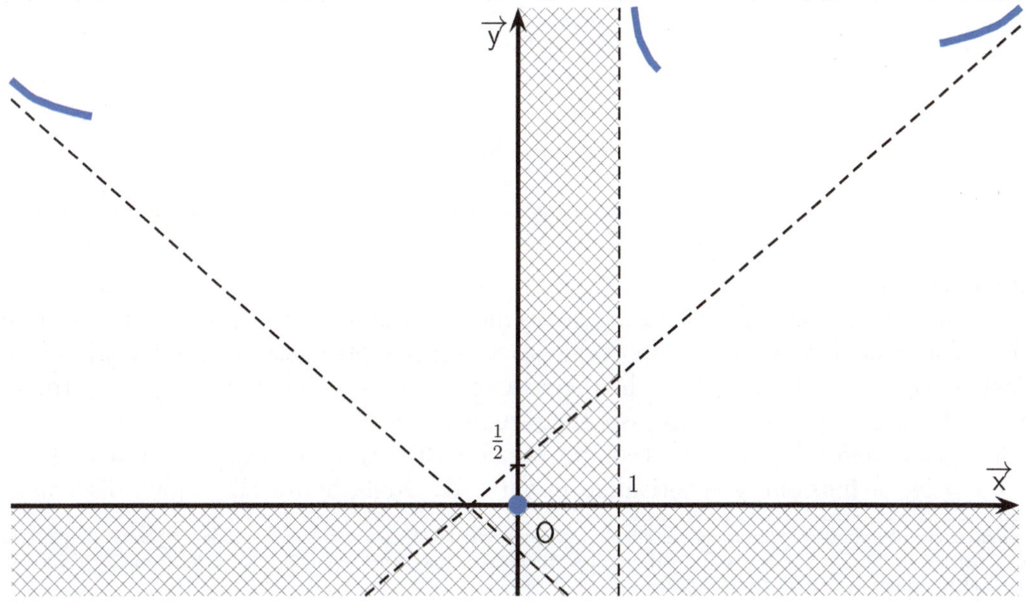

Si noti che il grafico parziale di f già ci consente di scartare tre risposte su cinque, in quanto le asserzioni $\boxed{1}$, $\boxed{4}$ e la $\boxed{5}$ sono tutte vere.

5) Derivata prima. Essendo

$$f'(x) = \mathsf{D}\left[\left(\frac{x^3}{x-1}\right)^{\frac{1}{2}}\right] = \frac{1}{2}\left(\frac{x^3}{x-1}\right)^{-\frac{1}{2}}\frac{2x^3-3x^2}{(x-1)^2} = \frac{x^2\,(2x-3)}{2\sqrt{\frac{x^3}{x-1}}\,(x-1)^2},$$

la funzione f è derivabile in tutto il suo dominio. Inoltre, essendo

$$f'(x)\begin{cases} >0 & \text{se } x \in \left]\frac{3}{2}, +\infty\right[\\ =0 & \text{se } x = 0 \text{ oppure } x = \frac{3}{2} \\ <0 & \text{se } x \in \left]-\infty, 0\right[\cup \left]1, \frac{3}{2}\right[, \end{cases}$$

la funzione f ha due punti critici, in $x = 0$ e $x = \frac{3}{2}$. In particolare:

- in $x = 0$, esiste soltanto la tangente (orizzontale) sinistra e la f presenta un minimo assoluto (di frontiera);
- in $x = \frac{3}{2}$, la f presenta un minimo relativo.

7) Rappresentazione grafica completa. Il grafico di f è il seguente:[19]

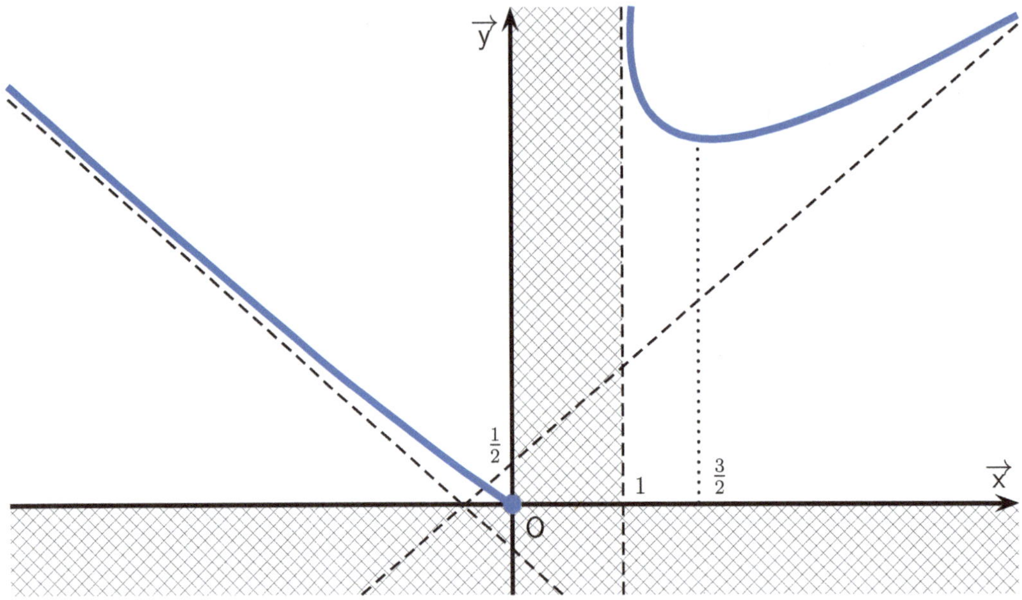

In conclusione, la risposta corretta (falsa) è la $\boxed{\mathbf{3}}$.

Svolgimento 12. Osserviamo preliminarmente che, avendo informazioni soltanto sulla sua derivata, la funzione f *non* sarà univocamente determinata: invero, esistono infinite funzioni f la cui derivata ha il comportamento assegnato, ottenute l'una dall'altra mediante traslazioni verticali. Fa eccezione la risposta $\boxed{5}$, in cui si ha un'ulteriore informazione relativa alla funzione f: in questo caso f sarà unica.

Adesso passiamo a determinare il comportamento di f studiandone la derivata f'. Essendo $\mathsf{dom}(f') = \mathbb{R}$, la funzione f è derivabile in tutto $\mathbb{R}$. Nella figura che segue, disegniamo il

[19] Per disegnare il grafico con precisione, ci stiamo avvalendo del fatto che la derivata seconda è positiva all'interno del dominio, per cui la funzione è convessa in entrambi i sottointervalli aperti del dominio. Tuttavia, il calcolo della derivata seconda è ultroneo per la corretta risoluzione del quesito.

grafico $G_{f'}$ della derivata f' (in magenta, sopra) e determiniamo la crescenza/decrescenza e la convessità/concavità della funzione f (in blu, sotto).

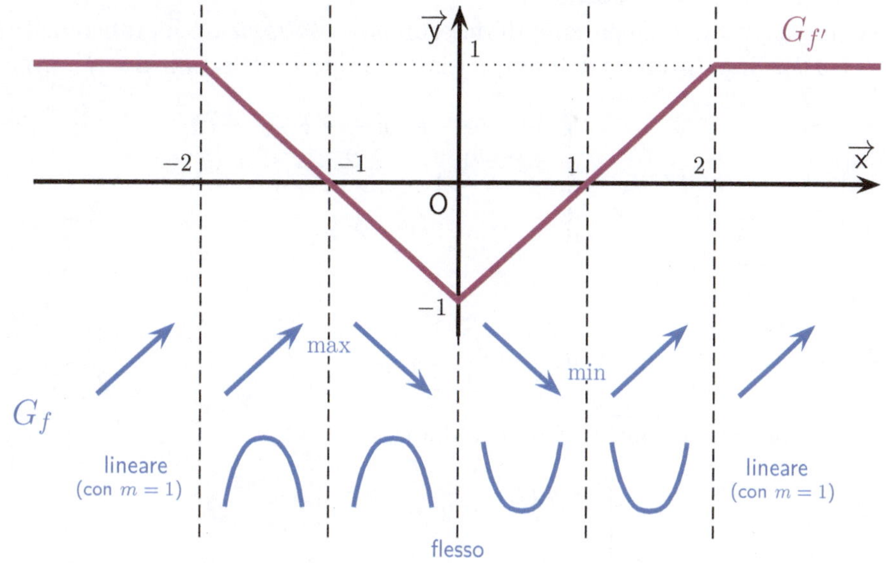

Per le considerazioni fatte nel grafico, ricordiamo che (in forza di alcuni teoremi del calcolo differenziale) si ha:

- se f' è positiva (rispettivamente, negativa), allora f è crescente (rispettivamente, decrescente);
- se f' è crescente (rispettivamente, decrescente), allora f è convessa (rispettivamente, concava).

Si noti che f ha due punti critici (ossia a derivata nulla) per $x = -1$ e $x = 1$, in cui presenta, rispettivamente, un massimo relativo e un minimo relativo. Inoltre, f presenta un flesso per $x = 0$, con retta tangente avente coefficiente angolare -1 (ossia parallela alla seconda bisettrice).

L'analisi fatta è sufficiente per determinare la risposta corretta (vera).

[1] *Falsa.* La funzione f ha esattamente un punto di flesso.

[2] *Falsa.* La restrizione di f all'intervallo $]-\infty, -2[$ è una retta con coefficiente angolare 1 (ossia parallela alla prima bisettrice). Pertanto, $\lim_{-\infty} f(x) = -\infty$, da cui $\inf f = -\infty$ e dunque f non ha minimo assoluto.

[3] *Falsa.* La restrizione di f all'intervallo $]2, +\infty[$ è una retta con coefficiente angolare 1 (ossia parallela alla prima bisettrice). Pertanto, $\lim_{+\infty} f(x) = +\infty$, da cui $\sup f = +\infty$ e dunque f non è superiormente limitata.

[4] *Falsa.* La funzione f è derivabile in tutto $\mathbb{R}$ e dunque non ha punti angolosi (a norma di definizione di punto angoloso).

[5] **Vera.** Nell'intervallo $[2, +\infty[$ la funzione f è una retta avente equazione del tipo $y = x + C$, con $C \in \mathbb{R}$. Dall'ipotesi $f(2) = 1$ si deriva $C = -1$, per cui

$$\int_2^4 f(x)\,dx = \int_2^4 (x-1)\,dx = \left[\frac{x^2}{2} - x\right]_2^4 = 4\,.$$

(Il medesimo risultato si ottiene in base a semplici considerazioni geometriche, in quanto l'integrale in esame risulta uguale all'area di un particolare trapezio rettangolo.) Ne segue che la risposta [5] è vera.

Concludiamo la risoluzione dell'esercizio con alcune considerazioni di carattere generale. Tali osservazioni sarebbero state fondamentali nel caso in cui le risposte avessero richiesto un'analisi più puntuale della situazione.

Il grafico della derivata f' ci consente di determinare *esattamente* il grafico della funzione f, *a meno di traslazioni.* Invero, f è una qualsiasi primitiva della funzione f', ove

$$f'(x) = \begin{cases} 1 & \text{se } x \leqslant -2 \\ -x-1 & \text{se } -2 < x < 0 \\ x-1 & \text{se } 0 \leqslant x < 2 \\ 1 & \text{se } x \geqslant 2\,. \end{cases}$$

Essendo

$$\int 1\,dx = x + C\,, \quad \int (-x-1)\,dx = -\frac{x^2}{2} - x + C\,, \quad \int (x-1)\,dx = \frac{x^2}{2} - x + C\,,$$

ne segue che un'arbitraria primitiva f di f' è del tipo

$$f(x) = \begin{cases} x + C_1 & \text{se } x \leqslant -2 \\ -\frac{x^2}{2} - x + C_2 & \text{se } -2 < x < 0 \\ \frac{x^2}{2} - x + C_3 & \text{se } 0 \leqslant x < 2 \\ x + C_4 & \text{se } x \geqslant 2\,, \end{cases}$$

ove le costanti C_1, C_2, C_3, C_4 sono tali che f risulti continua e derivabile. (Esiste una relazione funzionale tra le quattro costanti, ma omettiamo di argomentare in merito.) Alcuni grafici possibili di f sono rappresentati nella figura che segue.

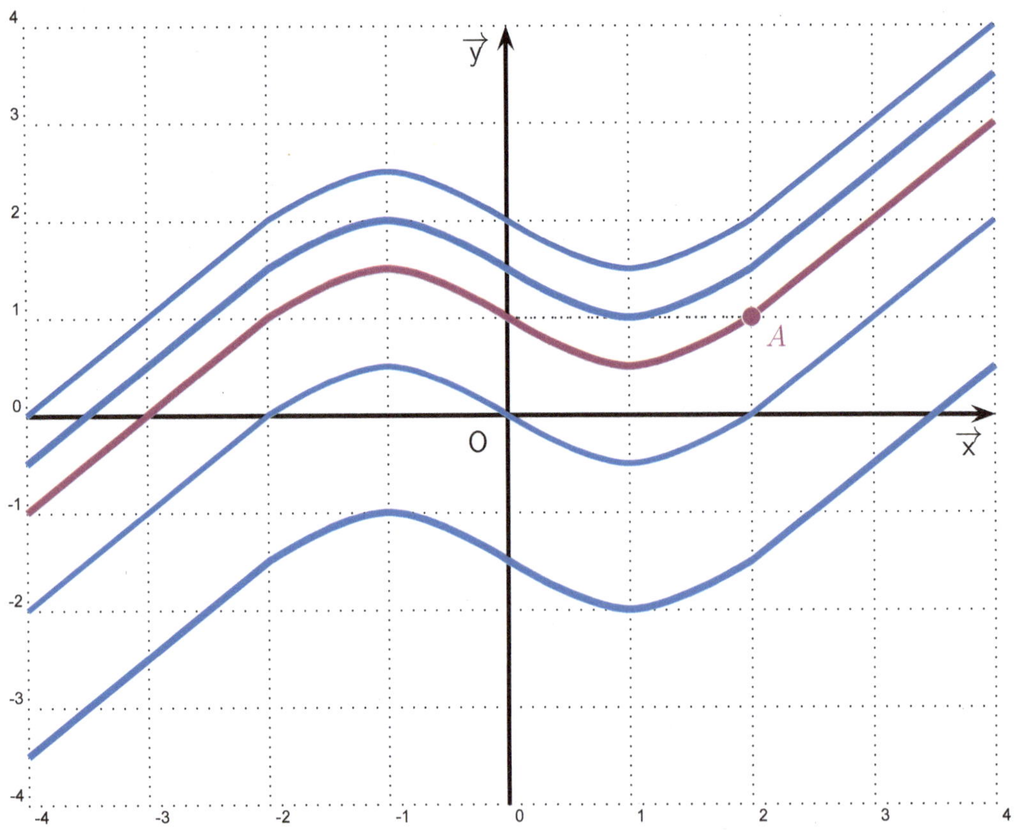

In particolare, il grafico della funzione f di cui alla risposta $\boxed{5}$, passante per il punto $A \equiv (2,1)$, è evidenziato in magenta. Se fosse stato richiesto di determinare le leggi che definiscono l'unica primitiva f di f' tale che $f(2) = 1$, allora la risposta sarebbe stata:

$$f(x) = \begin{cases} x+3 & \text{se } x \leqslant -2 \\[2ex] -\dfrac{x^2}{2} - x + 1 & \text{se } -2 < x < 0 \\[2ex] \dfrac{x^2}{2} - x + 1 & \text{se } 0 \leqslant x < 2 \\[2ex] x-1 & \text{se } x \geqslant 2\,. \end{cases}$$

Si invita il lettore a verificare la correttezza della definizione della funzione f.

Capitolo 5

Parte A.1

Esercizio 1. Siano dati sul piano il punto $A \equiv (0,4)$ e la retta $\overrightarrow{r}$ di equazione $x+3y-3=0$. Qual è il punto P del primo quadrante tale che P stia su $\overrightarrow{r}$ e l'area del triangolo AOP valga $\frac{4}{3}$?

1. $\left(\frac{2}{3}, \frac{7}{9}\right)$
2. $\left(1, \frac{2}{3}\right)$
3. $\left(\frac{3}{2}, \frac{1}{2}\right)$
4. $\left(2, \frac{1}{3}\right)$
5. Nessuna delle altre risposte

Esercizio 2. Siano A, B, C matrici quadrate di ordine 3. Sia inoltre Ω la matrice quadrata nulla di ordine 3. Quale delle seguenti asserzioni è FALSA?

1. Se $\det(A) = \frac{1}{4}$ e $\det(B) = 2$, allora $\det(2AB^{-1}) = 1$
2. $A^2(B+C) = A^2B + A^2C$
3. Se $AB = \Omega$, allora $\det(A) = 0$
4. Se $\det(A) = 2$, $\det(C^{-1}) = 2$ e $AC = B$, allora $\det(B) = 1$
5. Se $\det(AB) = 3$ e $\det(C^{-1}) = 6$, allora $\det(2ABC) = 4$

Esercizio 3. Sia dato l'insieme numerico

$$X = \left\{1 + \frac{3}{n^2+1} : n \in \mathbb{N}\right\} \cup \left]-\infty, 1\right] .$$

Quale delle seguenti asserzioni è FALSA?

1. $D(\mathring{X})$ è un intervallo chiuso contenuto in X
2. X è un insieme chiuso
3. DX ha un massimo ma non un minimo
4. $FX = X \setminus DX$
5. $|D(FX)| = 1$

Parte A.2

Esercizio 4. Sia dato il sistema lineare

$$\begin{cases} (a^2-1)x & + & y & = & a+2 \\ 3x & + & y & = & 0 \\ (1-a)x & + & y & = & 1 \end{cases}$$

con a parametro reale. Quale delle seguenti asserzioni è VERA?

[1] Il sistema è sempre impossibile

[2] Per $a = 0$, la coppia $(x, y) = \left(-\frac{1}{2}, \frac{3}{2}\right)$ è una delle infinite soluzioni del sistema

[3] Non esiste $a \in \mathbb{R}$ tale che il sistema è indeterminato

[4] Esistono due valori di a per cui il sistema ammette un'unica soluzione

[5] Nessuna delle altre risposte

Esercizio 5. Siano A, B, C proposizioni logiche. Quale delle seguenti formule è una TAUTOLOGIA?

[1] $(A \Longrightarrow B) \Longrightarrow (B \Longrightarrow A)$

[2] $\big((A \Longrightarrow B) \vee (B \Longrightarrow A)\big) \Longleftrightarrow (A \Longleftrightarrow B)$

[3] $A \Longrightarrow \big(A \Longrightarrow (A \Longrightarrow \neg A)\big)$

[4] $\big(A \Longrightarrow (B \Longrightarrow C)\big) \Longleftrightarrow \big((A \Longrightarrow B) \Longrightarrow C\big)$

[5] $\big((A \Longrightarrow B) \Longleftrightarrow (\neg A \vee B)\big) \Longleftrightarrow (A \vee \neg A)$

Parte A.3

Esercizio 6. Siano A e B due insiemi tali che $|A| = 7$, $|B| = 3$ e $|A \cup B| = 9$. Qual è il più GRANDE tra i seguenti numeri naturali?

[1] Il numero di funzioni iniettive da B in $A \setminus B$

[2] Il numero di funzioni iniettive da $B \setminus A$ in A

[3] Il numero di tutte le funzioni da $A \setminus B$ in $B \setminus A$

[4] Il numero di funzioni suriettive da A in $B \setminus A$

[5] Il numero di relazioni binarie riflessive su B

Parte B.1

Esercizio 7. Qual è l'insieme delle soluzioni della disequazione

$$\left(\frac{1}{2}\right)^{\log\left(x^2+2x\right)} > \left(\frac{1}{2}\right)^{\log 3} ?$$

1. $]-3,1[$
2. $]-3,-2[\,\cup\,]0,1[$
3. $]-\infty,-3[\,\cup\,]1,+\infty[$
4. $\emptyset$
5. Nessuna delle altre risposte

Esercizio 8. Qual è l'equazione della retta tangente al grafico della funzione

$$f(x) = \frac{x-1}{x-2}$$

nel punto di ascissa $x = 3$?

1. $y = -x + 5$
2. $y = x - 5$
3. $y = 2x + 10$
4. $y = -2x + 10$
5. Nessuna delle altre risposte

Esercizio 9. Quanto vale

$$\lim_{x\to 3} \frac{\left(\frac{1}{2}\right)^{x-3} - 1}{1 - \cos(x-3)} ?$$

1. $+\infty$
2. $-\infty$
4. e^{-1}
4. 0
5. Non esiste

Parte B.2

Esercizio 10. Data la funzione definita dalla legge

$$f(x) = \sqrt{4 - x^2}$$

in tutto il suo insieme di esistenza, quale delle seguenti affermazioni è FALSA?

[1] f ha un minimo assoluto interno

[2] f è limitata inferiormente e superiormente

[3] f è concava

[4] $\int_{-2}^{2} f(x)\, dx > 4$

[5] f è pari

Esercizio 11. Quanto vale

$$\int_0^1 e^x x^2\, dx\ ?$$

[1] $e^2 - 2e + 1$

[2] 3

[3] $3e^2 + 2$

[4] $e - 2$

[5] Nessuna delle altre risposte

Parte B.3

Esercizio 12. Sia $f\colon\ ]-\infty, -1] \cup \{0\} \cup [1, +\infty[\ \to \mathbb{R}$ la funzione avente il seguente grafico:

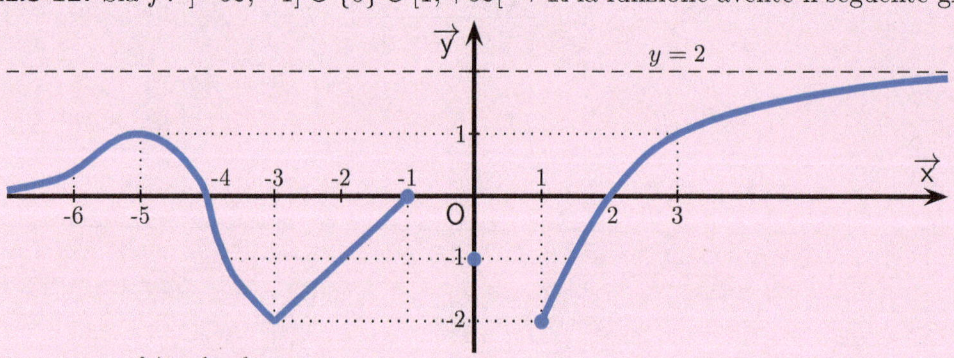

Analiticamente, f è tale che

- $f(-4)=f(-1)=f(2)=0,\ \ f(-5)=f(3)=1,\ \ f(-3)=f(1)=-2,$
- f'' è positiva in $]-\infty,-6[\cup]-4,-3[$, nulla in $]-3,-1[$, negativa in $]-6,-4[\cup]1,+\infty[$.

Quale delle seguenti asserzioni è FALSA?

[1] $\lim_{x\to-2} f(x) \cdot \lim_{x\to+\infty} f(x) = -2$

[2] La derivata di f ristretta a $]1, +\infty[$ è decrescente

[3] $f\left(-\frac{9}{2}\right) \cdot \int_2^3 f(x)\, dx > \frac{1}{4}$

[4] $f(0) \cdot \int_{-4}^{-1} f(x)\, dx \leqslant 3$

[5] $\int_1^2 f(x)\, dx > -1$

Soluzioni

Svolgimento 1. Per rappresentare graficamente il problema, scriviamo in forma esplicita l'equazione della retta $\overrightarrow{r}$:

$$x + 3y - 3 = 0 \quad \Longleftrightarrow \quad y = -\frac{1}{3}x + 1\,.$$

Poiché il punto P sta sulla retta $\overrightarrow{r}$ e si trova nel primo quadrante, le sue coordinate saranno del tipo $\left(a, -\frac{1}{3}a + 1\right)$, con $0 < a < 3$. Graficamente:

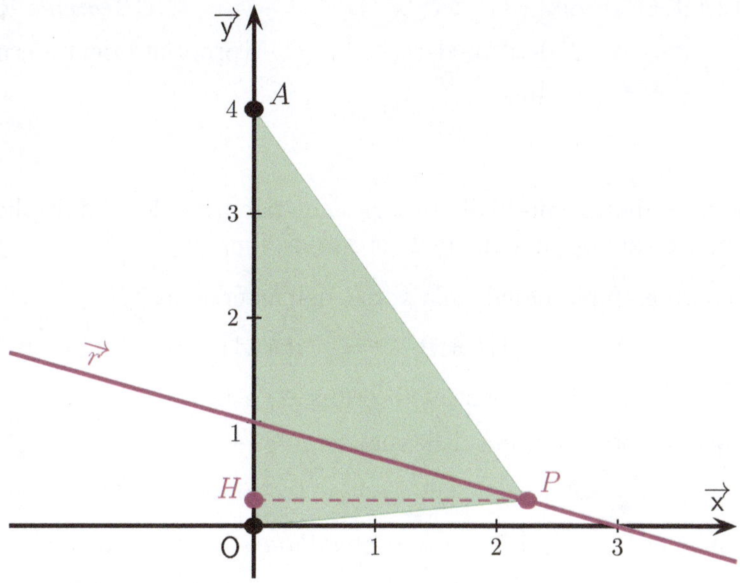

Una soluzione naturale impone che l'area del triangolo AOP valga $\frac{4}{3}$ e risolve l'equazione nella variabile a, ove $0 < a < 3$, per determinare le coordinate di P. Avendosi

$$\mathsf{Area}(AOP) = \frac{4}{3} \quad \Longleftrightarrow \quad \frac{\overline{AO} \cdot \overline{HP}}{2} = \frac{4}{3} \quad \Longleftrightarrow \quad \frac{4a}{2} = \frac{4}{3} \quad \Longleftrightarrow \quad a = \frac{2}{3}\,,$$

ne segue che P ha coordinate $\left(\frac{2}{3}, -\frac{1}{3} \cdot \frac{2}{3} + 1\right) = \left(\frac{2}{3}, \frac{7}{9}\right)$, per cui la risposta corretta è la $\boxed{\mathbf{1}}$.

Un modo alternativo per risolvere il problema è quello di usare la formula per il calcolo dell'area di un triangolo.[20] Tale formula consiste nel calcolare il determinante della matrice quadrata di ordine 3 avente come righe le 'coordinate omogenee unitarie' dei vertici del triangolo, per poi prendere il valore assoluto della metà di tale determinante.[21] Nel nostro caso, essendo

$$\begin{pmatrix} 0 & 4 & 1 \\ 0 & 0 & 1 \\ a & -\frac{1}{3}a + 1 & 1 \end{pmatrix} = 4a\,,$$

si ottiene

$$\mathsf{Area}(AOP) = \frac{4}{3} \quad \Longleftrightarrow \quad \left|\frac{1}{2}\,4a\right| = \frac{4}{3} \quad \Longleftrightarrow \quad |2a| = \frac{4}{3} \quad \Longleftrightarrow \quad a = \frac{2}{3}\,.$$

Adesso il calcolo prosegue come nel precedente paragrafo.

Si noti che il secondo metodo risulta, in questo caso particolare, un po' più articolato del primo. Tuttavia, nella maggior parte dei casi, il metodo del determinante si rivela decisamente il più efficiente dei due.

[20] Si veda [GL2024], Capitolo 7, Sezione 7.1.11, Proposizione 7.45 ed Esempio 7.46.

[21] Le *coordinate omogenee unitarie* di un punto $Q \equiv (x_0, y_0)$ del piano sono $(x_0, y_0, 1)$.

Svolgimento 2. Questo esercizio è basato sulla conoscenza di alcune proprietà delle matrici.

$\boxed{1}$ *Vera.* Supponiamo che $\det(A) = \frac{1}{4}$ e $\det(B) = 2$. Si noti che, a norma di definizione di prodotto di uno scalare per una matrice, $2A$ è la matrice ottenuta da A moltiplicandone ogni elemento per lo scalare 2, ossia, equivalentemente, moltiplicando ciascuna delle tre righe di A per 2. Pertanto, si ha:

$$\begin{aligned} \det(2AB^{-1}) &= \det(2A)\cdot\det(B^{-1}) && (\textit{Teorema di Binet}) \\ &= 2^3\det(A)\cdot\det(B)^{-1} && \text{(proprietà dei determinanti)} \\ &= 8\cdot\tfrac{1}{4}\cdot\tfrac{1}{2} \\ &= 1\,. \end{aligned}$$

$\boxed{2}$ *Vera.* Segue immediatamente dalla proprietà distributiva della moltiplicazione rispetto all'addizione, che vale per matrici dello stesso ordine.

$\boxed{3}$ **Falsa.** Un controesempio banale alla verità dell'asserzione

$$AB = \Omega \quad\Longrightarrow\quad \det(A) = 0$$

è dato da $A = I_3$ (la matrice identica di ordine 3) e $B = \Omega$.

Si noti che le due note proprietà delle matrici

$$AB = \Omega \quad\not\Longrightarrow\quad A = \Omega \text{ oppure } B = \Omega$$

(ossia non vale per le matrici la *legge di annullamento del prodotto*) e

$$AB = \Omega\,,\ A \neq \Omega\,,\ B \neq \Omega \quad\Longrightarrow\quad \nexists A^{-1} \text{ e } \nexists B^{-1}$$

non aiutano nella risoluzione del problema (invero risultano fuorvianti).

$\boxed{4}$ *Vera.* Supponiamo che $\det(A) = 2$, $\det(C^{-1}) = 2$ e $AC = B$. Ne segue

$$\det(B) \;=\; \det(AC) \;=\; \det(A)\cdot\det(C) \;=\; 2\cdot\tfrac{1}{2} \;=\; 1\,.$$

$\boxed{5}$ *Vera.* Supponiamo che $\det(AB) = 3$ e $\det(C^{-1}) = 6$. Utilizzando risultati simili a quelli usati per il caso $\boxed{1}$, si ha:

$$\det(2ABC) \;=\; 2^3\cdot\det(AB)\cdot\det(C) \;=\; 8\cdot 3\cdot\tfrac{1}{6} \;=\; 4\,.$$

Svolgimento 3. L'insieme numerico X è formato dall'intervallo chiuso $]-\infty, 1]$ unito ad una successione di punti $\left\{1 + \frac{3}{n^2+1} : n \in \mathbb{N}\right\}$ che converge ad 1 dalla destra (assumendo valori 4, $1 + \frac{3}{2}$, $1 + \frac{3}{5}$, $1 + \frac{3}{10}$, $1 + \frac{3}{17}$, …). La rappresentazione grafica dell'insieme X è la seguente:

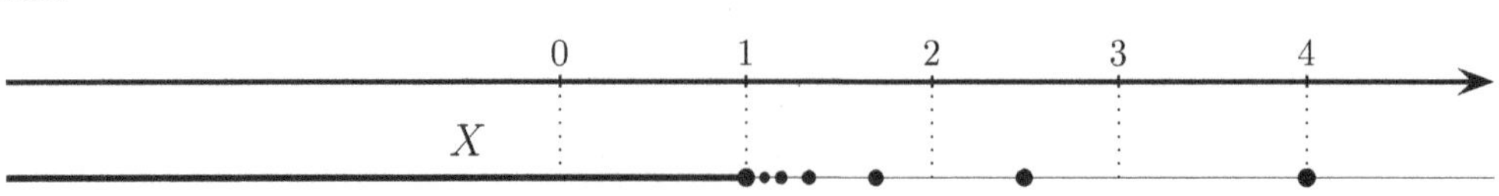

Un semplice calcolo mostra che $DX =]-\infty, 1]$, $FX = \left\{1 + \frac{3}{n^2+1} : n \in \mathbb{N}\right\} \cup \{1\}$, $\overline{X} = X$, $\mathring{X} =]-\infty, 1[$, $\max X = 4$, $\inf X = -\infty$.

Adesso determiniamo la risposta corretta (falsa).

$\boxed{1}$ *Vera.* L'insieme $D\big(\mathring{X}\big) = \left]-\infty, 1\right]$ è un intervallo chiuso contenuto in X.

$\boxed{2}$ *Vera.* Essendo $\overline{X} = X$, ne segue che X è un insieme chiuso.

$\boxed{3}$ *Vera.* L'insieme $DX = \left]-\infty, 1\right]$ ha un massimo (il punto 1) ma non un minimo.

$\boxed{4}$ **Falsa.** $X \setminus DX = \left\{1 + \frac{3}{n^2+1} : n \in \mathbb{N}\right\} \neq \left\{1 + \frac{3}{n^2+1} : n \in \mathbb{N}\right\} \cup \{1\} = FX$.

$\boxed{5}$ *Vera.* $D(FX) = D\left(\left\{1 + \frac{3}{n^2+1} : n \in \mathbb{N}\right\} \cup \{1\}\right) = \{1\}$.

Svolgimento 4. La matrice incompleta A e la matrice completa B associate al sistema dato sono le seguenti:

$$A = \begin{pmatrix} a^2-1 & 1 \\ 3 & 1 \\ 1-a & 1 \end{pmatrix} \qquad \text{e} \qquad B = \begin{pmatrix} a^2-1 & 1 & a+2 \\ 3 & 1 & 0 \\ 1-a & 1 & 1 \end{pmatrix}.$$

In quanto segue, determiniamo il rango di A e di B al variare del parametro reale a, ove $1 \leqslant r(A) \leqslant 2$ e $1 \leqslant r(B) \leqslant 3$.

Per determinare il rango di A, applichiamo il *Teorema degli orlati* e calcoliamo i determinanti dei due orlati dell'estratta 1×1 costituita dall'elemento 3, ossia i determinanti delle seguenti matrici 2×2:

$$P = \begin{pmatrix} a^2-1 & 1 \\ 3 & 1 \end{pmatrix} \qquad \text{e} \qquad Q = \begin{pmatrix} 3 & 1 \\ 1-a & 1 \end{pmatrix}.$$

Essendo

$$\begin{aligned} \det(P) = 0 \quad &\iff \quad a^2 - 4 = 0 \quad \iff \quad a = \pm 2 \\ \det(Q) = 0 \quad &\iff \quad a + 2 = 0 \quad \iff \quad a = -2, \end{aligned}$$

si ha

$$r(A) = \begin{cases} 1 & \text{se } a = -2 \\ 2 & \text{se } a \in \mathbb{R} \setminus \{-2\}. \end{cases}$$

Per determinare il rango di B, osserviamo che, poiché l'estratta di ordine 2 di Sud-Est

$$R = \begin{pmatrix} 1 & 0 \\ 1 & 1 \end{pmatrix}$$

ha determinante non nullo, risulta $2 \leqslant r(B) \leqslant 3$. Inoltre, essendo

$$\det(B) = 0 \quad \iff \quad 2a^2 + 4a = 0 \quad \iff \quad a = 0 \text{ oppure } a = -2,$$

si deduce

$$r(B) = \begin{cases} 2 & \text{se } a \in \{0, -2\} \\ 3 & \text{se } a \in \mathbb{R} \setminus \{0, -2\}. \end{cases}$$

In conclusione, si ottiene:

valore di a	$r(A)$	$r(B)$	sistema	numero soluzioni
-2	1	2	impossibile	0
0	2	2	determinato	1
$\neq 0, -2$	2	3	impossibile	0

Alla luce di questa analisi, la risposta corretta (vera) è la $\boxed{\mathbf{3}}$.

Svolgimento 5. Per determinare quale delle cinque formule date sia una tautologia, è consigliabile – in questo caso – evitare di creare cinque tavole di verità, in quanto la procedura richiederebbe troppo tempo. Invero, è molto più rapido ed efficiente intuire la semantica delle formule (eventualmente utilizzando alcune equivalenze note) per determinare i casi in cui quattro delle cinque formule risultano false.

[1] Il significato della formula '$(A \Longrightarrow B) \Longrightarrow (B \Longrightarrow A)$' è il seguente: se A è condizione sufficiente per B, allora ne segue che B è condizione sufficiente per A. Si intuisce che questa formula non possa essere una tautologia. Per esempio, se A fosse l'asserzione 'la funzione f è derivabile' e B fosse l'asserzione 'la funzione f è continua', allora A implica B, ma B non implica A.[22] Questo semplice ragionamento ci permette di determinare il caso in cui la formula sia falsa (f continua ma non derivabile, ossia A falsa e B vera):

A	B	$A \Longrightarrow B$	$B \Longrightarrow A$	[1]
F	V	V	F	**F**

Ne segue che la [1] non è una tautologia.

[2] Per determinare il significato della formula

$$\big((A \Longrightarrow B) \vee (B \Longrightarrow A)\big) \Longleftrightarrow (A \Longleftrightarrow B) \tag{1}$$

analizziamo separatamente il significato della formula a sinistra e di quella a destra del simbolo di equivalenza logica '$\Longleftrightarrow$'. A sinistra del simbolo '$\Longleftrightarrow$' abbiamo la *disgiunzione logica* di due formule (ove la disgiunzione si legge come un *vel*, ossia un 'oppure inclusivo') :

(i) $A \Longrightarrow B$, che si legge 'A è condizione sufficiente per B' (oppure 'B è condizione necessaria per A');

(ii) $B \Longrightarrow A$, che si legge 'B è condizione sufficiente per A' (oppure 'A è condizione necessaria per B').

A destra del simbolo '$\Longleftrightarrow$' abbiamo la formula

(iii) $A \Longleftrightarrow B$, che si legge 'A è condizione necessaria *e* sufficiente per B' (oppure 'B è condizione necessaria *e* sufficiente per A', oppure 'A è condizione sufficiente per B *e* B è condizione sufficiente per A', oppure 'A è condizione necessaria per B *e* B è condizione necessaria per A').

Appare di tutta evidenza allora che la formula (1) non possa essere una tautologia, in quanto è del tipo '(i) $\vee$ (ii) $\Longleftrightarrow$ (iii)'. Invero, la tautologia è quella che usa la *congiunzione logica* di (i) e (ii), ossia la formula '(i) $\wedge$ (ii) $\Longleftrightarrow$ (iii)', che per esteso si scrive[23]

$$\big((A \Longrightarrow B) \wedge (B \Longrightarrow A)\big) \Longleftrightarrow (A \Longleftrightarrow B)$$

Da un punto di vista formale, per dimostrare che la formula (1) non è una tautologia, basta esibire un caso specifico in cui risulti falsa (ne esistono due):

A	B	$A \Longrightarrow B$	$B \Longrightarrow A$	$(A \Longrightarrow B) \vee (B \Longrightarrow A)$	$A \Longleftrightarrow B$	[2]
F	V	V	F	V	F	**F**

Ne segue che la [2] non è una tautologia.

[22] Occorre prestare particolare attenzione all'esistenza di quantificatori universali impliciti in formule di questo tipo. Tuttavia, possiamo sorvolare sul problema, in quanto stiamo usando questo esempio esclusivamente per intuire come identificare i casi che rendono la formula falsa.

[23] Per ulteriori dettagli sul significato di 'condizione necessaria', 'condizione sufficiente' e 'condizione necessaria e sufficiente', si veda [GL2024], Sezioni 1.1.5 e 1.1.6 del Capitolo di Logica.

[3] Per la formula '$A \Longrightarrow \big(A \Longrightarrow (A \Longrightarrow \neg A)\big)$', è preferibile evitare di attribuirle un significato, costruendo direttamente la (semplice) tavola di verità:

A	$A \Longrightarrow \neg A$	$A \Longrightarrow (A \Longrightarrow \neg A)$	[3]
V	F	F	**F**
F	V	V	V

Ne segue che anche la [3] non è una tautologia.

[4] La formula '$\big(A \Longrightarrow (B \Longrightarrow C)\big) \Longleftrightarrow \big((A \Longrightarrow B) \Longrightarrow C\big)$' è sicuramente la più difficile da analizzare in dettaglio, in quanto ha come componenti tre proposizioni logiche distinte. La corrispondente tavola di verità ha ben $2^3 = 8$ righe, ossia tante righe quante sono le disposizioni con ripetizione di due elementi (i valori di verità V e F) di classe 3 (le proposizioni logiche A, B e C). Pertanto, l'approccio più 'economico' consiste nell'appellarsi nuovamente alla conoscenza, all'intuizione ed all'esperienza. È noto che l'implicazione non gode della proprietà associativa *(conoscenza)*, per cui è lecito aspettarsi che la [4] non sia una tautologia *(intuizione)*. Il problema diventa allora quello di 'tarare' opportunamente i valori di verità delle proposizioni A, B e C per ottenere una formula falsa *(esperienza)*. Trattandosi di implicazioni, proviamo a vedere cosa succede se supponiamo che A sia falsa:

- la formula '$A \Longrightarrow (B \Longrightarrow C)$' risulta sempre vera a prescindere dai valori di verità di B e C;
- la formula '$(A \Longrightarrow B) \Longrightarrow C$' invece dipende dal valore di verità di C (e non di B!), essendo vera se C è vera, e falsa se C è falsa.

Siamo pronti: risultando

A	B	C	$A \Longrightarrow (B \Longrightarrow C)$	$(A \Longrightarrow B) \Longrightarrow C$	[4]
F	V	F	V	F	**F**

anche la [4] non è una tautologia.

[5] Per esclusione, la formula '$\big((A \Longrightarrow B) \Longleftrightarrow (\neg A \vee B)\big) \Longleftrightarrow (A \vee \neg A)$' deve essere una tautologia (dunque è la risposta corretta). Vediamo perchè.

È ben noto che la formula '$A \Longrightarrow B$' è equiveridica alla formula '$\neg A \vee B$'. Ne segue che la formula '$(A \Longrightarrow B) \Longleftrightarrow (\neg A \vee B)\big)$' è una tautologia. È altrettanto noto che anche la formula '$A \vee \neg A$' è una tautologia. Possiamo pertanto concludere che la **[5]** è una tautologia. (Il lettore è comunque invitato a costruire la corrispondente tavola di verità.)

Svolgimento 6. Si ha:

$$|A \cap B| = |A| + |B| - |A \cup B| = 7 + 3 - 9 = 1\,.$$

Graficamente la situazione può rappresentarsi come segue:

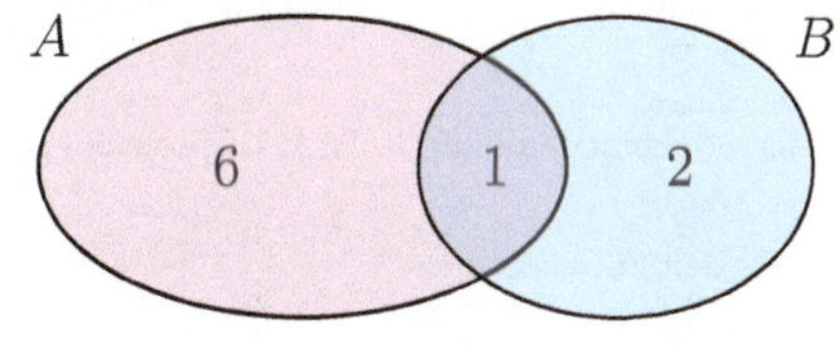

Ne segue

$$|A \setminus B| = 6 \quad \text{e} \quad |B \setminus A| = 2\,.$$

Calcoliamo adesso i numeri di cui nelle risposte $\boxed{1}$–$\boxed{5}$.

$\boxed{1}$ Il numero di funzioni iniettive da B in $A \setminus B$ si ottiene scegliendo i 3 elementi 'colpiti' tra i 6 di $A \setminus B$ e successivamente permutando tali elementi.[24] Pertanto, il numero di tali funzioni è dato da

$$\binom{|A \setminus B|}{|B|} \cdot |B|! \;=\; \binom{6}{3} \cdot 3! \;=\; \frac{6 \cdot 5 \cdot 4}{3!} \cdot 3! \;=\; 120\,.$$

$\boxed{2}$ Il numero di funzioni iniettive da $B \setminus A$ in A si ottiene scegliendo i 2 elementi 'colpiti' tra i 7 di A e successivamente permutando tali elementi. Pertanto, il numero di tali funzioni è dato da

$$\binom{|A|}{|B \setminus A|} \cdot |B \setminus A|! \;=\; \binom{7}{2} \cdot 2! \;=\; \frac{7 \cdot 6}{2!} \cdot 2! \;=\; 42\,.$$

$\boxed{3}$ Il numero di tutte le funzioni da $A \setminus B$ in $B \setminus A$ è dato dalla cardinalità del codominio elevata alla cardinalità del dominio,[25] ossia

$$|B \setminus A|^{|A \setminus B|} \;=\; 2^6 \;=\; 64\,.$$

$\boxed{\mathbf{4}}$ Il numero di funzioni suriettive da A in $B \setminus A$ si ottiene calcolando il numero di tutte le funzioni da A in $B \setminus A$ (che sono $|B \setminus A|^{|A|}$) e sottraendo da queste le funzioni non suriettive (che sono esattamente 2, ossia le due funzioni costanti, che associano a tutti gli elementi di A lo stesso elemento di $B \setminus A$). Pertanto, il numero di tali funzioni è dato da

$$|B \setminus A|^{|A|} - 2 \;=\; 2^7 - 2 \;=\; 126\,.$$

$\boxed{5}$ Una relazione binaria su B è un qualunque sottoinsieme di $B \times B$. Ne segue che il numero di *tutte* le relazioni binarie su B è uguale alla cardinalità dell'insieme delle parti di $B \times B$, ossia

$$|\mathcal{P}(B \times B)| \;=\; 2^{|B \times B|} \;=\; 2^9 \;=\; 512\,.$$

Tuttavia, noi non vogliamo contare tutte le relazioni binarie su B ma soltanto quelle *riflessive*, ossia quelle contengano tutte le coppie ordinate del tipo (b, b), ove $b \in B$. Pertanto il numero richiesto è uguale alla cardinalità dell'insieme delle parti di $(B \times B) \setminus \Delta(B)$, ove $\Delta(B) = \{(b, b) : b \in B\}$ è la diagonale di B.[26] In conclusione, il numero delle relazioni binarie riflessive su B è dato da

$$\left|\mathcal{P}\big((B \times B) \setminus \Delta(B)\big)\right| \;=\; 2^{|(B \times B) \setminus \Delta(B)|} \;=\; 2^{9-3} \;=\; 2^6 \;=\; 64\,.$$

Il più grande di questi cinque numeri è 126 e dunque la risposta corretta è la $\boxed{\mathbf{4}}$.

Svolgimento 7. Si ha:

$$\left(\frac{1}{2}\right)^{\log\left(x^2+2x\right)} > \left(\frac{1}{2}\right)^{\log 3} \iff \log\left(x^2 + 2x\right) < \log 3 \iff \begin{cases} x^2 + 2x - 3 < 0 & \text{(i)} \\ x^2 + 2x > 0 & \text{(ii)}\,. \end{cases}$$

[24] Equivalentemente, tale numero si ottiene calcolando quante sono le disposizioni semplici di 6 elementi di classe 3.

[25] Si veda [GL2024], Capitolo 2, Teorema 2.59(ii).

[26] Si veda [GL2024], Capitolo 2, risoluzione dell'Esercizio 2.9.

Essendo

$$x^2 + 2x - 3 = 0 \iff x \in \{-3, 1\} \qquad \text{e} \qquad x^2 + 2x = 0 \iff x \in \{-2, 0\}$$

si ottiene (rappresentando, come al solito, gli insiemi delle soluzioni di (i), di (ii) e del sistema con un tratto continuo):

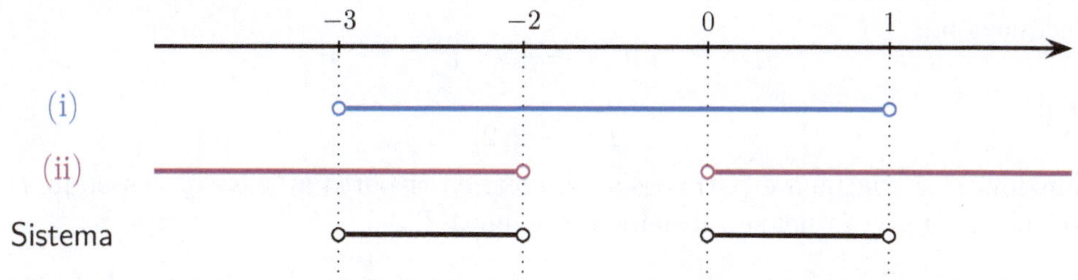

Pertanto, l'insieme delle soluzioni della disequazione originaria è

$$S = \,]-3, -2[\, \cup \,]0, 1[$$

e dunque la risposta corretta è la $\boxed{\mathbf{2}}$.

Svolgimento 8. L'equazione della retta tangente (non verticale) al grafico della funzione f nel punto di ascissa 3 è data da

$$y - f(3) = f'(3)(x - 3)\,.$$

Essendo $f(3) = 2$, nonché

$$f'(3) = \left[\mathsf{D}\left(\frac{x-1}{x-2}\right)\right]_{x=3} = \left[-\frac{1}{(x-2)^2}\right]_{x=3} = -1\,,$$

l'equazione richiesta è data da

$$y = -x + 5\,.$$

La risposta corretta è dunque la $\boxed{\mathbf{1}}$.

Svolgimento 9. Il limite si presenta nella forma indeterminata $\left[\frac{0}{0}\right]$. Applicando il *Teorema di de l'Hôpital*, si ottiene

$$\lim_{x\to 3} \frac{\left(\frac{1}{2}\right)^{x-3} - 1}{1 - \cos(x-3)} = \lim_{x\to 3} \frac{\left(\frac{1}{2}\right)^{x-3} \cdot \log \frac{1}{2}}{\operatorname{sen}(x-3)}\,.$$

Essendo $\log \frac{1}{2} < 0$, si ha

$$\lim_{x\to 3^-} \frac{\left(\frac{1}{2}\right)^{x-3} \cdot \log \frac{1}{2}}{\operatorname{sen}(x-3)} = +\infty \qquad \text{(sia che il dividendo che il divisore sono negativi)}\,,$$

$$\lim_{x\to 3^+} \frac{\left(\frac{1}{2}\right)^{x-3} \cdot \log \frac{1}{2}}{\operatorname{sen}(x-3)} = -\infty \qquad \text{(il dividendo è negativo e il divisore è positivo)}\,.$$

Ne segue che il limite dato non esiste e la risposta corretta è la $\boxed{\mathbf{5}}$.

Svolgimento 10. La funzione irrazionale definita dalla legge

$$f(x) = \sqrt{4 - x^2}$$

è piuttosto semplice da studiare.

*1) **Insieme d'esistenza. Continuità.*** L'insieme d'esistenza I di f si ottiene risolvendo la disequazione

$$4 - x^2 \geqslant 0 \iff x^2 - 4 \leqslant 0 ,$$

per cui

$$I = [-2, 2] .$$

La funzione f è continua e pari (ossia simmetrica rispetto all'asse $\overrightarrow{y}$, essendo $f(x) = f(-x)$ per ogni $x \in I$) nel suo insieme d'esistenza I.

*2) **Localizzazione.*** Si ha $f(x) = 0$ se e solo se $x = \pm 2$, per cui il grafico G_f di f interseca l'asse $\overrightarrow{x}$ nei punti $A \equiv (-2, 0)$ e $B \equiv (2, 0)$. Inoltre G_f interseca l'asse $\overrightarrow{y}$ nel punto $C \equiv (0, 2)$. Ovviamente, si ha $f(x) > 0$ per ogni $x \in \,]-2, 2[$.

*3) **Comportamento agli estremi e in frontiera. Asintoti.*** Sappiamo già che risulta $f(-2) = 0$ e $f(2) = 0$. Ovviamente f non presenta asintoti.

*4) **Rappresentazione grafica parziale.*** Alla luce dei punti 1), 2) e 3), si ha:

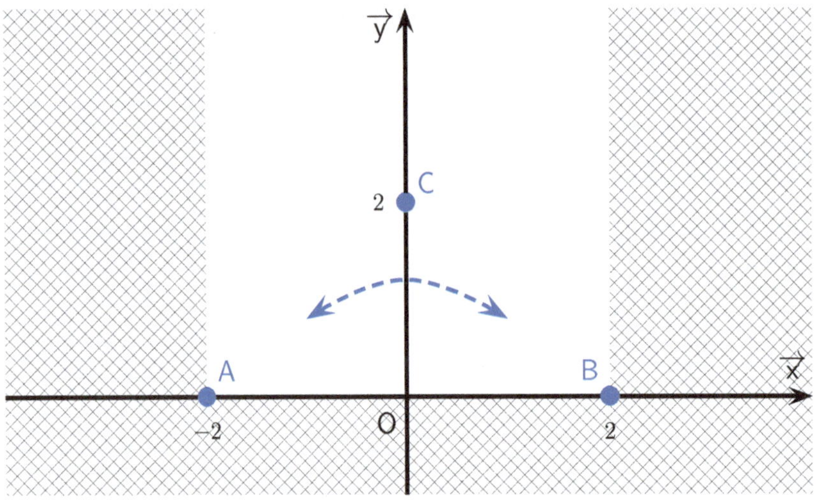

(Il segmento tratteggiato indica che il grafico di f a sinistra dell'asse $\overrightarrow{y}$ è speculare rispetto al grafico a destra dell'asse $\overrightarrow{y}$.)

*5) **Derivata prima.*** Essendo

$$f'(x) = \mathsf{D}\left[(4 - x^2)^{\frac{1}{2}}\right] = \frac{1}{2}\left(4 - x^2\right)^{\frac{1}{2}-1}(-2x) = -\frac{x}{\sqrt{4 - x^2}} ,$$

la funzione f è derivabile all'interno del suo dominio. Inoltre, essendo

$$f'(x) \begin{cases} > 0 & \text{se } x \in \,]-2, 0[\quad (\text{ossia } f \nearrow) \\ = 0 & \text{se } x = 0 \quad (\text{ossia } f \text{ ha un punto critico}) \\ < 0 & \text{se } x \in \,]0, 2[\quad (\text{ossia } f \searrow) , \end{cases}$$

la funzione f ha un punto di massimo relativo (e assoluto) nel punto critico $x = 0$. Si noti che nel punto $x = -2$ la derivata destra vale $+\infty$ (e la sinistra non esiste), mentre nel punto $x = 2$ la derivata sinistra vale $-\infty$ (e la destra non esiste): pertanto trattasi di due punti a tangente verticale.

6) Derivata seconda. Essendo

$$f''(x) = \mathsf{D}\left[-\frac{x}{\sqrt{4-x^2}}\right] = -\frac{4}{\sqrt{(4-x^2)^3}},$$

si ottiene $f''(x) < 0$ per ogni $x \in]-2,2[$, ossia f è concava.

7) Rappresentazione grafica completa. Il grafico di f è il seguente:

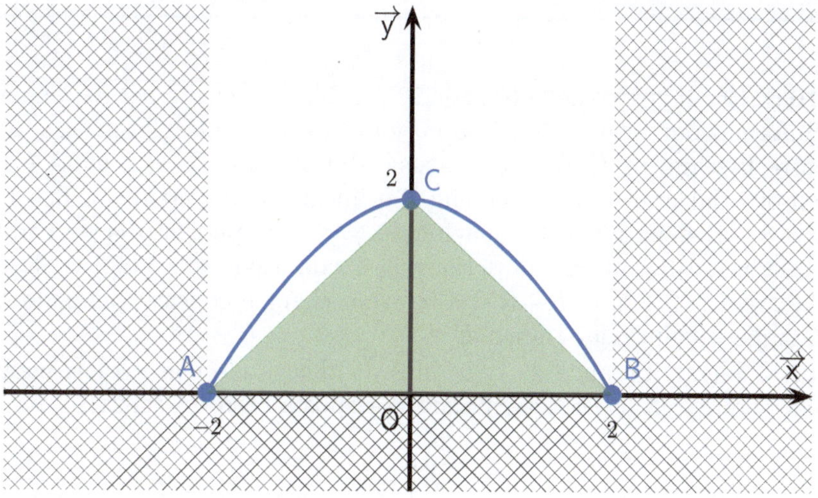

La risposta corretta (falsa) è $\boxed{1}$, in quanto il minimo assoluto è ottenuto in frontiera (per $x = \pm 2$). Si noti che la risposta $\boxed{4}$ è vera, in quanto l'integrale tra -2 e 2 di f è strettamente maggiore dell'area del triangolo avente vertici A, B e C (evidenziata in verde), da cui

$$\int_{-2}^{2} f(x)\,dx > \mathsf{Area}(ABC) = 4.$$

Svolgimento 11. Risolviamo l'integrale indefinito usando la *Formula di integrazione per parti*:

$$\int f(x)\,g'(x)\,dx = f(x)\,g(x) - \int f'(x)\,g(x)dx.$$

Tale formula la applicheremo due volte: prima per

$$f(x) = x^2, \quad \text{da cui } f'(x) = 2x,$$
$$g'(x) = \mathrm{e}^x, \quad \text{da cui } g(x) = \mathrm{e}^x,$$

e successivamente per

$$f(x) = x, \quad \text{da cui } f'(x) = 1,$$
$$g'(x) = \mathrm{e}^x, \quad \text{da cui } g(x) = \mathrm{e}^x.$$

Si ha:

$$\begin{aligned}\int x^2\,\mathrm{e}^x\,dx &= x^2\,\mathrm{e}^x - \int 2x\,\mathrm{e}^x\,dx\\ &= x^2\,\mathrm{e}^x - 2\int x\,\mathrm{e}^x\,dx\\ &= x^2\,\mathrm{e}^x - 2\left(x\,\mathrm{e}^x - \int \mathrm{e}^x\,dx\right)\\ &= x^2\,\mathrm{e}^x - 2x\,\mathrm{e}^x + 2\,\mathrm{e}^x + C.\end{aligned}$$

(È buona abitudine controllare la correttezza del risultato, verificando che la derivata di una qualsiasi delle primitive appena calcolate risulti uguale alla funzione originaria.) Ne segue

$$\int_0^1 x^2\,\mathrm{e}^x\,dx \;=\; \Big[x^2\,\mathrm{e}^x - 2x\,\mathrm{e}^x + 2\,\mathrm{e}^x\Big]_0^1 \;=\; (\mathrm{e} - 2\,\mathrm{e} + 2\,\mathrm{e}) - 2 \;=\; \mathrm{e} - 2\,.$$

La risposta corretta è pertanto la $\boxed{4}$.

Svolgimento 12. Il grafico della funzione f sarebbe sufficiente per rispondere al quesito. Le ulteriori informazioni relative a f'' sono volte ad assicurare l'esistenza della derivata seconda, mentre il segno di f'' dirime qualsiasi dubbio circa la concavità e la convessità di f. Ad esempio, dal grafico si evince che f è lineare nell'intervallo $[-3,-1]$, essendo la restrizione a $[-3,-1]$ della retta di equazione $y = x + 1$; pertanto la derivata prima vale sempre 1 in tale intervallo, mentre la derivata seconda è ivi nulla. Inoltre, la negatività di f'' nei due intervalli $]-6,-4[$ e $]1,+\infty[$ ci informa che f è concava nei suddetti intervalli, cosa che comunque si evince dal grafico di f.

Riproduciamo adesso il grafico di f (in blu), evidenziando con i colori magenta e verde alcune aree che saranno utili per determinare la risposta corretta (falsa).

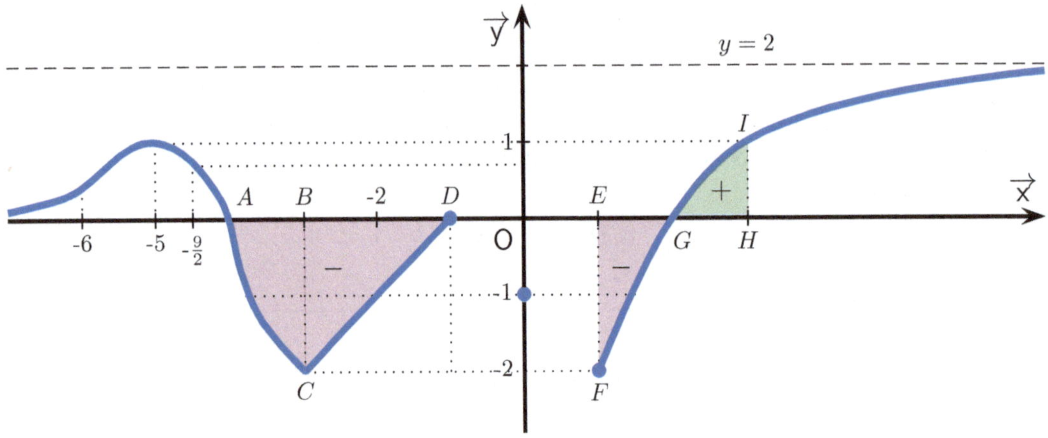

$\boxed{1}$ *Vera.* Poichè f è continua in tutto il suo dominio (ed in particolare nel punto $x = -2$), si ha $\lim_{x\to-2} f(x) = f(-2) = -1$. Inoltre, la retta di equazione $y = 2$ è un asintoto orizzontale destro per (il grafico di) f, per cui $\lim_{x\to+\infty} f(x) = 2$. Ne segue

$$\lim_{x\to-2} f(x)\cdot\lim_{x\to+\infty} f(x) = (-1)\cdot 2 = -2\,.$$

$\boxed{2}$ *Vera.* Per ipotesi f'' è negativa in $]1,+\infty[$. Ne segue che f' è ivi decrescente.

$\boxed{3}$ *Vera.* Essendo $f(-4) = 0$, $f(-5) = 1$ ed f concava in $[-5,-4]$, ne segue che $f\left(-\frac{9}{2}\right) = f(-4.5) > \frac{1}{2}$. Inoltre, si ha

$$\int_2^3 f(x)\,dx > \tfrac{1}{2}\,,$$

in quanto, essendo f concava in $[2,3]$, il valore di tale integrale è dato dall'area blu in figura, che va presa con segno positivo (in quanto interamente localizzata nel semipiano positivo) ed è inoltre maggiore dell'area del triangolo rettangolo GHI. Pertanto, si ha

$$f\left(-\tfrac{9}{2}\right)\cdot\int_2^3 f(x)\,dx \;>\; \tfrac{1}{2}\cdot\mathsf{Area}(GHI) \;=\; \tfrac{1}{2}\cdot\tfrac{1}{2} \;=\; \tfrac{1}{4}\,.$$

4 **Falsa.** L'integrale di f tra -4 e -1 ha valore uguale all'area in colore magenta (a sinistra nel grafico), presa con segno negativo in quanto localizzata interamente nel semipiano negativo. Essendo f convessa in $[-4,-3]$, l'area in esame è maggiore della somma delle aree dei due triangoli ABC e BCD. Pertanto, essendo

$$-\int_{-4}^{-1} f(x)\,dx \;>\; \mathsf{Area}(ABC) + \mathsf{Area}(BCD) \;=\; 1+2 \;=\; 3$$

e dunque

$$\int_{-4}^{-1} f(x)\,dx \;<\; -3\,,$$

si ottiene, moltiplicando ambo i membri dell'ultima diseguaglianza per il numero negativo $f(0) = -1$ (e dunque cambiando il verso della diseguaglianza),

$$f(0)\cdot\int_{-4}^{-1} f(x)\,dx \;=\; -1\cdot\int_{-4}^{-1} f(x)\,dx \;>\; -1\cdot(-3) \;=\; 3\,.$$

5 *Vera.* L'integrale di f tra 1 e 2 ha valore uguale all'area in colore magenta (a destra nel grafico), presa con segno negativo perché ci troviamo nel semipiano negativo. Essendo f convessa in $[1,2]$, tale area è minore dell'area del triangolo EGF. Pertanto, essendo

$$-\int_{1}^{2} f(x)\,dx \;<\; \mathsf{Area}(EGF) \;=\; 1\,,$$

si ottiene

$$\int_{1}^{2} f(x)\,dx > -1\,.$$

Capitolo 6

Parte A.1

Esercizio 1. Siano dati sul piano i due punti $P_1 \equiv (2,3)$ e $P_2 \equiv \left(5, \frac{3}{2}\right)$. Siano inoltre $\overrightarrow{r}$ la retta passante per P_1 e P_2, ed $\overrightarrow{s}$ la retta perpendicolare ad $\overrightarrow{r}$ e passante per P_2. Quanto vale l'area del triangolo delimitato da $\overrightarrow{r}$, $\overrightarrow{s}$ ed $\overrightarrow{x}$?

1. $\frac{5}{4}$
2. $\frac{13}{2}$
3. $\frac{45}{16}$
4. $\frac{25}{8}$
5. Nessuna delle altre risposte

Esercizio 2. Siano date le matrici

$$A = \begin{pmatrix} a & 3 & 1 \\ 0 & 1 & -2 \\ 0 & 0 & 2 \end{pmatrix} \quad \text{e} \quad B = \begin{pmatrix} 1 & -1 & 0 \\ 3 & 0 & 4 \\ -2 & 1 & 0 \end{pmatrix}$$

con a parametro reale. Quale delle seguenti asserzioni è VERA?

1. Esiste $a \in \mathbb{R}$ tale che la matrice AB è triangolare
2. Per $a = 1$, esiste un numero infinito di matrici C tali che $\det(ABC) = 1$
3. Per $a = \frac{1}{4}$, $\det(\frac{1}{2}A^{-1}B) = 4$
4. Per $a = 0$, esiste una matrice C tale che ABC è la matrice identica
5. Nessuna delle altre risposte

Esercizio 3. Sia dato il sistema lineare

$$\begin{cases} -ax + 2y = a \\ -2x + ay = a \end{cases}$$

con a parametro reale. Quale delle seguenti asserzioni è VERA?

1. Per $a = 0$, la coppia $(x, y) = (0, 0)$ è una delle infinite soluzioni del sistema
2. Esiste esattamente un valore di $a \in \mathbb{R}$ tale che il sistema è indeterminato
3. Il sistema è sempre determinato oppure impossibile
4. Esistono due valori distinti di $a \in \mathbb{R}$ tali che il sistema è impossibile
5. Nessuna delle altre risposte

Parte A.2

Esercizio 4. Siano dati i seguenti insiemi numerici:

$$X =]0,2] \cup \left\{-\frac{1}{n+1} : n \in \mathbb{N}\right\} \quad \text{e} \quad Y = [1,3[\cup \left\{3+\frac{1}{n+1} : n \in \mathbb{N}\right\}.$$

Quale delle seguenti asserzioni è FALSA?
$\Big($$\overset{\circ}{\overline{X}}$ denota l'interno della chiusura di X, mentre $\overline{\overset{\circ}{X}}$ è la chiusura dell'interno di X.$\Big)$

1. $\left|DX \setminus \overset{\circ}{X}\right| = \left|DY \setminus \overset{\circ}{Y}\right| = 2$
2. 0 non è un punto isolato di FX
3. $\overline{\overset{\circ}{X}} \setminus \overset{\circ}{\overline{X}}$ ha meno di tre elementi
4. $Y \setminus \overset{\circ}{\overline{Y}}$ è un insieme finito
5. $\overset{\circ}{\overline{Y}} \setminus \overline{\overset{\circ}{Y}} = \emptyset$

Esercizio 5. In quanti modi è possibile disporre 5 donne e 3 uomini su due file verticali distinte della stessa lunghezza, sotto la condizione che in testa alle due file ci siano due donne e in coda alle due file due uomini?

1. $5! \cdot 4!$
2. $(3! \cdot 5!) - (2 \cdot 4!)$
3. 2400
4. 844
5. $120 \cdot 3!$

Parte A.3

Esercizio 6. Dato l'insieme $X = \{a, b, c\}$, siano G l'insieme delle corrispondenze biunivoche da X in X e '$\circ$' l'operazione di composizione di funzioni. Quale delle seguenti asserzioni è VERA?

1. $(G, \circ)$ è un gruppo non abeliano con 6 elementi
2. $(G, \circ)$ è un semigruppo ma non un gruppo
3. $(G, \circ)$ è un gruppo finito abeliano
4. $\circ$ non è associativa
5. Non esistono $f, g \in G$ tali che $f \circ g = g \circ f$

Parte B.1

Esercizio 7. Qual è l'insieme delle soluzioni della disequazione
$$\left(\frac{1}{3}\right)^{\sqrt{x+1}+1} \leqslant \left(\frac{1}{9}\right)^{x} ?$$

1. $\left]-\infty, \frac{1}{2}\right]$
2. $]-\infty, -1] \cup \left[\frac{5}{4}, +\infty\right[$
3. $\left[-1, \frac{1}{2}\right] \cup \left[\frac{5}{4}, +\infty\right[$
4. $\left[-1, \frac{5}{4}\right]$
5. Nessuna delle altre risposte

Esercizio 8. Qual è l'equazione della retta tangente al grafico della funzione
$$f(x) = x^2 \log x$$
nel punto di ascissa $x = \mathrm{e}^{-1}$?

1. $y = -\mathrm{e}^{-1} x$
2. $y = \mathrm{e}^{-1} x + \mathrm{e}^{-2}$
3. $y = 2\,\mathrm{e}^{-1} x + 2\,\mathrm{e}^{-2}$
4. $y = -\mathrm{e}\,x - 2\,\mathrm{e}^{-1}$
5. Nessuna delle altre risposte

Esercizio 9. Quanto vale
$$\lim_{x\to+\infty} \log\left(\frac{-3x-1}{-3x+2}\right)^{x-\log x} ?$$

1. e^{-1}
2. $+\infty$
3. e
4. 0
5. 1

Parte B.2

Esercizio 10. Sia data la funzione f definita dalla legge

$$f(x) = \log(-x^2 - 2x + 3)$$

nel suo insieme d'esistenza. Quale delle seguenti affermazioni è FALSA?

1. f è concava
2. f non ha punti di flesso
3. f non ha massimo assoluto
4. f ha esattamente un punto di massimo relativo
5. $\int_{-2}^{0} f(x)\,dx > 0$

Esercizio 11. Quanto vale

$$\int_0^1 \frac{e^x - 1}{e^x + 3}\,dx\ ?$$

1. $-\frac{1}{3} + \frac{4}{3}\log\frac{e+3}{4}$
2. $-\frac{2}{3}\log\frac{e-1}{4}$
3. $2 + \frac{7}{3}\log\frac{e+2}{3}$
4. $1 - \frac{1}{3}\log\frac{e-2}{2}$
5. Nessuna delle altre risposte

Parte B.3

Esercizio 12. Sia $f\colon [-1,4] \cup \{5\} \to \mathbb{R}$ una funzione continua nel suo dominio e tale che $f(-1) = 3$, $f(1) = -1$, $f(2) = 1$, $f(4) = -3$ e $f(5) = 2$. Quale delle seguenti asserzioni è FALSA?

1. Se f è derivabile in $]-1,4[$, allora esiste $c \in\ ]-1,4[$ tale che $f'(c) = 2$
2. Se f è decrescente in $[-1,1]$, allora $\int_{-1}^{1} f(x)\,dx > -2$
3. $\int_2^4 f(x)\,dx \geqslant -6$
4. f è integrabile in $[1,4]$
5. Se f è derivabile in $]-1,4[$, allora $f'(c) = f'(d) = -2$ per due valori distinti $c, d \in \mathrm{dom} f$

Soluzioni

Svolgimento 1. In questo esercizio geometrico non ci sono parametri. Si tratta soltanto di determinare le equazioni di due rette e le loro intersezioni con l'asse $\overrightarrow{x}$. Ciò ci permetterà di determinare l'area del triangolo.

Cominciamo con il rappresentare graficamente il problema (l'area da determinare è evidenziata in verde):

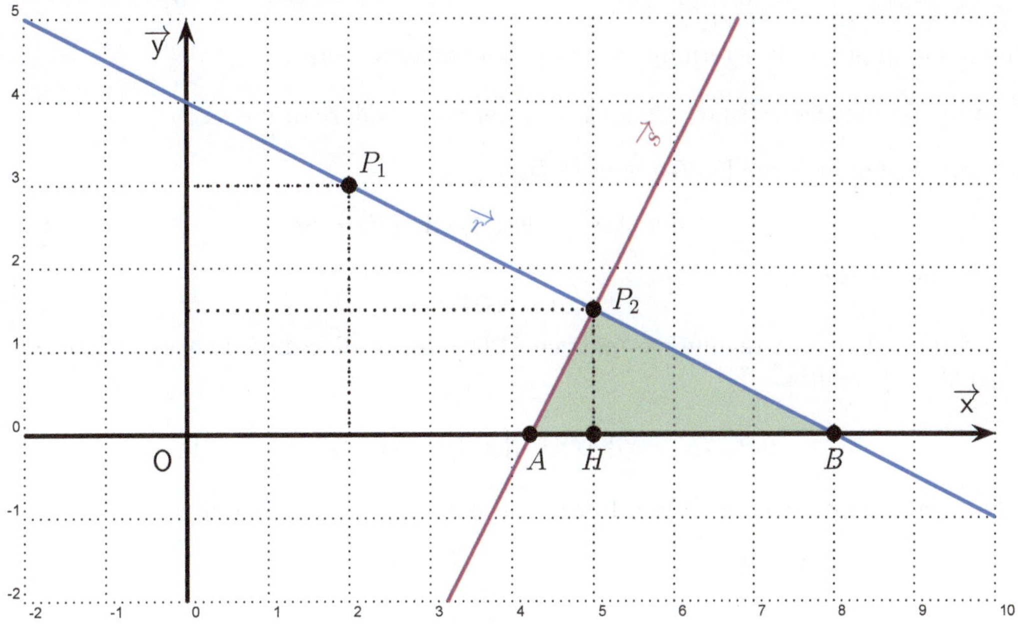

Determiniamo adesso le equazioni della retta $\overrightarrow{r}$, passante per $P_1 \equiv (2,3)$ e $P_2 \equiv \left(5, \frac{3}{2}\right)$, e della retta $\overrightarrow{s}$, passante per P_2 e perpendicolare alla retta $\overrightarrow{r}$:

$$(\overrightarrow{r}) \qquad \frac{x-2}{5-2} = \frac{y-3}{\frac{3}{2}-3} \iff y = -\frac{1}{2}x + 4$$

$$(\overrightarrow{s}) \qquad y - \frac{3}{2} = 2(x-5) \iff y = 2x - \frac{17}{2}.$$

Il passo successivo è quello di calcolare le coordinate dei punti A e B in figura:

$$(A) \quad \begin{cases} \overrightarrow{s} \\ \overrightarrow{x} \end{cases} \iff \begin{cases} y = 2x - \frac{17}{2} \\ y = 0 \end{cases} \iff (x,y) = \left(\frac{17}{4}, 0\right),$$

$$(B) \quad \begin{cases} \overrightarrow{r} \\ \overrightarrow{x} \end{cases} \iff \begin{cases} y = -\frac{1}{2}x + 4 \\ y = 0 \end{cases} \iff (x,y) = (8,0).$$

Infine, determiniamo l'area del triangolo ABP_2:

$$\mathsf{Area}(ABP_2) = \frac{\overline{AB} \cdot \overline{P_2H}}{2} = \frac{\left(8 - \frac{17}{4}\right) \cdot \frac{3}{2}}{2} = \frac{45}{16}.$$

Ne segue che la risposta corretta è la $\boxed{3}$.

Svolgimento 2. Calcoliamo il prodotto e i determinanti delle matrici A e B:

$$AB = \begin{pmatrix} a & 3 & 1 \\ 0 & 1 & -2 \\ 0 & 0 & 2 \end{pmatrix} \begin{pmatrix} 1 & -1 & 0 \\ 3 & 0 & 4 \\ -2 & 1 & 0 \end{pmatrix} = \begin{pmatrix} a+7 & -a+1 & 12 \\ 7 & -2 & 4 \\ -4 & 2 & 0 \end{pmatrix},$$

$$\det(A) = \begin{vmatrix} a & 3 & 1 \\ 0 & 1 & -2 \\ 0 & 0 & 2 \end{vmatrix} = 2a \qquad \text{e} \qquad \det(B) = \begin{vmatrix} 1 & -1 & 0 \\ 3 & 0 & 4 \\ -2 & 1 & 0 \end{vmatrix} = 4.$$

Siamo già in grado di determinare la risposta corretta (vera).

[1] *Falsa.* La matrice AB non è triangolare per alcun valore di $a \in \mathbb{R}$.

[2] **Vera.** Si ha, in forza del *Teorema di Binet*,

$$\det(AB) = \det(A) \cdot \det(B) = 8a,$$

e dunque, per $a = 1$,

$$\det(AB) = 8.$$

Pertanto, data una qualunque matrice C (quadrata di ordine 3) avente determinante uguale a $\frac{1}{8}$, risulta

$$\det(ABC) = \det(A) \cdot \det(B) \cdot \det(C) = 8 \cdot \frac{1}{8} = 1.$$

Esistono infinite matrici C di tal fatta: ad esempio, tutte le matrici

$$C_\lambda = \begin{pmatrix} \frac{1}{8} & 0 & \lambda \\ 0 & 1 & 0 \\ 0 & 0 & 1 \end{pmatrix},$$

ove $\lambda \in \mathbb{R}$, sono di questo tipo.

[3] *Falsa.* Per $a = \frac{1}{4}$, risulta $\det(A) = \frac{1}{2}$, da cui

$$\det(\tfrac{1}{2} A^{-1} B) = \left(\tfrac{1}{2}\right)^3 \det(A)^{-1} \cdot \det(B) = \tfrac{1}{8} \cdot 2 \cdot 4 = 1.$$

[4] *Falsa.* Per $a = 0$, risulta $\det(A) = 0$, per cui $\det(AB) = \det(A) \cdot \det(B) = 0$, ossia AB non è invertibile. Ne segue che non esiste alcuna matrice C tale che $(AB)C$ è uguale alla matrice identica.

Svolgimento 3. Determiniamo il rango della matrice incompleta A e quello della matrice completa B al variare del parametro reale a, ove

$$A = \begin{pmatrix} -a & 2 \\ -2 & a \end{pmatrix} \qquad \text{e} \qquad B = \begin{pmatrix} -a & 2 & a \\ -2 & a & a \end{pmatrix}.$$

Essendo $\det(A) = -a^2 + 4$, per cui $\det(A) = 0$ se e solo se $a = \pm 2$, si ottiene

$$r(A) = \begin{cases} 1 & \text{se } a \in \{-2, 2\} \\ 2 & \text{se } a \in \mathbb{R} \setminus \{-2, 2\}. \end{cases}$$

Per determinare il rango della matrice completa B al variare del parametro $a \in \mathbb{R}$, applichiamo il *Teorema degli orlati*, utilizzando l'estratta di ordine 1 di Sud-Ovest formata dal solo elemento -2. Dobbiamo calcolare i determinanti dei due orlati di tale estratta. Un orlato lo abbiamo già considerato: trattasi infatti della matrice incompleta A. Il secondo orlato è dato dalla seguente matrice:

$$O = \begin{pmatrix} -a & a \\ -2 & a \end{pmatrix}.$$

Essendo $\det(O) = -a^2 + 2a$, si ha

$$\det(O) = 0 \quad \Longleftrightarrow \quad a = 0 \text{ oppure } a = 2\,.$$

Ne segue che per $a = 2$ si annullano i determinanti di entrambi gli orlati dell'estratta 1×1 considerata (e dunque il rango di B è 1, uguale al rango di A), mentre per tutti gli altri valori di $a \in \mathbb{R}$ (ed, in particolare, sia per $a = -2$ che per $a = 0$) almeno uno dei due orlati ha determinante non nullo. Ricapitolando, si ha:

$$r(B) = \begin{cases} 1 & \text{se } a = 2 \\ 2 & \text{se } a \in \mathbb{R} \setminus \{2\}\,. \end{cases}$$

In conclusione, in forza del *Teorema di Rouchè-Capelli*, si ottiene:

valore di a	$r(A)$	$r(B)$	sistema	numero soluzioni
2	1	1	indeterminato	∞^1
-2	1	2	impossibile	0
$\neq \pm 1$	2	2	determinato	1

Alla luce di questa analisi, la risposta corretta è la **2**.

Svolgimento 4. L'insieme numerico X è formato dall'intervallo semiaperto $]0,2]$ unito ad una successione crescente di punti (ossia $-1, -\frac{1}{2}, -\frac{1}{3}, -\frac{1}{4}, \ldots$) che converge a 0 dalla sinistra. In modo pressoché simmetrico, l'insieme numerico Y è formato dall'intervallo semiaperto $[1,3[$ unito ad una successione decrescente di punti (ossia $4, 3+\frac{1}{2}, 3+\frac{1}{3}, 3+\frac{1}{4}, \ldots$) che converge a 3 dalla sinistra. Tale simmetria risulta chiara dalla rappresentazione grafica degli insiemi X e Y:

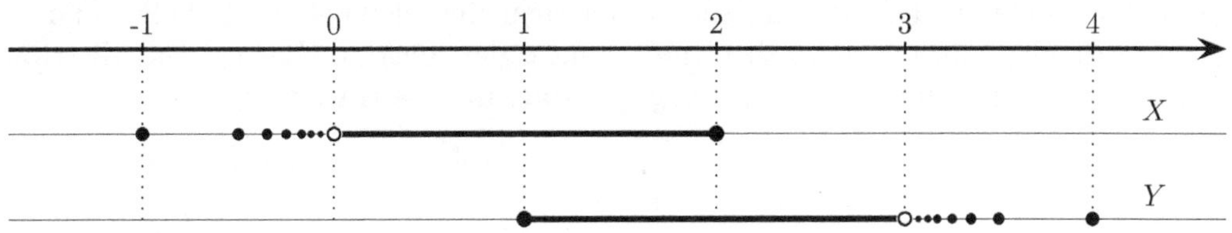

Si ha:

- $DX = [0,2]$ e $DY = [1,3]$;
- $FX = \left\{-\frac{1}{n+1} : n \in \mathbb{N}\right\} \cup \{0,2\}$ e $FY = \left\{3 + \frac{1}{n+1} : n \in \mathbb{N}\right\} \cup \{1,3\}$;
- $\overline{X} = X \cup \{0\}$ e $\overline{Y} = Y \cup \{3\}$;
- $\mathring{X} =]0,2[$ e $\mathring{Y} =]1,3[$;
- $\max X = 2$, $\max Y = 4$, $\min X = -1$, $\min Y = 1$.

Siamo pronti per determinare la risposta corretta (falsa).

[1] *Vera.* Essendo

$$DX \setminus \mathring{X} = [0,2] \setminus]0,2[= \{0,2\} \qquad \text{e} \qquad DY \setminus \mathring{Y} = [1,3] \setminus]1,3[= \{1,3\}\,,$$

risulta $\left|DX \setminus \mathring{X}\right| = \left|DY \setminus \mathring{Y}\right| = 2\,.$

[2] *Vera.* Ricordiamo che un punto isolato di un insieme Z è un punto che appartiene a Z ma non è d'accumulazione per Z. Ne segue che 0 *non* è un punto isolato di FX, in quanto appartiene a FX ma è d'accumulazione per FX.

[3] *Vera.* Essendo

$$\overline{\mathring{X}} = \overline{]0,2[} = [0,2] \qquad \text{e} \qquad \mathring{\overline{X}} = (X \cup \{0\})^{\circ} =]0,2[\ ,$$

risulta $\overline{\mathring{X}} \setminus \mathring{\overline{X}} = \{0,2\}\,.$

[4] **Falsa.** L'insieme

$$Y \setminus \mathring{Y} = Y \setminus]1,3[= \left\{3 + \frac{1}{n+1} : n \in \mathbb{N}\right\} \cup \{1\}$$

è infinito.

[5] *Vera.* $\mathring{\overline{Y}} \setminus \overline{\mathring{Y}} =]1,3[\setminus [1,3] = \emptyset\,.$

Svolgimento 5. Denotiamo con $D = \{d_1, d_2, d_3, d_4, d_5\}$ l'insieme delle donne e con $U = \{u_1, u_2, u_3\}$ l'insieme degli uomini. Dobbiamo distribuire gli elementi di D e U su quattro righe e due colonne come segue:

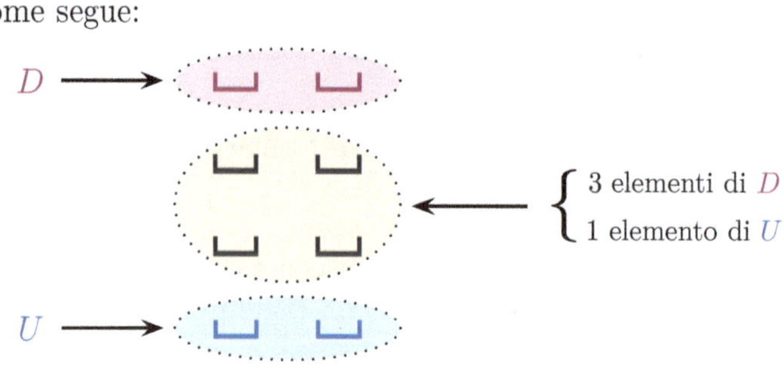

Pertanto, due elementi di D vanno nella prima riga, due elementi di U nella quarta riga, tre elementi di D ed un elemento di U nelle due righe centrali. Le seguenti distribuzioni soddisfano le condizioni imposte dal problema e sono diverse tra loro:

(i)		(ii)		(iii)		(iv)	
d_1	d_2	d_2	d_1	d_1	d_2	d_1	d_3
d_3	d_4	d_3	d_4	d_3	d_4	u_1	d_5
d_5	u_1	d_5	u_1	d_5	u_2	d_2	d_4
u_2	u_3	u_2	u_3	u_1	u_3	u_3	u_2

Per esempio, la configurazione (i) è diversa dalla configurazione (ii) soltanto per ordine delle donne d_1 e d_2 nella prima riga, è diversa dalla configurazione (iii) perché nella terza riga ci sta l'uomo u_2 anziché l'uomo u_1, ed è diversa dalla configurazione (iv) per svariati motivi (le donne capofila sono diverse, gli uomini in coda sono gli stessi ma su colonne diverse, etc.)

In quanto segue, esibiamo due metodi risolutivi distinti, entrambi basati sulla *Regola del prodotto*[27] (che ovviamente danno lo stesso risultato).

[27] Si veda [GL2024], Capitolo 3, Sezione 3.1.9 (Regole di decomposizione).

Metodo 1. Risolviamo il problema in tre passi successivi:

- scegliamo le due donne capofila, il che si può fare in $D_{5,2}$ modi (visto che conta sia la qualità che l'ordine);
- scegliamo i due uomini in coda, il che si può fare in $D_{3,2}$ modi;
- le rimanenti persone (3 donne e 1 uomo) si collocano nei quattro posti centrali, il che si può fare in P_4 modi.

Per la regola del prodotto, ne segue che il numero totale di configurazioni ammissibili è dato da

$$D_{5,2} \cdot D_{3,2} \cdot P_4 \;=\; (5 \cdot 4) \cdot (3 \cdot 2) \cdot 4! \;=\; 5! \cdot 4!$$

Pertanto, la risposta corretta è la $\boxed{1}$.

Metodo 2. Anche questo metodo risolutivo consta di tre passi:

- scegliamo i posti in cui collocare gli uomini e le donne; visto che i due posti nella riga 1 sono riservati alle donne e i due posti nella riga 4 sono riservati agli uomini, è sufficiente determinare quale tra i quattro posti delle due righe centrali verrà occupato da un uomo, il che si può fare in $C_{4,1}$ modi;
- collochiamo le donne nei cinque posti a loro riservati in tutti i modi possibili, il che si può fare in P_5 modi;
- collochiamo gli uomini nei tre posti a loro riservati in tutti i modi possibili, il che si può fare in P_3 modi.

Ne segue che il numero totale delle configurazioni ammissibili è dato da

$$C_{4,1} \cdot P_5 \cdot P_3 \;=\; 4 \cdot 5! \cdot 3! \;=\; 5! \cdot 4!\,.$$

Svolgimento 6. Nonostante sia in parte A.3, questo esercizio è facile, purché si conoscano le nozioni elementari della *teoria dei gruppi.* L'unica difficoltà è costituita dal fatto che l'insieme su cui l'operazione (binaria algebrica) è definita è un insieme di funzioni (e non, come capita di solito, un insieme di numeri o di matrici).

Siano X l'insieme $\{a, b, c\}$ e G l'insieme di funzioni $\{f\colon X \to X \mid f \text{ è biiettiva}\}$. Osserviamo preliminarmente che G è un insieme finito avente cardinalità uguale a $3! = 6$.[28] Le sei biiezioni da X in X sono le seguenti:

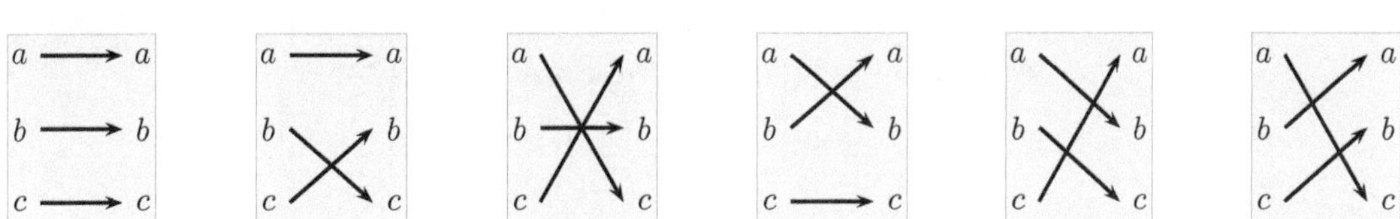

(1) (2) (3) (4) (5) (6)

(La biiezione (1) è la *funzione identica* id_X, definita da $\mathsf{id}_X(x) = x$ per ogni $x \in X$.)

Cominciamo con l'osservare che se $f, g\colon X \to X$ sono funzioni biiettive, allora la loro composizione $g \circ f\colon X \to X$ è ancora una funzione biiettiva.[29] Pertanto, la composizione è un'operazione binaria algebrica su G. Ne segue che $(G, \circ)$ è un *gruppoide.*

Inoltre, la composizione di funzioni è, qualora fattibile, un'operazione associativa.[30] In particolare, si ha $h \circ (g \circ f) = (h \circ g) \circ f$ per ogni $f, g, h \in G$. Ne segue che $(G, \circ)$ è un *semigruppo.*

[28] Si veda [GL2024], Capitolo 2, Esempio 2.37.

[29] Si veda [GL2024], Capitolo 2, Lemma 2.42.

[30] Si veda [GL2024], Capitolo 2, Lemma 2.43(i).

Il semigruppo $(G, \circ)$ ha l'elemento *unità*, che è dato dalla funzione identica id_X.[31] Invero, per ogni $f \in G$, si ha $f \circ \mathsf{id}_X = \mathsf{id}_X \circ f = f$.

Infine ogni elemento di G è, essendo una funzione biiettiva, invertibile.[32] Invero, per ogni $f \in G$, l'elemento inverso di f è proprio la funzione inversa f^{-1}, in quanto $f \circ f^{-1} = \mathsf{id}_X$ e $f^{-1} \circ f = \mathsf{id}_X$. Ne segue che $(G, \circ)$ è un *gruppo*.

L'ultima cosa da verificare è se $(G, \circ)$ soddisfa la proprietà commutativa, ossia se è un gruppo *abeliano*. A tal fine, osserviamo che se componiamo nei due modi possibili le biiezioni (2) e (4) definite sopra, si ottengono risultati diversi, essendo

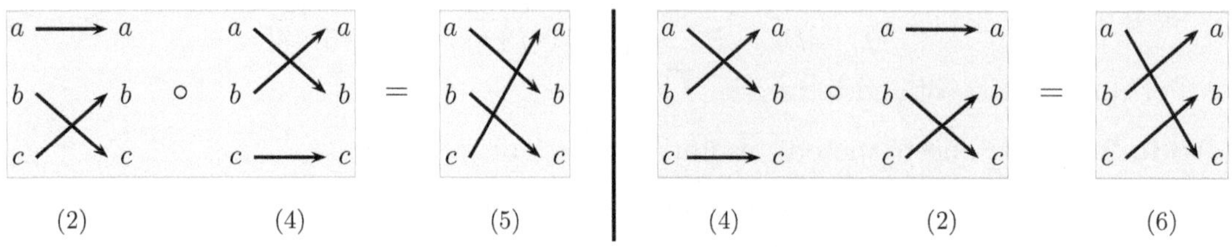

da cui $(2) \circ (4) = (5)$ e $(4) \circ (2) = (6)$.[33] Ne segue che G *non* è abeliano.

In conclusione, G è un gruppo finito non abeliano di cardinalità 6, per cui la risposta corretta è la $\boxed{\mathbf{1}}$.

Svolgimento 7. Si ha:

$$
\begin{aligned}
\left(\frac{1}{3}\right)^{\sqrt{x+1}+1} \leqslant \left(\frac{1}{9}\right)^{x} \quad &\iff \quad \left(\frac{1}{3}\right)^{\sqrt{x+1}+1} \leqslant \left(\frac{1}{3}\right)^{2x} \\
&\iff \quad \sqrt{x+1}+1 \geqslant 2x \\
&\iff \quad \sqrt{x+1} \geqslant 2x-1 \\
&\iff \quad \begin{cases} 2x-1 \leqslant 0 \\ x+1 \geqslant 0 \end{cases} \quad \text{oppure} \quad \begin{cases} 2x-1 > 0 \\ x+1 \geqslant (2x-1)^2 \end{cases} \\
&\iff \quad \begin{cases} x \leqslant \frac{1}{2} \\ x \geqslant -1 \end{cases} \quad \text{oppure} \quad \begin{cases} x > \frac{1}{2} \\ x\,(4x-5) \leqslant 0 \end{cases} \\
&\iff \quad x \in \left[-1, \tfrac{1}{2}\right] \quad \text{oppure} \quad \begin{cases} x \in \left]\frac{1}{2}, +\infty\right[\\ x \in \left[0, \frac{5}{4}\right] \end{cases} \\
&\iff \quad x \in \left[-1, \tfrac{1}{2}\right] \quad \text{oppure} \quad x \in \left]\tfrac{1}{2}, \tfrac{5}{4}\right] \\
&\iff \quad x \in \left[-1, \tfrac{1}{2}\right] \cup \left]\tfrac{1}{2}, \tfrac{5}{4}\right] = \left[-1, \tfrac{5}{4}\right].
\end{aligned}
$$

Pertanto, la risposta corretta è la $\boxed{\mathbf{4}}$.

Svolgimento 8. L'equazione della retta tangente (non verticale) al grafico della funzione f nel punto di ascissa e^{-1} è data da

$$y - f\left(\mathrm{e}^{-1}\right) = f'\left(\mathrm{e}^{-1}\right)\left(x - \mathrm{e}^{-1}\right).$$

[31] Si veda [GL2024], Capitolo 2, Corollario 2.44.

[32] Si veda [GL2024], Capitolo 2, Sezione 2.1.14 (Funzioni inverse).

[33] Si invita il lettore a fare le opportune verifiche. Ad esempio, per determinare l'immagine dell'elemento b tramite la prima composizione, si osservi che b va su c in forza della (2) e poi c va su stesso in forza della (4); pertanto, l'immagine di b tramite la composizione di (2) e (4) è c.

Il valore della funzione $f(x) = x^2 \log x$ nel punto di ascissa $x = \mathrm{e}^{-1}$ è dato da

$$f\left(\mathrm{e}^{-1}\right) = \mathrm{e}^{-2}(-1) = -\,\mathrm{e}^{-2}\,.$$

La derivata di f è data da

$$f'(x) = 2x\log x + x^2\frac{1}{x} = x\,(2\log x + 1)\,,$$

da cui

$$f'\left(\mathrm{e}^{-1}\right) = \mathrm{e}^{-1}\left(2\log(\mathrm{e}^{-1}) + 1\right) = -\,\mathrm{e}^{-1}\,.$$

Pertanto, concludiamo che l'equazione richiesta è

$$y - (-\mathrm{e}^{-2}) = -\,\mathrm{e}^{-1}\left(x - \mathrm{e}^{-1}\right)$$

ossia

$$y = -\,\mathrm{e}^{-1}\,x\,.$$

La risposta corretta è dunque la $\boxed{1}$.

Svolgimento 9. Il limite si presenta nella forma indeterminata $\log\,[1^\infty]$, visto che

$$\lim_{x\to+\infty}(x - \log x) = +\infty$$

(verificare!). Usando la proprietà dei limiti sull'inversione dell'operatore di limite e della funzione logaritmica, si ha

$$\begin{aligned}
\lim_{x\to+\infty}\log\left(\frac{-3x-1}{-3x+2}\right)^{x-\log x} &= \log\lim_{x\to+\infty}\left(\frac{-3x-1}{-3x+2}\right)^{x-\log x}\\
&= \log\lim_{x\to+\infty}\left(\frac{3x+1}{3x-2}\right)^{x-\log x}\\
&= \log\lim_{x\to+\infty}\left(\frac{(3x-2)+3}{3x-2}\right)^{x-\log x}\\
&= \log\lim_{x\to+\infty}\left(\frac{(3x-2)+3}{3x-2}\right)^{x-\log x}\\
&= \log\lim_{x\to+\infty}\left[\left(1+\frac{1}{\frac{3x-2}{3}}\right)^{\frac{3x-2}{3}}\right]^{\frac{3}{3x-2}\,(x-\log x)}\,.
\end{aligned}$$

Essendo, per un noto limite notevole,

$$\lim_{x\to+\infty}\left(1+\frac{1}{\frac{3x-2}{3}}\right)^{\frac{3x-2}{3}} = \mathrm{e}\,,$$

nonché, applicando il *Teorema di de l'Hôpital*,

$$\lim_{x\to+\infty}\frac{3(x-\log x)}{3x-2} = \lim_{x\to+\infty}\frac{3\left(1-\frac{1}{x}\right)}{3} = 1\,,$$

si ottiene alfine

$$\lim_{x\to+\infty}\log\left(\frac{-3x-1}{-3x+2}\right)^{x-\log x} = \log\lim_{x\to+\infty}\left[\left(1+\frac{1}{\frac{3x-2}{3}}\right)^{\frac{3x-2}{3}}\right]^{\frac{3(x-\log x)}{3x-2}} = \log\mathrm{e}^1 = 1\,.$$

Pertanto, la risposta corretta è la $\boxed{5}$.

Svolgimento 10. La legge

$$f(x) = \log(-x^2 - 2x + 3)$$

definisce una funzione logaritmica, che ha un andamento piuttosto regolare.

*1) **Insieme d'esistenza. Continuità.*** L'insieme d'esistenza I di f si ottiene risolvendo la disequazione $-x^2 - 2x + 3 > 0$, ossia $x^2 + 2x - 3 < 0$. Poiché $x^2 + 2x - 3 = 0$ se e solo se $x \in \{-3, 1\}$, l'insieme di esistenza è dato da

$$I = \left]-3, 1\right[.$$

La funzione f è ovviamente continua in tutto I.

*2) **Localizzazione.*** Le intersezioni con gli assi cartesiani si ottengono come segue:

$$\begin{cases} y = \log(-x^2 - 2x + 3) \\ y = 0 \end{cases} \iff \begin{cases} -x^2 - 2x + 3 = 1 \\ y = 0 \end{cases} \iff \begin{cases} x = -1 \pm \sqrt{3} \\ y = 0 \end{cases}$$

$$\begin{cases} y = \log(-x^2 - 2x + 3) \\ x = 0 \end{cases} \iff \begin{cases} x = 0 \\ y = \log 3 . \end{cases}$$

Pertanto, i punti di intersezione di G_f con gli assi $\vec{x}$ e $\vec{y}$ sono

$$A \equiv \left(-1 - \sqrt{3}, 0\right), \quad B \equiv \left(-1 + \sqrt{3}, 0\right), \quad C \equiv (0, \log 3) .$$

(Si noti che $\sqrt{3}$ è circa 1.7, mentre $\log 3$ è circa 1.1.)[34] Inoltre, essendo

$$\begin{aligned} f(x) > 0 \quad &\iff \quad \log(-x^2 - 2x + 3) > 0 \\ &\iff \quad \mathrm{e}^{\log(-x^2-2x+3)} > \mathrm{e}^0 \\ &\iff \quad -x^2 - 2x + 3 > 1 \\ &\iff \quad x^2 + 2x - 2 < 0 \\ &\iff \quad -1 - \sqrt{3} < x < -1 + \sqrt{3} , \end{aligned}$$

si ottiene

$$f(x) \begin{cases} > 0 & \text{se} \quad x \in \left]-1 - \sqrt{3}, -1 + \sqrt{3}\right[\\ = 0 & \text{se} \quad x = -1 \pm \sqrt{3} \\ < 0 & \text{se} \quad x \in \left]-3, -1 - \sqrt{3}\right[\cup \left]-1 + \sqrt{3}, 1\right[. \end{cases}$$

*3) **Comportamento agli estremi e in frontiera. Asintoti.*** Dobbiamo calcolare soltanto due limiti:

$$\lim_{x \to -3^+} \log(-x^2 - 2x + 3) = -\infty , \quad \lim_{x \to 1^-} \log(-x^2 - 2x + 3) = -\infty .$$

Ne segue che il grafico di f presenta:

- un asintoto verticale destro, avente equazione $x = -3$;
- un asintoto verticale sinistro, avente equazione $x = 1$.

*4) **Rappresentazione grafica parziale.*** Alla luce dei punti 1), 2) e 3), possiamo tracciare un grafico parziale di f, che ci lascia facilmente intuire il comportamento globale della funzione:

[34] Per i nostri fini, non è necessario sapere con precisione quanto valgono $\sqrt{3}$ e $\log 3$. Invero, basta sapere che $\sqrt{3}$ è un numero compreso tra 1.5 (visto che $1.5 \cdot 1.5 = 2.25$) e 2 (visto che $2^2 = 4$), mentre $\log 3$, essendo quel numero che dato come esponente ad $\mathrm{e} = 2.71828\ldots$ restituisce 3 come risultato, è poco più di 1.

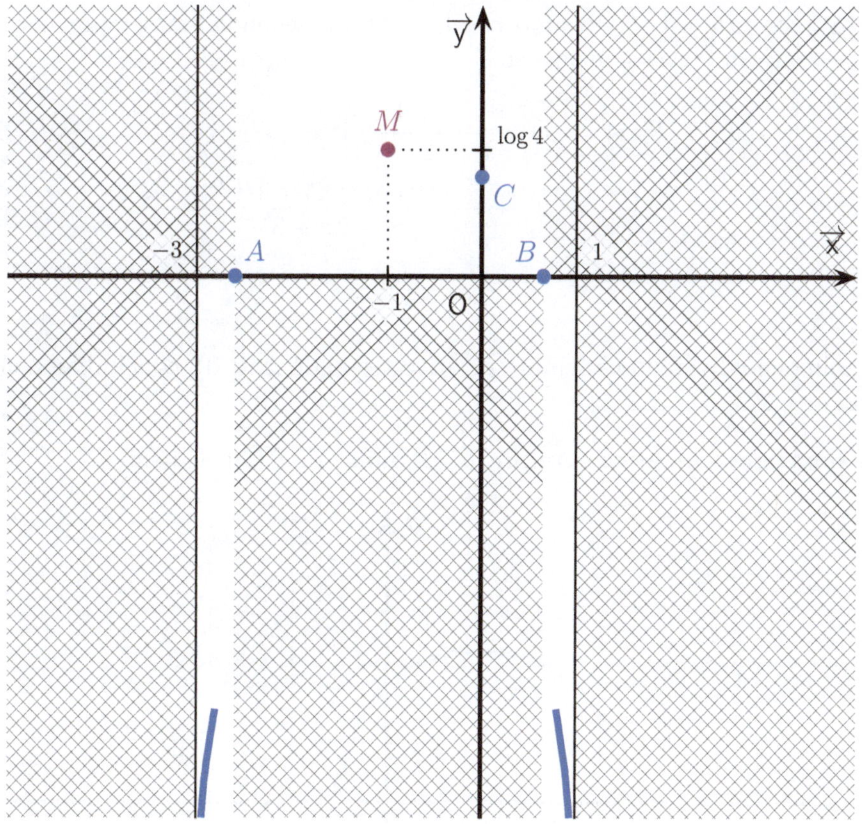

Invero, ci aspettiamo un grafico 'simile' ad quello di una parabola che volge la concavità verso il basso (avente però due asintoti verticali, al contrario di una parabola). In particolare, è naturale congetturare l'esistenza di un punto di massimo relativo (ed assoluto), avente ascissa uguale a quella del punto medio del segmento AB, ossia

$$x_0 = \frac{(-1-\sqrt{3})+(-1+\sqrt{3})}{2} = -1\,.$$

Se così fosse, f avrebbe un punto di massimo assoluto in $M \equiv (-1, \log 4)$ (in colore magenta in figura), il che ci permetterebbe di rispondere al quesito.

5) Derivata prima. Essendo

$$f'(x) \;=\; \frac{\mathsf{D}[-x^2-2x+3]}{-x^2-2x+3} \;=\; \frac{-2x-2}{-x^2-2x+3} \;=\; 2\,\frac{x+1}{x^2+2x-3}$$

la funzione f è derivabile all'interno del suo dominio. Inoltre, risulta

		-3		-1		1	
$x+1$	$-$		$-$	0	$+$		$+$
x^2+2x-3	$+$	0	$-$		$-$	0	$+$
$f'(x)$	$-$	*	$+$	0	$-$	*	$+$
$f(x)$	//////		↗	max relativo	↘		//////

il che verifica la nostra congettura. Ne segue che la risposta corretta (falsa) è la **3**. Tuttavia, per completezza, studiamo il comportamento della derivata seconda e disegniamo il grafico della funzione.

6) Derivata seconda. Ci aspettiamo che la derivata seconda sia sempre negativa, ossia che f sia concava. Invero, avendosi

$$\begin{aligned} f''(x) &= \mathsf{D}\left[2\,\frac{x+1}{x^2+2x-3}\right] \\ &= 2\,\frac{(x^2+2x-3)-(x+1)(2x+2)}{(x^2+2x-3)^2} \\ &= -2\,\frac{x^2+2x+5}{(x^2+2x-3)^2} \end{aligned}$$

ove il polinomio dividendo è sempre positivo (essendo $\Delta < 0$), concludiamo che $f''(x) < 0$ per ogni $x \in I$.

7) Rappresentazione grafica completa. Il grafico di f è il seguente:

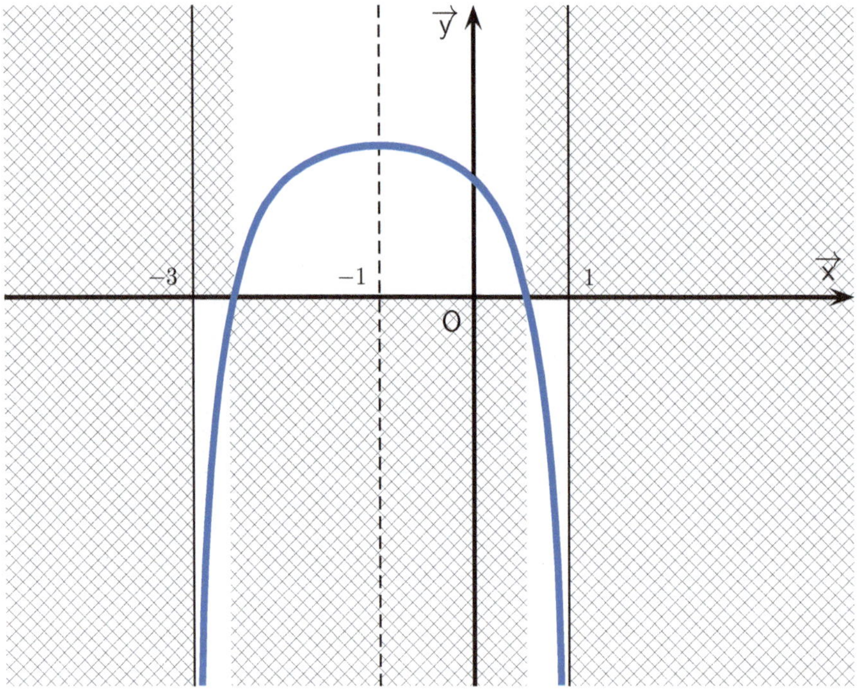

Si può verificare che la retta verticale di equazione $x = -1$ è un *asse di simmetria* per f, in quanto il grafico di f è simmetrico rispetto a questa retta: ad esempio, $f(0) = f(-2)$, $f\left(-\frac{1}{2}\right) = f\left(-\frac{3}{2}\right)$, etc.

Come già osservato, la risposta corretta è la $\boxed{\mathbf{3}}$. Si noti inoltre che la risposta $\boxed{5}$ è vera, in quanto nell'intervallo $[-2, 0]$ la funzione è positiva, per cui si ha

$$\int_{-2}^{0} f(x)\,dx > 0\,.$$

Svolgimento 11. Risolviamo innanzitutto l'integrale indefinito

$$\int \frac{e^x - 1}{e^x + 3}\,dx$$

utilizzando il *Metodo di integrazione per sostituzione.* Poniamo $t := \mathrm{e}^x$. Essendo

$$t = \mathrm{e}^x \iff x = \log t \implies dx = \frac{1}{t}\,dt\,,$$

ne segue

$$\int \frac{\mathrm{e}^x - 1}{\mathrm{e}^x + 3}\,dx = \left[\int \frac{t-1}{t+3}\cdot\frac{1}{t}\,dt\right]_{t=\mathrm{e}^x} = \left[\int \frac{t-1}{t(t+3)}\,dt\right]_{t=\mathrm{e}^x}.$$

Risolviamo l'integrale della funzione razionale fratta in parentesi quadra. Essendo $t^2+3t = 0$ se e solo se ($t = 0$ oppure $t = -3$), esistono $a, b \in \mathbb{R}$ tali che

$$\frac{t-1}{t(t+3)} = \frac{a}{t} + \frac{b}{t+3}\,,$$

ossia

$$t - 1 = a(t+3) + bt\,,$$

ossia

$$t - 1 = (a+b)\,t + 3a\,.$$

Per il *Principio di identità dei polinomi,* le costanti $a, b \in \mathbb{R}$ si ottengono come segue:

$$\begin{cases} a+b=1 \\ 3a=-1 \end{cases} \iff \begin{cases} a=-\frac{1}{3} \\ b=1+\frac{1}{3} \end{cases} \iff (a,b) = \left(-\tfrac{1}{3}, \tfrac{4}{3}\right).$$

Pertanto, si ha

$$\int \frac{t-1}{t(t+3)}\,dt = \int \left(\frac{-\frac{1}{3}}{t} + \frac{\frac{4}{3}}{t+3}\right)dt = -\frac{1}{3}\log|t| + \frac{4}{3}\log|t+3| + C\,.$$

Siamo adesso in grado di risolvere l'integrale indefinito iniziale:

$$\begin{aligned}
\int \frac{\mathrm{e}^x - 1}{\mathrm{e}^x + 3}\,dx &= \left[\int \frac{t-1}{t(t+3)}\,dt\right]_{t=\mathrm{e}^x} \\
&= \left[-\frac{1}{3}\log|t| + \frac{4}{3}\log|t+3|\right]_{t=\mathrm{e}^x} + C \\
&= -\frac{1}{3}\log(\mathrm{e}^x) + \frac{4}{3}\log|\mathrm{e}^x + 3| + C \\
&= -\frac{1}{3}x + \frac{4}{3}\log|\mathrm{e}^x + 3| + C\,.
\end{aligned}$$

Infine, risolviamo l'integrale definito:

$$\begin{aligned}
\int_0^1 \frac{\mathrm{e}^x - 1}{\mathrm{e}^x + 3}\,dx &= \left[-\frac{1}{3}x + \frac{4}{3}\log|\mathrm{e}^x + 3|\right]_0^1 \\
&= \left(-\frac{1}{3} + \frac{4}{3}\log(\mathrm{e}+3)\right) - \left(\frac{4}{3}\log 4\right) \\
&= -\frac{1}{3} + \frac{4}{3}\left(\log(\mathrm{e}+3) - \log 4\right) \\
&= -\frac{1}{3} + \frac{4}{3}\log\frac{\mathrm{e}+3}{4}\,.
\end{aligned}$$

Pertanto, la risposta corretta è la $\boxed{\mathbf{1}}$.

Svolgimento 12. Cominciamo con il rappresentare graficamente i dati a nostra disposizione (ricordiamo che la funzione f è *continua*):

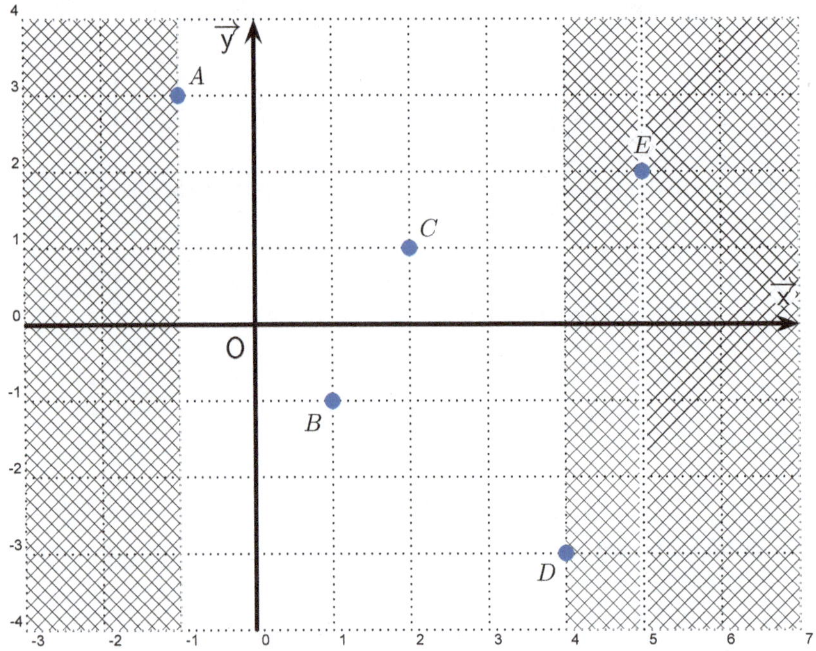

Il grafico G_f di f è localizzato nella zona *non* tratteggiata e deve passare per i seguenti punti (evidenziati in blu in figura):

$$A \equiv (-1,3)\,,\quad B \equiv (1,-1)\,,\quad C \equiv (2,1)\,,\quad D \equiv (4,-3)\,,\quad E \equiv (5,2)\,.$$

Si noti che, essendo f continua, in forza del *Teorema di esistenza degli zeri*, G_f interseca l'asse delle $\overrightarrow{x}$ in almeno 3 punti distinti (il primo avente ascissa tra -1 e 1, il secondo avente ascissa tra 1 e 2, il terzo avente ascissa tra 2 e 4). Inoltre, in forza del *Teorema di Weierstrass* applicato alla restrizione di f all'intervallo chiuso e limitato $[-1,4]$, la funzione f è dotata di massimo assoluto (necessariamente $\geqslant 3$) e minimo assoluto (necessariamente $\leqslant -3$). Si noti che al momento non possiamo dire nulla sull'esistenza di punti critici (ossia a derivata nulla), crescenza o decrescenza di f, convessità o concavità di f, in quanto non abbiamo informazioni sufficienti.

Adesso determiniamo la risposta corretta (falsa).

[1] *Vera.* Se f è derivabile nell'intervallo aperto $]-1,4[$, allora risulta possibile applicare il *Teorema di Lagrangia*[35] alla funzione f ristretta all'intervallo $[1,2]$, ottenendo

$$\exists c \in \,]1,2[\, : f'(c) = \frac{f(2)-f(1)}{2-1} = 2\,.$$

Poiché tale punto c ovviamente appartiene anche all'intervallo $]-1,4[$, ne segue che la [1] è vera.

[2] *Vera.* Se f è monotona decrescente nell'intervallo $[-1,1]$, allora, per il *Teorema di Weierstrass*, f assume tutti e soli i valori compresi tra $f(1) = -1$ e $f(-1) = 3$; in particolare, il codominio di f ristretta a $[-1,1]$ è l'intervallo chiuso $[-1,3]$. Come si rappresenta geometricamente nella figura che segue, l'integrale tra -1 e 1 di f è uguale alla somma algebrica di due aree: quella verde (presa con il segno positivo) e quella magenta (presa con segno negativo).

[35] Si veda la Nota 13 del Capitolo 2.

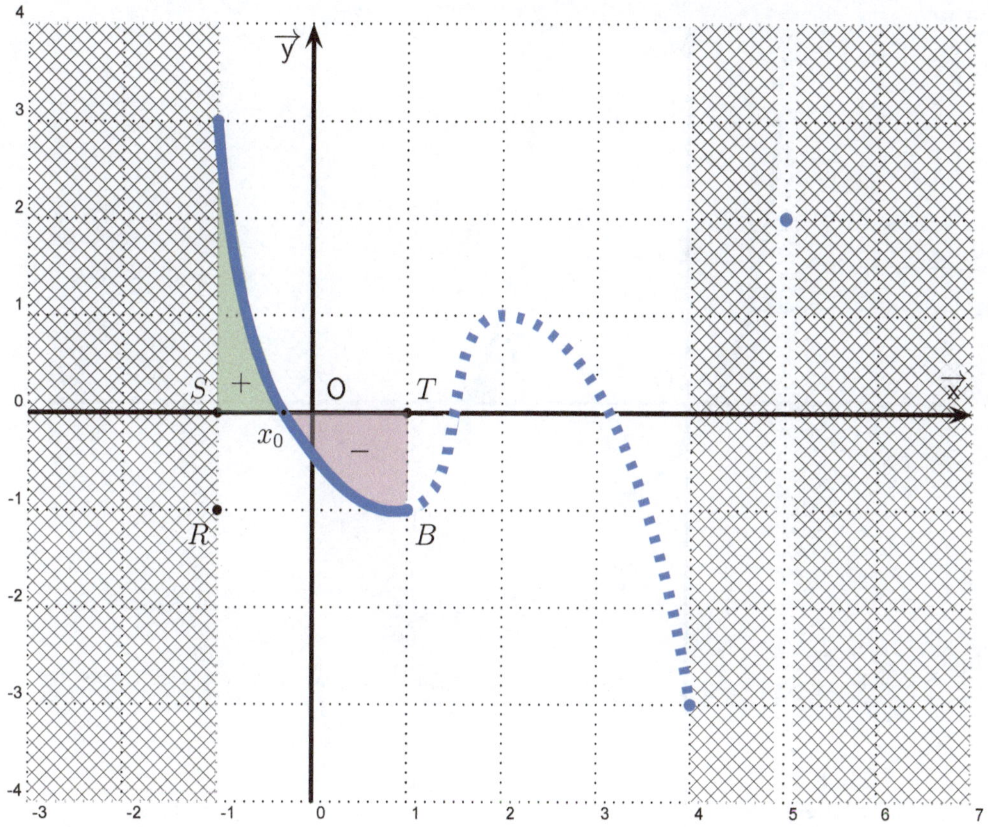

Per quanto la f possa decrescere rapidamente facendo così ingrandire l'area in colore magenta, quest'ultima sarà sempre più piccola dell'area del rettangolo $BRST$, che vale 2. Più precisamente, denotati con

- x_0 l'ascissa del punto in cui G_f interseca l'asse delle $\overrightarrow{x}$ (vedi figura),
- p l'area della zona in blu (dunque $0 < p < 3$),
- q l'area della zona in magenta (dunque $0 < q < 2$),

si ha

$$\int_{-1}^{1} f(x)\,dx \;=\; \int_{-1}^{x_0} f(x)\,dx \;-\; \int_{x_0}^{1} f(x)\,dx \;=\; p - q \;>\; -2\,,$$

come volevasi dimostrare.

[3] **Falsa.** Questo quesito sembra simile al precedente. Trattasi tuttavia di un'impressione fallace, in quanto manca l'ipotesi della decrescenza di f in $[2, 4]$. Ciò ci suggerisce come costruire un controesempio alla verità dell'asserzione [3]. Per esempio, la seguente funzione f, il cui grafico è rappresentato nella figura sotto, è continua[36] nel suo dominio e soddisfa le condizioni richieste, ma è tale che

$$\int_{2}^{4} f(x)\,dx \;<\; -6\,,$$

in quanto la differenza tra il valore dell'area in colore magenta e quello dell'area in colore verde risulta, in valore assoluto, maggiore di 6.

[36] Si noti che f non è derivabile in quattro punti (angolosi), ma questo è consentito dalle ipotesi.

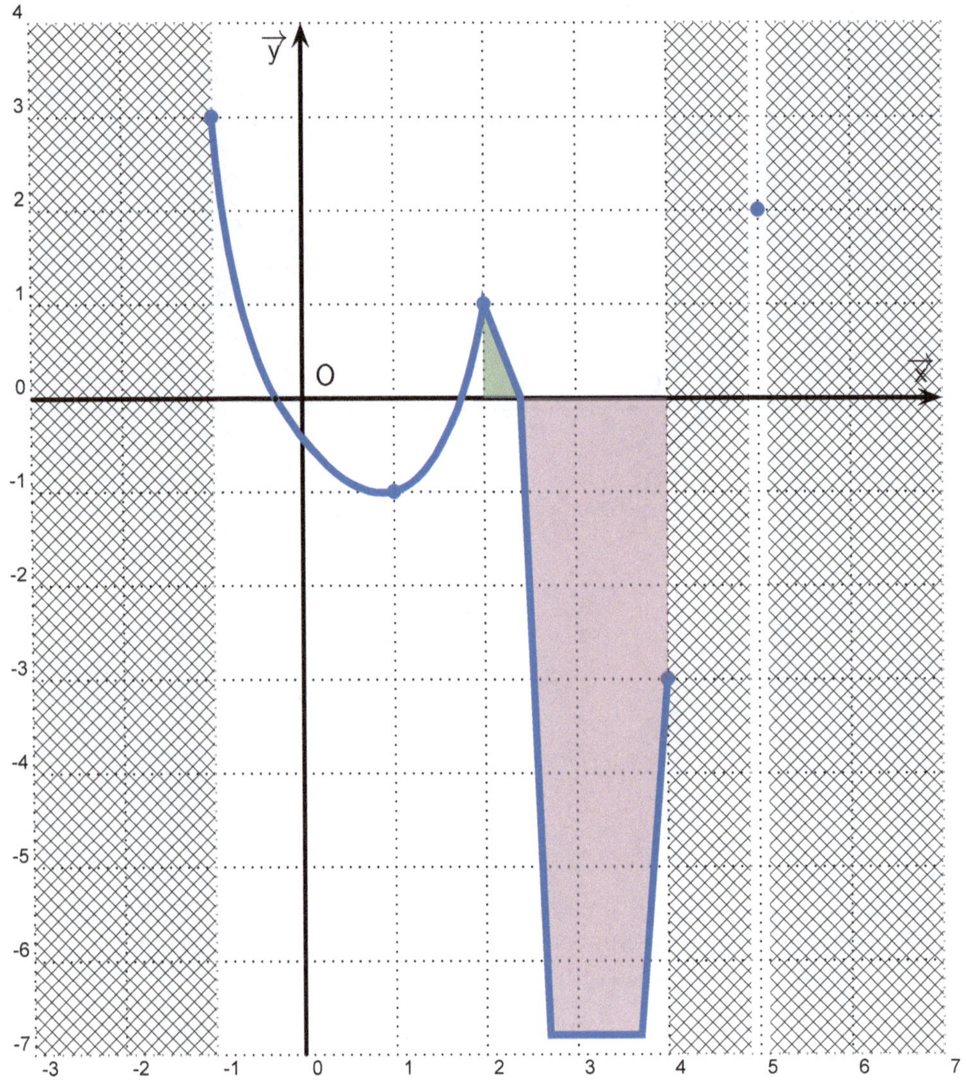

[4] *Vera.* La continuità in un intervallo chiuso e limitato è condizione sufficiente per l'integrabilità.

[5] *Vera.* Essendo f derivabile in $]-1,4[$, applichiamo il *Teorema di Lagrangia* sia a f ristretta all'intervallo $[-1,1]$ che a f ristretta all'intervallo $[2,4]$. Pertanto

$$\exists c \in\,]-1,1[\; : \; f'(c) = \frac{f(1)-f(-1)}{1-(-1)} = \frac{-1-3}{2} = -2\,,$$

$$\exists d \in\,]2,4[\; : \; f'(c) = \frac{f(4)-f(2)}{4-2} = \frac{-3-1}{2} = -2\,,$$

e dunque l'asserzione [5] è vera.

Capitolo 7

Parte A.1

Esercizio 1. Sia dato il sistema lineare

$$\begin{cases} x - \lambda y = 2 \\ \lambda x - y = 2 \end{cases}$$

con λ parametro reale. Quale delle seguenti asserzioni è FALSA?

$\boxed{1}$ Esistono infiniti valori di $\lambda \in \mathbb{R}$ per cui il sistema è possibile

$\boxed{2}$ Per $\lambda = 0$, il sistema è determinato

$\boxed{3}$ Per $\lambda = 4$, la coppia $(x, y) = \left(\frac{2}{5}, -\frac{2}{5}\right)$ è l'unica soluzione del sistema

$\boxed{4}$ Il sistema non è mai indeterminato

$\boxed{5}$ Esiste un unico valore di $\lambda \in \mathbb{R}$ per cui il sistema è impossibile

Esercizio 2. Sia dato l'insieme numerico

$$X = [0, 1] \cup \left\{2 + \frac{1}{n^3 + 1} \; : \; n \in \mathbb{N}\right\}.$$

Quale delle seguenti asserzioni è VERA?

$\boxed{1}$ L'insieme $\overline{\mathring{X}} \setminus \mathring{\overline{X}}$ ha cardinalità 3

$\boxed{2}$ L'insieme dei punti isolati di X non ha punti d'accumulazione

$\boxed{3}$ $F(FX) \neq FX$

$\boxed{4}$ 2 è un punto isolato di X

$\boxed{5}$ Nessuna delle altre risposte

Esercizio 3. Siano A, B e C matrici quadrate di ordine 3. Quale delle seguenti asserzioni è VERA? (I_3 denota la matrice identica di ordine 3.)

$\boxed{1}$ Se $AB = A$, allora $B = I_3$

$\boxed{2}$ Esistono A e B non invertibili tali che AB è invertibile

$\boxed{3}$ Se $B = A^{-1}$ e $\det(C) = \frac{1}{4}$, allora $\det(2ABC) = 2$

$\boxed{4}$ Se $\det(A^{-1}) = 2$, allora $\det(2A) = 1$

$\boxed{5}$ Nessuna delle altre risposte

Parte A.2

Esercizio 4. Siano date le rette

$$\begin{array}{ll} (\vec{r}) & y = ax + 2 \\ (\vec{s}) & y = -ax + 2 \\ (\vec{t}) & y = ax - 2 \\ (\vec{u}) & y = -ax - 2 \end{array}$$

ove a è un parametro reale positivo. Per quale $a \in \mathbb{R}^+$ l'area del quadrilatero delimitato dalle quattro rette vale 4 ?

1. $\frac{1}{2}$
2. 1
3. $\frac{3}{2}$
4. 2
5. $\frac{5}{2}$

Esercizio 5. Siano A, B, C e D insiemi tali che $|\mathcal{P}(A)| = 64$, $|\mathcal{P}(B)| = 32$, $|\mathcal{P}(C)| = 2$ e $|\mathcal{P}(D)| = 1$. Quale delle seguenti asserzioni è FALSA?
(Il simbolo $\mathcal{P}(X)$ denota l'insieme delle parti di un insieme X.)

1. A ha 2^4 sottoinsiemi di cardinalità 4
2. $D \subseteq B \setminus A$
3. B ha 10 sottoinsiemi di cardinalità 3
4. C non ha sottoinsiemi di cardinalità 2
5. Se $|A \cap B| = 3$, allora $|\mathcal{P}(A \cup B)| \geqslant 250$

Parte A.3

Esercizio 6. Quante sono le relazioni d'equivalenza sull'insieme $A = \{a, b, c, d, e\}$?

1. 40
2. 52
3. 68
4. 76
5. 94

Parte B.1

Esercizio 7. Qual è l'insieme delle soluzioni della disequazione

$$\sqrt{x^2+2x-3} > -x\ ?$$

1. $]-\infty, 1]$
2. $]-3, 0[\cup [1, +\infty[$
3. $[1, +\infty[$
4. $]-\infty, -3[\cup [0, +\infty[$
5. Nessuna delle altre risposte

Esercizio 8. Sia $f\colon \mathbb{R} \to \mathbb{R}$ la funzione definita da

$$f(x) = \begin{cases} -\mathrm{e}^{ax} - b & \text{se } x \geqslant 0 \\ bx - 2 & \text{se } x < 0\,, \end{cases}$$

ove a, b sono parametri reali. Per quali valori di $a, b \in \mathbb{R}$ la funzione f è derivabile in tutto il suo dominio?

1. $(a, b) = (-1, 1)$
2. $(a, b) = (2, 1)$
3. $(a, b) = (-1, -2)$
4. $(a, b) = (2, -2)$
5. Nessuna delle altre risposte

Esercizio 9. Quanto vale

$$\lim_{x\to+\infty} \left(1 + \frac{4}{x^2}\right)^{\frac{3x^2}{4}} \left(\mathrm{e}^x - \mathrm{e}^{-x}\right)^{\frac{1}{x}}\ ?$$

1. 0
2. e
3. e^3
4. $+\infty$
5. Nessuna delle altre risposte

Parte B.2

Esercizio 10. Data la funzione definita dalla legge

$$f(x) = x - 2\log x$$

nel suo insieme d'esistenza, quale delle seguenti affermazioni è FALSA?

1. f ha un punto di flesso
2. f ha un minimo assoluto per $x = 2$
3. f non è limitata superiormente
4. f non ha un asintoto obliquo
5. $\mathrm{im} f \subseteq \,]0, +\infty[$

Esercizio 11. Quale tra i seguenti integrali definiti ha il valore MINIMO?

1. $\displaystyle\int_{e}^{e^2} \frac{1}{x \log x}\, dx$
2. $\displaystyle\int_{0}^{\frac{1}{2}} \frac{2x}{1+x^2}\, dx$
3. $\displaystyle\int_{0}^{1} \left(x^2 + 8x + 5\right) dx$
4. $\displaystyle\int_{1}^{4} \left(\frac{1}{x} + \frac{1}{16}\right) dx$
5. $\displaystyle\int_{0}^{\frac{\pi}{2}} (\cos x + 8x)\, dx$

Parte B.3

Esercizio 12. Sia $f\colon [-3, 7] \to \mathbb{R}$ una funzione dotata di derivata seconda nell'intervallo aperto $]-3, 7[$ e tale che $f(-3) = f(7) = 0$, $f(-1) = -2$, $f(4) = 3$ e $f'(-1) = f'(4) = \frac{1}{2}$. Quale delle seguenti asserzioni è VERA?

1. Se f è continua in $[-3, 7]$ e $f'(x) > 0$ per ogni $x \in [1, 3]$, allora $\displaystyle\int_1^3 f(x)\, dx \geqslant -2$
2. f può avere discontinuità di prima specie
3. Esiste $c \in \,]-3, 7[$ tale che $f'(c) \leqslant 0$
4. f ha un massimo (relativo o assoluto) oppure un minimo (relativo o assoluto)
5. Se $f'(2) = -2$, allora f ha almeno due punti critici distinti

Soluzioni

Svolgimento 1. Determiniamo il rango della matrice incompleta A e quello della matrice completa B al variare del parametro reale λ, ove

$$A = \begin{pmatrix} 1 & -\lambda \\ \lambda & -1 \end{pmatrix} \quad \text{e} \quad B = \begin{pmatrix} 1 & -\lambda & 2 \\ \lambda & -1 & 2 \end{pmatrix}.$$

Essendo $\det(A) = -1 + \lambda^2$, per cui $\det(A) = 0$ se e solo se $\lambda = \pm 1$, si ottiene

$$r(A) = \begin{cases} 1 & \text{se } \lambda \in \{-1, 1\} \\ 2 & \text{se } \lambda \in \mathbb{R} \setminus \{-1, 1\}. \end{cases}$$

Per determinare il rango della matrice completa B al variare del parametro $\lambda \in \mathbb{R}$, applichiamo il *Teorema degli orlati*, utilizzando l'estratta di ordine 1 di Nord-Ovest formata dal solo elemento 1. Dobbiamo calcolare i determinanti dei due orlati di tale estratta. Un orlato lo abbiamo già considerato: trattasi infatti della matrice incompleta A. Il secondo orlato è dato dalla seguente matrice:

$$O = \begin{pmatrix} 1 & 2 \\ \lambda & 2 \end{pmatrix}.$$

Essendo $\det(O) = 2 - 2\lambda$, per cui $\det(O) = 0$ se e solo se $\lambda = 1$, si ottiene che per $\lambda = 1$ si annullano i determinanti di entrambi gli orlati, mentre per tutti gli altri valori di $\lambda \in \mathbb{R}$ almeno uno dei due orlati ha determinante non nullo. Pertanto, si ha

$$r(B) = \begin{cases} 1 & \text{se } \lambda = 1 \\ 2 & \text{se } \lambda \in \mathbb{R} \setminus \{1\}. \end{cases}$$

In conclusione, applicando il *Teorema di Rouchè-Capelli*, si ottiene:

valore di λ	$r(A)$	$r(B)$	sistema	numero soluzioni
1	1	1	indeterminato	∞^1
-1	1	2	impossibile	0
$\neq \pm 1$	2	2	determinato	1

Alla luce di questa analisi, la risposta corretta (falsa) è la **[4]**.

Svolgimento 2. L'insieme numerico X è formato dall'intervallo chiuso e limitato $[0, 1]$ unito ad una successione di punti $\left\{2 + \frac{1}{n^3+1} : n \in \mathbb{N}\right\}$ che converge ad 2 dalla destra (assumendo valori 3, $2 + \frac{1}{2}$, $2 + \frac{1}{9}$, $2 + \frac{1}{28}$, $\ldots$). La rappresentazione grafica dell'insieme X è la seguente:

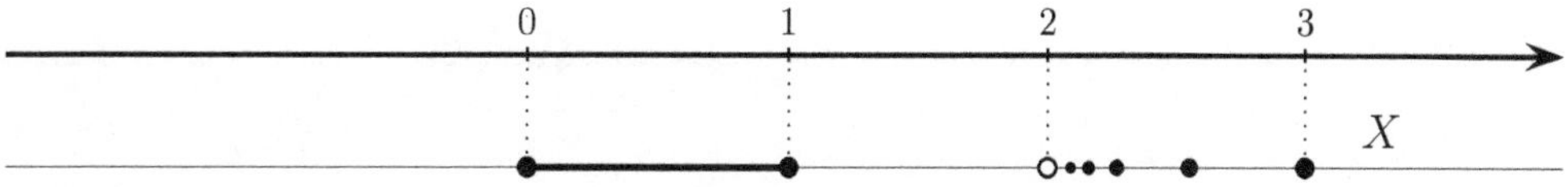

Avendosi

$$DX = [0, 1] \cup \{2\}, \; FX = \left\{2 + \frac{1}{n^3+1} : n \in \mathbb{N}\right\} \cup \{0, 1, 2\}, \; \overline{X} = X \cup \{2\}, \; \mathring{X} =]0, 1[\,,$$

nonché $\max X = 3$ e $\min X = 0$, possiamo determinare la risposta corretta (vera).

[1] *Falsa.* $\overline{\mathring{X}} \setminus \mathring{X} \;=\; [0,1] \setminus]0,1[\;=\; \{0,1\}\,.$

[2] *Falsa.* L'insieme dei punti isolati di X è $\left\{2+\frac{1}{n^3+1} : n \in \mathbb{N}\right\}$ e ha 2 come (unico) punto d'accumulazione.

[3] *Falsa.* Essendo $FX = \left\{2+\frac{1}{n^3+1} : n \in \mathbb{N}\right\} \cup \{0,1,2\}$, si ottiene $F(FX) = FX$.

[4] *Falsa.* Un punto isolato di X è un punto che soddisfa contemporaneamente due requisiti: (1) appartiene ad X; (2) non è d'accumulazione per X. Il punto 2 non ne soddisfa nemmeno uno.

Pertanto, la risposta corretta è la **[5]**.

Svolgimento 3. La risoluzione di questo esercizio richiede soltanto la conoscenza di alcune proprietà elementari delle matrici e dei determinanti.

[1] *Falsa.* Si noti che se A è la matrice nulla Ω_3 di ordine 3, allora si ha $AB = A$ per qualsiasi matrice quadrata B di ordine 3. Pertanto, posto $A = B = \Omega_3$, si ottiene un immediato controesempio alla verità dell'asserzione [1].

[2] *Falsa.* Se A e B non sono invertibili, allora $\det(A) = 0$ e $\det(B) = 0$. Ne segue che, per il *Teorema di Binet*, $\det(AB) = \det(A)\cdot\det(B) = 0$, per cui anche AB non è invertibile. In conclusione, non esistono matrici non invertibili A e B tali che il loro prodotto AB sia invertibile.

[3] **Vera.** Supponiamo che $B = A^{-1}$ e $\det(C) = \frac{1}{4}$. Per alcune ben note proprietà dei determinanti, si ha

$$\det(2ABC) \;=\; 2^3\cdot\det(A)\cdot\det(B)\cdot\det(C) \;=\; 8\cdot\det(A)\cdot\det(A)^{-1}\cdot\det(C) \;=\; 8\cdot\frac{1}{4} = 2\,.$$

[4] *Falsa.* Se $\det(A^{-1}) = 2$, allora $\det(2A) = 2^3 \cdot \det(A)^{-1} = 8 \cdot \frac{1}{2} = 4\,.$

Svolgimento 4. Rappresentiamo graficamente le 4 rette

$$(\vec{r})\;\; y = ax+2\,, \qquad (\vec{s})\;\; y = -ax+2\,, \qquad (\vec{t})\;\; y = ax-2\,, \qquad (\vec{u})\;\; y = -ax-2$$

e il quadrilatero da esse delimitato:

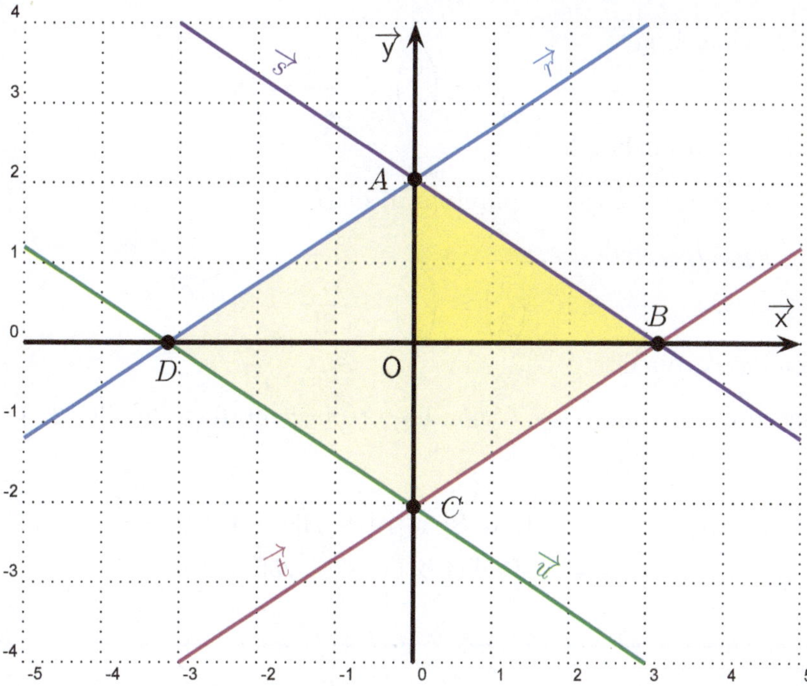

Si noti che le rette $\overrightarrow{r}$ ed $\overrightarrow{s}$ staccano sul semiasse positivo delle ordinate un segmento di lunghezza 2; inoltre sono simmetriche rispetto all'asse delle ascisse, in quanto hanno coefficienti angolari opposti (la retta $\overrightarrow{r}$ ha coefficiente angolare a positivo). Simili considerazioni, *mutatis mutandis*, valgono per le rette $\overrightarrow{t}$ ed $\overrightarrow{u}$.

Osserviamo che l'area del quadrilatero delimitato dalle quattro rette (in giallo) è uguale all'area del triangolo rettangolo ABO (in giallo scuro) moltiplicata per 4. La lunghezza del cateto AO è nota, essendo uguale a 2. La lunghezza del cateto BO è uguale all'ascissa del punto B, che calcoliamo come segue:

$$\begin{cases} \overrightarrow{s} \\ \overrightarrow{x} \end{cases} \iff \begin{cases} y = -ax + 2 \\ y = 0 \end{cases} \iff \begin{cases} x = \frac{2}{a} \\ y = 0 \end{cases}$$

Pertanto, si ha

$$\mathsf{Area}(ABCD) = 4 \iff \mathsf{Area}(ABO) = 1 \iff \frac{\overline{AO}\,\overline{BO}}{2} = 1 \iff \frac{2}{a} = 1 \iff a = 2$$

e dunque la risposta corretta è la $\boxed{4}$.

Svolgimento 5. È noto che, dato un arbitrario insieme finito X, risulta

$$|X| = n \iff |\mathcal{P}(X)| = 2^n\,.$$

Pertanto, nel nostro caso, si ha:

$$|\mathcal{P}(A)| = 64 = 2^6 \implies |A| = 6\,,$$

$$|\mathcal{P}(B)| = 32 = 2^5 \implies |B| = 5\,,$$

$$|\mathcal{P}(C)| = 2 = 2^1 \implies |C| = 1\,,$$

$$|\mathcal{P}(D)| = 1 = 2^0 \implies |D| = 0\,.$$

Adesso possiamo determinare la verità/falsità delle asserzioni $\boxed{1}$–$\boxed{5}$.

[1] **Falsa.** L'insieme A ha
$$\binom{6}{4} = \binom{6}{2} = \frac{6 \cdot 5}{2!} = 15$$
sottoinsiemi di cardinalità 4.

[2] *Vera.* $D = \emptyset$ è un sottoinsieme (improprio) di $B \setminus A$.

[3] *Vera.* L'insieme B ha
$$\binom{5}{3} = \binom{5}{2} = \frac{5 \cdot 4}{2!} = 10$$
sottoinsiemi di cardinalità 3.

[4] *Vera.* Essendo C un singoletto, C non ha sottoinsiemi di cardinalità 2.

[5] *Vera.* Si ha:
$$\begin{aligned} |A \cap B| = 3 \quad &\Longrightarrow \quad |A \cup B| = |A| + |B| - |A \cap B| = 6 + 5 - 3 = 8 \\ &\Longrightarrow \quad |\mathcal{P}(A \cup B)| = 2^8 = 256 \geqslant 250\,. \end{aligned}$$

Svolgimento 6. Per la nota corrispondenza biunivoca tra l'insieme delle relazioni d'equivalenza su un insieme A e l'insieme delle partizioni di A,[37] il nostro problema equivale a contare quante sono le partizioni di un insieme di 5 elementi. Per la *Regola della somma*,[38] effettuiamo il calcolo in tre passi successivi:

(i) distinguiamo tutte le partizioni di A in base alla loro tipologia (numero di classi, cardinalità di ciascuna classe);

(ii) contiamo di numero di partizioni di ciascun tipo determinate al passo (i);

(iii) sommiamo i risultati ottenuti al passo (ii).

Per quanto riguarda il passo (i), le partizioni di A possono essere in 1, 2, 3, 4 o 5 classi. La partizione di A in una sola classe è ovviamente unica, ossia $\{A\}$. È una sola anche la partizione di A in 5 classi, ossia $\{\{a\}, \{b\}, \{c\}, \{d\}, \{e\}\}$. Rappresentiamo graficamente questi due casi (ricordiamo che l'ordine dei elementi all'interno di ciascuna classe è irrilevante, così come non rileva l'ordine delle classi):

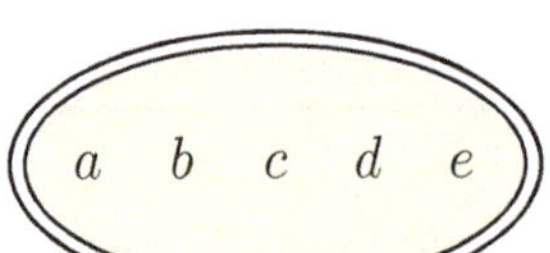

(I)

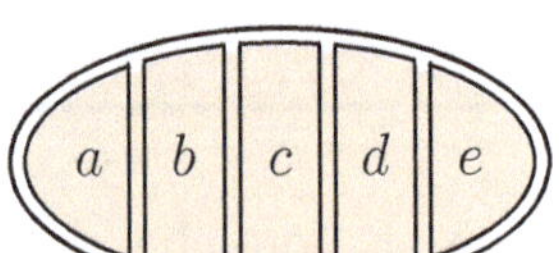

(V)

Adesso passiamo ad esaminare le partizioni di A aventi 2, 3 o 4 classi. Per le partizioni aventi 2 classi, le configurazioni possibili sono 2, ossia

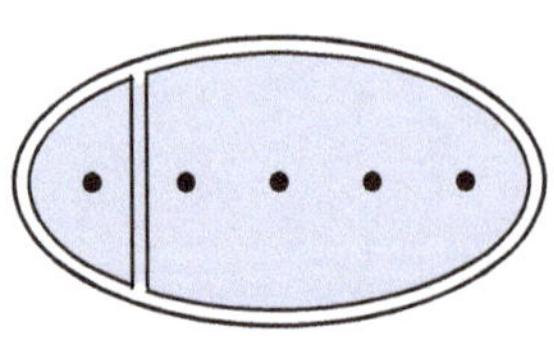

(II.1)

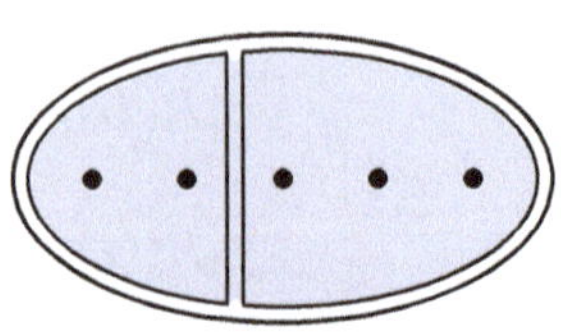

(II.2)

[37] Si veda [GL2024], Capitolo 2, Teorema 2.83.

[38] Si veda [GL2024], Capitolo 3, Sezione 3.1.9.

Per le partizioni di A aventi 3 classi, le configurazioni possibili sono ancora 2, ossia

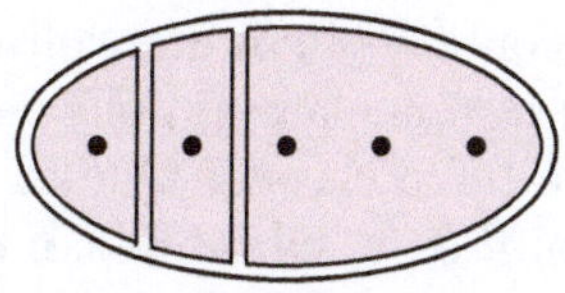

(III.1)

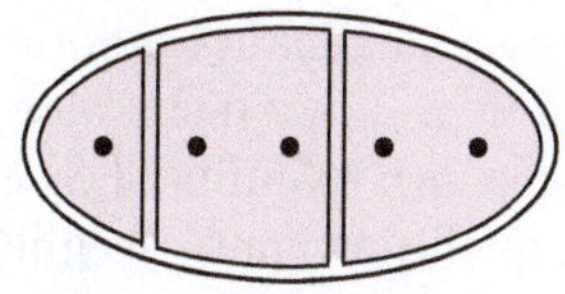

(III.2)

Infine, le partizioni di A in 4 classi sono soltanto di un tipo, ossia

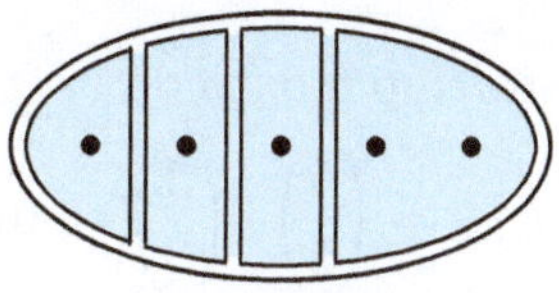

(IV)

Questo esaurisce l'analisi del passo (i), in quanto le configurazioni (I)-(V) costituiscono una lista esaustiva di partizioni di A che risultano mutualmente esclusive.

Per quanto riguarda il passo (ii), dobbiamo contare quante sono le partizioni per ciascuno dei tipi (I)-(V).

(I) Come già detto, esiste soltanto una partizione di questo tipo.

(II) Il numero di partizioni del tipo (II.1) è dato da

$$C_{5,1} \cdot C_{4,4} = \binom{5}{1} \cdot \binom{4}{4} = 5 \cdot 1 = 5 \,.$$

Invero, prima scegliamo (tra i cinque disponibili) l'elemento che costituisce una classe, il che si può fare in $C_{5,1}$ modi. I rimanenti quattro elementi formeranno la seconda classe, il che si può fare in $C_{4,4} = 1$ modi.

Similmente, il numero di partizioni del tipo (II.2) è dato da

$$C_{5,2} \cdot C_{3,3} = \binom{5}{2} \cdot \binom{3}{3} = 10 \cdot 1 = 10 \,.$$

(III) Il numero di partizioni del tipo (III.1) è dato da

$$C_{5,2} \cdot C_{3,3} = \binom{5}{2} \cdot \binom{3}{3} = 10 \cdot 1 = 10 \,.$$

Invero, prima scegliamo i due elementi che costituiscono le due classi con un solo elemento e successivamente mettiamo i rimanenti 3 elementi nell'ultima classe.

Il numero di partizioni del tipo (III.2) è dato da

$$C_{5,1} \cdot \frac{C_{4,2} \cdot C_{2,2}}{2!} = \binom{5}{1} \cdot \frac{\binom{4}{2} \cdot \binom{2}{2}}{2!} = 5 \cdot \frac{6 \cdot 1}{2} = 15 \,.$$

Questa è la configurazione più complessa da esaminare. Per giustificare i calcoli appena effettuati, ragioniamo come segue. Innanzitutto scegliamo l'elemento che forma la classe con un solo elemento, il che si può fare in $C_{5,1}$ modi distinti. Successivamente scegliamo (tra i quattro elementi rimanenti) i due elementi che vanno nella seconda classe: questo può farsi in $C_{4,2}$ modi distinti. È chiaro che gli ultimi due elementi vanno nell'ultima classe, in che si può fare in $C_{2,2} = 1$ modi. Sorge spontanea la seguente domanda:

Per quale ragione dividiamo per 2! *il prodotto* $C_{4,2} \cdot C_{2,2}$ *?* La ragione è che non rileva l'ordine in cui le classi sono formate. Ne segue che, se esistono classi della partizione aventi la stessa cardinalità, allora queste vengono contate più di una volta. Per esempio, si immagini il caso in cui si scelga prima a (che va in una classe), poi b e c (che formano la seconda classe), ed infine d ed e (che vanno nella terza classe). Questa configurazione è uguale a quella ottenuta scegliendo prima a, poi d ed e, ed infine b e c. Pertanto, se non dividessimo per 2, questa configurazione sarebbe contata due volte! Si noti infine che abbiamo scritto 2!, anziché 2: ciò al fine di suggerire come affrontare in generale problemi dello stesso tipo (possibilmente più articolati). Il lettore è invitato a riflettere su tale punto.

(IV) Il numero di partizioni di questo tipo è dato da

$$C_{5,2} \cdot C_{3,3} = \binom{5}{2} \cdot \binom{3}{3} = 10 \cdot 1 = 10\,.$$

Invero, basta scegliere i due elementi che vanno nella stessa classe; i rimanenti tre elementi dovranno necessariamente andare in tre classi distinte.

(V) Come già detto, esiste soltanto una partizione di questo tipo.

Possiamo adesso concludere la risoluzione dell'esercizio, effettuando la somma di tutti i casi possibili, come richiesto al passo (iii):

$$1 + (5 + 10) + (10 + 15) + 10 + 1 \;=\; 52\,.$$

Pertanto, la risposta corretta è la $\boxed{\mathbf{2}}$.

Svolgimento 7. Si ha:

$$\sqrt{x^2+2x-3} > -x \quad\iff\quad \begin{cases} -x < 0 \\ x^2+2x-3 \geqslant 0 \end{cases} \text{ oppure } \begin{cases} -x \geqslant 0 \\ x^2+2x-3 > x^2 \end{cases}$$
$$\iff\quad \begin{cases} x > 0 \\ x^2+2x-3 \geqslant 0 \end{cases} \text{ oppure } \begin{cases} x \leqslant 0 \\ 2x > 3\,. \end{cases}$$

Risolviamo separatamente i due sistemi e poi facciamo l'unione delle loro soluzioni.

Per il primo sistema, essendo $x^2 + 2x - 3 = 0$ se e solo se $x \in \{-3, 1\}$, si ottiene (rappresentando, come al solito, gli insiemi delle soluzioni con un tratto continuo):

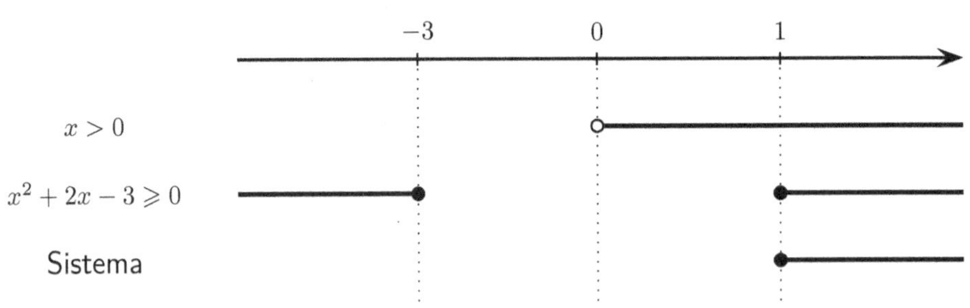

Pertanto, l'insieme S_1 delle soluzioni del primo sistema è dato da

$$S_1 = [1, +\infty[\,.$$

Per il secondo sistema, osserviamo che la prima disequazione ($x \leqslant 0$) è incompatibile con la seconda ($x > \frac{3}{2}$), per cui l'insieme S_2 delle soluzioni del secondo sistema è dato da

$$S_2 = \emptyset\,.$$

In conclusione, l'insieme S delle soluzioni della disequazione originaria è dato da

$$S = S_1 \cup S_2 = [1, +\infty[\; \cup \; \emptyset = [1, +\infty[$$

e dunque la risposta corretta è la $\boxed{\mathbf{3}}$.

Svolgimento 8. Il grafico della funzione $f\colon \mathbb{R} \to \mathbb{R}$ definita da

$$f(x) = \begin{cases} bx - 2 & \text{se } x < 0 \\ -e^{ax} - b & \text{se } x \geqslant 0\,, \end{cases}$$

con $a, b \in \mathbb{R}$, è formato da due 'pezzi':

- a sinistra di zero (zero escluso), il grafico di una retta con coefficiente angolare parametrico, che stacca sul semiasse negativo delle ordinate un segmento di lunghezza due;
- a destra di zero (zero incluso), il grafico di una funzione esponenziale parametrica, che interseca l'asse delle ordinate nel punto $(0, -1 - b)$.

La funzione f è derivabile (e dunque continua) in $\mathbb{R} \setminus \{0\}$, ossia ovunque tranne possibilmente nel punto in cui cambia la legge di definizione. Pertanto, si ha

$$f \text{ è derivabile in } \mathbb{R} \iff f \text{ è derivabile in } 0 \iff \begin{cases} \text{(i)} & f \text{ è continua in } 0 \\ \text{(ii)} & f'_-(0) = f'_+(0)\,. \end{cases}$$

La condizione (i) è verificata se e solo se $\lim_{x\to 0^-} f(x) = f(0) = \lim_{x\to 0^+} f(x)$. Risultando

$$\lim_{x\to 0^-} f(x) = \lim_{x\to 0^-} (bx - 2) = -2$$

nonché

$$\lim_{x\to 0^+} f(x) = \lim_{x\to 0^+} (-e^{ax} - b) = -1 - b = f(0)\,,$$

(l'ultima uguaglianza segue dal fatto che f è continua dalla destra nel punto $x = 0$), la condizione (i) diventa $-2 = -1 - b$, ossia $b = 1$.

Inoltre, essendo

$$\begin{aligned} f'_-(0) &= \Big[\mathsf{D}\big(bx - 2\big)\Big]_{x=0} = b\,, \\ f'_+(0) &= \Big[\mathsf{D}\big(-e^{ax} - b\big)\Big]_{x=0} = \left[-a\,e^{ax}\right]_{x=0} = -a\,, \end{aligned}$$

la condizione (ii) equivale a $b = -a$.

Infine, creando un sistema con le due condizioni di cui sopra, si ottiene che f è derivabile in 0 (e dunque in $\mathbb{R}$) se e solo se

$$\begin{cases} b = 1 \\ a = -b \end{cases} \iff (a, b) = (-1, 1)\,.$$

Pertanto, la risposta corretta è la $\boxed{\mathbf{1}}$.

Anche se non è richiesto ai fini della soluzione dell'esercizio, completiamo l'analisi disegnando il grafico della funzione f per tre coppie di valori di a e b, ossia:

(1) $(a, b) = (2, -1)$, per cui f non è continua (e dunque non è derivabile) in $x = 0$;

(2) $(a, b) = (1, 1)$, per cui f è continua ma non derivabile in $x = 0$;

(3) $(a, b) = (-1, 1)$, per cui f è derivabile (e dunque continua) in $x = 0$.

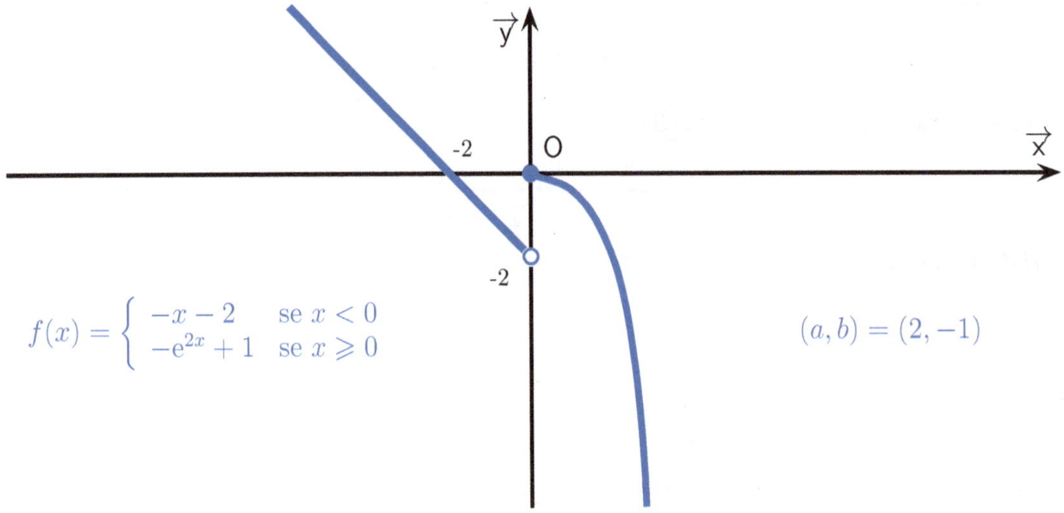

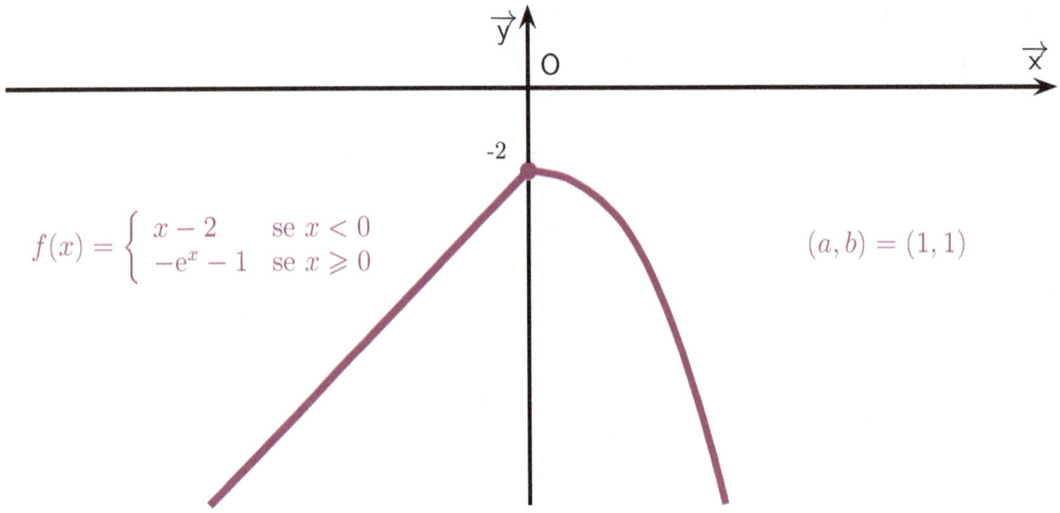

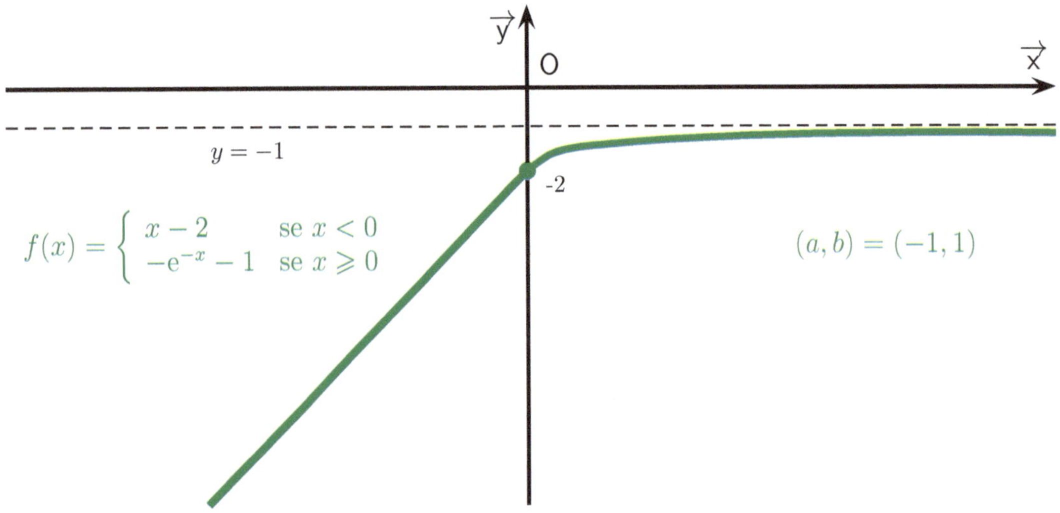

Il lettore è invitato a disegnare il grafico di f per altri valori dei parametri a e b.

Svolgimento 9. Il limite

$$\lim_{x\to+\infty}\left(1+\frac{4}{x^2}\right)^{\frac{3x^2}{4}}\left(e^x-e^{-x}\right)^{\frac{1}{x}}$$

si presenta in una forma indeterminata: il primo fattore è del tipo $[1^\infty]$, mentre il secondo è del tipo $[\infty^0]$. Calcoliamo separatamente i limiti dei due fattori.

Per il primo, si ha:

$$\lim_{x\to+\infty}\left(1+\frac{4}{x^2}\right)^{\frac{3x^2}{4}} = \lim_{x\to+\infty}\left[\left(1+\frac{1}{\frac{x^2}{4}}\right)^{\frac{x^2}{4}}\right]^3 = e^3.$$

Per il secondo, si ha:

$$\begin{aligned}\lim_{x\to+\infty}\left(e^x-e^{-x}\right)^{\frac{1}{x}} &= \lim_{x\to+\infty} e^{\log\left(e^x-e^{-x}\right)^{\frac{1}{x}}}\\ &= \lim_{x\to+\infty} e^{\frac{1}{x}\log(e^x-e^{-x})}.\end{aligned}$$

Calcoliamo il limite dell'esponente applicando il *Teorema di de l'Hôpital*:

$$\begin{aligned}\lim_{x\to+\infty}\frac{1}{x}\log\left(e^x-e^{-x}\right) &= \lim_{x\to+\infty}\frac{\log\left(e^x-e^{-x}\right)}{x}\\ &= \lim_{x\to+\infty}\frac{\frac{e^x+e^{-x}}{e^x-e^{-x}}}{1}\\ &= \lim_{x\to+\infty}\frac{(e^x-e^{-x})+2e^{-x}}{e^x-e^{-x}}\\ &= \lim_{x\to+\infty}\left(1+\frac{2e^{-x}}{e^x-e^{-x}}\right)\\ &= 1.\end{aligned}$$

Pertanto, il secondo limite vale

$$\lim_{x\to+\infty}\left(e^x-e^{-x}\right)^{\frac{1}{x}} = e^{\lim\limits_{x\to+\infty}\frac{1}{x}\log\left(e^x-e^{-x}\right)} = e^1 = e.$$

Ne segue che il limite originale vale

$$\begin{aligned}\lim_{x\to+\infty}\left(1+\frac{4}{x^2}\right)^{\frac{3x^2}{4}}\left(e^x-e^{-x}\right)^{\frac{1}{x}} &= \lim_{x\to+\infty}\left(1+\frac{4}{x^2}\right)^{\frac{3x^2}{4}}\cdot\lim_{x\to+\infty}\left(e^x-e^{-x}\right)^{\frac{1}{x}}\\ &= e^3\cdot e = e^4\end{aligned}$$

e dunque la risposta corretta è la $\boxed{\mathbf{5}}$.

Svolgimento 10. Studiamo la funzione definita dalla legge

$$f(x) = x - 2\log x$$

nel suo insieme d'esistenza.

*1) **Insieme d'esistenza. Continuità.*** L'insieme d'esistenza si ottiene imponendo che l'argomento del logaritmo sia strettamente positivo. Pertanto, si ha

$$I =]0, +\infty[\,.$$

La funzione f è continua in I.

*2) **Localizzazione.*** Lo studio del segno della funzione richiede la risoluzione della disequazione $f(x) > 0$, ossia

$$x > 2\log x\,.$$

Risolvere questa disequazione con i metodi a nostra disposizione è arduo. Tuttavia siamo in grado di trarre delle conclusioni sul segno di f anche senza risolverla. Innanzitutto osserviamo che f è certamente positiva da 0 a 1, in quanto $\log x < 0$ per $x \in]0, 1[$. Inoltre, poiché una funzione logaritmica cresce in modo molto lento – certamente meno rapidamente di quanto cresca una funzione lineare con coefficiente angolare positivo –, sappiamo che la funzione f è 'definitivamente positiva' (ossia positiva al tendere di x a $+\infty$). Al fine di acquisire ulteriori informazioni relative al grafico di f, calcoliamo due valori della funzione (si noti che $\log 2$ è un numero compreso tra 0 e 1):

$$f(1) = 1 - 2\log 1 = 1\,, \quad f(2) = 2 - 2\log 2 = 2(1 - \log 2) > 0\,.$$

Concludiamo che il grafico G_f passa per i punti $A \equiv (1, 1)$ e $M \equiv (2, 2 - \log 2)$.

*3) **Comportamento agli estremi e in frontiera. Asintoti.*** Calcoliamo i limiti al tendere di x agli estremi del dominio $I =]0, +\infty[$. Il primo limite è immediato:

$$\lim_{x \to 0^+} (x - 2\log x) = +\infty\,.$$

Il limite al tendere di x a $+\infty$ si presenta nella forma indeterminata $[\infty - \infty]$. Per le considerazione fatte al punto 2), sappiamo già che questo limite vale $+\infty$. Calcoliamolo analiticamente, applicando il *Teorema di de l'Hôpital*:

$$\begin{aligned}
\lim_{x \to +\infty} (x - 2\log x) &= \lim_{x \to +\infty} \left(\frac{x - 2\log x}{\log x} \log x \right) \\
&= \lim_{x \to +\infty} \frac{x - 2\log x}{\log x} \cdot \lim_{x \to +\infty} \log x \\
&= \lim_{x \to +\infty} \frac{1 - \frac{2}{x}}{\frac{1}{x}} \cdot \lim_{x \to +\infty} \log x \\
&= \lim_{x \to +\infty} (x - 2) \cdot \lim_{x \to \infty} \log x \\
&= +\infty\,.
\end{aligned}$$

Ne segue che il grafico di f presenta:

- un asintoto verticale sinistro, avente equazione $x = 0$;
- nessun asintoto orizzontale.

Determiniamo l'eventuale esistenza di asintoto obliquo. Essendo

$$m = \lim_{x \to +\infty} \frac{f(x)}{x} = \lim_{x \to +\infty} \frac{x - 2\log x}{x} = \lim_{x \to +\infty} \left(1 - 2\frac{\log x}{x} \right) = 1 - 0 = 1\,,$$

ma

$$n = \lim_{x \to +\infty} (f(x) - mx) = \lim_{x \to +\infty} (x - 2\log x - x) = -\infty\,,$$

ne segue che il grafico di f non presenta asintoti obliqui.

*4) **Rappresentazione grafica parziale.*** Alla luce dei punti 1), 2) e 3), possiamo tracciare un grafico approssimativo della funzione f:

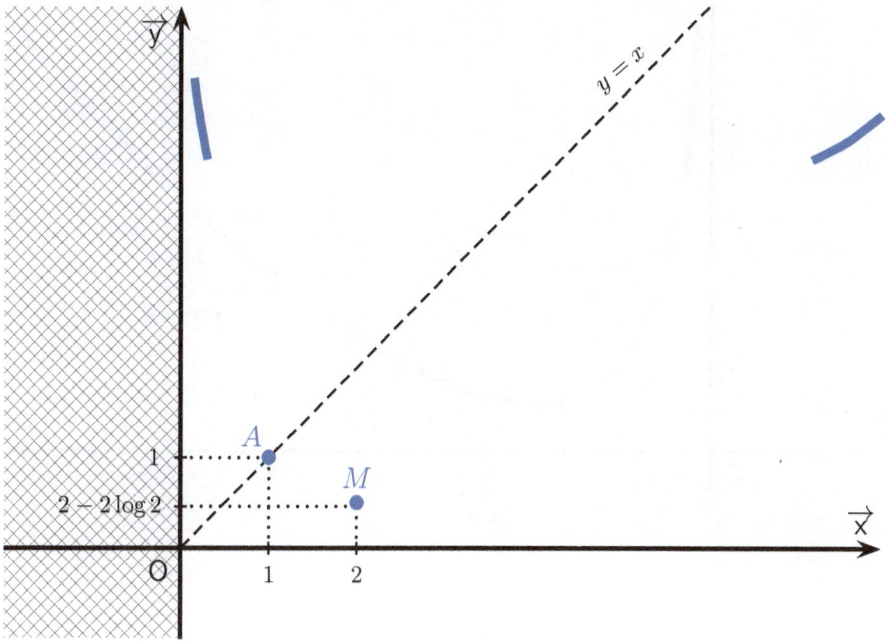

Il grafico parziale di f già ci consente di scartare alcune risposte. Infatti, f non è superiormente limitata, dunque la risposta [3] è vera. Inoltre, f non ha asintoto obliquo, per cui anche la risposta [4] è vera. Si noti che f presenta certamente un minimo assoluto, in quanto diverge a $+\infty$ agli estremi e dunque possiamo applicare il *Teorema di Weierstrass* ad un opportuno intervallo chiuso contenuto nel dominio; tuttavia, non possiamo al momento sapere se tale minimo assoluto venga ottenuto per $x = 2$ o per altri valori di x, e dunque non possiamo attribuire un valore di verità alla risposta [2]. Infine, sospettiamo che anche la risposta [5] possa essere vera, ossia $f(x) > 0$ per ogni $x \in I$, ma per rispondere con certezza dobbiamo proseguire nello studio della funzione.

*5) **Derivata prima.*** Per ogni $x \in I$, risulta $f'(x) = 1 - \frac{2}{x}$, che si annulla per $x = 2$. Inoltre, essendo $x > 0$, si ottiene

$$f'(x) > 0 \iff \frac{2}{x} < 1 \iff \frac{x}{2} > 1 \iff x > 2,$$

per cui

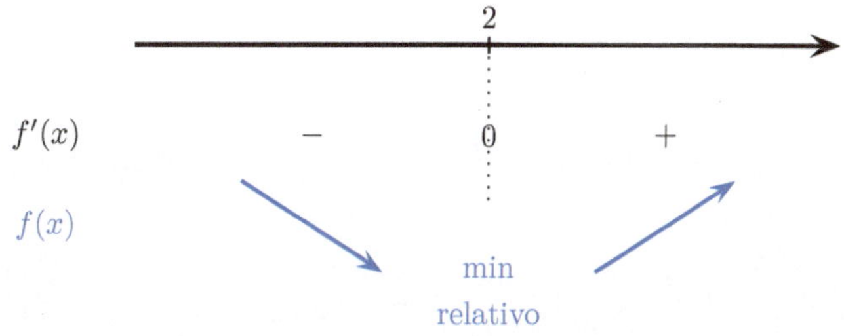

Ne segue che nel punto $x = 2$ la funzione f assume anche un minimo assoluto.

*6) **Derivata seconda.*** Avendosi $f''(x) = \frac{2}{x^2}$ per ogni $x \in I$, si ottiene $f''(x) > 0$ per ogni $x \in I$, per cui f è convessa in I (e dunque non esistono flessi).

*7) **Rappresentazione grafica completa.*** Il grafico di f è il seguente:

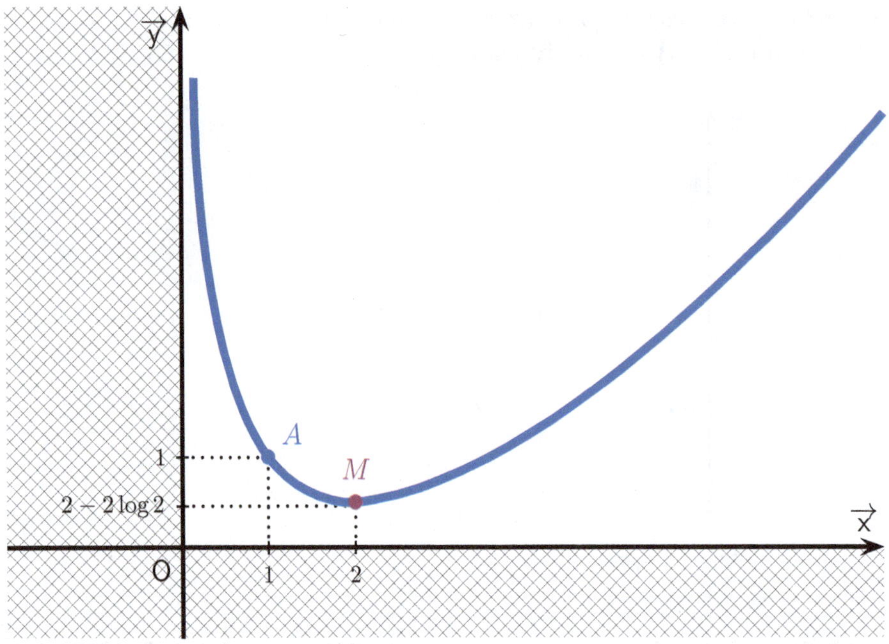

Pertanto, la risposta corretta (falsa) è la [1].

Svolgimento 11. Risolviamo i cinque integrali indefiniti (immediati) e successivamente calcoliamo i corrispondenti integrali definiti utilizzando il *Teorema fondamentale del calcolo integrale*:

[1] Si ha:

$$\begin{aligned}\int_{\mathrm{e}}^{\mathrm{e}^2} \frac{1}{x\log x}\,dx &= \int_{\mathrm{e}}^{\mathrm{e}^2} \frac{\frac{1}{x}}{\log x}\,dx \\ &= \Big[\log|\log x|\Big]_{\mathrm{e}}^{\mathrm{e}^2} \\ &= \log\left|\log \mathrm{e}^2\right| - \log|\log \mathrm{e}| \\ &= \log\left(\log \mathrm{e}^2\right) - \log(\log \mathrm{e}) \\ &= \log(2\log \mathrm{e}) - \log 1 = \log 2 \in \left]0,1\right[\,.\end{aligned}$$

[2] Si ha:

$$\int_0^{\frac{1}{2}} \frac{2x}{1+x^2}\,dx = \Big[\log\left|1+x^2\right|\Big]_0^{\frac{1}{2}} = \log\frac{5}{4} - \log 1 = \log\frac{5}{4} \in \left]0,1\right[\,.$$

[3] Si ha:

$$\int_0^1 \left(x^2+8x+5\right)dx = \left[\frac{x^3}{3}+4x^2+5x\right]_0^1 = \frac{1}{3}+4+5 = 9+\frac{1}{3}\,.$$

[4] Si ha:

$$\int_1^4 \left(\frac{1}{x}+\frac{1}{16}\right)dx = \left[\log|x| + \frac{1}{16}\,x\right]_1^4 = \log 4 + \frac{1}{4} - \frac{1}{16} = 2\log 2 + \frac{3}{16}\,.$$

[5] Si ha:

$$\int_0^{\frac{\pi}{2}} (\cos x + 8x)\,dx = \Big[\operatorname{sen} x + 4x^2\Big]_0^{\frac{\pi}{2}} = \operatorname{sen}\frac{\pi}{2} + \pi^2 = 1 + \pi^2 > 10\,.$$

Adesso ordiniamo i cinque numeri trovati:

$$\log\frac{5}{4} < \log 2 < 2\log 2 + \frac{3}{16} < 9 + \frac{1}{3} < \pi^2 + 1\,.$$

(Si ricorda che il logaritmo in base maggiore di 1 è una funzione crescente, per cui $\log\frac{5}{4} < \log 2$; inoltre, $\log 2$, a norma di definizione di logaritmo in base 'e', è un numero compreso tra 0 e 1.) Ne segue che la risposta corretta è la **[2]**.

Svolgimento 12. Rappresentiamo in un grafico i dati a nostra disposizione sulla funzione $f\colon [-3,7] \to \mathbb{R}$, che passa per i seguenti punti:

$$A \equiv (-3,0)\,,\quad B \equiv (-1,-2)\quad C \equiv (4,3)\,,\quad D \equiv (7,-0)\,.$$

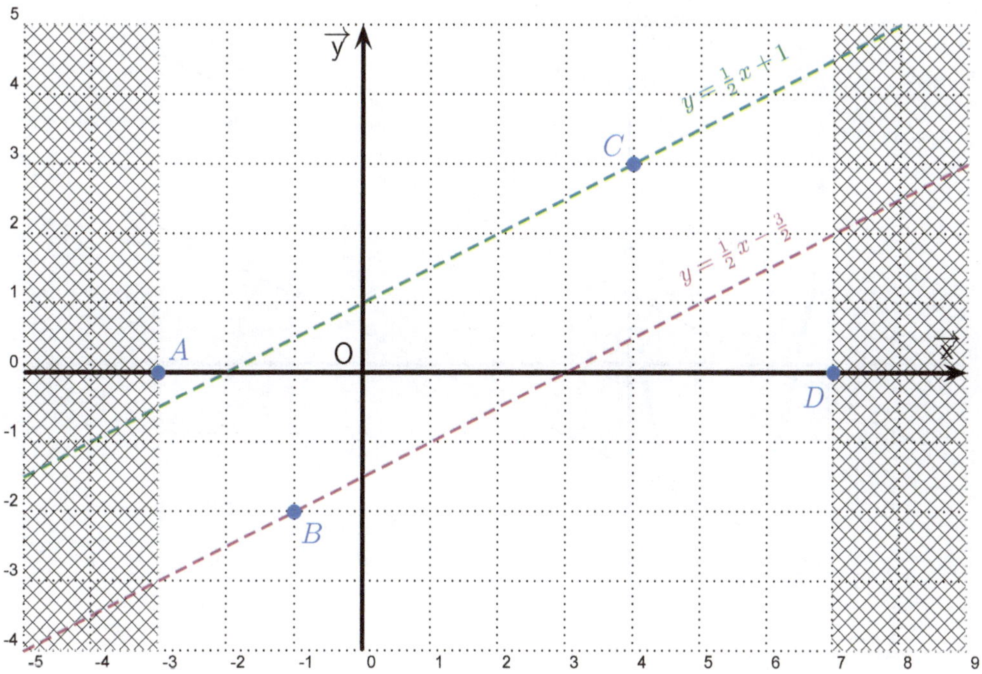

Poiché le condizioni $f'(-1) = \frac{1}{2}$ e $f'(4) = \frac{1}{2}$ ci informano che le rette tangenti a G_f in B e C hanno entrambe coefficiente angolare $\frac{1}{2}$, possiamo ricavarne le equazioni:

(tangente a G_f in B) $\quad y - (-2) = \frac{1}{2}(x - (-1))$ ossia $y = \frac{1}{2}x - \frac{3}{2}$,

(tangente a G_f in C) $\quad y - 3 = \frac{1}{2}(x - 4)$ ossia $y = \frac{1}{2}x + 1$.

Infine, essendo f dotata di derivata seconda all'*interno* del dominio, f è derivabile (e continua) in $]-3,7[$. Tuttavia, non abbiamo informazioni sul comportamento di f in frontiera (ossia nei punti -3 e 7), ove f potrebbe anche non essere continua.

Prima di passare ad esaminare quale delle cinque risposte è vera, diamo due esempi di grafici di funzioni che soddisfano le condizioni imposte:

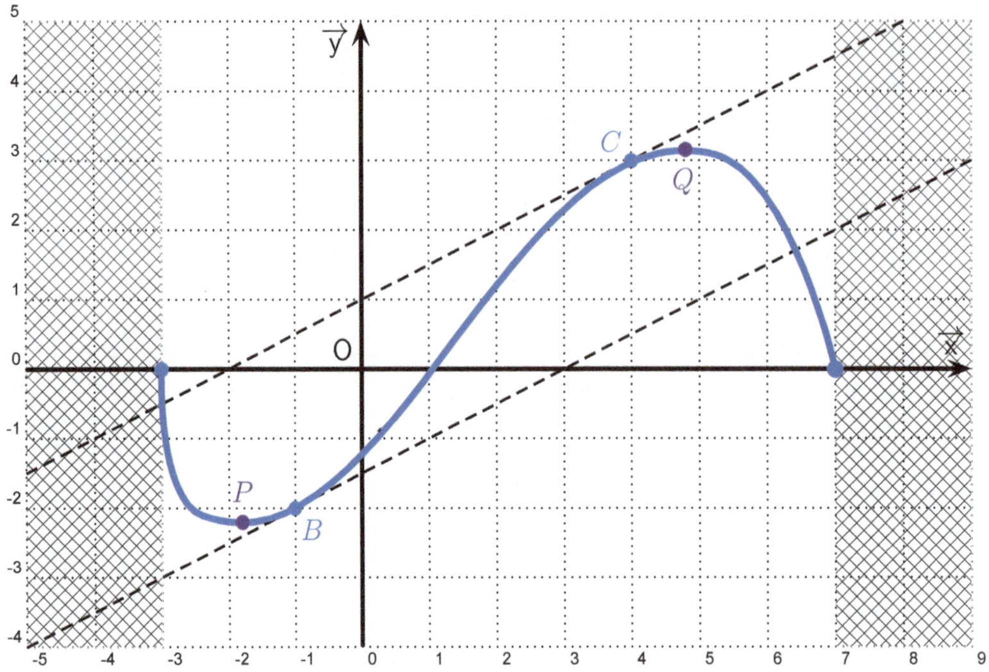

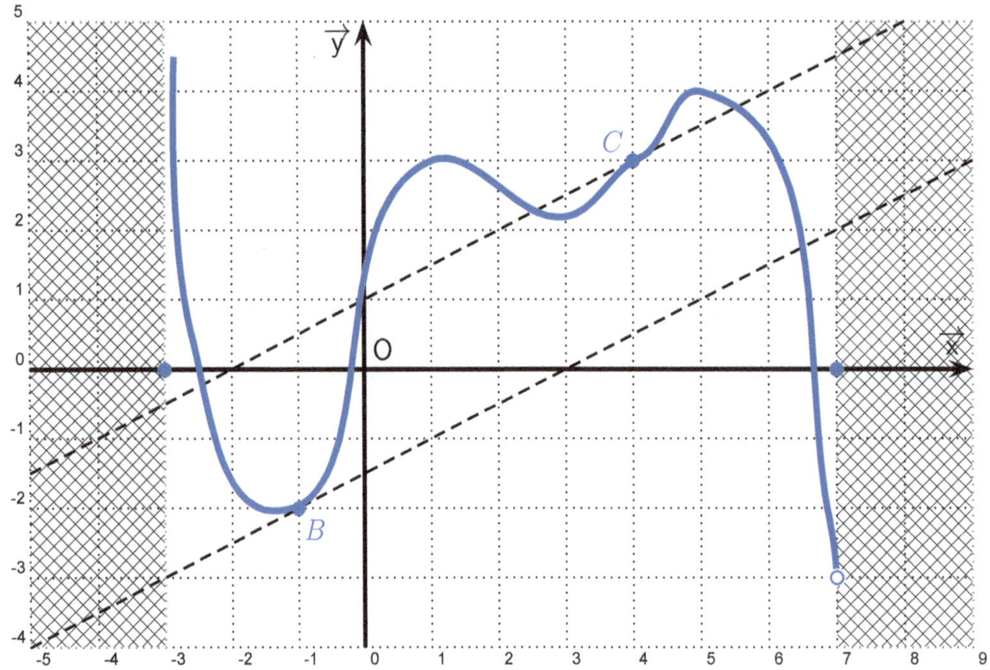

La prima è una funzione continua nell'intervallo $[-3, 7]$, che ha, per il *Teorema di Weierstrass*, un minimo assoluto (l'ordinata del punto P in figura) e un massimo assoluto (l'ordinata del punto Q in figura). La seconda è una funzione che ha due discontinuità in frontiera: in $x = -3$ di seconda specie, in $x = 7$ di terza specie (eliminabile ridefinendo $f(7) = -3$). La funzione non ha né massimo assoluto ($\sup f = +\infty$) né minimo assoluto ($\inf f = -3$), ma ha un punto di flesso in C.

Adesso determiniamo la risposta vera tra le cinque date. (Ricordiamo che per dimostrare che una risposta è falsa, dobbiamo sempre esibire un controesempio, ossia una funzione che soddisfi le ipotesi ma non la tesi.)

$\boxed{1}$ *Falsa.* La seguente funzione è il controesempio richiesto:

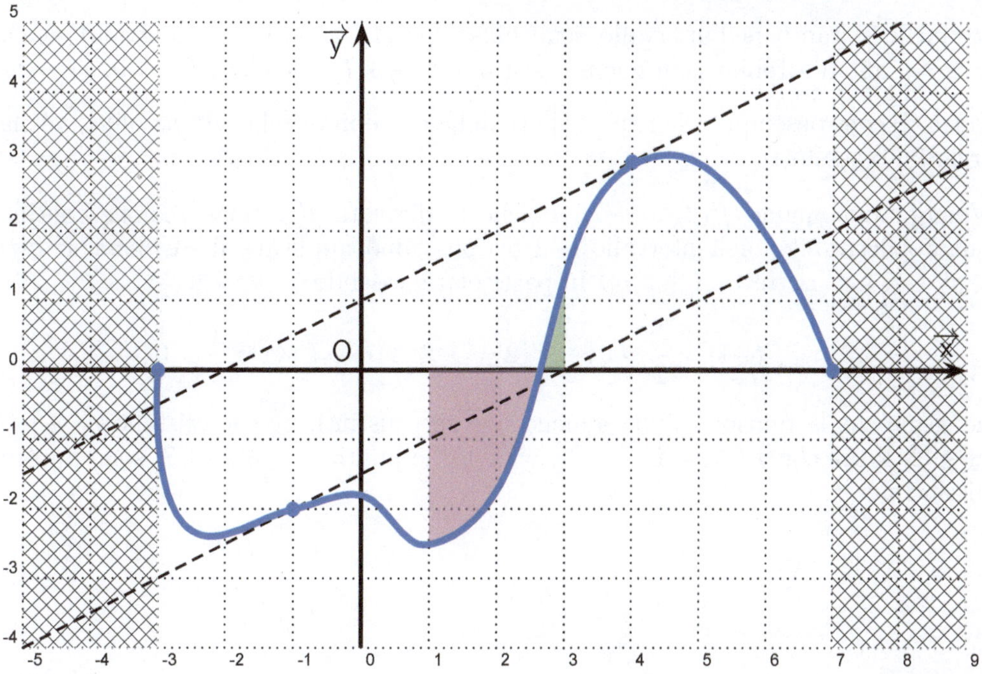

Invero, la funzione f (oltre a soddisfare tutte le ipotesi originarie del problema) è continua in tutto il suo dominio ed è tale che $f'(x) > 0$ in $[1, 3]$, ma l'integrale definito tra 1 e 3 vale meno di -2 (essendo la somma algebrica dell'area in magenta presa con segno negativo e l'area in verde presa con segno positivo).

[2] *Falsa.* Essendo la funzione f continua in $]-3, 7[$ per ipotesi, le eventuali discontinuità di f sono in frontiera. Ne segue che f può avere discontinuità di seconda e terza specie, ma non di prima specie (che sono sempre interne al dominio, in quanto richiedono l'esistenza del limite destro e del limite sinistro).

[3] *Falsa.* La seguente funzione è il controesempio richiesto:

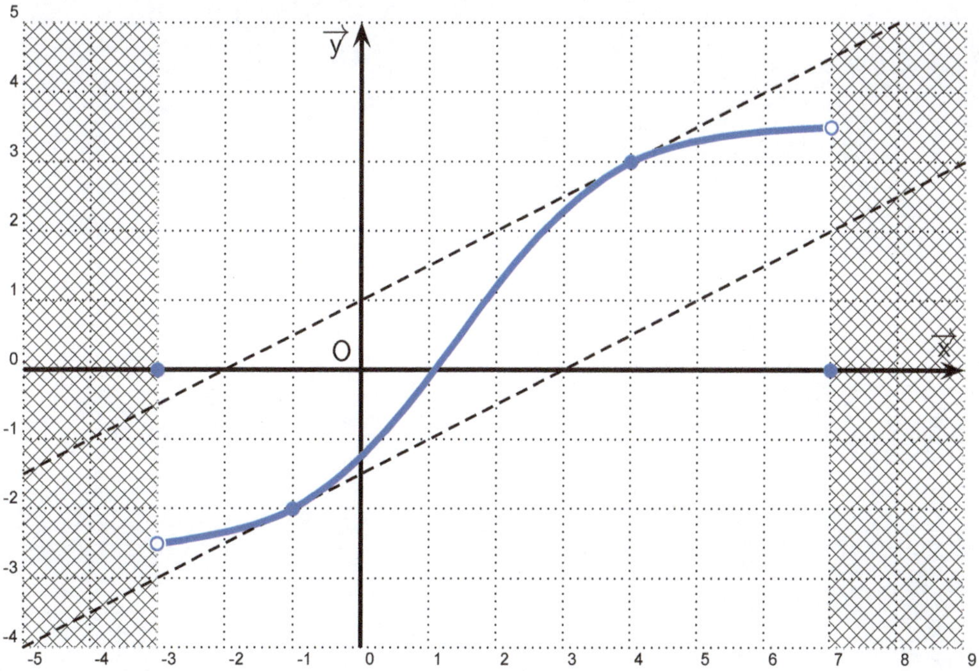

Invero, la funzione f ha derivata prima strettamente positiva in ogni punto interno al dominio. Si noti che se avessimo imposto la continuità di f nell'intervallo chiuso $[-3, 7]$

(o anche soltanto nell'intervallo semichiuso $[-3,7[$ oppure nell'intervallo semichiuso $]-3,7]$), allora sarebbe sicuramente esistito $c \in\ ]-3,7[$ tale che $f'(c) \leqslant 0$. *(Perché?)*

$\boxed{4}$ *Falsa.* Il controesempio alla risposta $\boxed{3}$ non ha né minimi (relativi o assoluti) né massimi (relativi o assoluti).

$\boxed{5}$ **Vera.** Supponiamo $f'(2) = -2$. Poiché la derivata f' è una funzione continua (in quanto derivabile) nell'intervallo $[-2,5]$, possiamo applicare il *Teorema di esistenza degli zeri* a f' ristretta a $[-2,5]$. In particolare, essendo

$$f'(-1) = \frac{1}{2} > 0\,, \quad f'(2) = -2 < 0\,, \quad f'(4) = \frac{1}{2} > 0\,,$$

ne segue che la funzione f' ha almeno due zeri distinti, poiché esistono $c_1 \in\ ]-1,2[$ e $c_2 \in\ ]2,4[$ tali che $f'(c_1) = 0$ e $f'(c_2) = 0$. I due punti $c_1, c_2 \in\ ]-3,7[$ sono punti critici distinti per f.

Capitolo 8

Parte A.1

Esercizio 1. Sia X l'insieme degli studenti iscritti al Corso di Laurea in Economia Aziendale dell'Università degli Studi di Catania che abbiano superato almeno un esame. Sia inoltre $f\colon X \to [18,30]$ la funzione che assegna ad ogni studente in X la media dei voti riportati. Sia infine R la relazione binaria su X definita da $x\,R\,y$ se $f(x) \geqslant f(y)$, per ogni $x, y \in X$. Quale delle seguenti asserzioni è VERA?

1. R non è transitiva
2. R non è antisimmetrica
3. R è una relazione di ordinamento parziale
4. R non è totale
5. R è una relazione d'equivalenza

Esercizio 2. Siano dati i seguenti insiemi numerici:

$$X = \bigcup_{n=0}^{3} \left]n, n+\tfrac{3}{2}\right] \qquad \text{e} \qquad Y = \bigcup_{n=0}^{2} \left[-n-\tfrac{2}{3}, -n\right].$$

Quale delle seguenti asserzioni è FALSA?

1. X e Y sono separati
2. X è un intervallo
3. $|FY| = 6$
4. $\sup Y = \inf X$
5. $Y \setminus X$ non è chiuso

Esercizio 3. Sia dato il sistema lineare

$$\begin{cases} \lambda x + y = 2\lambda \\ x - \lambda y = -\lambda \end{cases}$$

con λ parametro reale. Quale delle seguenti asserzioni è FALSA?

1. Non esiste $\lambda \in \mathbb{R}$ per cui il sistema è indeterminato
2. Non esiste $\lambda \in \mathbb{R}$ per cui il sistema è impossibile
3. Il sistema è determinato per ogni valore di $\lambda \in \mathbb{R}$
4. Per $\lambda = 1$, la coppia $(x, y) = \left(\frac{1}{2}, \frac{3}{2}\right)$ è l'unica soluzione del sistema
5. Per $\lambda = \frac{3}{4}$, la coppia $(x, y) = \left(\frac{6}{25}, \frac{33}{25}\right)$ è una delle infinite soluzioni del sistema

Parte A.2

Esercizio 4. Siano date le rette

$$
\begin{array}{ll}
(\overrightarrow{r}) & y = x + k \\
(\overrightarrow{s}) & y = -x + k \\
(\overrightarrow{t}) & y = x - 2k \\
(\overrightarrow{u}) & y = -x - 2k
\end{array}
$$

con k parametro reale positivo. Per quale $k > 0$ l'area del quadrilatero delimitato dalle quattro rette vale 18?

[1] $\frac{1}{3}$
[2] $\frac{2}{3}$
[3] 1
[4] 2
[5] Nessuna delle altre risposte

Esercizio 5. Si devono colorare 6 vasi di forme diverse, utilizzando un colore per ciascun vaso. Se si dispone di 2 colori, quante sono le possibili colorazioni dei 6 vasi, sotto la condizione che ci sia almeno un vaso di ciascun colore?

[1] 32
[2] 40
[3] 58
[4] 74
[5] Nessuna delle altre risposte

Parte A.3

Esercizio 6. Si denoti con $\text{Bi}(\mathbb{R})$ l'insieme delle funzioni biunivoche da $\mathbb{R}$ in $\mathbb{R}$. Sia inoltre $\mathsf{id}_{\mathbb{R}} : \mathbb{R} \to \mathbb{R}$ la funzione definita da $\mathsf{id}_{\mathbb{R}}(x) = x$ per ogni $x \in \mathbb{R}$ (ossia la bisettrice del primo e del terzo quadrante). Quale delle seguenti asserzioni è FALSA?

[1] $(\forall n \in \mathbb{N})\ (\exists z \in \mathbb{Z})\ \ n = -z + 7$
[2] $(\exists n \in \mathbb{N})\ (\forall z \in \mathbb{Z} \setminus \mathbb{N})\ \ n \geqslant -z/4$
[3] $(\forall f \in \text{Bi}(\mathbb{R}))\ (\exists g \in \text{Bi}(\mathbb{R}))\ \ f \circ g = \mathsf{id}_{\mathbb{R}}$
[4] $(\forall n \in \mathbb{N})\ (\exists z \in \mathbb{Z})\ \ -z > 3n + 2$
[5] $(\forall X \subseteq \mathbb{R})\Big(\big((\forall n \in \mathbb{N})\, |X| > n\big) \wedge \big((\exists h, k \in \mathbb{R})\, (\forall x \in X)\, h \leqslant x \leqslant k\big) \Longrightarrow DX \neq \emptyset\Big)$

Parte B.1

Esercizio 7. Qual è l'insieme delle soluzioni della disequazione

$$\left|\frac{3x+1}{x}\right| \leqslant 3\ ?$$

1. $\left]-\frac{1}{6}, 0\right[\cup [1, +\infty[$
2. $\left]-\infty, -\frac{1}{6}\right]$
3. $\left]-\infty, -\frac{1}{6}\right] \cup \,]0, +\infty[$
4. $]-\infty, -1] \cup \left[-\frac{1}{6}, +\infty\right[$
5. Nessuna delle altre risposte

Esercizio 8. Sia $f\colon \mathbb{R} \to \mathbb{R}$ la funzione definita da

$$f(x) = \begin{cases} |x| - 2 & \text{se } |x| > 2 \\ x^2 - 4 & \text{se } |x| \leqslant 2\,. \end{cases}$$

Quale delle seguenti asserzioni è FALSA?

1. $\int_1^3 f(x)\,dx \geqslant 0$
2. $\text{im} f$ è un intervallo chiuso
3. La retta tangente al grafico di f nel punto di ascissa $-\frac{3}{2}$ ha equazione $y = -3x - \frac{25}{4}$
4. f è continua in $\mathbb{R}$
5. f ha due punti angolosi

Esercizio 9. Quanto vale

$$\lim_{x\to+\infty} \left(\frac{x-4}{x+3}\right)^{\frac{\left(1+\frac{3}{x}\right)^3 - 1}{\operatorname{sen}\frac{9}{x^2}}}\ ?$$

1. e^2
2. $+\infty$
3. e^{-7}
4. 0
5. Nessuna delle altre risposte

Parte B.2

Esercizio 10. Quanto vale

$$\int_1^5 e^{\sqrt{2x-1}}\, dx\ ?$$

1. $4e^{-6}$
2. $2e^{3}$
3. $6e^{2}$
4. $-2e^{-2}$
5. Nessuna delle altre risposte

Esercizio 11. Sia data la funzione f definita dalla legge

$$f(x) = \frac{2x^2 - 3x}{x+1}$$

in tutto il suo insieme di esistenza. Quale delle seguenti asserzioni è FALSA?

1. f ha un punto di massimo relativo
2. f ha un punto di minimo relativo
3. f ha un punto di flesso
4. $\mathrm{im} f$ è un insieme chiuso
5. f ha un asintoto verticale e un asintoto obliquo

Parte B.3

Esercizio 12. Sia $f\colon [1,3] \cup [4,6] \to \mathbb{R}$ una funzione continua nel suo dominio e derivabile all'interno del suo dominio. Quale delle seguenti asserzioni è VERA?

1. Se $f(2) = 2$ e $f(5) = -1$, allora esiste $x_0 \in \mathsf{dom} f$ tale che $f(x_0) = 0$
2. Se $f(5) - f(2) = 3$, allora esiste $(x_0, f(x_0))$ in cui la tangente a G_f è inclinata a 45°
3. Se $f(1) = \frac{1}{2}$, $f(3) = -4$ e $f'(x) \leqslant 0$ per ogni x interno a $\mathsf{dom} f$, allora $\int_1^3 f(x)\, dx \leqslant 0$
4. f ha sempre un massimo assoluto
5. f ha sempre un minimo relativo

Soluzioni

Svolgimento 1. Sia assegnato l'insieme X degli studenti iscritti al Corso di Laurea in Economia Aziendale dell'Università degli Studi di Catania che abbiano superato almeno un esame. La funzione $f\colon X \to [18,30]$ assegna ad ogni studente in X un numero reale, la media dei voti riportati agli esami;[39] denotiamo con $v_x \in [18,30]$ la media riportata dallo studente $x \in X$. La relazione binaria R su X è definita da

$$x\,R\,y \quad \overset{\text{def}}{\iff} \quad v_x \geqslant v_y$$

per ogni $x, y \in X$. Determiniamo di quali proprietà gode R.

Riflessiva: $(\forall x \in X)\, x\,R\,x\,.$

Vera. Dobbiamo verificare che, per ogni $x \in X$, si ha $x\,R\,x$, ossia $v_x \geqslant v_x$, il che è ovviamente vero.

Simmetrica: $(\forall x, y \in X)\, x\,R\,y \implies y\,R\,x\,.$

Falsa. Per dimostrare che la proprietà simmetrica è falsa, dobbiamo negare la proposizione di cui sopra, ossia dimostrare che

$$(\exists x, y \in X)\, x\,R\,y \;\wedge\; \neg(y\,R\,x)\,.$$

Invero, esistono certamente due studenti $x, y \in X$ le cui medie $v_x, v_y \in [18,30]$ siano diverse, per cui $v_x > v_y$ oppure $v_y > v_x$. Ad esempio, se $v_x > v_y$, ne segue che $x\,R\,y$ ma $\neg(y\,R\,x)$.

Transitiva: $(\forall x, y, z \in X)\,(x\,R\,y \wedge y\,R\,z) \implies x\,R\,z\,.$

Vera. Usando la definizione di R, si ha, per ogni $x, y, z \in X$,

$$x\,R\,y \;\wedge\; y\,R\,z \quad \overset{\text{def}}{\iff} \quad v_x \geqslant v_y \;\wedge\; v_y \geqslant v_z \quad \implies \quad v_x \geqslant v_z \quad \overset{\text{def}}{\iff} \quad x\,R\,z\,.$$

Antisimmetrica: $(\forall x, y \in X)\,(x\,R\,y \;\wedge\; y\,R\,x) \implies x = y\,.$

Falsa. Per dimostrare che la proprietà antisimmetrica è falsa, dobbiamo negare la proposizione di cui sopra, ossia dimostrare che

$$(\exists x, y \in X)\,(x\,R\,y \;\wedge\; y\,R\,x) \;\wedge\; x \neq y\,.$$

Invero, esistono certamente due studenti $x, y \in X$ le cui medie $v_x, v_y \in [18,30]$ siano uguali.[40] Pertanto, essendo $v_x = v_y$, si ha $x\,R\,y$ e $y\,R\,x$, ma $x \neq y$.

Totale (o Completa): $(\forall x, y, \in X)\, x\,R\,y \;\vee\; y\,R\,x\,.$

Vera. Siano $x, y \in X$. Essendo v_x e v_y numeri reali, si ha $v_x \geqslant v_y$ (nel qual caso $x\,R\,y$) oppure $v_y \geqslant v_x$ (nel qual caso $y\,R\,x$). Dunque R è completa.

In conclusione, R non è né una relazione d'equivalenza (perché non vale la proprietà simmetrica) né una relazione d'ordinamento parziale (perché non vale la proprietà antisimmetrica). La risposta corretta è dunque la $\boxed{\mathbf{2}}$.

---

[39] L'assunzione che ogni studente di X abbia superato almeno un esame è necessaria, in quanto altrimenti la funzione f non sarebbe ben definita. Inoltre, assumiamo che le lodi non comportino alcun cambiamento della media.

[40] Si pensi, ad esempio, a due studenti di primo anno che abbiano fatto soltanto l'esame di Matematica Generale e che abbiano riportato lo stesso voto.

Svolgimento 2. Scriviamo in modo esplicito i due insiemi numerici X e Y:

$$X = \bigcup_{n=0}^{3} \left]n, n+\tfrac{3}{2}\right] = \left]0, \tfrac{3}{2}\right] \cup \left]1, \tfrac{5}{2}\right] \cup \left]2, \tfrac{7}{2}\right] \cup \left]3, \tfrac{9}{2}\right] = \left]0, \tfrac{9}{2}\right],$$

$$Y = \bigcup_{n=0}^{2} \left[-n-\tfrac{2}{3}, -n\right] = \left[-\tfrac{2}{3}, 0\right] \cup \left[-\tfrac{5}{3}, -1\right] \cup \left[-\tfrac{8}{3}, -2\right].$$

(Si noti che l'insieme X è un intervallo in quanto i quattro sottointervalli che lo compongono si sovrappongono, mentre ciò non capita per l'insieme Y.) Graficamente:

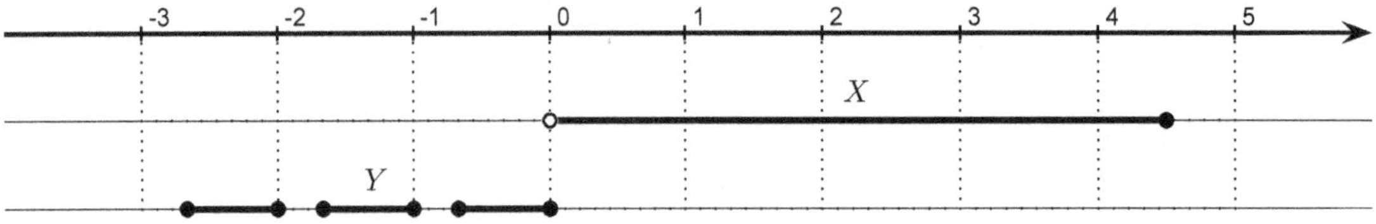

Si ha:

- $\mathring{X} = \left]0, \tfrac{9}{2}\right[$, $DX = \left[0, \tfrac{9}{2}\right]$, $FX = \left\{0, \tfrac{9}{2}\right\}$, $\overline{X} = \left[0, \tfrac{9}{2}\right]$, $\inf X = 0$, $\max X = \tfrac{9}{2}$;
- $\mathring{Y} = \left]-\tfrac{2}{3}, 0\right[\cup \left]-\tfrac{5}{3}, -1\right[\cup \left]-\tfrac{8}{3}, -2\right[$, $DY = Y$, $FY = \left\{0, -\tfrac{2}{3}, -1, -\tfrac{5}{3}, -2, -\tfrac{8}{3}\right\}$, $\overline{Y} = Y$, $\min Y = -\tfrac{8}{3}$, $\max Y = 0$.

Adesso determiniamo la risposta corretta (falsa).

[1] *Vera.* X e Y sono separati (e contigui), con X insieme superiore e Y insieme inferiore.

[2] *Vera.* X è un intervallo (semiaperto).

[3] *Vera.* Si ha: $|FY| = 6$.

[4] *Vera.* Si ha: $\max Y = 0 = \inf X$.

[5] **Falsa.** Essendo $Y \setminus X = Y = \overline{Y}$, l'insieme $Y \setminus X$ è chiuso.

Svolgimento 3. Determiniamo il rango della matrice incompleta A e quello della matrice completa B al variare del parametro reale λ, ove

$$A = \begin{pmatrix} \lambda & 1 \\ 1 & -\lambda \end{pmatrix} \quad \text{e} \quad B = \begin{pmatrix} \lambda & 1 & 2\lambda \\ 1 & -\lambda & -\lambda \end{pmatrix}.$$

Essendo $\det(A) = -\lambda^2 - 1$, ne segue che il determinante di A non si annulla per alcun valore del parametro λ. Pertanto, si ha

$$r(A) = 2 \quad \forall \lambda \in \mathbb{R}.$$

Inoltre, essendo $2 = r(A) \leqslant r(B) \leqslant 2 = \min\{2, 3\}$, si ottiene

$$r(B) = 2 \quad \forall \lambda \in \mathbb{R}.$$

In conclusione, per il *Teorema di Rouchè-Capelli*, il sistema è sempre determinato. Ne segue che la risposta corretta (falsa) è la [5] (senza dover fare ulteriori calcoli).

Svolgimento 4. Questo esercizio è (non a caso) simile all'Esercizio 4 del Capitolo 7. Tuttavia, se ne distingue per almeno due caratteristiche:

- il parametro k determina la misura dei segmenti staccati dalle quattro rette sull'asse delle ordinate (e non il coefficiente angolare delle medesime, come nell'Esercizio 4 del Capitolo 7);
- la figura non è simmetrica rispetto agli assi coordinati, ma soltanto simmetrica rispetto all'asse delle $\vec{y}$, come avremo modo di vedere.

Cominciamo con il rappresentare graficamente le due quattro rette

$$(\vec{r})\ y = x + k, \qquad (\vec{s})\ y = -x + k, \qquad (\vec{t})\ y = x - 2k, \qquad (\vec{u})\ y = -x - 2k$$

e il quadrilatero da esse delimitato (in colore giallo):

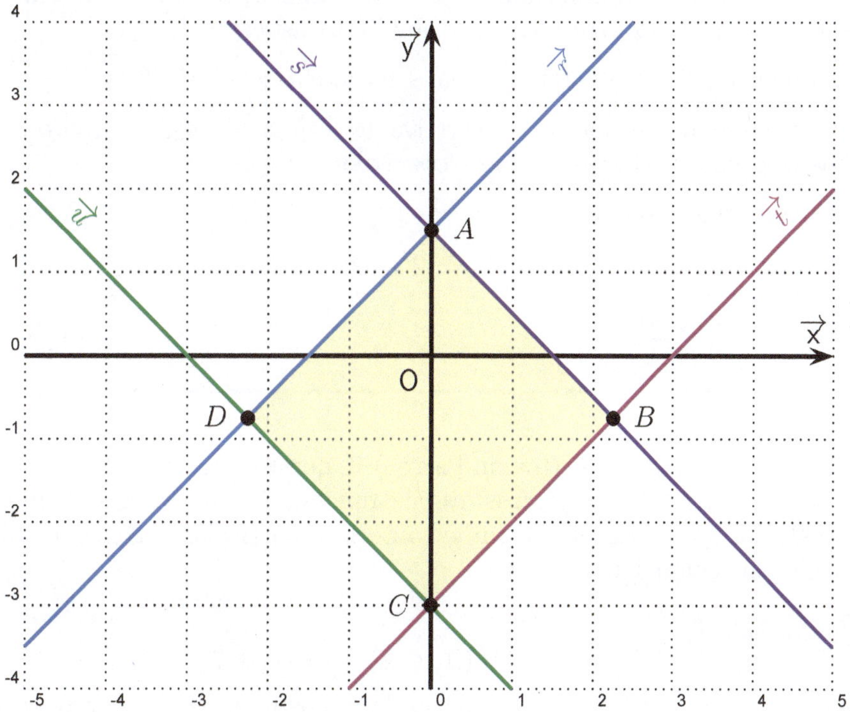

Si noti che le rette $\vec{r}$ ed $\vec{s}$ staccano sul semiasse positivo delle ordinate un segmento di lunghezza k, ossia $\overline{AO} = k$. Inoltre, le rette $\vec{t}$ ed $\vec{u}$ staccano sul semiasse negativo delle ordinate un segmento di lunghezza $2k$, ossia $\overline{OC} = 2k$. Si osservi infine che la retta $\vec{r}$ è sia perpendicolare alle rette $\vec{s}$ e $\vec{u}$, che parallela alle retta $\vec{t}$. Ne segue che i quattro angoli interni del quadrilatero sono retti e i lati sono tutti uguali: in altri termini, il quadrilatero è un quadrato, le cui diagonali hanno lunghezza $\overline{AC} = \overline{BD} = 3k$. Ricordando che l'area di un quadrato è uguale alla metà del quadrato della lunghezza della diagonale,[41] si ottiene

$$\mathsf{Area}(ABCD) = 18 \iff \frac{\overline{AC}^2}{2} = 18 \iff \frac{9k^2}{2} = 18 \iff k = 2$$

e dunque la risposta corretta è la $\boxed{4}$.

Si noti che il problema può anche risolversi nel modo consueto (ossia calcolando le coordinate dei punti A, B, C, D come intersezioni di rette, etc.), ma tale tecnica analitica è sicuramente più lunga e meno efficiente di quella geometrica.

[41] Se non si ricorda questa formula, si può agevolmente calcolare la lunghezza del lato del quadrato.

Svolgimento 5. Il quesito si può riformulare in modo equivalente come segue:

Quante sono le funzioni le funzioni suriettive da un insieme A di 6 elementi (i vasi) ad un insieme B di 2 elementi (i colori)?

L'equivalenza è ovvia:

- assegniamo ad ogni elemento di A (un vaso) uno ed un solo elemento dell'insieme B (un colore), dunque trattasi di una funzione dall'insieme A dei vasi all'insieme B dei colori;
- dobbiamo considerare esclusivamente le funzioni suriettive da A in B, in quanto ciascuno dei due colori deve essere utilizzato da almeno un vaso, il che equivale a dire che entrambi gli elementi di B sono 'colpiti' da almeno un elemento di A.

Adesso la soluzione diventa immediata. Invero, il numero delle funzioni suriettive da A in B si ottiene come differenza tra i 'casi possibili' e i 'casi cattivi', ossia

- *(possibili)* numero di tutte le funzioni da A in B, che sono $|B|^{|A|}$;
- *(cattivi)* numero delle funzioni *non* suriettive da A in B, che sono soltanto 2, ossia tutte quelle che colorano tutti i vasi con lo stesso colore.

Pertanto, il numero richiesto è dato da

$$|B|^{|A|} - 2 = 2^6 - 2 = 62$$

e la risposta corretta è la $\boxed{5}$.

Svolgimento 6. Nonostante si trovi in Parte A.3, questo esercizio è relativamente facile, quantomeno in termini intuitivi. Trattasi essenzialmente di interpretare alcune formule in cui sono presenti dei quantificatori. È importante fare particolare attenzione all'*ordine* in cui tali quantificatori compaiono.

$\boxed{1}$ *Vera.* La formula

$$(\forall n \in \mathbb{N})\ (\exists z \in \mathbb{Z})\ \ n = -z + 7$$

si legge come segue: per ogni numero naturale n, esiste un numero intero relativo z tale che n si può scrivere come l'opposto di z più 7. Sia dato $n \in \mathbb{N}$. Essendo

$$n = -z + 7 \quad \Longleftrightarrow \quad z = -n + 7\,,$$

basta porre $z := -n + 7$, che ovviamente è un numero intero relativo.

$\boxed{2}$ **Falsa.** La formula

$$(\exists n \in \mathbb{N})\ (\forall z \in \mathbb{Z} \setminus \mathbb{N})\ \ n \geqslant -\frac{z}{4}$$

si legge come segue: esiste un numero naturale n tale che, comunque si prenda un numero intero negativo z, n risulta maggiore o uguale di $-\frac{z}{4}$ (che è un numero razionale non negativo). Si intuisce che un tale numero n non possa esistere. Per dare una dimostrazione formale della nostra congettura, supponiamo per assurdo che un tale $n \in \mathbb{N}$ esista. Visto che $n \geqslant -\frac{z}{4}$ comunque si prenda $z \in \mathbb{Z} \setminus \mathbb{N}$, la disequazione dovrebbe essere soddisfatta per $z := -4n - 1 \in \mathbb{Z} \setminus \mathbb{N}$. Tuttavia, si ha

$$n \geqslant -\frac{z}{4} = -\frac{-4n-1}{4} = -\left(-n - \frac{1}{4}\right) = n + \frac{1}{4}\,,$$

che è ovviamente impossibile. Tale contraddizione dimostra che un tale numero n non può esistere.

[3] *Vera.* La formula

$$(\forall f \in \mathrm{Bi}(\mathbb{R}))\ (\exists g \in \mathrm{Bi}(\mathbb{R}))\ \ f \circ g = \mathsf{id}_{\mathbb{R}}$$

si legge come segue: per ogni funzione biiettiva $f\colon \mathbb{R} \to \mathbb{R}$, esiste un'altra funzione biiettiva $g\colon \mathbb{R} \to \mathbb{R}$ tale che la composizione di f e g è uguale alla funzione identica $\mathsf{id}_{\mathbb{R}}\colon \mathbb{R} \to \mathbb{R}$. Questa asserzione è vera, poiché ogni funzione biiettiva f da $\mathbb{R}$ in $\mathbb{R}$ ammette una funzione inversa g da $\mathbb{R}$ in $\mathbb{R}$ (funzione che usualmente denotiamo con il simbolo f^{-1}, in forza del fatto che è unica).

[4] *Vera.* La formula

$$(\forall n \in \mathbb{N})\ (\exists z \in \mathbb{Z})\ \ -z > 3n+2$$

si legge come segue: per ogni numero naturale n, esiste un numero intero relativo z il cui opposto è maggiore di $3n+2$. Invero, dato $n \in \mathbb{N}$, basta prendere $z := -(3n+3)$. Infatti, si ha

$$-z \ = \ -(-(3n-3) \ = \ 3n+3 \ > \ 3n+2\,,$$

come volevasi dimostrare.

[5] *Vera.* La formula

$$(\forall X \subseteq \mathbb{R})\Big(\big((\forall n \in \mathbb{N})\ |X|>n\big) \wedge \big((\exists h,k \in \mathbb{R})\ (\forall x \in X)\ h \leqslant x \leqslant k\big) \Longrightarrow DX \neq \emptyset\Big)$$

asserisce che un arbitrario insieme numerico X soddisfa una certa implicazione del tipo $A \wedge B \Longrightarrow C$. L'antecedente $A \wedge B$ dell'implicazione è la congiunzione logica delle seguenti due asserzioni:

(A) la cardinalità di X è maggiore di un qualunque numero naturale, ossia X è un insieme *infinito*;

(B) esistono due numeri reali h, k tali che ogni numero x in X è compreso tra h e k, ossia X è *limitato*.

Il conseguente C dell'implicazione asserisce che

(C) il derivato di X è non vuoto, ossia X ha almeno un punto d'accumulazione.

Il lettore non dovrebbe adesso avere alcuna difficoltà a riconoscere in questa formula il

Teorema di Bolzano–Weierstrass: *Un insieme numerico infinito e limitato ha almeno un punto d'accumulazione.*

Svolgimento 7. La disequazione

$$\left|\frac{3x+1}{x}\right| \leqslant 3$$

è del tipo $|A(x)| \leqslant B(x)$, con la semplificazione che $B(x)$ è una costante, dunque più facile da risolvere. Essendo

$$\begin{aligned}
\left|\frac{3x+1}{x}\right| \leqslant 3 \quad &\Longleftrightarrow \quad -3 \leqslant \frac{3x+1}{x} \leqslant 3 \\
&\Longleftrightarrow \quad \begin{cases} \frac{3x+1}{x} \geqslant -3 \\ \frac{3x+1}{x} \leqslant 3 \end{cases} \\
&\Longleftrightarrow \quad \begin{cases} \frac{6x+1}{x} \geqslant 0 \\ \frac{1}{x} \leqslant 0 \end{cases} \\
&\Longleftrightarrow \quad \begin{cases} x \leqslant -\frac{1}{6} \ \text{ oppure } \ x > 0 \\ x < 0\,, \end{cases}
\end{aligned}$$

l'insieme S delle soluzioni della disequazione originaria è dato da

$$S \ = \ \left]-\infty, -\tfrac{1}{6}\right]$$

e dunque la risposta corretta è la **[2]**.

Svolgimento 8. Rappresentiamo graficamente le leggi che definiscono la mappa $f\colon \mathbb{R} \to \mathbb{R}$ data da

$$f(x) = \begin{cases} |x| - 2 & \text{se } |x| > 2 \\ x^2 - 4 & \text{se } |x| \leqslant 2 \end{cases}$$

(la parte tratteggiata dei grafici di ciascuna delle due leggi non va considerata):

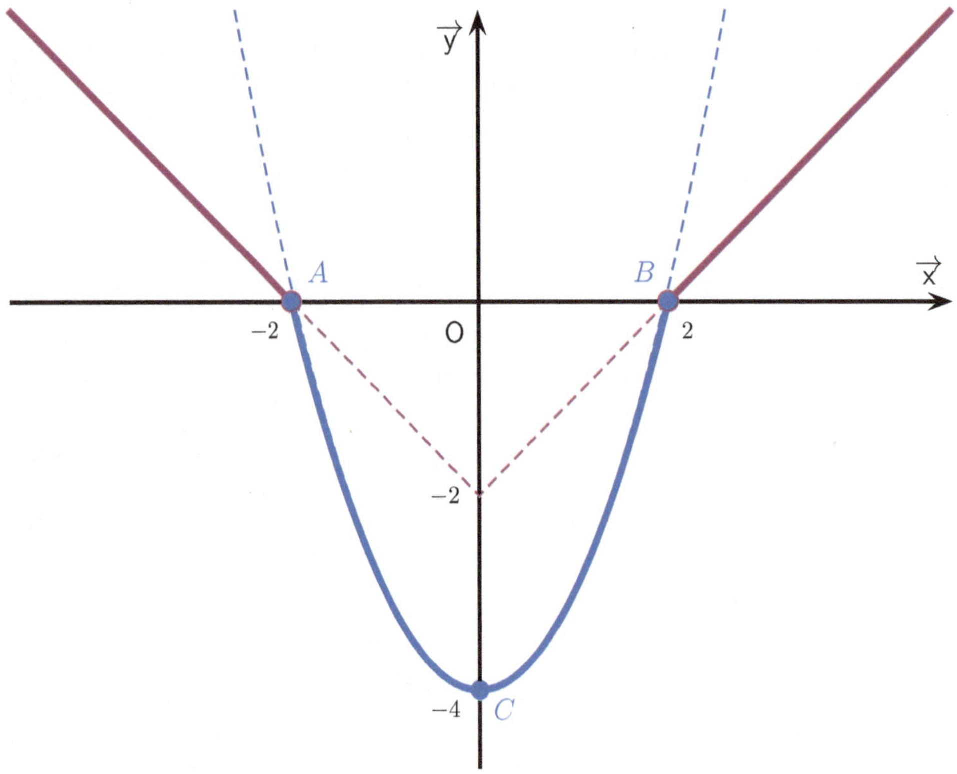

Si noti che la legge che definisce la funzione f nell'intervallo chiuso $[-2, 2]$ è la parabola di equazione $y = x^2$ traslata di 4 unità verso il basso, mentre la legge che definisce f al di fuori di $[-2, 2]$ è il valore assoluto di x diminuito di 2 unità (ossia, più precisamente, $y = -x - 2$ in $]-\infty, -2[$ e $y = x - 2$ in $]2, +\infty[$). Ne segue che le due leggi si 'saldano' nei due punti di cambio della legge, ossia per $x = \pm 2$. Tuttavia, tale 'saldatura' non è perfetta, in quanto la funzione f ha due punti angolosi in $x = \pm 2$, come vedremo analiticamente.

1 **Falsa.** Analiticamente si ha:

$$\begin{aligned}
\int_1^3 f(x)\,dx &= \int_1^2 (x^2 - 4)\,dx + \int_2^3 (|x| - 2)\,dx \\
&= \int_1^2 (x^2 - 4)\,dx + \int_2^3 (x - 2)\,dx \\
&= \left[\tfrac{x^3}{3} - 4x\right]_1^2 + \left[\tfrac{x^2}{2} - 2x\right]_2^3 \\
&= \left[\left(\tfrac{8}{3} - 8\right) - \left(\tfrac{1}{3} - 4\right)\right] + \left[\left(\tfrac{9}{2} - 6\right) - (2 - 4)\right] \\
&= -\tfrac{5}{3} + \tfrac{1}{2} \\
&= -\tfrac{7}{6}\,.
\end{aligned}$$

Graficamente, il risultato si intuisce subito. Invero, nella figura che segue, l'integrale definito tra 1 e 3 della funzione f è uguale alla somma algebrica dell'area in colore magenta (presa con segno negativo) e dell'area in colore verde (presa con segno positivo): l'area in magenta è chiaramente maggiore dell'area in verde.

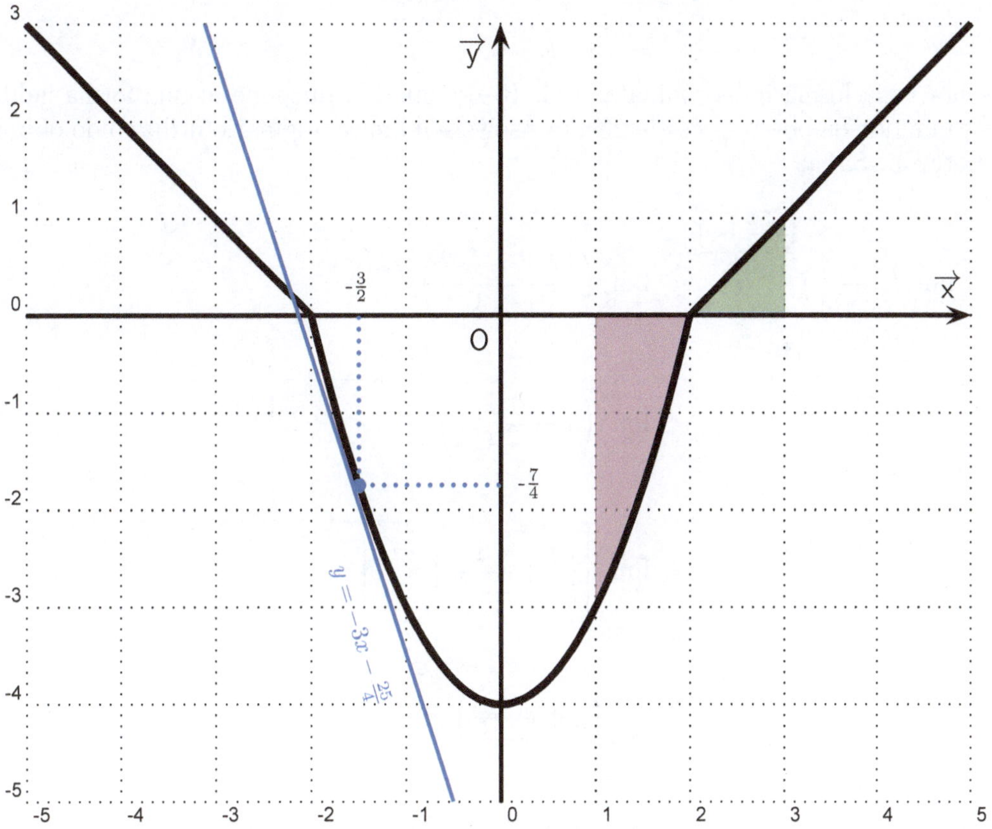

(Si noti che $f(1) = -3$, $f(2) = 0$ e $f(3) = 1$.)

[2] *Vera.* L'immagine di f è l'intervallo chiuso $[-4, +\infty[$.

[3] *Vera.* L'equazione della retta tangente al grafico della funzione f nel punto di ascissa $x = -\frac{3}{2}$ è data da

$$y - f\left(-\tfrac{3}{2}\right) = f'\left(-\tfrac{3}{2}\right)\left(x + \tfrac{3}{2}\right).$$

Essendo

$$f\left(-\tfrac{3}{2}\right) = \left(-\tfrac{3}{2}\right)^2 - 4 = -\tfrac{7}{4},$$

nonché

$$f'\left(-\tfrac{3}{2}\right) = [\mathsf{D}(x^2-4)]_{x=-\frac{3}{2}} = [2x]_{x=-\frac{3}{2}} = -3,$$

l'equazione della suddetta retta è (i semplici calcoli sono lasciati al lettore)

$$y = -3x - \tfrac{25}{4}.$$

(La tangente è la retta in colore blu nella figura precedente.)

[4] *Vera.* La funzione f è continua in tutto $\mathbb{R}$.

[5] *Vera.* La funzione f ha due punti angolosi per $x = \pm 2$. Ad esempio, per $x = 2$, si ha

$$f'_-(2) = \left[\mathsf{D}(x^2-4)\right]_{x=2} = [2x]_{x=2} = 4 \neq 1 = \left[\mathsf{D}(x-2)\right]_{x=2} = f'_+(2).$$

Similmente, si ha $f'_-(-2) = -1 \neq -4 = f'_+(-2)$.

Svolgimento 9. Il limite

$$\lim_{x\to+\infty}\left(\frac{x-4}{x+3}\right)^{\frac{\left(1+\frac{3}{x}\right)^3-1}{\operatorname{sen}\frac{9}{x^2}}}$$

si presenta nella forma indeterminata $[1^\infty]$. Riscriviamo la funzione in una forma 'addomesticata', in modo da poter successivamente risolvere il limite originario utilizzando opportuni limiti notevoli. Si ha:

$$\begin{aligned}
\lim_{x\to+\infty}\left(\frac{x-4}{x+3}\right)^{\frac{\left(1+\frac{3}{x}\right)^3-1}{\operatorname{sen}\frac{9}{x^2}}} &= \lim_{x\to+\infty}\left(\frac{(x+3)-7}{x+3}\right)^{\frac{\left(1+\frac{3}{x}\right)^3-1}{\operatorname{sen}\left(\frac{3}{x}\right)^2}}\\
&= \lim_{x\to+\infty}\left(1+\frac{1}{-\frac{x+3}{7}}\right)^{\frac{\left(1+\frac{3}{x}\right)^3-1}{\frac{3}{x}}\cdot\frac{\left(\frac{3}{x}\right)^2}{\operatorname{sen}\left(\frac{3}{x}\right)^2}\cdot\frac{1}{\frac{3}{x}}}\\
&= \lim_{x\to+\infty}\left[\left(1+\frac{1}{-\frac{x+3}{7}}\right)^{-\frac{x+3}{7}}\right]^{-\frac{7}{x+3}\cdot\frac{\left(1+\frac{3}{x}\right)^3-1}{\frac{3}{x}}\cdot\frac{\left(\frac{3}{x}\right)^2}{\operatorname{sen}\left(\frac{3}{x}\right)^2}\cdot\frac{x}{3}}.
\end{aligned}$$

Essendo

$$\lim_{x\to+\infty}\left(1+\frac{1}{-\frac{x+3}{7}}\right)^{-\frac{x+3}{7}} = \mathrm{e}$$

nonché (applicando vari limiti notevoli)

$$\begin{aligned}
\lim_{x\to+\infty}\left(\frac{-7}{x+3}\cdot\frac{\left(1+\frac{3}{x}\right)^3-1}{\frac{3}{x}}\cdot\frac{\left(\frac{3}{x}\right)^2}{\operatorname{sen}\left(\frac{3}{x}\right)^2}\cdot\frac{x}{3}\right) &= \lim_{x\to+\infty}\left(-\frac{7}{3}\cdot\frac{x}{x+3}\cdot\frac{\left(1+\frac{3}{x}\right)^3-1}{\frac{3}{x}}\cdot\frac{\left(\frac{3}{x}\right)^2}{\operatorname{sen}\left(\frac{3}{x}\right)^2}\right)\\
&= -\frac{7}{3}\cdot 1\cdot 3\cdot 1\\
&= -7\,,
\end{aligned}$$

si ottiene alfine

$$\lim_{x\to+\infty}\left(\frac{x-4}{x+3}\right)^{\frac{\left(1+\frac{3}{x}\right)^3-1}{\operatorname{sen}\frac{9}{x^2}}} = \mathrm{e}^{-7}$$

e dunque la risposta corretta è la $\boxed{\mathbf{3}}$.

Svolgimento 10. Risolviamo innanzitutto l'integrale indefinito

$$\int \mathrm{e}^{\sqrt{2x-1}}\,dx\,.$$

La presenza della radice quadrata ad esponente suggerisce di utilizzare il *Metodo di integrazione per sostituzione.* Poniamo[42] $t := \sqrt{2x-1}$. Essendo

$$t^2 = 2x-1 \quad\Longleftrightarrow\quad x=\frac{t^2+1}{2} \quad\Longrightarrow\quad dx = t\,dt\,,$$

ne segue

[42] Il lettore provi a risolvere l'integrale in esame utilizzando la sostituzione $t = \mathrm{e}^{\sqrt{2x-1}}$.

$$\int e^{\sqrt{2x-1}}\,dx \;=\; \left[\int e^t\,t\,dt\right]_{t=\sqrt{2x-1}}\,.$$

Risolviamo l'integrale della funzione in parentesi quadra, utilizzando il *Metodo di integrazione per parti.* Posto

$$f(t)=t\,,\quad \text{da cui } f'(t)=1\,,$$
$$g'(t)=e^t\,,\quad \text{da cui } g(t)=e^t\,,$$

si ha:

$$\int e^t\,t\,dt \;=\; t\,e^t-\int 1\cdot e^t\,dt \;=\; (t-1)\,e^t+C\,.$$

In conclusione, si ha:

$$\int e^{\sqrt{2x-1}}\,dx \;=\; \Big[(t-1)\,e^t+C\Big]_{t=\sqrt{2x-1}} \;=\; \left(\sqrt{2x-1}-1\right)e^{\sqrt{2x-1}}+C\,.$$

Adesso risolviamo l'integrale definito:

$$\int_1^5 e^{\sqrt{2x-1}}\,dx \;=\; \left[\left(\sqrt{2x-1}-1\right)e^{\sqrt{2x-1}}\right]_1^5 \;=\; 2\,e^3-0 \;=\; 2\,e^3\,.$$

Pertanto, la risposta corretta è la **2**.

Svolgimento 11. Studiamo la funzione razionale fratta definita dalla legge

$$f(x)=\frac{2x^2-3x}{x+1}$$

nel suo insieme d'esistenza (che, come di consueto, prenderemo come dominio).

1) Insieme d'esistenza. Continuità. La funzione f è continua in

$$I=\mathbb{R}\setminus\{-1\}\,.$$

Inoltre, f non presenta simmetrie e non è periodica.

2) Localizzazione. Essendo

$$2x^2-3x\geqslant 0 \iff x(2x-3)\geqslant 0 \qquad \text{e} \qquad x+1\geqslant 0 \iff x\geqslant -1\,,$$

si ottiene graficamente

		-1		0		$\frac{3}{2}$	
x	$-$		$-$	0	$+$		$+$
$2x-3$	$-$		$-$		$-$	0	$+$
$x(2x-3)$	$+$		$+$	0	$-$	0	$+$
$x+1$	$-$	0	$+$		$+$		$+$
$f(x)$	$-$	$*$	$+$	0	$-$	0	$+$

Le intersezioni con gli assi cartesiani sono ottenute come segue:

$$\begin{cases} f \\ \overrightarrow{x} \end{cases} \iff \begin{cases} y=\frac{2x^2-3x}{x+1} \\ y=0 \end{cases} \iff \begin{cases} x=0 \\ y=0 \end{cases} \text{o} \begin{cases} x=\frac{3}{2} \\ y=0 \end{cases} \iff \begin{cases} (x,y)=(0,0) \\ (x,y)=\left(\frac{3}{2},0\right) \end{cases},$$

$$\begin{cases} f \\ \overrightarrow{y} \end{cases} \iff \begin{cases} y=\frac{2x^2-3x}{x+1} \\ x=0 \end{cases} \iff \begin{cases} x=0 \\ y=0 \end{cases} \iff (x,y)=(0,0)\,.$$

3) Comportamento agli estremi e in frontiera. Asintoti. Poiché l'insieme di esistenza è $I =]-\infty, -1[\cup]-1, +\infty[$, calcoliamo i seguenti quattro limiti:

$$\lim_{x \to -\infty} \frac{2x^2 - 3x}{x+1} = \lim_{x \to -\infty} \frac{4x-3}{1} = -\infty$$

$$\lim_{x \to -1^-} \frac{2x^2 - 3x}{x+1} = -\infty$$

$$\lim_{x \to -1^+} \frac{2x^2 - 3x}{x+1} = +\infty$$

$$\lim_{x \to +\infty} \frac{2x^2 - 3x}{x+1} = \lim_{x \to +\infty} \frac{4x-3}{1} = +\infty\,.$$

Si noti che il secondo limite vale $-\infty$ in quanto, al tendere di x a 3 dalla sinistra, il numeratore è positivo mentre il denominatore è negativo. Per ragioni simili il terzo limite vale $+\infty$. Ne segue che il grafico di f presenta:

- un asintoto verticale completo (destro e sinistro), avente equazione $x = -1$;
- nessun asintoto orizzontale.

Verifichiamo se G_f ha asintoti obliqui. Essendo

$$m = \lim_{x \to \pm\infty} \frac{f(x)}{x} = \lim_{x \to \pm\infty} \frac{x(2x-3)}{x(x+1)} = 2\,,$$

nonché

$$n = \lim_{x \to \pm\infty} \Big(f(x) - 2x\Big) = \lim_{x \to \pm\infty} \frac{-5x}{x+1} = -5$$

ne segue che la retta di equazione

$$y = 2x - 5$$

è *asintoto obliquo completo* per il grafico della funzione.

4) Rappresentazione grafica parziale. Alla luce dei punti 1), 2) e 3), possiamo tracciare un grafico parziale di f:

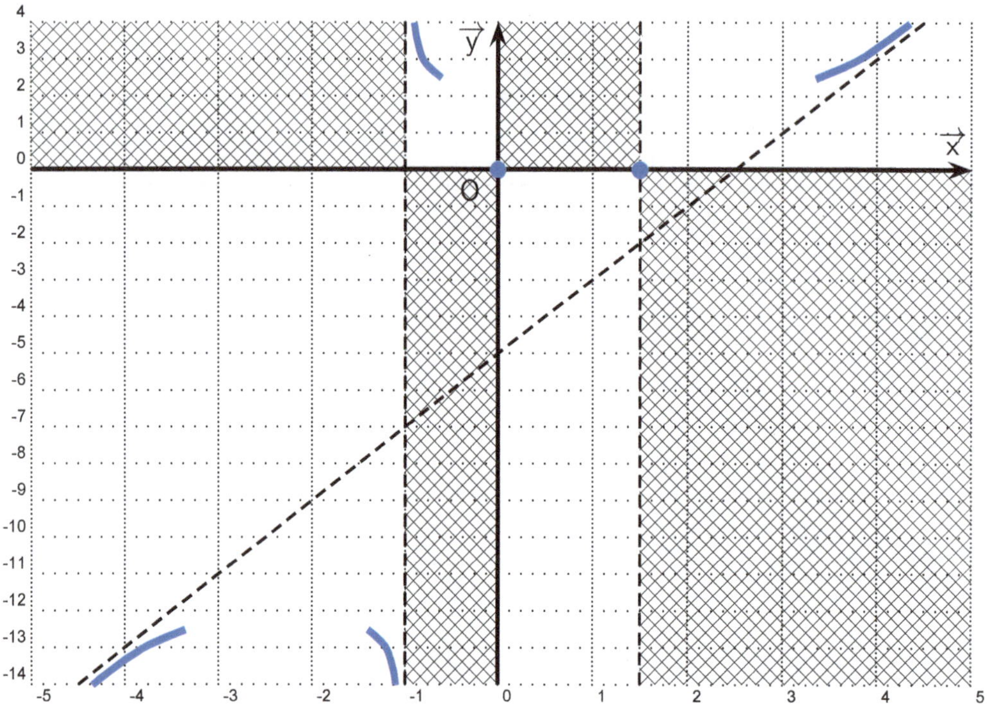

(Al fine di ottenere una rappresentazione geometrica più facilmente leggibile, il sistema di riferimento cartesiano è *non omometrico*.)

5) Derivata prima. Lo studio della derivata prima ci permette di determinare gli intervalli in cui la funzione è crescente o decrescente, eventuali punti di massimo o minimo relativi, nonché eventuali punti angolosi o cuspidali. Ci aspettiamo un massimo relativo nell'intervallo $]-\infty, -1[$ e un minimo relativo nell'intervallo $\left]0, \frac{3}{2}\right[$; tuttavia sospendiamo cautamente il giudizio in attesa di conferme derivanti dallo studio della derivata prima. Si ha:

$$f'(x) = \frac{(4x-3)(x+1)-(2x^2-3x)}{(x+1)^2} = \frac{2x^2+4x-3}{(x+1)^2}.$$

La derivata prima f' ha lo stesso insieme d'esistenza $I = \mathbb{R} \setminus \{1\}$ della funzione f, per cui f è derivabile in tutto il suo dominio. Si noti che f' risulta anche continua in tutto I. Inoltre, poiché il polinomio $2x^2 + 4x - 3$ si annulla per $x = \frac{-2\pm\sqrt{10}}{2}$, si ottiene

		$\frac{-2-\sqrt{10}}{2}$		-1		$\frac{-2+\sqrt{10}}{2}$	
$2x^2+4x-3$	$+$	0	$-$		$-$	0	$+$
$(x+1)^2$	$+$		$+$	0	$+$		$+$
$f'(x)$	$+$	0	$-$	$*$	$-$		$+$
$f(x)$	↗	max relativo	↘		↘	min relativo	↗

Alla luce delle informazioni acquisite sulla derivata prima, siamo già in grado di rispondere al quesito. Invero, quattro delle cinque risposte – ossia la $\boxed{1}$, la $\boxed{2}$, la $\boxed{4}$ e la $\boxed{5}$ – risultano vere. Ne segue che l'unica risposta falsa deve necessariamente essere quella su cui ancora non abbiamo informazioni, ossia la $\boxed{3}$. Tuttavia, per eccesso di zelo, determiniamo gli intervalli in cui f è concava e convessa, determinando la falsità della risposta $\boxed{3}$.

6) Derivata seconda. Avendosi

$$\begin{aligned} f''(x) &= \mathsf{D}\left(\frac{2x^2+4x-3}{(x+1)^2}\right) \\ &= \frac{(4x+4)(x+1)^2-(2x^2+4x-3)(2x+2)}{(x+1)^4} \\ &= \frac{4(x+1)(x+1)^2-2(x+1)(2x^2+4x-3)}{(x+1)^4} \\ &= \frac{2(x+1)\left[2(x+1)^2-(2x^2+4x-3)\right]}{(x+1)^4} \\ &= \frac{10}{(x+1)^3} \end{aligned}$$

per ogni $x \in I$, si ottiene

$$f''(x) \begin{cases} < 0 & \text{se } x \in]-\infty, -1[\quad (\Longrightarrow f \text{ è concava}) \\ > 0 & \text{se } x \in]-1, +\infty[\quad (\Longrightarrow f \text{ è convessa.}) \end{cases}$$

In particolare, non essendo f continua per $x = -1$ (ove ha un punto d'infinito), non esistono flessi per il grafico di f.

*7) **Rappresentazione grafica completa.*** Il grafico di f è, come ci aspettavamo, il seguente:

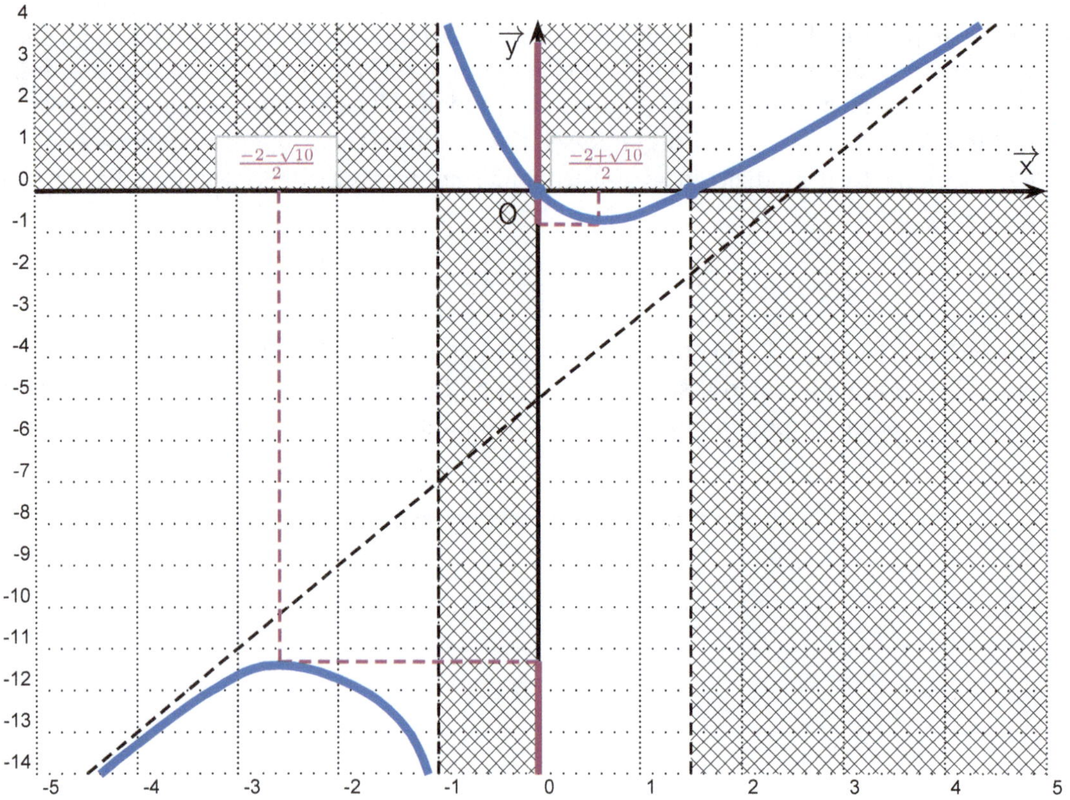

In conclusione, determiniamo la risposta corretta (falsa).

[1] *Vera.* f ha un punto di massimo relativo per $x = \frac{-2-\sqrt{10}}{2}$.

[2] *Vera.* f ha un punto di minimo relativo per $x = \frac{-2+\sqrt{10}}{2}$.

[3] **Falsa.** f non ha un punto di flesso.

[4] *Vera.* $\text{im}f = \left]-\infty, f\left(\frac{-2-\sqrt{10}}{2}\right)\right] \cup \left[f\left(\frac{-2+\sqrt{10}}{2}\right), +\infty\right[$ è l'unione di due intervalli chiusi, per cui è un insieme chiuso (in colore magenta in figura).

[5] *Vera.* f ha un asintoto verticale e un asintoto obliquo.

Svolgimento 12. I dati iniziali del problema ci informano che la funzione f è definita sull'unione dei due intervalli chiusi $[1,3]$ e $[4,6]$; inoltre, f risulta continua in $\text{dom} f = [1,3] \cup [4,6]$ e derivabile in $\overset{\circ}{\text{dom}} f =]1,3[\, \cup\,]4,6[$. Ne segue che alcuni teoremi fondamentali del calcolo differenziale (*Rolle*, *Cauchy*, *Lagrangia*, *Weierstrass*, etc.) **non** sono applicabili *sic et simpliciter* alla funzione f, in quanto tali risultati assumono che la funzione sia definita su *un* intervallo chiuso. Tuttavia, come avremo modo di vedere, potremo opportunamente utilizzare uno di questi teoremi per determinare la risposta corretta (vera). Più specificamente, determineremo la falsità di quattro risposte attraverso l'esibizione di controesempi, ed individueremo l'unica risposta vera con una (semplice) dimostrazione che utilizza il *Teorema di Weierstrass*.

[1] *Falsa.* Rappresentiamo graficamente i dati a nostra disposizione:

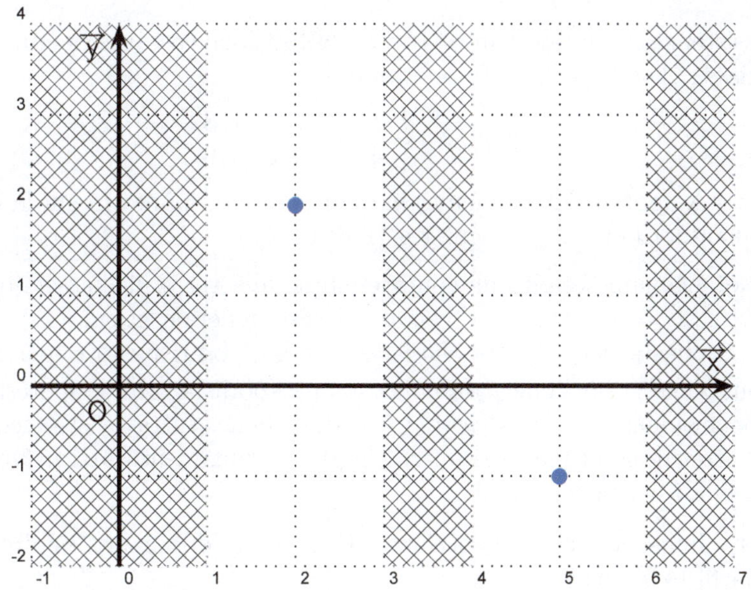

La funzione f assume un valore positivo per $x = 2$ e un valore negativo per $x = 5$. Pur essendo continua, non possiamo però applicare il *Teorema di esistenza degli zeri*, in quanto manca l'ipotesi fondamentale che f sia definita in un intervallo. Questo naturalmente non implica che il risultato sia falso, ma ci informa che potrebbe esserlo. Invero, la funzione $f\colon [1,3] \cup [4,6] \to \mathbb{R}$ definite dalle leggi

$$f(x) = \begin{cases} 2 & \text{se } x \in [1,3] \\ -1 & \text{se } x \in [4,6] \end{cases}$$

soddisfa le ipotesi ma non assume mai valore zero.

[2] *Falsa.* In questo caso, l'ipotesi $f(5) - f(2) = 3$ non ci informa con esattezza del valore che la funzione f assume in $x = 2$ e $x = 5$. Tuttavia, possiamo farci un'idea della situazione attribuendo dei valori a $f(2)$ e $f(5)$ che soddisfano il problema, in modo da capire come operare nel caso generale. Per esempio, poniamo $f(2) = 1$ e $f(5) = 4$. Graficamente, la situazione è la seguente:

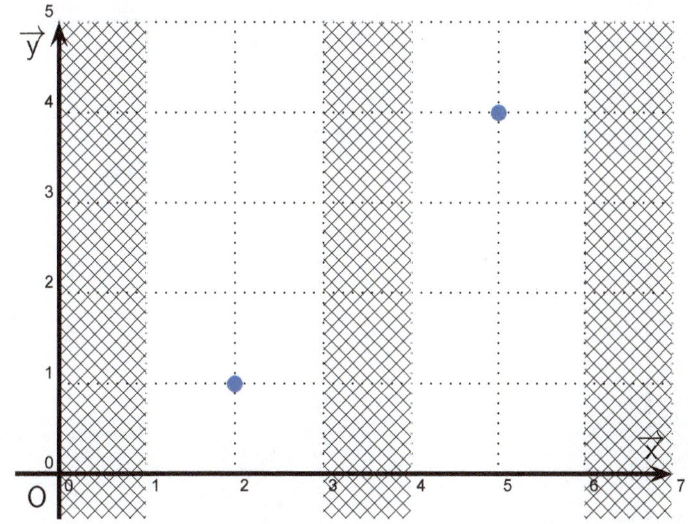

Se potessimo applicare il *Teorema di Lagrangia*, allora esisterebbe $x_0 \in \mathsf{dom} f$ tale che $f'(x_0) = 1$, per cui nel punto $\big(x_0, f(x_0)\big)$ la tangente al grafico G_f sarebbe inclinata a $45°$. La funzione f non è però definita in un intervallo chiuso, dunque non possiamo evincere l'esistenza di un tale punto. Invero, la funzione costante nei due intervalli $[1,3]$ e $[4,6]$, ossia $f\colon [1,3]\cup[4,6]\to\mathbb{R}$ definita da

$$f(x) = \begin{cases} 1 & \text{se } x\in[1,3] \\ 4 & \text{se } x\in[4,6] \end{cases}$$

soddisfa tutte le ipotesi del problema, ma non ha alcun punto in cui la derivata prima vale 0, in quanto $f'(x)=0$ per ogni $x\in\,]1,3[\,\cup\,]4,6[$.

Attenzione! Abbiamo esibito un controesempio alla verità dell'asserzione [2] *nel caso specifico che* $f(2)=1$ e $f(5)=4$, e non nel caso generale in cui $f(5)-f(2)=3$. Ci chiediamo: ciò basta per evincere che la [2] è falsa? La risposta è, per nostra fortuna, sì: la ragione è che la funzione f da noi costruita soddisfa *tutte* le ipotesi di [2] ma non la tesi. Conclusione: in questo caso ci è andata bene, tuttavia si raccomanda di fare particolare attenzione prima di ritenere che dei ragionamenti fatti in un caso specifico rimangano validi nel caso generale.

[3] *Falsa.* Per dimostrare che l'asserzione [3] è falsa, dobbiamo esibire una funzione $f\colon [1,3]\cup[4,6]\to\mathbb{R}$ che sia

(i) continua in $[1,3]\cup[4,6]$,
(ii) derivabile in $]1,3[\,\cup\,]4,6[$,
(iii) tale che $f(1)=\frac{1}{2}$ e $f(3)=-4$,
(iv) tale che $f'(x)\leqslant 0$ per ogni $x\in\,]1,3[\,\cup\,]4,6[$ (ossia non crescente in ogni punto interno al dominio), *ma*
(v) tale che $\int_1^3 f(x)\,dx>0$.

La funzione avente il seguente grafico soddisfa tutte le condizioni (i)-(iv) ma non la (v), in quanto l'area in colore verde (da prendere con segno positivo) è maggiore dell'area in colore magenta (da prendere con segno negativo):

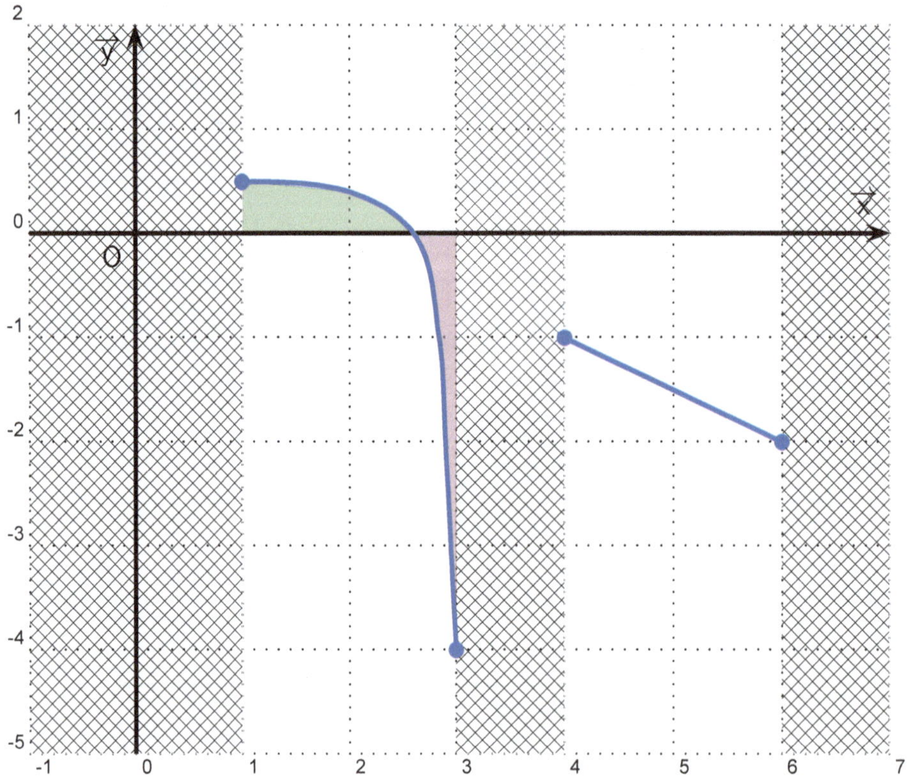

[4] **Vera.** Non essendo la funzione definita in un intervallo chiuso e limitato, non possiamo applicare in modo diretto il *Teorema di Weierstrass*. Tuttavia, possiamo operare come segue:

(i) la funzione f ristretta all'intervallo chiuso e limitato $[1, 3]$ è continua, per cui, in forza del *Teorema di Weierstrass*, ammette ivi un massimo assoluto M_1; dunque, si ha $f(x) \leqslant M_1$ per ogni $x \in [1, 3]$;

(ii) la funzione f ristretta all'intervallo chiuso e limitato $[4, 6]$ è continua, per cui, in forza del *Teorema di Weierstrass*, ammette ivi un massimo assoluto M_2; dunque, si ha $f(x) \leqslant M_2$ per ogni $x \in [4, 6]$;

(iii) il numero reale $M = \max\{M_1, M_2\}$ è il massimo assoluto di f, in quanto $f(x) \leqslant M$ per ogni $x \in [1, 3] \cup [4, 6]$.

Si noti che il ragionamento fatto si può immediatamente generalizzare ad una funzione $f\colon [a_1, b_1] \cup [a_2, b_2] \cup \ldots \cup [a_n, b_n] \to \mathbb{R}$ che sia continua nel suo dominio. Invero, basta applicare il *Teorema di Weierstrass* a ciascuna restrizione di f all'intervallo chiuso $[a_j, b_j]$, con $j \in \{1, 2, \ldots, n\}$, determinare il massimo assoluto M_j nell'intervallo $[a_j, b_j]$ ed infine argomentare che $M = \max\{M_1, M_2, \ldots, M_n\}$ è il massimo assoluto della funzione f.

[5] *Falsa.* La funzione il cui grafico è esibito al punto [3] soddisfa le ipotesi ma non ha un punto di minimo relativo.

Capitolo 9

Parte A.1

Esercizio 1. Siano $\overrightarrow{r}$ e $\overrightarrow{t}$ le rette di equazione, rispettivamente, $y = x + 2$ e $x = k$, con k parametro reale. Sia inoltre $\overrightarrow{s}$ la retta perpendicolare ad $\overrightarrow{r}$ e passante per il punto $P \equiv (1, 3)$. Per quale valore di $k \geqslant 1$ l'area del triangolo delimitato da $\overrightarrow{r}$, $\overrightarrow{s}$, $\overrightarrow{t}$ è pari a 4?

1. $\frac{5}{2}$
2. $\frac{11}{4}$
3. $\frac{14}{3}$
4. 3
5. Nessuna delle altre risposte

Esercizio 2. Sia S l'insieme delle soluzioni del sistema

$$\begin{cases} 3x - 2y = 3 \\ -x + \frac{2}{3}y = -1 \,. \end{cases}$$

Quale delle seguenti asserzioni è FALSA?

1. $S = \left\{ \left(1 + \frac{2}{3}y, y\right) : y \in \mathbb{R} \right\}$
2. $\left(2, \frac{3}{2}\right) \in S$
3. S è un insieme infinito
4. $S = \left\{ \left(\frac{y+1}{4}, y\right) : y \in \mathbb{R} \right\}$
5. $S = \left\{ \left(x, \frac{3x-3}{2}\right) : x \in \mathbb{R} \right\}$

Esercizio 3. Sia data la matrice

$$A = \begin{pmatrix} \lambda - 1 & \lambda & \frac{1}{3} \\ 1 & -2 & -\lambda \\ 0 & 3 & 1 \end{pmatrix}$$

con λ parametro reale. Quale delle seguenti asserzioni è FALSA?

1. Per $\lambda = 1$, $r(A) = 2$
2. Esistono due valori distinti di λ per cui $r(A) = 2$
3. Per $\lambda = 0$, $\det(3A^{-1}) = 9$
4. Per $\lambda = 3$, $\det(A^{-1}) = \det(A)^{-1}$
5. Per $\lambda = -4$, $r(A) = 3$

Parte A.2

Esercizio 4. Siano X e Y i seguenti insiemi numerici:

$$X = \left\{ \frac{1}{n^2+4} : n \in \mathbb{N} \right\} \cup \mathbb{Z} \quad \text{e} \quad Y = [-1, 0[\, \cup \,]1, 2] \, .$$

Quale delle seguenti asserzioni è VERA?

[1] $X \cup Y$ non è chiuso

[2] $\overline{X} \cap \overline{Y}$ non è chiuso

[3] $Y \setminus \left(\overline{Y} \setminus X\right) = \{\min Y, \max Y\}$

[4] $X \cap Y$ ha infiniti punti isolati

[5] $FX \neq F(X \cup Y)$

Esercizio 5. Sia $\mathbb{P} = \{2n : n \in \mathbb{N}\} = \{0, 2, 4, 6, \dots\}$ l'insieme dei numeri naturali pari e $f \colon \mathbb{P} \to \mathbb{N}$ la funzione definita da $f(p) = \frac{p}{2}$ per ogni $p \in \mathbb{P}$. Sia inoltre R la relazione binaria su $\mathbb{P}$ definita come segue per ogni $p, q \in \mathbb{P}$:

$$p \, R \, q \quad \Longleftrightarrow \quad f(p) = f(q) \ \text{ oppure } \ f(q) = f(p) + 1 \, .$$

Quale delle seguenti asserzioni è FALSA?

[1] f è iniettiva

[2] f è suriettiva

[3] R non è simmetrica

[4] R non è antisimmetrica

[5] R non è transitiva

Parte A.3

Esercizio 6. Quanti sono i numeri naturali $c_1c_2c_3$ di tre cifre tali che $|c_1 - c_3| \leqslant 2$ e il prodotto delle cifre sia dispari?
(Ad esempio, i numeri naturali 739 e 131 sono di questo tipo.)

[1] 115

[2] 90

[3] 65

[4] 50

[5] 35

Parte B.1

Esercizio 7. Quanto vale
$$\lim_{x\to+\infty}\left(\frac{x+3}{x-1}\right)^{\frac{2^{\frac{1}{x}}-1}{\operatorname{sen}\frac{1}{x^2}}}\ ?$$

1. e^4
2. $+\infty$
3. $-\log 2$
4. 0
5. Nessuna delle altre risposte

Esercizio 8. Qual è l'insieme delle soluzioni della disequazione
$$\log_5(x^2+24x)<2\ ?$$
(Si noti che $\sqrt{676}=26$.)

1. $]-25,-24[\ \cup\ ]0,1[$
2. $]-\infty,-25[\ \cup\ ]-24,0[\ \cup\ ]1,+\infty[$
3. $]-25,1[$
4. $]-25,-24[\ \cup\ ]1,+\infty[$
5. Nessuna delle altre risposte

Esercizio 9. Siano $f,g\colon [0,1]\to\mathbb{R}$ le funzioni rispettivamente definite da
$$f(x)=x^2 \qquad \text{e} \qquad g(x)=\frac{1}{2}x$$
per ogni $x\in[0,1]$. Qual è l'area della regione di piano delimitata dai grafici di f e g (e dal grafico della retta di equazione $x=1$)?

1. $\frac{1}{8}$
2. $\frac{4}{15}$
3. $\frac{3}{16}$
4. $\frac{2}{9}$
5. $\frac{2}{7}$

Parte B.2

Esercizio 10. Sia f la funzione definita dalla legge

$$f(x) = x^2 (1 - 2\log x)$$

in tutto il suo insieme d'esistenza. Quale delle seguenti asserzioni è FALSA?

[1] f ha un punto di discontinuità di terza specie

[2] $\operatorname{im} f$ è un intervallo chiuso

[3] f non ha punti di flesso

[4] f non ha punti di minimo relativo

[5] f ristretta a $[1, 4]$ è invertibile

Esercizio 11. Quanto vale

$$\int_0^1 \frac{\sqrt{x+1}+2}{\sqrt{x+1}+x+1}\,dx\,?$$

[1] $4\left(\sqrt{2} + \log \frac{2}{\sqrt{2}+1}\right)$

[2] $-2\left(\sqrt{2} + 2\log 2\right)$

[3] $-2\left(1 + 4\log \frac{2}{\sqrt{2}+1}\right)$

[4] $2\left(\sqrt{2} - 1 + \log \frac{\sqrt{2}+1}{2}\right)$

[5] $4\left(-\sqrt{2} + 2\log \frac{\sqrt{2}+1}{2}\right)$

Parte B.3

Esercizio 12. Sia $f\colon [-3, 3] \to \mathbb{R}$ una funzione continua nel suo dominio e tale che la sua derivata prima $f'\colon]-3, 3[\to \mathbb{R}$ è definita come segue:

$$f'(x) = \begin{cases} |x+1| & \text{se} \quad x \leqslant 0 \\ -x+1 & \text{se} \quad x > 0\,. \end{cases}$$

Quale delle seguenti asserzioni è VERA?

[1] f ha esattamente un punto di flesso

[2] Se $f(1) = \dfrac{3}{2}$, allora $\displaystyle\int_1^2 f(x)\,dx \geqslant \frac{3}{2}$

[3] f ha esattamente un punto di massimo relativo

[4] f ha un minimo assoluto interno

[5] Nessuna delle altre risposte

Soluzioni

Svolgimento 1. Cominciamo con il rappresentare graficamente il problema (l'area da determinare è evidenziata in verde):

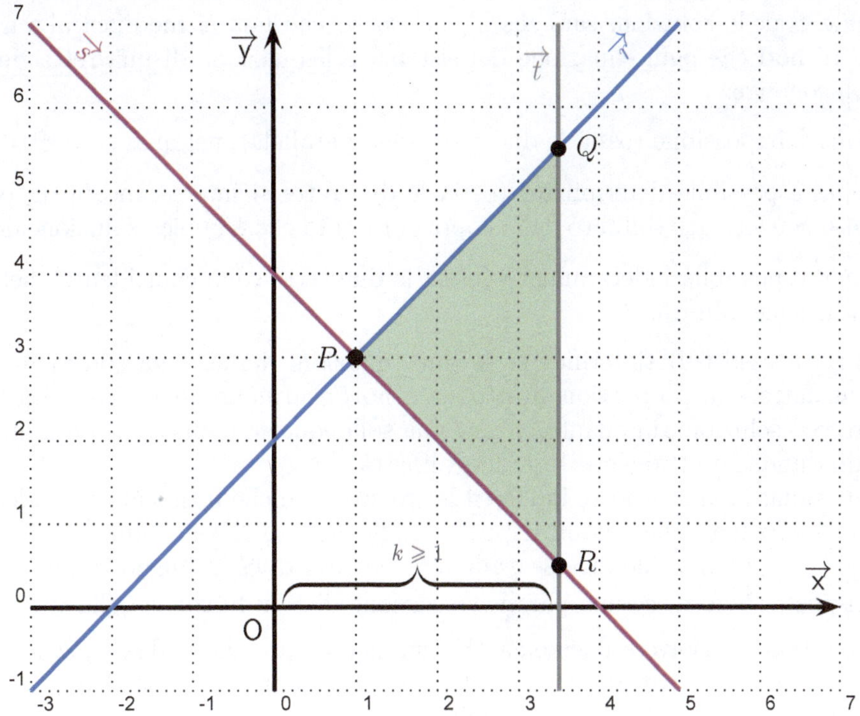

Il problema richiede di determinare il valore del parametro $k \geqslant 1$ in modo che l'area del triangolo PQR valga 4. L'equazione della retta $\vec{s}$, passante per $P \equiv (1,3)$ e perpendicolare alla retta $\vec{r}$, è data da

$$y - 3 = -1(x-1) \iff y = -x + 4 .$$

Le coordinate dei punti Q e R sono date da

$$(Q) \quad \begin{cases} \vec{r} \\ \vec{t} \end{cases} \iff \begin{cases} y = x + 2 \\ x = k \end{cases} \iff (x,y) = (k, k+2) ,$$

$$(R) \quad \begin{cases} \vec{s} \\ \vec{t} \end{cases} \iff \begin{cases} y = -x + 4 \\ x = k \end{cases} \iff (x,y) = (k, -k+4) .$$

Pertanto, l'area del triangolo PQR (in funzione del parametro k) è data da

$$\mathsf{Area}(PQR) = \left| \frac{1}{2} \det \begin{pmatrix} 1 & 3 & 1 \\ k & k+2 & 1 \\ k & -k+4 & 1 \end{pmatrix} \right| = \frac{1}{2} \left| -2(k-1)^2 \right| = (k-1)^2 .$$

Ne segue che

$$\mathsf{Area}(PQR) = 4 \iff k^2 - 2k + 1 = 4 \iff k = -1 \text{ oppure } k = 3 .$$

Dovendo essere $k \geqslant 1$, la soluzione ammissibile è $k = 3$, per cui la risposta corretta è la $\boxed{4}$.

Svolgimento 2. Il sistema

$$\begin{cases} 3x & - & 2y & = & 3 \\ -x & + & \frac{2}{3}y & = & -1 \,. \end{cases}$$

è un sistema di due equazioni in due incognite *senza parametri*; pertanto, se risulta possibile, il suo insieme S delle soluzioni sarà 'fisso', nel senso che non si modifica al variare di un parametro. Si noti che ogni equazione del sistema è l'equazione di una retta del piano. I casi possibili sono tre:

(i) il sistema è impossibile (ossia le due rette sono parallele), nel qual caso $S = \emptyset$;

(ii) il sistema è possibile determinato (ossia le due rette si intersecano in un punto), nel qual caso S è formato soltanto dalla coppia ordinata che è l'unica soluzione del sistema;

(iii) il sistema è possibile indeterminato (ossia le due rette sono coincidenti), nel qual caso S è un insieme infinito.

In particolare, il caso (iii) si verifica se le due equazioni del sistema sono uguali tra loro a meno di un fattore di proporzionalità (ossia sono *linearmente dipendenti*); in tal caso, il sistema avrà ∞^1 soluzioni, in quanto ci sarà una sola equazione linearmente indipendente e due variabili, dunque esattamente 1 grado di libertà.

Un rapido sguardo alle risposte induce il lecito sospetto che il sistema sia indeterminato, in quanto ben quattro delle cinque risposte implicano che S sia infinito. In particolare, le risposte $\boxed{1}$ e $\boxed{4}$ danno due diverse *parametrizzazioni* di S in funzione della variabile y, mentre la risposta $\boxed{5}$ fornisce una parametrizzazione di S in funzione della variabile x.

Passiamo adesso a risolvere il sistema. È semplice notare che le due equazioni non sono linearmente indipendenti: invero, la seconda è ottenuta dalla prima moltiplicandone ambo i membri per la costante $-\frac{1}{3}$; in altri termini, le due equazioni rappresentano esattamente la stessa retta del piano. Ne segue che il sistema ammette infinite soluzioni, che sono tutti e soli i punti di una retta.[43] L'insieme S delle soluzioni si può esprimere in due modi: (i) in funzione della variabile x (nel qual caso S è scritto usando x come 'variabile libera' o 'parametro'); (ii) in funzione della variabile y (nel qual caso S è scritto usando y come 'variabile libera' o 'parametro'). A scopo illustrativo – essendo questo il primo esercizio di questo tipo – esprimiamo S in entrambi i modi.

Il sistema originario è equivalente all'equazione

$$3x - 2y = 3\,,$$

che si scrive come segue in forma esplicita:

$$y = \tfrac{3}{2}x - \tfrac{3}{2}\,.$$

Ne segue che l'insieme delle soluzioni può essere espresso da

$$S = \left\{\left(x, \tfrac{3x-3}{2}\right) : x \in \mathbb{R}\right\},$$

usando x come variabile libera (*parametrizzazione* in funzione di x).

Analogamente, osservando che l'equazione della retta si può scrivere come

$$x = \tfrac{2}{3}y + 1\,,$$

l'insieme delle soluzioni può anche essere espresso nella forma

$$S = \left\{\left(1 + \tfrac{2}{3}y, y\right) : y \in \mathbb{R}\right\},$$

usando y come variabile libera (*parametrizzazione* in funzione di y).

Adesso determiniamo la risposta corretta (falsa).

[43] Se il lettore non riesce a riconoscere tale dipendenza lineare, basta calcolare il rango della matrice incompleta A e quello della matrice completa B, verificando che $r(A) = r(B) = 1$.

$\boxed{1}$ *Vera.* $S = \left\{\left(1 + \frac{2}{3}y, y\right) : y \in \mathbb{R}\right\}$.

$\boxed{2}$ *Vera.* Il punto $\left(2, \frac{3}{2}\right)$ appartiene al grafico della retta, per cui $\left(2, \frac{3}{2}\right) \in S$.

$\boxed{3}$ *Vera.* S è un insieme infinito.

$\boxed{4}$ **Falsa.** Abbiamo già ottenuto la parametrizzazione di S in funzione della variabile y, espressa in $\boxed{1}$. Ne segue che l'uguaglianza $S = \left\{\left(\frac{y+1}{4}, y\right) : y \in \mathbb{R}\right\}$ deve essere falsa: per esempio, $\left(\frac{1}{4}, 0\right)$ sarebbe soluzione dell'equazione, il che è falso.

$\boxed{5}$ *Vera.* $S = \left\{\left(x, \frac{3x-3}{2}\right) : x \in \mathbb{R}\right\}$.

Svolgimento 3. Calcoliamo il rango della matrice

$$A = \begin{pmatrix} \lambda-1 & \lambda & \frac{1}{3} \\ 1 & -2 & -\lambda \\ 0 & 3 & 1 \end{pmatrix}$$

al variare del parametro reale λ. Poiché il minore di Sud-Ovest ha determinante uguale a $3 \neq 0$, si ha $2 \leqslant r(A) \leqslant 3$ per ogni valore di $\lambda \in \mathbb{R}$, con $r(A) = 3$ se e solo se $\det(A) \neq 0$. Essendo $\det(A) = 3(\lambda - 1)^2$, si ottiene

$$\det(A) = 0 \quad \Longleftrightarrow \quad \lambda = 1\,,$$

da cui deduciamo

$$r(A) = \begin{cases} 2 & \text{se } \lambda = 1 \\ 3 & \text{se } \lambda \in \mathbb{R} \setminus \{1\}\,. \end{cases}$$

Pertanto, la risposta corretta (falsa) è la $\boxed{\mathbf{2}}$, in quanto esiste esattamente un valore di $\lambda \in \mathbb{R}$ per cui il rango di A è 2. Si noti che:

- la risposta $\boxed{3}$ è vera, in quanto, per $\lambda = 0$, si ha $\det(A) = 3$, per cui
$$\det(3A^{-1}) \;=\; 3^3 \cdot \det(A)^{-1} \;=\; 27 \cdot 3^{-1} \;=\; 9\,;$$
- la risposta $\boxed{4}$ è vera, in quanto un noto risultato asserisce che l'uguaglianza $\det(A^{-1}) = \det(A)^{-1}$ è sempre verificata purché A sia invertibile, ossia il determinante di A sia non nullo (e, nel nostro caso, $\det(A) \neq 0$ per $\lambda = 3$).

Svolgimento 4. L'insieme X è formato da una successione di punti convergente a 0 dalla destra, unito all'insieme dei numeri interi relativi. L'insieme Y è formato dall'unione di due intervalli semiaperti. Rappresentiamo graficamente gli insiemi X, Y, $X \cup Y$ e $X \cap Y$:

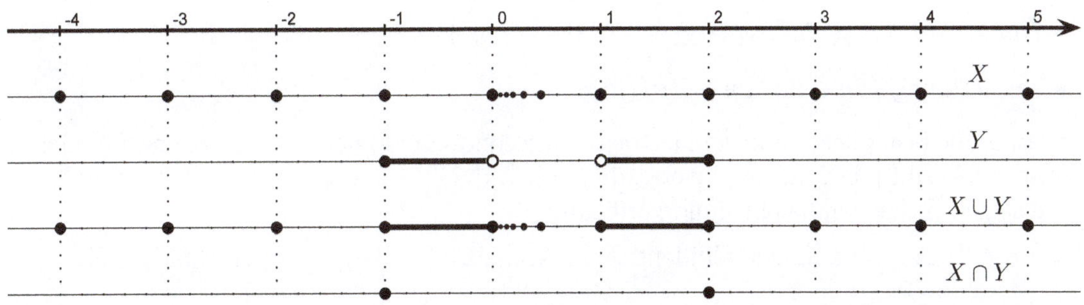

Si ha:

- $\mathring{X} = \emptyset$, $DX = \{0\}$, $FX = X \cup \{0\}$, $\overline{X} = X \cup \{0\}$, $\inf X = -\infty$, $\sup X = +\infty$;
- $\mathring{Y} = \,]-1,0[\, \cup \,]1,2[$, $DY = Y \cup \{0,1\} = [-1,0] \cup [1,2]$, $FY = \{-1,0,1,2\}$, $\overline{Y} = [-1,0] \cup [1,2]$, $\min Y = -1$, $\max Y = 2$;
- $X \mathring{\cup} Y = \,]-1,0[\, \cup \,]1,2[$, $D(X \cup Y) = [-1,0] \cup [1,2]$, $F(X \cup Y) = X \cup \{0\}$, $\overline{X \cup Y} = X \cup Y$, $\inf(X \cup Y) = -\infty$, $\sup(X \cup Y) = +\infty$;
- $X \mathring{\cap} Y = \emptyset$, $D(X \cap Y) = \emptyset$, $F(X \cap Y) = \{-1,2\} = X \cap Y$, $\overline{X \cap Y} = X \cap Y$, $\min(X \cap Y) = -1$, $\max(X \cap Y) = 2$.

Adesso determiniamo la risposta corretta (vera).

$\boxed{1}$ *Falsa.* L'insieme $X \cup Y$ è chiuso, essendo uguale alla sua chiusura.

$\boxed{2}$ *Falsa.* L'intersezione (e l'unione) di due insiemi chiusi è *sempre* un insieme chiuso. In particolare, l'insieme $\overline{X} \cap \overline{Y}$ è un insieme chiuso.

$\boxed{3}$ **Vera.** Essendo $\overline{Y} \setminus X = \,]-1,0[\, \cup \,]1,2[$, ne segue

$$Y \setminus \big(\overline{Y} \setminus X\big) = \Big([-1,0[\, \cup \,]1,2]\Big) \setminus \Big(]-1,0[\, \cup \,]1,2[\Big) = \{-1,2\} = \{\min Y, \max Y\}.$$

$\boxed{4}$ *Falsa.* $X \cap Y$ ha due punti isolati.

$\boxed{5}$ *Falsa.* $FX = X \cup \{0\} = F(X \cup Y)$.

Svolgimento 5. Esaminiamo innanzitutto il comportamento della funzione f e della relazione binaria R. La funzione $f\colon \mathbb{P} \to \mathbb{N}$, definita da $f(p) = \frac{p}{2}$ per ogni $p \in \mathbb{P}$, si può rappresentare graficamente come segue:

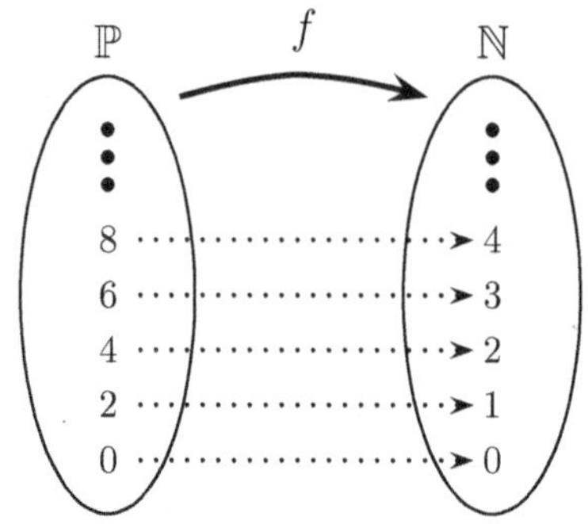

Risulta chiaro che trattasi di una corrispondenza biunivoca. Tuttavia, è opportuno effettuare una verifica formale, il che può farsi in due modi. Un primo modo consiste nel dimostrare che la funzione f è sia iniettiva che suriettiva, ossia

- *(iniettività)* $(\forall p, q \in \mathbb{P})\ \big(p \neq q \implies f(p) \neq f(q)\big)$,
- *(suriettività)* $(\forall n \in \mathbb{N})\ (\exists p \in \mathbb{P})\ f(p) = n$.

Lasciamo tale (semplice) verifica al lettore. Un secondo modo per dimostrare che f è biiettiva consiste nell'esibire la funzione inversa di f, ossia quella (unica) funzione $f^{-1}\colon \mathbb{N} \to \mathbb{P}$ tale che le seguenti due condizioni siano verificate:

(i) $f \circ f^{-1}\colon \mathbb{N} \to \mathbb{N}$ è uguale all'identità su $\mathbb{N}$, ossia $f(f^{-1}(n)) = n$ per ogni $n \in \mathbb{N}$;

(ii) $f^{-1} \circ f\colon \mathbb{P} \to \mathbb{P}$ è uguale all'identità su $\mathbb{P}$, ossia $f^{-1}\big(f(p)\big) = p$ per ogni $p \in \mathbb{P}$.

A tal fine, definiamo la funzione

$$f^{-1}\colon \mathbb{N} \to \mathbb{P}, \quad f^{-1}(n) = 2n \quad \text{per ogni } n \in \mathbb{N}$$

e verifichiamo che soddisfa le proprietà (i) e (ii): per ogni $n \in \mathbb{N}$ e $p \in \mathbb{P}$, si ha

$$f(f^{-1}(n)) = f(2n) = \tfrac{2n}{2} = n,$$
$$f^{-1}\big(f(p)\big) = f^{-1}\big(\tfrac{p}{2}\big) = 2\tfrac{p}{2} = p.$$

Per quanto riguarda la relazione binaria R su $\mathbb{P}$, definita da

$$p\,R\,q \iff f(p) = f(q) \text{ oppure } f(q) = f(p) + 1$$

per ogni $p, q \in \mathbb{P}$, cerchiamo di capirne il comportamento determinando alcune coppie ordinate che appartengono (o non appartengono) ad R. Per esempio, si ha:

- $0\,R\,0$, in quanto $f(0) = 0 = f(0)$, e $0\,R\,2$, in quanto $f(2) = 1 = 0 + 1 = f(0) + 1$;
- $\neg(0\,R\,q)$ per ogni $q \in \mathbb{P} \setminus \{0, 2\}$;
- $2\,R\,2$, in quanto $f(2) = 1 = f(2)$, e $2\,R\,4$, in quanto $f(4) = 2 = 1 + 1 = f(2) + 1$;
- $\neg(2\,R\,q)$ per ogni $q \in \mathbb{P} \setminus \{2, 4\}$ e dunque, in particolare, $\neg(2\,R\,0)$.

In generale, è semplice verificare che si ha

$$R = \big\{(p,p) : p \in \mathbb{P}\big\} \cup \big\{(p, p+2) : p \in \mathbb{P}\big\},$$

ossia R mette in relazione un elemento p di $\mathbb{P}$ soltanto con se stesso e con il successivo (che è $p + 2$). In particolare, R è riflessiva, in quanto $p\,R\,p$ per ogni $p \in \mathbb{P}$.

Passiamo infine a determinare la risposta corretta (falsa).

[1] *Vera.* f è iniettiva, in quanto biiettiva.

[2] *Vera.* f è suriettiva, in quanto biiettiva.

[3] *Vera.* R non è simmetrica, in quanto, ad esempio, $0\,R\,2$ ma $\neg(2\,R\,0)$.

[4] **Falsa.** R è antisimmetrica, in quanto è semplice verificare che la formula

$$(\forall p, q \in \mathbb{P})\ (p\,R\,q \wedge q\,R\,p) \implies p = q$$

è vera. (Invero, supponiamo per assurdo che tale formula sia falsa. Allora esistono $p, q \in \mathbb{P}$ tali che l'antecedente dell'implicazione è vero ma il conseguente è falso. Ciò non può capitare, in quanto $p\,R\,q$ e $q\,R\,p$ si verificano simultaneamente soltanto nel caso in cui p sia uguale a q.)

[5] *Vera.* R non è transitiva, in quanto, ad esempio, $0\,R\,2$ e $2\,R\,4$, ma $\neg(0\,R\,4)$.

Svolgimento 6. Cominciamo con il rendere più esplicite le due condizioni imposte dal problema ai numeri naturali $c_1c_2c_3$ di tre cifre.

(A) La condizione $|c_1 - c_3| \leqslant 2$, ossia $-2 \leqslant c_1 - c_3 \leqslant 2$, richiede che la prima cifra c_1 e la terza cifra c_3 siano ad una distanza massima di 2 unità.

(B) La condizione che il prodotto delle tre cifre sia dispari equivale a richiedere che tutte le cifre siano dispari.

Per determinare il numero totale dei casi leciti, applichiamo la *Regola della somma* come segue. Innanzitutto esibiamo una lista di cinque tipi di configurazioni possibili, che sono mutualmente esclusive in quanto differiscono per il valore della prima cifra c_1. In base alle considerazioni fatte al punto (B), la cifra c_1 può essere uguale a 1, 3, 5, 7 oppure 9:

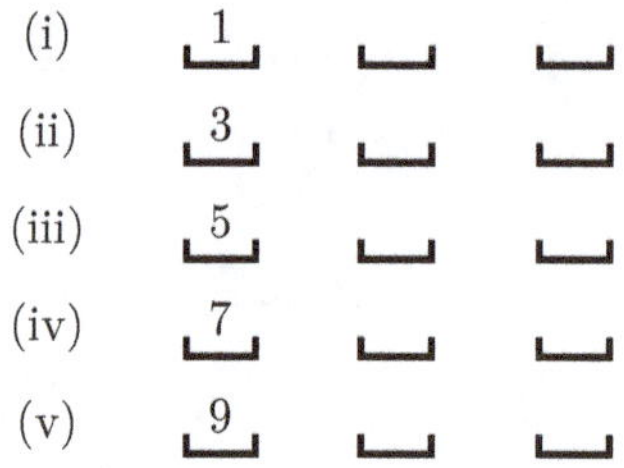

Il numero totale dei casi leciti sarà dato dalla somma del numero di configurazioni dei cinque tipi (i)–(v). Per contare il numero dei casi di ciascuno dei cinque tipi, applichiamo la *Regola del prodotto*, determinando quali cifre possiamo usare per 'riempire' i 'posti' c_2 e c_3. In forza del vincolo (B), per la seconda cifra possiamo scegliere un qualunque elemento dell'insieme $\{1, 3, 5, 7, 9\}$. In forza dei due vincoli (A) e (B), per la terza cifra abbiamo una scelta più limitata, in quanto c_3 non solo deve essere dispari affinché (B) sia soddisfatta, ma deve anche essere 'vicina' a c_1 affinché (A) sia soddisfatta. La seguente figura rappresenta i casi possibili per ciascuno dei cinque tipi (i)–(v):

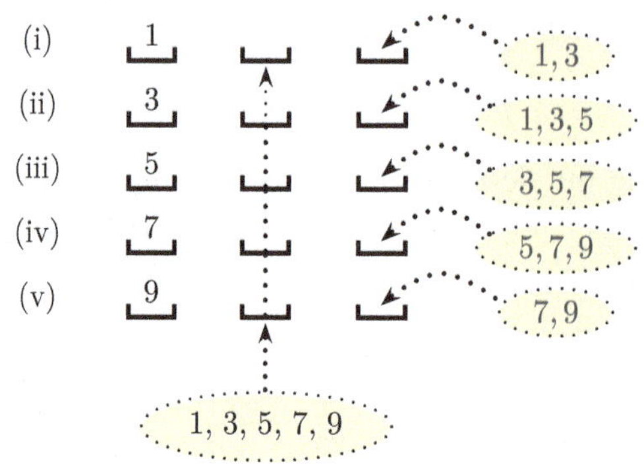

Per la *Regola del prodotto*, avremo

(i) $5 \cdot 2 = 10$ casi,

(ii) $5 \cdot 3 = 15$ casi,

(iii) $5 \cdot 3 = 15$ casi,

(iv) $5 \cdot 3 = 15$ casi,

(v) $5 \cdot 2 = 10$ casi,

per un totale di 65 casi possibili. La risposta corretta è pertanto la $\boxed{3}$.

Svolgimento 7. Il limite

$$\lim_{x\to+\infty}\left(\frac{x+3}{x-1}\right)^{\frac{2^{\frac{1}{x}}-1}{\operatorname{sen}\frac{1}{x^2}}}$$

presenta la forma indeterminata $\left[\frac{0}{0}\right]$ come esponente. Vediamo di 'addomesticarlo', per poi risolverlo utilizzando opportuni limiti notevoli e il *Teorema di de l'Hôpital*:

$$\begin{aligned}
\lim_{x\to+\infty}\left(\frac{x+3}{x-1}\right)^{\frac{2^{\frac{1}{x}}-1}{\operatorname{sen}\frac{1}{x^2}}} &= \lim_{x\to+\infty}\left(\frac{x-1}{x-1}+\frac{4}{x-1}\right)^{\frac{2^{\frac{1}{x}}-1}{\operatorname{sen}\frac{1}{x^2}}}\\
&= \lim_{x\to+\infty}\left(1+\frac{1}{\frac{x-1}{4}}\right)^{\frac{2^{\frac{1}{x}}-1}{\operatorname{sen}\frac{1}{x^2}}}\\
&= \lim_{x\to+\infty}\left[\left(1+\frac{1}{\frac{x-1}{4}}\right)^{\frac{x-1}{4}}\right]^{\frac{4}{x-1}\frac{2^{\frac{1}{x}}-1}{\operatorname{sen}\frac{1}{x^2}}}.
\end{aligned}$$

In forza di un noto limite notevole, il limite dell'espressione racchiusa in parentesi quadra vale 'e'. Essendo, in forza di altri limiti notevoli e del *Teorema di de l'Hôpital*,

$$\begin{aligned}
\lim_{x\to+\infty}\left(\frac{4}{x-1}\,\frac{2^{\frac{1}{x}}-1}{\operatorname{sen}\frac{1}{x^2}}\right) &= \lim_{x\to+\infty}\left(\frac{4}{x-1}\,\frac{2^{\frac{1}{x}}-1}{\frac{1}{x}}\,\frac{\frac{1}{x^2}}{\operatorname{sen}\frac{1}{x^2}}\,\frac{1}{\frac{1}{x}}\right)\\
&= \lim_{x\to+\infty}\frac{4x}{x-1}\cdot\lim_{x\to+\infty}\frac{2^{\frac{1}{x}}-1}{\frac{1}{x}}\cdot\lim_{x\to+\infty}\frac{\frac{1}{x^2}}{\operatorname{sen}\frac{1}{x^2}}\\
&= 4\cdot\log 2\cdot 1\\
&= \log 2^4\\
&= \log 16\,,
\end{aligned}$$

si ottiene infine

$$\lim_{x\to+\infty}\left(\frac{x+3}{x-1}\right)^{\frac{2^{\frac{1}{x}}-1}{\operatorname{sen}\frac{1}{x^2}}} = \lim_{x\to+\infty}\left[\left(1+\frac{1}{\frac{x-1}{4}}\right)^{\frac{x-1}{4}}\right]^{\frac{4}{x-1}\frac{2^{\frac{1}{x}}-1}{\operatorname{sen}\frac{1}{x^2}}} = \mathrm{e}^{\log 16} = 16\,.$$

Pertanto, la risposta corretta è la $\boxed{5}$.

Svolgimento 8. Si ha

$$\log_5\left(x^2+24x\right)<2 \iff 5^{\log_5\left(x^2+24x\right)}<5^2 \iff \begin{cases} x^2+24x<25 & (1)\\ x^2+24x>0 & (2)\,. \end{cases}$$

Essendo

$$x^2+24x-25=0 \iff x\in\{-25,1\} \qquad \text{e} \qquad x^2+24x=0 \iff x\in\{-24,0\}$$

si ottiene (rappresentando, come al solito, gli insiemi delle soluzioni di (1), di (2) e del sistema con un tratto continuo):

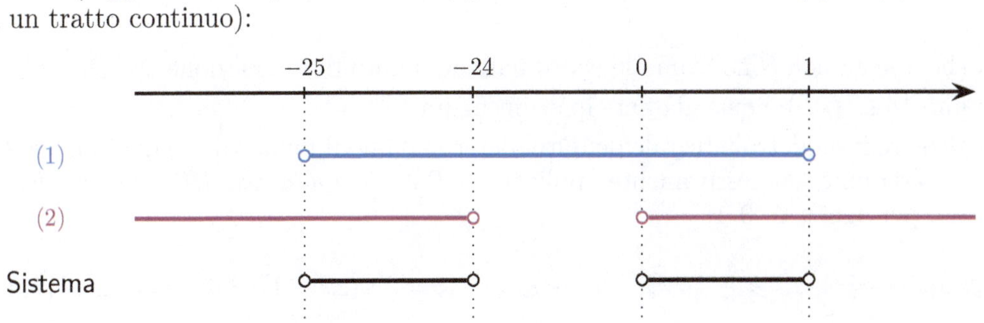

In altri termini, denotati con S_1, S_2 ed S, rispettivamente, gli insiemi delle soluzioni di (1), di (2) e del sistema, si ha

$$S = S_1 \cap S_2 =]-25, 1[\cap \Big([-\infty, -24[\cup]0, +\infty[\Big) =]-25, -24[\cup]0, 1[.$$

Pertanto, la risposta corretta è la $\boxed{1}$.

Svolgimento 9. Per determinare l'area richiesta (che sarà ovviamente ottenuta mediante il calcolo di un opportuno integrale definito), cominciamo con il disegnare i grafici delle funzioni $f, g\colon [0,1] \to \mathbb{R}$, definite da

$$f(x) = x^2 \qquad \text{e} \qquad g(x) = \frac{1}{2}x$$

per ogni $x \in [0,1]$:

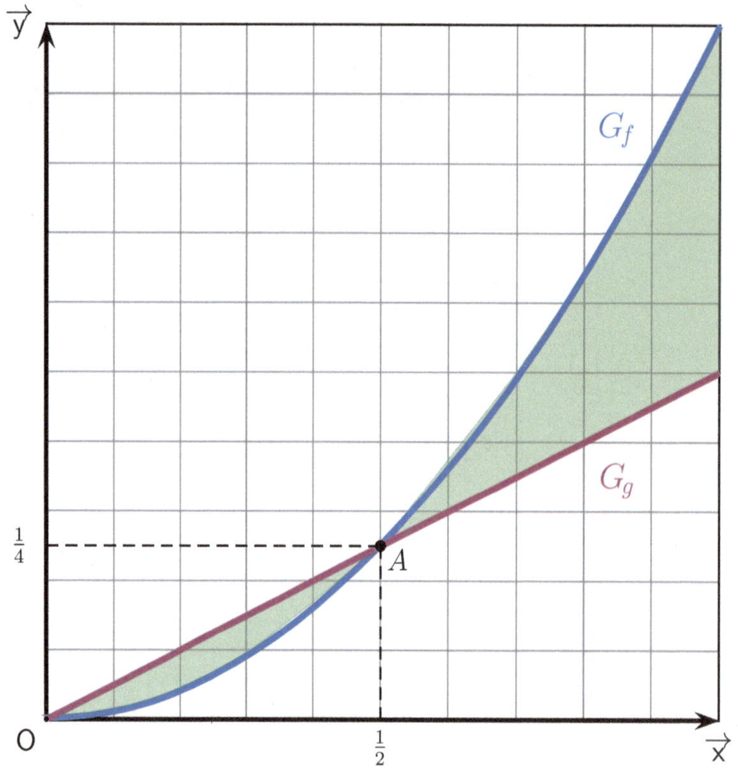

L'area da calcolare (in colore verde) si ottiene analiticamente come segue:

$$\int_0^1 |f(x) - g(x)|\,dx .$$

(Si noti che ancora non conosciamo le coordinate del punto di intersezione tra G_f e G_g, che sarà il punto $A \equiv \left(\frac{1}{2}, \frac{1}{4}\right)$, come già anticipato in figura.)

Per calcolare il suddetto integrale definito, determiniamo il punto di intersezione tra G_f e G_g, in modo da poter successivamente applicare la *Proprietà additiva dell'integrale definito*. Risultando, per ogni $x \in [0,1]$,

$$f(x) \geqslant g(x) \iff x^2 \geqslant \frac{x}{2} \iff 2x^2 - x \geqslant 0 \iff x(2x-1) \geqslant 0 \iff x \in \left[\tfrac{1}{2}, 1\right],$$

si ottiene

$$\begin{aligned}
\int_0^1 |f(x)-g(x)|\,dx &= \int_0^{\frac12}\big(g(x)-f(x)\big)\,dx + \int_{\frac12}^1\big(f(x)-g(x)\big)\,dx \\
&= \int_0^{\frac12}\left(\frac{x}{2}-x^2\right)dx + \int_{\frac12}^1\left(x^2-\frac{x}{2}\right)dx \\
&= \left[\frac{x^2}{4}-\frac{x^3}{3}\right]_0^{\frac12} + \left[\frac{x^3}{3}-\frac{x^2}{4}\right]_{\frac12}^1 \\
&= \left[\left(\frac{1}{16}-\frac{1}{24}\right)-(0-0)\right] + \left[\left(\frac13-\frac14\right)-\left(\frac{1}{24}-\frac{1}{16}\right)\right] \\
&= \frac18 .
\end{aligned}$$

Pertanto, la risposta corretta è la $\boxed{1}$.

Svolgimento 10. Studiamo la funzione definita dalla legge

$$f(x) = x^2\,(1-2\log x)$$

nel suo insieme d'esistenza (che, come di consueto, prenderemo come dominio).

1) ***Insieme d'esistenza. Continuità.*** La funzione f è continua in tutto il suo insieme d'esistenza

$$I = \mathbb{R}^+ = \,]0,+\infty[\,.$$

Inoltre, f non presenta simmetrie e non è periodica.

2) ***Localizzazione.*** Studiamo il segno della funzione e l'esistenza di eventuali intersezioni con gli assi cartesiani. Essendo, per ogni $x \in \mathbb{R}^+$,

$$f(x) \geqslant 0 \iff 1-2\log x \geqslant 0 \iff \log x \leqslant \frac12 \iff \mathrm{e}^{\log x} \leqslant \mathrm{e}^{\frac12} \iff x \leqslant \sqrt{\mathrm{e}},$$

si ottiene

$$f(x)\begin{cases} >0 & \text{se } x \in \,]0,\sqrt{\mathrm{e}}[\\ =0 & \text{se } x = \sqrt{\mathrm{e}} \\ <0 & \text{se } x \in \,]\sqrt{\mathrm{e}},+\infty[\,. \end{cases}$$

In particolare, l'unico punto di intersezione di G_f con gli assi cartesiani è $(\sqrt{\mathrm{e}},0)$.

3) ***Comportamento agli estremi e in frontiera. Asintoti.*** Poiché l'insieme di esistenza è $I = \,]0,+\infty[\,$, calcoliamo i seguenti due limiti (per il primo applichiamo il *Teorema di de l'Hôpital* per risolvere la forma indeterminata $[0\cdot\infty]$, mentre il secondo è immediato):

$$\begin{aligned}
\lim_{x\to0^+} x^2\,(1-2\log x) &= \lim_{x\to0^+}\frac{1-2\log x}{\frac{1}{x^2}} = \lim_{x\to0^+}\frac{-\frac{2}{x}}{-\frac{2x}{x^4}} = \lim_{x\to0^+} x^2 = 0\,, \\
\lim_{x\to+\infty} x^2\,(1-2\log x) &= -\infty\,.
\end{aligned}$$

Ne segue che f presenta un punto di discontinuità di terza specie per $x=0$ (in cui non è definita). Tale discontinuità si può eliminare definendo $f(0) := \lim_{x\to0^+} f(x)$, ossia $f(0) := 0$. Infine, risultando $\lim_{x\to\infty}\frac{f(x)}{x} = -\infty$, concludiamo che la funzione f non presenta asintoti di alcun tipo.

4) Rappresentazione grafica parziale. Alla luce dei punti 1), 2) e 3), possiamo tracciare un grafico parziale approssimativo della funzione f (è immediato osservare che $\sqrt{\mathrm{e}} = \sqrt{2.71828182845\ldots}$ è un numero compreso tra 1.5 e 2):

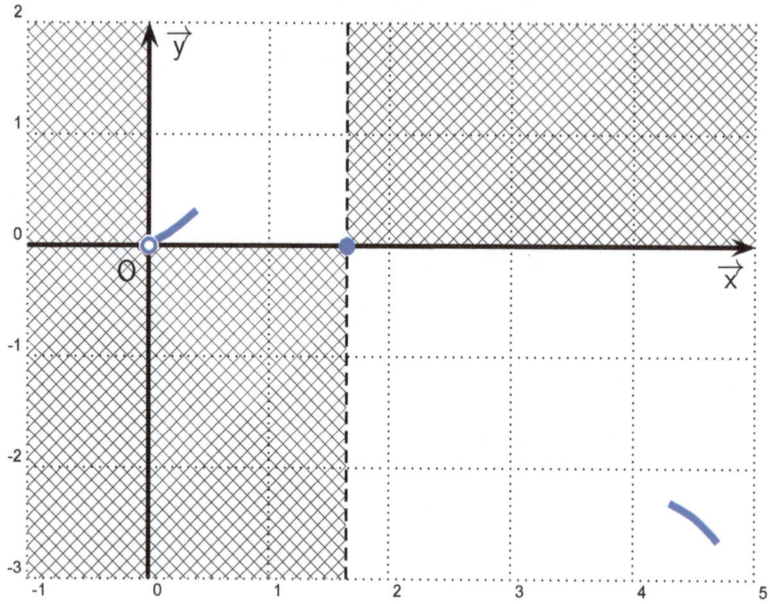

5) Derivata prima. Essendo

$$f'(x) = 2x\,(1 - 2\log x) + x^2\left(-\tfrac{2}{x}\right) = -4x\,\log x\,,$$

la derivata prima f' ha lo stesso insieme d'esistenza $I = \mathbb{R}^+$ di f, per cui f è derivabile in tutto il suo dominio. Si noti che f' risulta anche continua in tutto I. Inoltre, poiché $\log x = 0 \iff x = 1$, nonché $\log x > 0 \iff x > 1$, si ha:

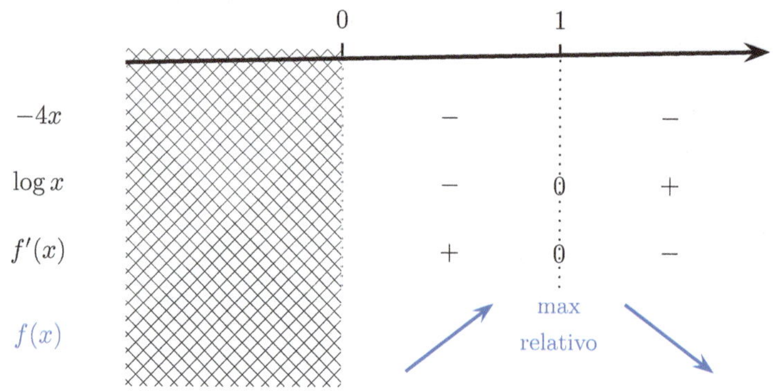

Ne segue che f presenta in $x = 1$ un punto critico di massimo relativo, che risulta anche assoluto. Tale punto M ha coordinate $(1, f(1)) = (1, 1)$.

6) Derivata seconda. Avendosi

$$f''(x) = \mathsf{D}\,(-4x\log x) = -4\,\log x - 4x\,\frac{1}{x} = -4\,(\log x + 1)\,,$$

per ogni $x \in I$, da cui

$$f''(x)\begin{cases} < 0 \iff \log x + 1 > 0 \iff x > \mathrm{e}^{-1} \iff x \in \left]\frac{1}{\mathrm{e}}, +\infty\right[\\ = 0 \iff \log x + 1 = 0 \iff x = \mathrm{e}^{-1} \\ > 0 \iff \log x + 1 < 0 \iff 0 < x < \mathrm{e}^{-1} \iff x \in \left]0, \frac{1}{\mathrm{e}}\right[\,, \end{cases}$$

si ottiene che f è convessa nell'intervallo $\left]0, \frac{1}{\mathrm{e}}\right[$, è concava nell'intervallo $\left]\frac{1}{\mathrm{e}}, +\infty\right[$ ed presenta un flesso nel punto $F \equiv \left(\frac{1}{\mathrm{e}}, f\left(\frac{1}{\mathrm{e}}\right)\right) = \left(\frac{1}{\mathrm{e}}, \frac{3}{\mathrm{e}^2}\right)$. (Si noti che $\frac{1}{\mathrm{e}}$ è un numero positivo compreso tra $\frac{1}{3}$ e $\frac{1}{2}$.) Completiamo la nostra analisi calcolando l'equazione della retta tangente a G_f nel punto F come segue: poiché $f'\left(\frac{1}{e}\right) = \frac{4}{e} \in]1,2[$, l'equazione cercata è data da

$$y - \frac{3}{e^2} = \frac{4}{e}\left(x - \frac{1}{e}\right) \iff y = \frac{4}{e}x - \frac{1}{e^2}.$$

7) ***Rappresentazione grafica completa.*** Il grafico di f è il seguente:

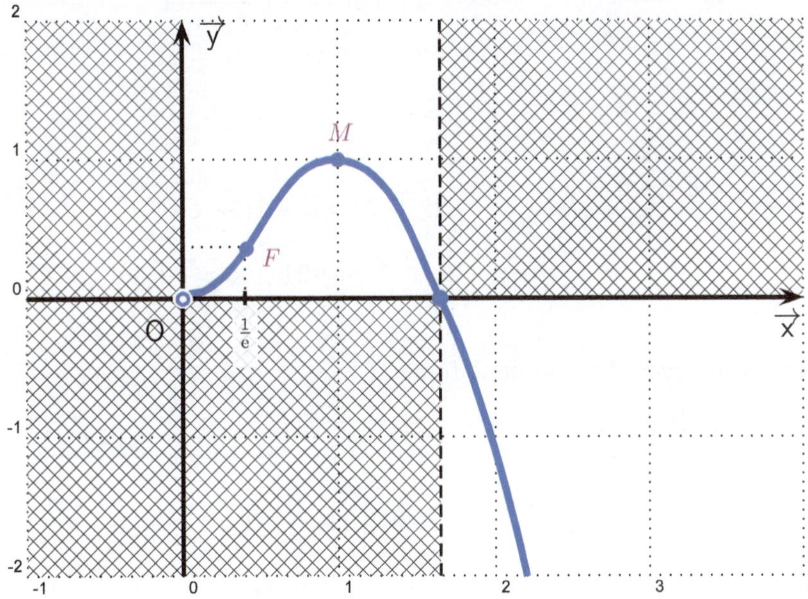

Adesso siamo nella condizione di determinare la risposta corretta (falsa).

[1] *Vera.* f ha un punto di discontinuità di terza specie in $x = 0$. Per eliminarlo, basta completare la definizione di f per $x = 0$ (ossia *estenderla per continuità in* 0), ponendo $f(0) := 0$ (che è uguale a $\lim_{x\to 0^+} f(x)$).

[2] *Vera.* Il codominio di f è l'intervallo chiuso $]-\infty, 1]$.

[3] Falsa. f ha un punto di flesso in $x = \frac{1}{e}$.

[4] *Vera.* f ha un punto di massimo relativo e assoluto nel punto critico $x = 1$.

[5] *Vera.* f ristretta a $[1,4]$ è decrescente, dunque invertibile.

Svolgimento 11. La tipologia di funzione integranda suggerisce di risolvere l'integrale indefinito

$$\int \frac{\sqrt{x+1}+2}{\sqrt{x+1}+x+1}\,dx$$

mediante il *Metodo di integrazione per sostituzione.* Posto

$$t := \sqrt{x+1}, \quad \text{da cui} \quad x+1 = t^2, \quad dx = 2t\,dt,$$

si ha

$$\int \frac{\sqrt{x+1}+2}{\sqrt{x+1}+x+1}\,dx = \left[\int \frac{t+2}{t+t^2}\,2t\,dt\right]_{t=\sqrt{x+1}}.$$

Essendo

$$\begin{aligned}\int \frac{t+2}{t+t^2}\,2t\,dt &= 2\int \frac{t+2}{t+1}\,dt \\ &= 2\int \left(\frac{t+1}{t+1} + \frac{1}{t+1}\right) dt \\ &= 2\int 1\,dt + 2\int \frac{1}{t+1}\,dt \\ &= 2t + 2\log|t+1| + C\,,\end{aligned}$$

si ottiene

$$\begin{aligned}\int \frac{\sqrt{x+1}+2}{\sqrt{x+1}+x+1}\,dx &= \Big[2t + 2\log|t+1| + C\Big]_{t=\sqrt{x+1}} \\ &= 2\sqrt{x+1} + 2\log\left|\sqrt{x+1}+1\right| + C\,.\end{aligned}$$

Possiamo adesso risolvere l'integrale definito:

$$\begin{aligned}\int_0^1 \frac{\sqrt{x+1}+2}{\sqrt{x+1}+x+1}\,dx &= \Big[2\sqrt{x+1} + 2\log\left(\sqrt{x+1}+1\right)\Big]_0^1 \\ &= 2\sqrt{2} + 2\log\left(\sqrt{2}+1\right) - 2 - 2\log 2 \\ &= 2\sqrt{2} - 2 + 2\log\frac{\sqrt{2}+1}{2} \\ &= 2\left(\sqrt{2} - 1 + \log\frac{\sqrt{2}+1}{2}\right).\end{aligned}$$

Pertanto, la risposta corretta è la **4**.

Svolgimento 12. Innanzitutto esplicitiamo la definizione di f'. Essendo

$$|x+1| = \begin{cases} x+1 & \text{se} \quad x+1 \geqslant 0 \quad (\text{ossia } x \geqslant -1) \\ -(x+1) & \text{se} \quad x+1 < 0 \quad (\text{ossia } x < -1)\,, \end{cases}$$

la funzione $f'\colon\ ]-3,3[\ \to \mathbb{R}$ definita da

$$f'(x) = \begin{cases} |x+1| & \text{se} \quad x \leqslant 0 \\ -x+1 & \text{se} \quad x > 0 \end{cases}$$

si può riscrivere come segue:

$$f'(x) = \begin{cases} -x-1 & \text{se} \quad x < -1 \\ x+1 & \text{se} \quad -1 \leqslant x \leqslant 0 \\ -x+1 & \text{se} \quad x > 0\,. \end{cases}$$

Disegniamo il grafico di f' (in colore magenta) ed otteniamo informazioni sul comportamento di f (in blu) utilizzando alcuni teoremi fondamentali del calcolo differenziale:

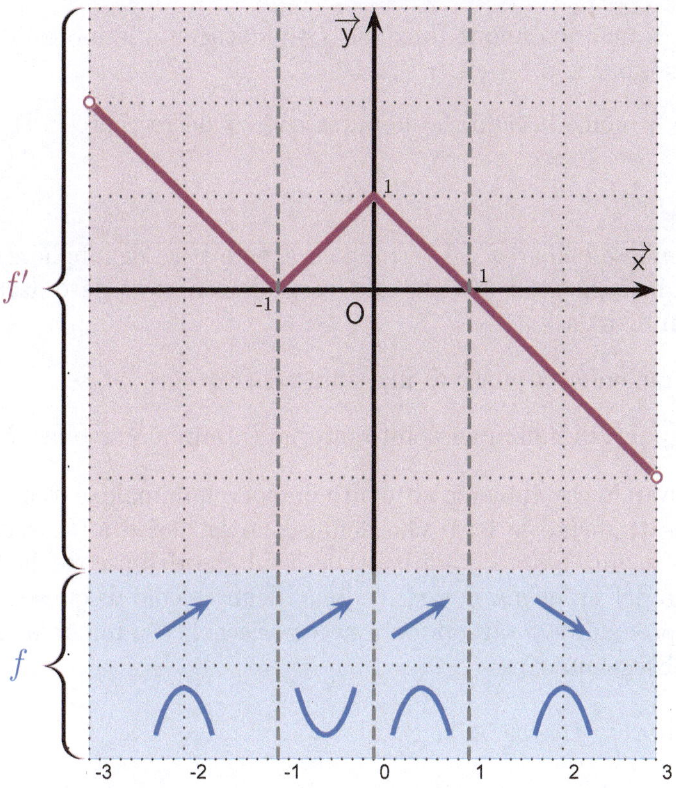

Dall'analisi effettuata si evince che:

- per $x = -1$, la funzione f presenta un flesso ascendente (in cui f è crescente) con tangente orizzontale, essendo $f'(-1) = 0$;
- per $x = 0$, la funzione f presenta un flesso ascendente (in cui f è crescente) con tangente parallela alla prima bisettrice, essendo $f'(0) = 1$;
- per $x = 1$, la funzione f presenta un punto critico di massimo relativo.

Disegniamo il grafico di una delle infinite funzioni f che soddisfano le condizioni del problema (le altre primitive sono ottenute da f mediante una traslazione verticale):

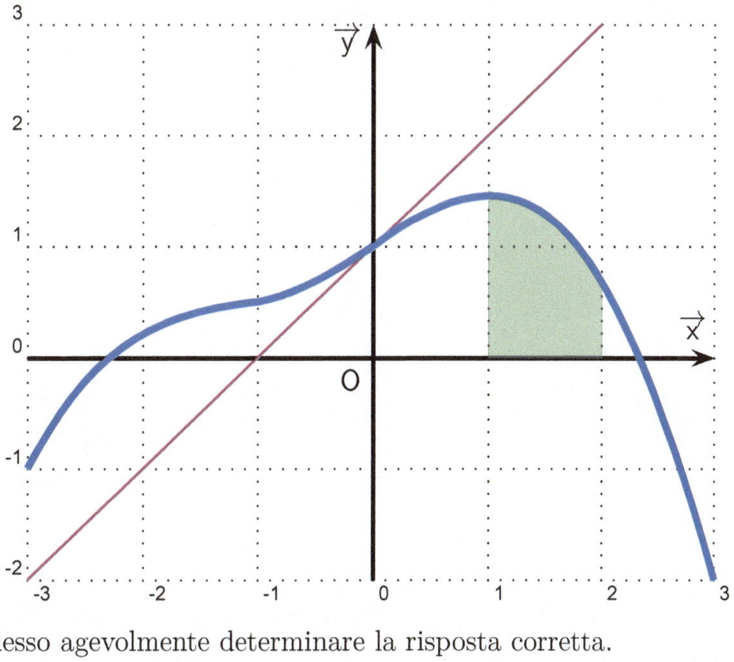

Possiamo adesso agevolmente determinare la risposta corretta.

[1] *Falsa.* Il grafico di una qualunque funzione f soddisfacente le ipotesi del problema ha due punti di flesso, per $x = -1$ e per $x = 0$.

[2] *Falsa.* Se $f(1) = \frac{3}{2}$ (come in figura), allora, essendo f decrescente in $]1, 2[$, il valore di

$$\int_1^2 f(x)\, dx$$

è strettamente minore dell'area del rettangolo avente base di lunghezza 1 e altezza di lunghezza $\frac{3}{2}$. (Si noti che graficamente tale integrale definito è dato dal valore dell'area in colore verde in figura.)

[3] **Vera.** f ha esattamente un punto di massimo relativo.

[4] *Falsa.* f non ha punti di minimo assoluto interno (il minimo assoluto è in frontiera).

Concludiamo osservando che abbiamo sfruttato in modo minimale le ipotesi del problema. Invero, conoscendo esattamente le leggi che definiscono la derivata f', siamo in grado di determinare (a meno di una costante additiva) le leggi che definiscono la funzione f. Le risposte date nel testo del problema non richiedono alcun calcolo di questo tipo. Tuttavia, un'analisi ben più approfondita si sarebbe resa necessaria nel caso in cui la risposta [2] fosse stata, ad esempio, del seguente tipo:

[2] Se $f(1) = \dfrac{3}{2}$, allora $\displaystyle\int_1^2 f(x)\, dx \geqslant 1$.

In tal caso, saremmo stati costretti a determinare *con esattezza* la legge che definisce la funzione f nell'intervallo $[1, 2]$, al fine di calcolare l'integrale definito e decidere se il suo valore è almeno 1. Si rimanda il lettore all'Esercizio 12 del Capitolo 15 per un problema analogo, che invero richiede tale analisi approfondita.

Capitolo 10

Parte A.1

Esercizio 1. Siano $\overrightarrow{r}$ ed $\overrightarrow{s}$ le rette aventi equazione, rispettivamente, $y = 2x + 1$ e $y = k$, con k parametro reale positivo. Per quale valore di k, con $0 < k < 1$, l'area del trapezio formato dalle rette $\overrightarrow{r}$, $\overrightarrow{s}$ e gli assi cartesiani vale $\frac{3}{16}$?

1. $\frac{1}{3}$
2. $\frac{2}{5}$
3. $\frac{1}{4}$
4. $\frac{3}{7}$
5. Nessuna delle altre risposte

Esercizio 2. Sia dato l'insieme numerico

$$X = \left\{1 - \frac{1}{n^2+1} : n \in \mathbb{N}\right\} \cup [1,2]\,.$$

Quale dei seguenti insiemi NON è chiuso?

1. DX
2. $\overline{X} \setminus DX$
3. $X \setminus \mathring{X}$
4. X
5. FX

Esercizio 3. Siano A e B insiemi tali che $|A| = |B| = 7$ e $|A \cup B| = 9$. Quanti sono i sottoinsiemi di $A \cap B$ contenenti ALMENO 2 elementi?

1. 15
2. 19
3. 21
4. 26
5. 30

Parte A.2

Esercizio 4. Sia S l'insieme delle soluzioni del sistema

$$\begin{cases} 3x + y - z = 0 \\ x - 2y + z = 1 \\ 2x + 3y - 2z = -1 . \end{cases}$$

Quale delle seguenti asserzioni è FALSA?

[1] $S = \left\{\left(\frac{z+1}{7}, \frac{4z-3}{7}, z\right) : z \in \mathbb{R}\right\}$

[2] $(1, 3, 6) \in S$

[3] La terna $(x, y, z) = (-1, -5, -8)$ è una delle infinite soluzioni del sistema

[4] $S = \left\{\left(\frac{y+1}{4}, y, \frac{7y+3}{4}\right) : y \in \mathbb{R}\right\}$

[5] $S = \{(z, -2z, z) : z \in \mathbb{R}\}$

Esercizio 5. Quante sono le relazioni binarie NON RIFLESSIVE su $A = \{a, b, c\}$?

[1] $7 \cdot 2^6$

[2] $2^9 - 2^4 + 2$

[3] $2^{12} - 3 \cdot 2^9 + 2^6 - 3 \cdot 2^3$

[4] $3(2^8 - 1)$

[5] Nessuna delle altre risposte

Parte A.3

Esercizio 6. Siano A e B due matrici quadrate del seguente tipo:

$$A = \begin{pmatrix} a & 0 \\ 0 & -a \end{pmatrix} \quad \text{e} \quad B = \begin{pmatrix} 0 & b \\ b & b \end{pmatrix}$$

ove $a, b \in \mathbb{R}$. Quale delle seguenti asserzioni è FALSA?
(Ω denota la matrice nulla di ordine 2.)

[1] Esistono $a, b \in \mathbb{R} \setminus \{0\}$ tali che $AB = BA$

[2] Se $\det(AB) > 0$, allora $\det(B) < 0$

[3] Se $\det(AB) = 0$, allora $AB = \Omega$

[4] Se $\det(AB) < 0$, allora $\det(B) > 0$

[5] Se $AB \neq \Omega$, allora $\det(A) \cdot \det(B) > 0$

Parte B.1

Esercizio 7. Sia $f\colon [-4,4] \to \mathbb{R}$ la funzione definita dalle seguenti leggi:

$$f(x) = \begin{cases} |x+3| & \text{se} \quad -4 \leqslant x < 0 \\ |x-2| & \text{se} \quad 0 \leqslant x \leqslant 4\,. \end{cases}$$

Quale delle seguenti asserzioni è VERA?

[1] f ha esattamente un punto di discontinuità

[2] L'immagine di f è un intervallo chiuso

[3] $\displaystyle\int_{-2}^{2} f(x)\,dx = 4$

[4] f ha un massimo assoluto

[5] Nessuna delle altre risposte

Esercizio 8. Quanto vale la derivata della funzione

$$f(x) = (x-2)^{2x+1}$$

nel punto $x = 4$?

[1] $4\log 4 - 2\log 3$

[2] $2^6\big(7 - \log 4\big)$

[3] $2^8\big(\log 16 + 9\big)$

[4] $8\log 3 + 15$

[5] Non esiste

Esercizio 9. Qual è il più ampio insieme numerico in cui la funzione definita dalla legge

$$f(x) = \log\frac{2x-1}{x^2-4}$$

assume valori negativi?

[1] $\big]-1, \tfrac{1}{2}\big[\cup]3, +\infty[$

[2] $]-\infty, -2[\cup]-1, 2[\cup]3, +\infty[$

[3] $]-2, -1[\cup]2, 3[$

[4] $]-\infty, -2[\cup \big]\tfrac{1}{2}, 3\big[$

[5] Nessuna delle altre risposte

Parte B.2

Esercizio 10. Siano $f, g\colon [0,2] \to \mathbb{R}$ le funzioni rispettivamente definite da

$$f(x) = x^2 \qquad \text{e} \qquad g(x) = \frac{x^2}{2} + \frac{1}{2}$$

per ogni $x \in [0,2]$. Qual è l'area della regione di piano delimitata dai grafici delle due funzioni f e g (e dai grafici delle rette verticali di equazioni $x = 0$ e $x = 2$)?

[1] $\frac{13}{6}$

[2] 1

[3] $\frac{7}{4}$

[4] $\frac{3}{2}$

[5] Nessuna delle altre risposte

Esercizio 11. Sia data la funzione definita dalla legge

$$f(x) = -x^2\, e^{x-1}$$

in tutto il suo insieme di esistenza. Quale delle seguenti asserzioni è FALSA?

[1] f ha esattamente un asintoto

[2] f ha un massimo assoluto e un minimo relativo

[3] f ristretta all'intervallo chiuso $[4, +\infty[$ è invertibile

[4] $\int_{-2}^{1} f(x)\, dx > \int_{-2}^{2} f(x)\, dx$

[5] f non ha punti di flesso

Parte B.3

Esercizio 12. Sia $f\colon [0,6] \to \mathbb{R}$ una funzione dotata di derivata terza in $]0,6[$ e tale che $f'(3) \cdot f'(5) < 0$ e $f''(3) \cdot f''(5) < 0$. Quale delle seguenti asserzioni è VERA?

[1] Se $f(0) = f(6) = 0$, allora f ha un minimo assoluto interno

[2] Se $f(1) = f(2) = 3$, allora f ha almeno due punti critici

[3] Se $f''(4) = 0$, allora f ha un flesso in $x = 4$

[4] La derivata f' non ha punti critici

[5] Nessuna delle altre risposte

Soluzioni

Svolgimento 1. Come abbiamo sempre fatto per i problemi di natura geometrica, rappresentiamo graficamente i dati a nostra disposizione:

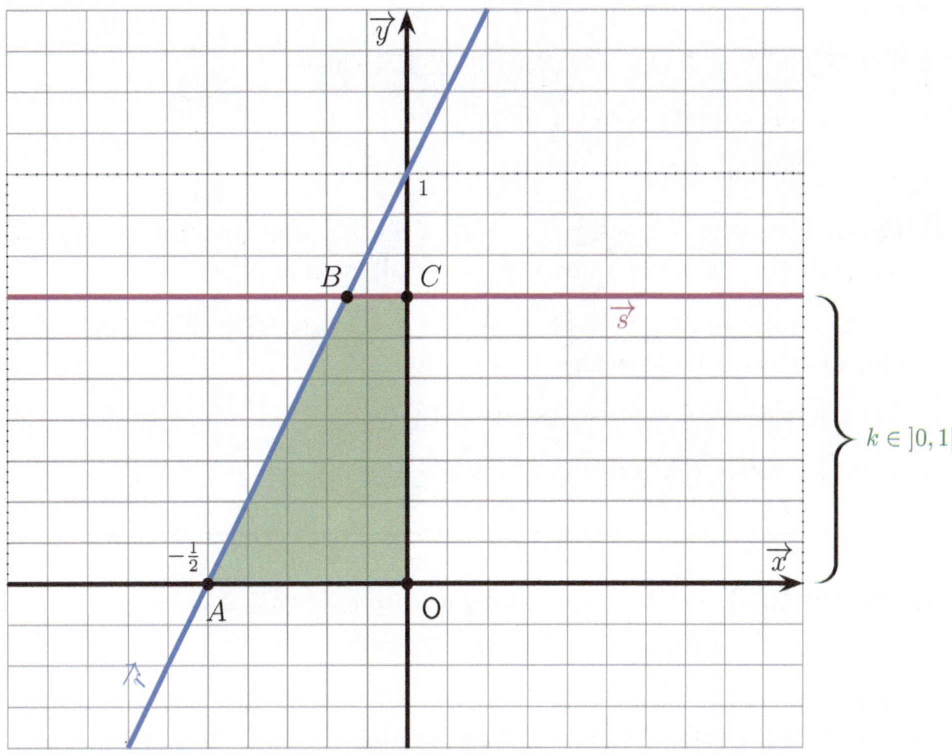

Dobbiamo determinare il valore di $k \in]0,1[$ tale che l'area del trapezio $ABCO$ (in colore verde) valga $\frac{3}{16}$. Calcoliamo le coordinate del punto B come segue:

$$\begin{cases} \overrightarrow{r} \\ \overrightarrow{s} \end{cases} \iff \begin{cases} y = 2x+1 \\ y = k \end{cases} \iff \begin{cases} x = \frac{k-1}{2} \\ y = k \end{cases} \iff B \equiv \left(\tfrac{k-1}{2}, k\right).$$

Pertanto, si ha (si ricordi che la lunghezza del segmento BC è data dal valore assoluto dell'ascissa di B, che è $\left|\frac{k-1}{2}\right| = \frac{|k-1|}{2} = \frac{1-k}{2}$, essendo $0 < k < 1$):

$$\mathsf{Area}(ABCO) = \tfrac{3}{16} \iff \tfrac{\overline{AO}+\overline{BC}}{2}\,\overline{OC} = \tfrac{3}{16} \iff \tfrac{\frac{1}{2}+\frac{1-k}{2}}{2}\,k = \tfrac{3}{16} \iff k \in \left\{\tfrac{3}{2}, \tfrac{1}{2}\right\}.$$

Poiché $k \in]0,1[$ per ipotesi, ne segue che l'unica soluzione ammissibile è $k = \frac{1}{2}$, per cui la risposta corretta è la $\boxed{5}$.

Svolgimento 2. Rappresentiamo graficamente l'insieme numerico

$$X = \left\{1 - \frac{1}{n^2+1} : n \in \mathbb{N}\right\} \cup [1,2]$$

come segue:

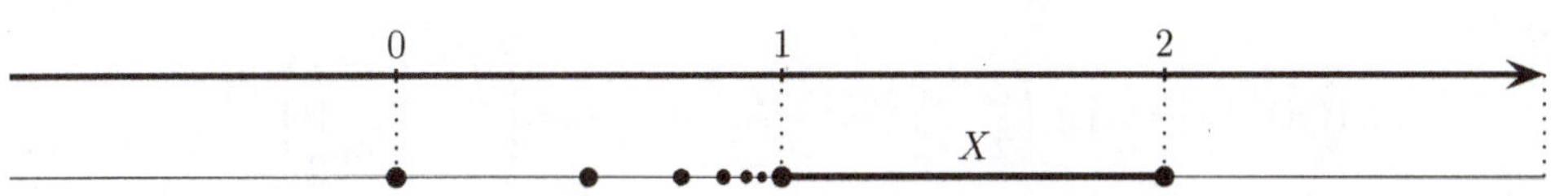

Si ha:

- $\mathring{X} =]1,2[$;
- $DX = [1,2]$;
- $FX = \left\{1 - \frac{1}{n^2+1} : n \in \mathbb{N}\right\} \cup \{1,2\}$;
- $\overline{X} = X \cup FX = X \cup DX = X$ (per cui X è chiuso).

Determiniamo la risposta corretta (falsa).

[1] *Vera.* L'insieme $DX = [1,2]$ è chiuso.

[2] Falsa. L'insieme $\overline{X} \setminus DX = \left\{1 - \frac{1}{n^2+1} : n \in \mathbb{N}\right\}$ **non** è chiuso, in quanto il suo (unico) punto d'accumulazione 1 non appartiene all'insieme.

[3] *Vera.* L'insieme $X \setminus \mathring{X} = \left\{1 - \frac{1}{n^2+1} : n \in \mathbb{N}\right\} \cup \{1,2\}$ è chiuso, poiché contiene il suo unico punto d'accumulazione 1.

[4] *Vera.* L'insieme X è chiuso, essendo $DX \subseteq X$.

[5] *Vera.* L'insieme FX è chiuso, in quanto $D(FX) = \{1\} \subseteq FX$.

Svolgimento 3. Per la *Proprietà dei quattro cardinali*, si ha

$$|A \cap B| = |A| + |B| - |A \cup B| = 7 + 7 - 9 = 5.$$

Pertanto, il numero di sottoinsiemi di $A \cap B$ aventi *almeno* due elementi si ottiene sommando il numero dei sottoinsiemi di $A \cap B$ aventi cardinalità 5, 4, 3 e 2, ossia

$$\binom{5}{5} + \binom{5}{4} + \binom{5}{3} + \binom{5}{2} = 1 + 5 + 10 + 10 = 26.$$

Ne segue che la risposta corretta è la **[4]**.

Svolgimento 4. Pur essendo – non a caso – simile all'Esercizio 2 del Capitolo 9, questo problema se ne differenzia in quanto sono presenti tre (anziché due) variabili. Ciò richiederà un'analisi più approfondita.

Cominciamo con il notare che ben quattro delle cinque risposte (tutte tranne la [2]) richiedono che l'insieme S delle soluzioni del sistema

$$\begin{cases} 3x + y - z = 0 \\ x - 2y + z = 1 \\ 2x + 3y - 2z = -1 \end{cases}$$

sia infinito. Accertiamoci che S sia davvero infinito, calcolando il rango della matrice incompleta A e della matrice completa B, ove

$$A = \begin{pmatrix} 3 & 1 & -1 \\ 1 & -2 & 1 \\ 2 & 3 & -2 \end{pmatrix} \quad \text{e} \quad B = \begin{pmatrix} 3 & 1 & -1 & 0 \\ 1 & -2 & 1 & 1 \\ 2 & 3 & -2 & -1 \end{pmatrix}.$$

Essendo

$$\det(A) = 0, \quad \det\begin{pmatrix} 3 & 1 \\ 1 & -2 \end{pmatrix} = -7 \neq 0, \quad \det\begin{pmatrix} 3 & 1 & -1 \\ 1 & -2 & 1 \\ 2 & 3 & -2 \end{pmatrix} = 0,$$

si ottiene, in forza del *Teorema degli orlati*, $r(A) = r(B) = 2$. Pertanto, il *Teorema di Rouchè-Capelli* ci permette di concludere che il sistema è possibile indeterminato con ∞^1 soluzioni. Poiché l'estratta di ordine 2 di Nord-Ovest della matrice A ha, come già visto, determinante non nullo, ne segue che il sistema originario è equivalente al seguente sistema 2×3:

$$\begin{cases} 3x + y - z = 0 \\ x - 2y + z = 1 \,. \end{cases}$$

(Geometricamente, trattasi di due piani nello spazio che si intersecano in una retta.) Possiamo già determinare il valore di verità di due delle cinque risposte.

$\boxed{2}$ *Vera.* La terna ordinata $(x, y, z) = (1, 3, 6)$ è soluzione del sistema, come si verifica agevolmente ponendo $x = 1$, $y = 3$ e $z = 6$ in entrambe le equazioni.

$\boxed{3}$ *Vera.* La terna ordinata $(x, y, z) = (-1, -5, -8)$ è una delle infinite soluzioni del sistema.

Al fine di determinare quale tra le tre risposte $\boxed{1}$, $\boxed{4}$ e $\boxed{5}$ è falsa, facciamo innanzitutto delle considerazioni di carattere generale. L'insieme S delle soluzioni del sistema è un insieme infinito avente un grado di libertà, ossia con una variabile *libera* (che può assumere un qualunque valore in $\mathbb{R}$) e due variabili *vincolate* (il cui valore dipende dalla variabile libera). Poiché la variabile libera può essere la x, la y oppure la z, ne segue che, in linea di principio, l'insieme S si può scrivere in tre modi diversi (ma equivalenti). Le risposte $\boxed{1}$ e $\boxed{5}$ scrivono S usando z come variabile libera, mentre la risposta $\boxed{4}$ usa y come variabile libera. Considerato che, scelta una variabile libera, la rappresentazione di S che utilizza quella variabile libera è **unica**, la risposta corretta (falsa) dovrà necessariamente una tra la $\boxed{1}$ e la $\boxed{5}$. Inoltre, poiché la terna $(1, 3, 6)$ (che già sappiamo essere una soluzione del sistema) non appartiene all'insieme S di cui alla risposta $\boxed{5}$, ne segue che la risposta falsa è proprio la $\boxed{\mathbf{5}}$.

Il ragionamento appena illustrato è il modo più semplice ed efficiente per determinare la risposta corretta. Supponiamo tuttavia che il lettore non faccia alcuna considerazione di questo tipo e passi invece a determinare direttamente l'insieme S delle soluzioni in funzione delle variabili libere y e z. (Si noti che non serve rappresentare S in funzione della variabile libera x, in quanto nessuna delle cinque risposte richiede un simile calcolo.)

Per rappresentare S utilizzando y come variabile libera, riscriviamo il sistema come segue

$$\begin{cases} 3x - z = -y \\ x + z = 2y + 1 \end{cases}$$

e risolviamolo, trattando y alla stregua di una costante. Poichè trattasi di una sistema lineare *normale* di due equazioni in due incognite (x e z), il *Teorema di Cramer* ci informa che il sistema è determinato, con soluzione data da

$$x = \frac{\det\begin{pmatrix} -y & -1 \\ 2y+1 & 1 \end{pmatrix}}{\det\begin{pmatrix} 3 & -1 \\ 1 & 1 \end{pmatrix}} \qquad \text{e} \qquad z = \frac{\det\begin{pmatrix} 3 & -y \\ 1 & 2y+1 \end{pmatrix}}{\det\begin{pmatrix} 3 & -1 \\ 1 & 1 \end{pmatrix}},$$

ossia

$$x = \frac{y+1}{4} \qquad \text{e} \qquad z = \frac{7y+3}{4}.$$

Ne segue che l'insieme S delle soluzioni si può rappresentare come

$$S = \left\{ \left(\tfrac{y+1}{4}, y, \tfrac{7y+3}{4} \right) : y \in \mathbb{R} \right\},$$

per cui la risposta $\boxed{4}$ è vera.

Infine, rappresentiamo l'insieme S usando z come variabile libera. Riscriviamo il sistema trattando z alla stregua di una costante:

$$\begin{cases} 3x + y = z \\ x - 2y = 1 - z\,. \end{cases}$$

Trattandosi di una sistema lineare *normale* di due equazioni in due incognite (x e y), per il *Teorema di Cramer* il sistema ammette un'unica soluzione data da

$$x = \frac{\det\begin{pmatrix} z & 1 \\ 1-z & -2 \end{pmatrix}}{\det\begin{pmatrix} 3 & 1 \\ 1 & -2 \end{pmatrix}} \quad \text{e} \quad y = \frac{\det\begin{pmatrix} 3 & z \\ 1 & 1-z \end{pmatrix}}{\det\begin{pmatrix} 3 & 1 \\ 1 & -2 \end{pmatrix}},$$

ossia

$$x = \frac{-z-1}{-7} = \frac{z+1}{7} \quad \text{e} \quad y = \frac{-4z+3}{-7} = \frac{4z-3}{7}\,.$$

Ne segue che l'insieme S delle soluzioni si può rappresentare come

$$S = \left\{ \left(\tfrac{z+1}{7}, \tfrac{4z-3}{7}, z \right) : z \in \mathbb{R} \right\},$$

per cui anche la risposta $\boxed{1}$ è vera, mentre la $\boxed{\mathbf{5}}$ è l'unica risposta falsa.

Svolgimento 5. Denotiamo con $\mathsf{Rel}(A)$ l'insieme delle relazioni binarie sull'insieme $A = \{a, b, c\}$ e con $\mathsf{Rel}_{\mathrm{r}}(A)$ l'insieme delle relazioni binarie riflessive su A.

Una relazione binaria su A è un arbitrario sottoinsieme di $A \times A$. Ne segue che il numero di relazioni binarie su A è uguale alla cardinalità dell'insieme delle parti di $A \times A$, ossia

$$|\mathsf{Rel}(A)| = 2^{|A \times A|} = 2^9\,.$$

Una relazione binaria *riflessiva* su A è un sottoinsieme di $A \times A$ che contiene le tre coppie ordinate (a, a), (b, b) e (c, c). Pertanto, una relazione binaria riflessiva su A è un insieme del tipo $\{(a, a), (b, b), (c, c)\} \cup S$, ove S è un arbitrario sottoinsieme di $A \times A \setminus \{(a, a), (b, b), (c, c)\}$. Ne segue che il numero di relazioni binarie riflessive su A è uguale alla cardinalità dell'insieme delle parti di $A \times A \setminus \{(a, a), (b, b), (c, c)\}$, ossia

$$|\mathsf{Rel}_{\mathrm{r}}(A)| = 2^{|A \times A \setminus \{(a,a),(b,b),(c,c)\}|} = 2^6\,.$$

In definitiva, il numero di relazioni binarie *non riflessive* su A è dato da

$$|\mathsf{Rel}(A)| - |\mathsf{Rel}_{\mathrm{r}}(A)| = 2^9 - 2^6 = 2^6\,(2^3 - 1) = 7 \cdot 2^6\,,$$

e dunque la risposta corretta è la $\boxed{\mathbf{1}}$.

Svolgimento 6. Siano date le matrici

$$A = \begin{pmatrix} a & 0 \\ 0 & -a \end{pmatrix} \quad \text{e} \quad B = \begin{pmatrix} 0 & b \\ b & b \end{pmatrix}$$

con $a, b \in \mathbb{R}$ parametri. Si ha

$$AB = \begin{pmatrix} a & 0 \\ 0 & -a \end{pmatrix} \begin{pmatrix} 0 & b \\ b & b \end{pmatrix} = \begin{pmatrix} 0 & ab \\ -ab & -ab \end{pmatrix},$$

$$BA = \begin{pmatrix} 0 & b \\ b & b \end{pmatrix} \begin{pmatrix} a & 0 \\ 0 & -a \end{pmatrix} = \begin{pmatrix} 0 & -ab \\ ab & -ab \end{pmatrix},$$

nonché

$$\begin{aligned} \det(A) &= -a^2\,, \\ \det(B) &= -b^2\,, \\ \det(AB) &= \det(A)\cdot\det(B) \;=\; a^2b^2 \;=\; \det(B)\cdot\det(A) \;=\; \det(BA)\,. \end{aligned}$$

Siamo già in grado di determinare la risposta corretta (falsa).

[1] **Falsa.** Essendo

$$AB = BA \quad\Longleftrightarrow\quad ab = -ab \quad\Longleftrightarrow\quad 2ab = 0 \quad\Longleftrightarrow\quad a = 0 \text{ oppure } b = 0\,,$$

non esistono $a, b \in \mathbb{R} \setminus \{0\}$ tali che $AB = BA$.

[2] *Vera.* Se $\det(AB) > 0$, allora a e b sono entrambi non nulli, per cui $\det(B) = -b^2 < 0$.

[3] *Vera.* Se $\det(AB) = a^2b^2 = 0$, allora almeno uno tra a e b deve essere 0. Se $a = 0$, allora $A = \Omega$ e dunque $AB = \Omega$. Se $b = 0$, allora $B = \Omega$ e dunque $AB = \Omega$.

[4] *Vera.* Essendo $\det(AB) = a^2b^2 \geqslant 0$, l'antecedente dell'implicazione (ossia $\det(AB) < 0$) è sempre falso, per cui l'implicazione è vera a prescindere dal conseguente.

[5] *Vera.* Se $AB \neq \Omega$, allora $a \neq 0$ e $b \neq 0$, per cui $\det(A)\cdot\det(B) = a^2b^2 > 0$.

Svolgimento 7. Consideriamo la funzione $f\colon\ [-4, 4] \to \mathbb{R}$ la funzione definita da

$$f(x) = \begin{cases} g(x) = |x+3| & \text{se} \quad x < 0 \\ h(x) = |x-2| & \text{se} \quad x \geqslant 0\,. \end{cases}$$

Risultando

$$g(x) \;=\; |x+3| \;=\; \begin{cases} x+3 & \text{se} \quad x+3 \geqslant 0 \quad (\text{ossia } x \geqslant -3) \\ -x-3 & \text{se} \quad x+3 < 0 \quad (\text{ossia } x < -3) \end{cases}$$

nonché

$$h(x) \;=\; |x-2| \;=\; \begin{cases} x-2 & \text{se} \quad x-2 \geqslant 0 \quad (\text{ossia } x \geqslant 2) \\ -x+2 & \text{se} \quad x-2 < 0 \quad (\text{ossia } x < 2)\,, \end{cases}$$

si ha

	$x<-4$	-4 … -3	-3 … 0	0 … 2	2 … 4	$x>4$
$g(x)$	$-x-3$	$-x-3$	$x+3$	$x+3$	$x+3$	$x+3$
$h(x)$	$-x+2$	$-x+2$	$-x+2$	$-x+2$	$x-2$	$x-2$
$f(x)$		$-x-3$	$x+3$	$-x+2$	$x-2$	

Nella figura che segue rappresentiamo graficamente le due leggi $g(x)$ e $h(x)$ che definiscono la funzione f, evidenziando con un tratto continuo la parte dei rispettivi grafici che contribuisce alla definizione della funzione f (mentre la parte irrilevante dei grafici è tratteggiata):

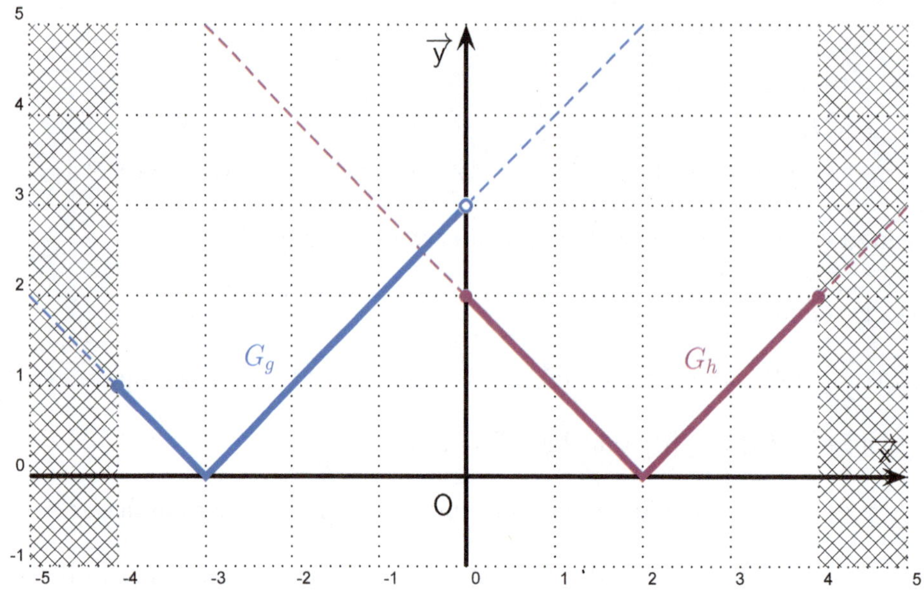

Determiniamo la risposta corretta (vera).

[1] **Vera.** f ha un solo punto di discontinuità (di prima specie) in $x = 0$.

[2] *Falsa.* $\operatorname{im} f = [0, 3[$ è un intervallo *non* chiuso.

[3] *Falsa.* $\int_{-2}^{2} f(x)\, dx = \frac{1+3}{2} \cdot 2 + \frac{2 \cdot 2}{2} = 6 \neq 4$.

[4] *Falsa.* f non ha un massimo assoluto ($\sup f = 3$).

Svolgimento 8. Si ha, per ogni $x > 2$ (trattasi di potenza con esponente reale, dunque la base deve essere positiva),

$$\begin{aligned} f'(x) &= \mathsf{D}\Big[(x-2)^{(2x+1)}\Big] \\ &= \mathsf{D}\Big[\mathrm{e}^{\log(x-2)^{(2x+1)}}\Big] \\ &= \mathsf{D}\Big[\mathrm{e}^{(2x+1)\log(x-2)}\Big] \\ &= \mathrm{e}^{(2x+1)\log(x-2)} \cdot \mathsf{D}\Big[(2x+1)\log(x-2)\Big] \\ &= (x-2)^{(2x+1)} \cdot \Big[2\log(x-2) + (2x+1)\frac{1}{x-2}\Big]. \end{aligned}$$

Ne segue che nel punto $x = 4$ tale derivata vale

$$f'(4) = 2^9 \cdot \Big[2\log 2 + \frac{9}{2}\Big] = 2^{10}\log 2 + 2^8 9 = 2^8\big(4\log 2 + 9\big) = 2^8\big(\log 16 + 9\big).$$

Pertanto, la risposta corretta è la **[3]**.

Svolgimento 9. Questo esercizio equivale a risolvere la disequazione

$$\log\frac{2x-1}{x^2-4} < 0$$

ossia il sistema

$$\begin{cases} \dfrac{2x-1}{x^2-4} > 0 \\[2ex] \dfrac{2x-1}{x^2-4} < 1 \end{cases} \iff \begin{cases} \dfrac{2x-1}{x^2-4} > 0 \\[2ex] \dfrac{-x^2+2x+3}{x^2-4} < 0 \end{cases} \iff \begin{cases} \dfrac{2x-1}{x^2-4} > 0 & (1) \\[2ex] \dfrac{x^2-2x-3}{x^2-4} > 0 & (2)\,. \end{cases}$$

Risolviamo le due disequazioni del sistema. Per la disequazione (1), essendo

$$2x-1=0 \iff x=\frac{1}{2} \qquad \text{e} \qquad x^2-4=0 \iff x=\pm 2\,,$$

ne segue che il segno della funzione razionale fratta $\dfrac{2x-1}{x^2-4}$ è il seguente:

		-2		$\frac{1}{2}$		2	
$2x-1$	$-$		$-$	0	$+$		$+$
x^2-4	$+$	0	$-$		$-$	0	$+$
$\frac{2x-1}{x^2-4}$	$-$	$*$	$+$	0	$-$	$*$	$+$

Pertanto, denotato con S_1 l'insieme delle soluzioni della disequazione (1), si ha

$$S_1 = \left]-2, \tfrac{1}{2}\right[\cup \,]2, +\infty[\,.$$

Per quanto riguarda la disequazione (2), essendo

$$x^2-2x-3=0 \iff x \in \{-1, 3\} \qquad \text{e} \qquad x^2-4=0 \iff x=\pm 2\,,$$

ne segue che il segno della funzione razionale fratta $\dfrac{x^2-2x-3}{x^2-4}$ è il seguente:

		-2		-1		2		3	
x^2-2x-3	$+$		$+$	0	$-$		$-$	0	$+$
x^2-4	$+$	0	$-$		$-$	0	$+$		$+$
$\frac{x^2-2x-3}{x^2-4}$	$+$	$*$	$-$	0	$+$	$*$	$-$	0	$+$

Pertanto, denotato con S_2 l'insieme delle soluzioni della disequazione (2), si ha

$$S_2 = \,]-\infty, -2[\, \cup \,]-1, 2[\, \cup \,]3, +\infty[\,.$$

In definitiva, usando dei tratti continui per gli insiemi delle soluzioni, si ottiene

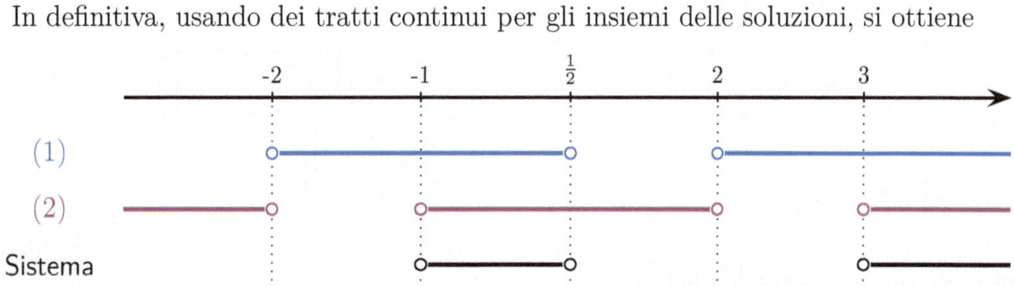

ossia

$$S = S_1 \cap S_2 = \left]-1, \tfrac{1}{2}\right[\cup \left]3, +\infty\right[.$$

Pertanto, la risposta corretta è la $\boxed{1}$.

Svolgimento 10. Le funzioni f e g sono le restrizioni all'intervallo chiuso $[0,2]$ delle parabole definite da, rispettivamente,

$$f(x) = x^2 \qquad \text{e} \qquad g(x) = \frac{x^2}{2} + \frac{1}{2} .$$

Rappresentiamo graficamente (in colore verde) l'area della regione di piano delimitata da G_f, G_g e i grafici delle due rette verticali di equazioni $x = 0$ e $x = 2$:

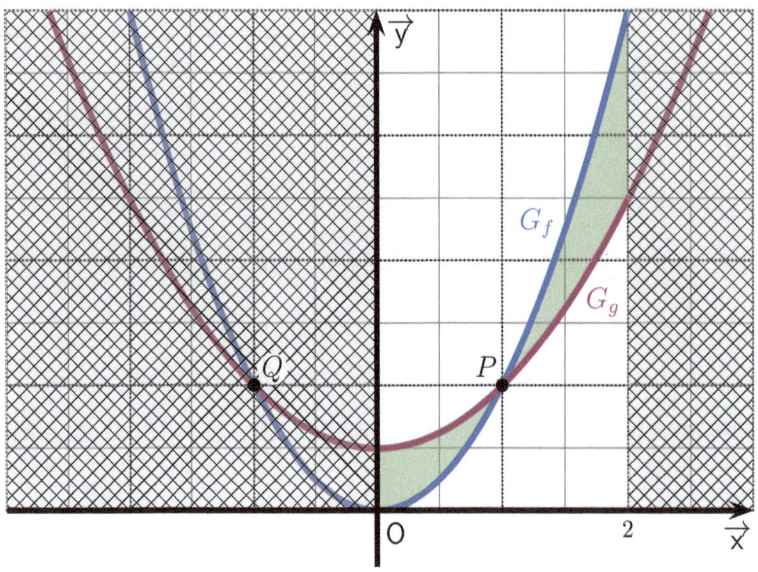

Si noti che entrambe le parabole sono funzioni convesse (ossia il loro grafico ha la concavità rivolta verso l'alto) e hanno il punto di minimo assoluto nei loro vertici, aventi coordinate, rispettivamente, $(0,0)$ e $\left(0, \frac{1}{2}\right)$.

Al fine di calcolare l'area richiesta, determiniamo l'ascissa del punto P d'intersezione tra G_f e G_g:

$$\begin{cases} G_f \\ G_g \end{cases} \iff \begin{cases} y = x^2 \\ y = \frac{x^2}{2} + \frac{1}{2} \end{cases} \iff \begin{cases} x^2 = \frac{x^2}{2} + \frac{1}{2} \\ y = x^2 \end{cases} \iff \begin{cases} x^2 = 1 \\ y = x^2 \end{cases} \implies P \equiv (1,1) .$$

(Si noti che l'altro punto d'intersezione tra i due grafici è $Q \equiv (-1,1)$.) Siamo pronti: in forza del significato geometrico dell'integrale definito, l'area richiesta è data da

$$\begin{aligned} \int_0^1 \big(g(x) - f(x)\big)\,dx + \int_1^2 \big(f(x) - g(x)\big)\,dx &= \int_0^1 \left(-\frac{x^2}{2} + \frac{1}{2}\right) dx + \int_1^2 \left(\frac{x^2}{2} - \frac{1}{2}\right) dx \\ &= \left[-\frac{x^3}{6} + \frac{x}{2}\right]_0^1 + \left[\frac{x^3}{6} - \frac{x}{2}\right]_1^2 \\ &= \left[-\frac{1}{6} + \frac{1}{2}\right] + \left[\frac{8}{6} - 1 - \frac{1}{6} + \frac{1}{2}\right] \\ &= 1 . \end{aligned}$$

Pertanto, la risposta corretta è la $\boxed{2}$.

Svolgimento 11. Studiamo la funzione definita dalla legge

$$f(x) = -x^2\, e^{x-1}\,.$$

*1) **Insieme d'esistenza. Continuità.*** L'insieme d'esistenza di f è tutto $\mathbb{R}$, ove la funzione è continua (in quanto prodotto di due funzioni continue).

*2) **Localizzazione.*** Poiché $-x^2 \leqslant 0$ per ogni $x \in \mathbb{R}$, nonché $e^{x-1} > 0$ per ogni $x \in \mathbb{R}$, si ha

$$f(x) \begin{cases} = 0 & \text{se } x = 0 \\ < 0 & \text{se } x \neq 0\,. \end{cases}$$

Ne segue che il grafico G_f è localizzato nel semipiano negativo, con l'eccezione del punto $O = (0,0)$, unica intersezione di G_f con gli assi coordinati.

*3) **Comportamento agli estremi e in frontiera. Asintoti.*** Essendo $\mathbb{R}$ l'insieme d'esistenza di f, dobbiamo calcolare i seguenti due limiti:

$$\lim_{x\to-\infty}\left(-x^2\, e^{x-1}\right) \overset{[\infty\cdot 0]}{=} \lim_{x\to-\infty}\frac{-x^2}{e^{1-x}} = \lim_{x\to-\infty}\frac{-2x}{-e^{1-x}} = \lim_{x\to-\infty}\frac{-2}{e^{1-x}} = 0\,,$$

$$\lim_{x\to+\infty}\left(-x^2\, e^{x-1}\right) = -\infty\,.$$

Pertanto, l'asse delle ascisse è asintoto orizzontale sinistro per G_f. Inoltre, essendo

$$\lim_{x\to+\infty}\frac{f(x)}{x} = \lim_{x\to+\infty}\frac{-x^2\, e^{x-1}}{x} = \lim_{x\to+\infty}\left(-x\, e^{x-1}\right) = -\infty\,,$$

la funzione f non presenta asintoti obliqui.

*4) **Rappresentazione grafica parziale.*** Alla luce dei punti 1), 2) e 3), possiamo tracciare un grafico parziale di f:

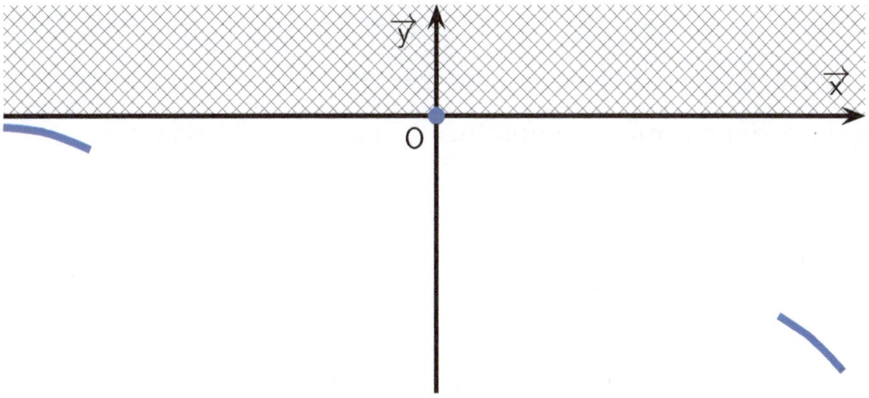

Si noti che possiamo già scartare la risposta [1], in quanto la funzione f presenta esattamente un asintoto. Invero, un'attenta analisi permette anche di scartare sia la risposta [2] che la risposta [4]: lasciamo temporaneamente al lettore la verifica che entrambe le suddette risposte sono vere (tale verifica verrà comunque fatta a conclusione dell'esercizio).

*5) **Derivata prima.*** Essendo

$$f'(x) = -2x\, e^{x-1} - x^2 e^{x-1} = -e^{x-1}\, x\,(x+2)\,,$$

la funzione f è derivabile in $\mathbb{R}$. Inoltre, risulta

		-2		0	
$-e^{x-1}$	$-$		$-$		$-$
x	$-$		$-$	0	$+$
$x+2$	$-$	0	$+$		$+$
$f'(x)$	$-$	0	$+$	0	$-$
$f(x)$	↘	min relativo	↗	max relativo	↘

per cui f ha sia un minimo relativo che un massimo relativo. Si noti che nel punto di massimo relativo $x = 0$, la funzione f presenta un massimo assoluto, essendo $f(0) = 0 > f(x)$ per ogni $x \in \mathbb{R} \setminus \{0\}$.

6) Derivata seconda. Essendo

$$f''(x) \; = \; -e^{x-1}\,(x^2 + 2x) - e^{x-1}\,(2x + 2) \; = \; -e^{x-1}\,(x^2 + 4x + 2)\,,$$

la funzione f ammette derivata seconda in tutto $\mathbb{R}$. Inoltre, essendo

$$x^2 + 4x + 2 = 0 \qquad \Longleftrightarrow \qquad x = -2 \pm \sqrt{2}\,,$$

ne segue

		$-2-\sqrt{2}$		$-2+\sqrt{2}$	
$-e^{x-1}$	$-$		$-$		$-$
x^2+4x+2	$+$	0	$-$	0	$+$
$f''(x)$	$-$	0	$+$	0	$-$
$f(x)$	$\cup$	flesso	$\cap$	flesso	$\cup$

per cui f ha due punti di flesso in $x = -2 \pm \sqrt{2}$.

7) Rappresentazione grafica completa. Il grafico di f è il seguente:

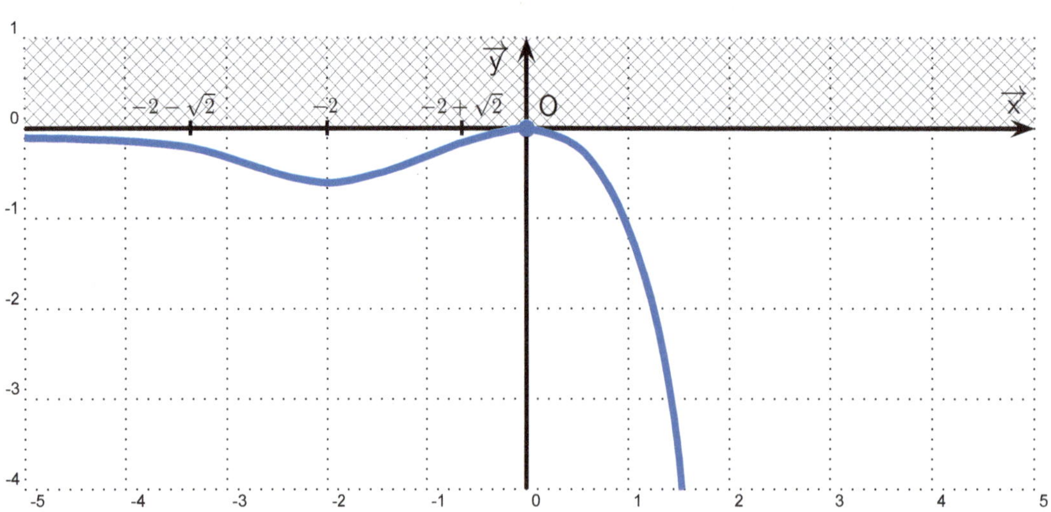

Infine, determiniamo la risposta corretta (falsa).

[1] *Vera.* f ha esattamente un asintoto (orizzontale sinistro), l'asse delle ascisse.

[2] *Vera.* f ha un massimo assoluto (avente valore 0) in $x = 0$, nonché un minimo relativo in $x = -2$.

[3] *Vera.* f ristretta a $[4, +\infty[$ è decrescente, dunque invertibile.

[4] *Vera.* Essendo f negativa (e decrescente) nell'intervallo chiuso $[1, 2]$, si ha, per una delle proprietà dell'integrale definito,

$$\int_1^2 f(x)\,dx < 0\,.$$

Ne segue che, in forza della *Proprietà additiva dell'integrale definito,*

$$\int_{-2}^2 f(x)\,dx \;=\; \int_{-2}^1 f(x)\,dx + \int_1^2 f(x)\,dx \;<\; \int_{-2}^1 f(x)\,dx\,.$$

[5] **Falsa.** f ha due punti di flesso in $x = -2 \pm \sqrt{2}$.

Svolgimento 12. Sia $f\colon [0, 6] \to \mathbb{R}$ una funzione dotata di derivata terza all'interno del suo dominio. Le due ipotesi $f'(3) \cdot f'(5) < 0$ e $f''(3) \cdot f''(5) < 0$ implicano che

- $f'(3)$ e $f'(5)$ hanno segno opposto e
- $f''(3)$ e $f''(5)$ hanno segno opposto.

Essendo f dotata di derivata terza in $]0, 6[$, sia f' che f'' sono continue nell'intervallo $]0, 6[$ e dunque si applica ad esse il *Teorema di esistenza degli zeri.* Ne segue che

(i) esiste $a \in]3, 5[$ tale che $f'(a) = 0$,

(ii) esiste $b \in]3, 5[$ tale che $f''(a) = 0$.

Determiniamo la risposta corretta (vera).

[1] *Falsa.* Poiché non si assume la continuità della funzione f nella frontiera del dominio (all'interno è ovviamente continua), il valore che essa assume in $x = 0$ e $x = 6$ è irrilevante ai fini dell'eventuale esistenza di un minimo assoluto. Invero, non è difficile esibire una funzione f soddisfacente le ipotesi iniziali e tale che $f(0) = f(6) = 0$, ma priva di un minimo assoluto interno in quanto inferiormente non limitata (avente, ad esempio, la retta di equazione $x = 6$ come asintoto verticale destro).

[2] **Vera.** Sappiamo già per l'osservazione (i) che la funzione f ha almeno un punto critico nell'intervallo $]3, 5[$. Se f soddisfa l'ipotesi aggiuntiva $f(1) = f(2) = 3$, allora possiamo applicare il *Teorema di Rolle* alla restrizione di f all'intervallo chiuso e limitato $[1, 2]$, ottenendo un secondo punto critico.

[3] *Falsa.* Si ricorda che la condizione che la derivata seconda in un punto x_0 sia uguale a zero non assicura che la funzione abbia un punto di flesso in x_0. Né aiutano a tal fine le ipotesi iniziali del problema, in quanto sono relative al comportamento della derivata prima e seconda in singoli punti (e non in intervalli). Per essere tuttavia certi che l'asserzione "*Se $f''(4) = 0$, allora f ha un flesso in $x = 4$*" sia falsa occorre costruire un controesempio, ossia una funzione f soddisfacente tutte le ipotesi del problema ma tale che in $x = 4$ non ci sia un flesso. Per esempio, una qualunque funzione $f\colon [0, 6] \to \mathbb{R}$ dotata di derivata terza all'interno del dominio e tale che le derivate prima e seconda abbiano il seguente segno nell'intervallo $]2.5, 5.5[$

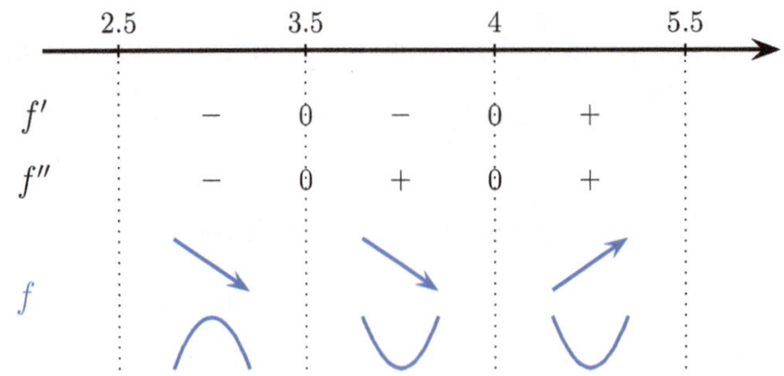

soddisfa le ipotesi date, essendo $f'(3) < 0$, $f'5) > 0$, $f''(3) < 0$ e $f''(5) > 0$. Tuttavia, tale funzione ha in $x = 4$ un punto di minimo relativo e non un flesso. (Si invita il lettore a costruire una funzione di questo tipo.)

[4] *Falsa.* Per l'osservazione (ii), f' ha almeno un punto critico, ossia un punto in cui si annulla la sua derivata (che è f'').

Capitolo 11

Parte A.1

Esercizio 1. Siano A e B due insiemi tali che $|A| = 7$, $|B| = 5$, $|A \cup B| = 9$. Quanti sono i sottoinsiemi di A contenenti ESATTAMENTE 2 elementi di B?

- [1] 52
- [2] 48
- [3] 36
- [4] 24
- [5] Nessuna delle altre risposte

Esercizio 2. Siano dati sul piano cartesiano il punto $A \equiv (0, -2)$ e la retta $\overrightarrow{r}$ di equazione $y = \frac{4}{3}x - 2$. Per quali punti P di $\overrightarrow{r}$ l'area del triangolo AOP vale 2?

- [1] $\left(2, \frac{2}{3}\right)$ e $\left(-2, -\frac{14}{3}\right)$
- [2] $\left(1, -\frac{2}{3}\right)$ e $(-3, -6)$
- [3] $\left(-\frac{3}{2}, -4\right)$ e $\left(\frac{3}{2}, 0\right)$
- [4] $\left(-1, -\frac{10}{3}\right)$ e $\left(\frac{5}{2}, \frac{4}{3}\right)$
- [5] $\left(-1, -\frac{10}{3}\right)$ e $\left(\frac{9}{4}, 1\right)$

Esercizio 3. Sia R la seguente relazione binaria sull'insieme $X = \{a, b, c, d\}$:

$$R = \Big\{(a,a), (b,b), (c,c), (d,d), (a,b), (a,c), (b,a), (b,c), (c,a), (c,b)\Big\}.$$

Quale delle seguenti asserzioni è FALSA?

- [1] Esiste $x \in \{a, b, c\}$ tale che $R \cup \{(x, d), (d, x)\}$ sia una relazione d'equivalenza
- [2] R è una relazione di equivalenza tale che la partizione associata ha due elementi
- [3] $|R| = 10$
- [4] R è simmetrica ma non antisimmetrica
- [5] R è riflessiva e simmetrica

Parte A.2

Esercizio 4. Sia dato l'insieme numerico

$$X = \left\{(-1)^z + \frac{1}{z^2} : z \in \mathbb{Z} \setminus \{0\}\right\}.$$

Quale delle seguenti asserzioni è VERA?

[1] $\mathring{X} \neq \emptyset$

[2] X non è superiormente limitato

[3] $DX \setminus FX \neq \emptyset$

[4] X ha un minimo

[5] Nessuna delle altre risposte

Esercizio 5. Sia data la seguente matrice:

$$P = \begin{pmatrix} 0 & 1 & 0 & 0 \\ 0 & 0 & 1 & 0 \\ 0 & 0 & 0 & 1 \\ 1 & 0 & 0 & 0 \end{pmatrix}.$$

A quale matrice è uguale la matrice P^{17}?

[1] P

[2] $\begin{pmatrix} 0 & 0 & 0 & 1 \\ 1 & 0 & 0 & 0 \\ 0 & 1 & 0 & 0 \\ 0 & 0 & 1 & 0 \end{pmatrix}$

[3] I_4 (la matrice identica di ordine 4)

[4] $\begin{pmatrix} 0 & 0 & 1 & 0 \\ 0 & 0 & 0 & 1 \\ 1 & 0 & 0 & 0 \\ 0 & 1 & 0 & 0 \end{pmatrix}$

[5] Nessuna delle altre risposte

Parte A.3

Esercizio 6. Sia $(K, +, \star)$ un corpo non commutativo, ove 0 e 1 sono gli elementi neutri rispetto alle operazioni $+$ e $\star$, rispettivamente. Quale delle seguenti asserzioni è FALSA?

[1] $(\forall k \in K)\, k \star 0 = 0 \star k$

[2] $(K, \star)$ non è un gruppo

[3] $(\forall k \in K)\, (\exists h \in K)\, k \star h = 1$

[4] $(\exists a, b, c \in K)\, a \star (b + c) \neq b \star a + c \star a$

[5] $(\forall k \in K \setminus \{0\})\, (\exists h \in K \setminus \{0\})\, k + h = 0$

Parte B.1

Esercizio 7. Qual è l'insieme delle soluzioni della disequazione

$$\log_2\left(\log_{\frac{1}{4}}(x+2)\right) \leqslant 0\ ?$$

1. $\left[-\frac{7}{4}, +\infty\right[$
2. $\left[-\frac{7}{4}, -1\right[$
3. $\emptyset$
4. $\left]-2, -\frac{7}{4}\right] \cup \left]-1, +\infty\right[$
5. Nessuna delle altre risposte

Esercizio 8. Quanto vale

$$\lim_{x\to+\infty} \left(\frac{e^x+3}{e^x-2x}\right)^{\frac{e^x}{x}}\ ?$$

1. 1
2. 0
3. e^{-1}
4. e^2
5. Nessuna delle altre risposte

Esercizio 9. Sia $f\colon [-5,5] \to \mathbb{R}$ la funzione definita dalle seguenti leggi:

$$f(x) = \begin{cases} |x|+1 & \text{se } x \in [-2,-1] \cup [2,3] \\ |x|-3 & \text{altrimenti}. \end{cases}$$

Quale delle seguenti asserzioni è FALSA?

1. f ha esattamente un punto angoloso
2. f ha esattamente 4 punti di discontinuità
3. $\int_{-2}^{0} f(x)\,dx = 0$
4. f ha un minimo assoluto interno
5. f ha un massimo assoluto di frontiera

Parte B.2

Esercizio 10. Sia $f\colon \mathbb{R} \to \mathbb{R}$ la funzione definita dalla legge

$$f(x) = -x^2\, e^{-x}$$

per ogni $x \in \mathbb{R}$. Quale delle seguenti asserzioni è FALSA?

1. f ha esattamente un punto di flesso
2. f ristretta a $]-\infty, -1] \cup [2, +\infty[$ è invertibile
3. f ha esattamente un punto minimo relativo
4. f ha un massimo assoluto
5. f ristretta a $]-\infty, 0]$ è concava

Esercizio 11. Quanto vale

$$\int_{-2}^{0} \log(3-x)\, dx\ ?$$

1. $\log 4^3 - \log 3^5 + 3$
2. $-\log \frac{3^4}{5^3} + 4$
3. $\log \frac{5^5}{3^3} - 2$
4. $\log 3^4 - \log 5^3$
5. Nessuna delle altre risposte

Parte B.3

Esercizio 12. Sia $f\colon \mathbb{R} \to \mathbb{R}$ una funzione *continua* la cui derivata $f'\colon \mathbb{R} \setminus \{0\} \to \mathbb{R}$ è definita come segue:

$$f'(x) = \begin{cases} -1 & \text{se } x \leqslant -2 \\ x+1 & \text{se } -2 < x < 0 \\ x-1 & \text{se } 0 < x < 2 \\ 1 & \text{se } x \geqslant 2\,. \end{cases}$$

Quale delle seguenti asserzioni è FALSA?

1. Se $f(2) = 1$, allora $\int_2^4 f(x)\, dx = 4$
2. Se $f(0) = 0$, allora $\int_{-1}^0 f(x)\, dx < 0$
3. f ha un punto di massimo relativo ma non un massimo assoluto
4. f ha esattamente un punto angoloso
5. Se $f(-1) = f(1) = 0$, allora $\int_{-1}^1 f(x)\, dx \leqslant 0$

Soluzioni

Svolgimento 1. Rappresentiamo graficamente i dati del problema:

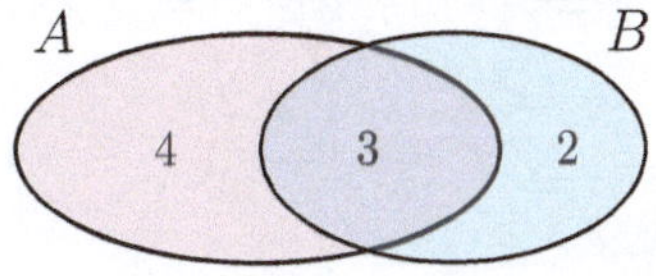

(Si noti che $|A \setminus B| = 4$.) Occorre determinare il numero di sottoinsiemi C di A che contengano *esattamente* 2 elementi di B (ed elementi di $A \setminus B$ in qualunque numero, anche 0). Il problema è dunque contare il numero di modi in cui è possibile scegliere

(i) 2 elementi tra i 3 di $A \cap B$ e

(ii) un qualunque sottoinsieme (anche vuoto) di $A \setminus B$.

Poiché l'operazione (i) può farsi in $C_{3,2}$ modi e l'operazione (ii) in $|\mathcal{P}(A \setminus B)|$ modi (ove $\mathcal{P}(A \setminus B)$ denota l'insieme delle parti di $A \setminus B$), per la *Regola del prodotto* il numero totale di configurazioni ammissibili per l'insieme $C \subseteq A$ è dato da

$$C_{3,2} \cdot |\mathcal{P}(A \setminus B)| = \binom{3}{2} 2^{|A \setminus B|} = \binom{3}{1} 2^4 = 3 \cdot 16 = 48 .$$

Pertanto, la risposta corretta è la $\boxed{\mathbf{2}}$.

Svolgimento 2. Rappresentiamo graficamente il problema, indicando anche due possibili punti P e P' della retta $\overrightarrow{r}$ tali che l'area dei triangoli AOP e AOP' valga 2:

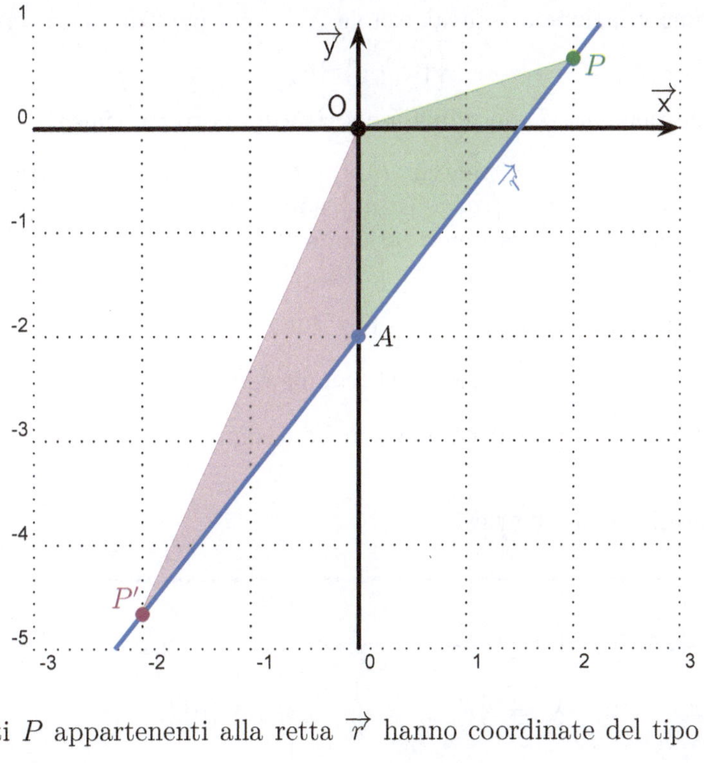

Poiché i punti P appartenenti alla retta $\overrightarrow{r}$ hanno coordinate del tipo $\left(x_0, \frac{4}{3}x_0 - 2\right)$, si ottiene

$$\begin{aligned}
\mathsf{Area}(AOP)=2 \quad &\iff \quad \left|\frac{1}{2}\det\begin{pmatrix} x_0 & \frac{4}{3}x_0-2 & 1\\ 0 & 0 & 1\\ 0 & -2 & 1\end{pmatrix}\right| = 2\\
&\iff \quad \left|\tfrac{1}{2}(2x_0)\right| = 2\\
&\iff \quad |x_0| = 2\\
&\iff \quad x_0 = \pm 2\,.
\end{aligned}$$

In definitiva, i punti P e P' richiesti sono proprio quelli rappresentati in figura, ossia

$$P \equiv \left(2, \tfrac{4}{3}2-2\right) = \left(2, \tfrac{2}{3}\right) \qquad \text{e} \qquad P' \equiv \left(-2, \tfrac{4}{3}(-2)-2\right) = \left(-2, -\tfrac{14}{3}\right),$$

per cui la risposta corretta è la [1]. (Si noti che un modo alternativo di svolgere l'esercizio consiste nel notare che un lato del triangolo giace necessariamente sull'asse $\overrightarrow{y}$ e l'altezza ad esso relativa è data dall'ascissa del punto P.)

Svolgimento 3. Rappresentiamo graficamente la relazione

$$R = \big\{(a,a),(b,b),(c,c),(d,d),(a,b),(a,c),(b,a),(b,c),(c,a),(c,b)\big\}$$

su X, mettendo una freccia diretta da x verso y se e solo se la coppia ordinata (x,y) appartiene ad R (ossia $x\,R\,y$):

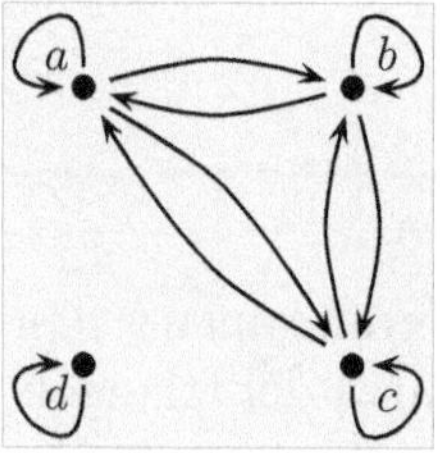

È chiaro che R è una relazione d'equivalenza su X, la cui partizione associata

$$\big\{\{a,b,c\},\{d\}\big\}$$

ha esattamente due elementi. Determiniamo la risposta corretta (falsa).

[1] **Falsa.** Non esiste $x \in \{a,b,c\}$ tale che $R\cup\{(x,d),(d,x)\}$ sia una relazione d'equivalenza. Ad esempio, per $x = a$, $R \cup \{(a,d),(d,a)\}$ non è una relazione d'equivalenza su X, in quanto la proprietà transitiva non è verificata ($b\,R\,a$ e $a\,R\,d$, ma $\neg\,(b\,R\,d)$). Per ragioni analoghe, $R \cup \{(b,d),(d,b)\}$ e $R \cup \{(c,d),(d,c)\}$ non sono relazioni d'equivalenza su X.

[2] *Vera.* R è una relazione di equivalenza con due classi di equivalenza.

[3] *Vera.* L'insieme R contiene 10 elementi (coppie ordinate), dunque $|R| = 10$.

[4] *Vera.* R è ovviamente simmetrica, ma non è antisimmetrica, in quanto $a\,R\,b$ e $b\,R\,a$ ma $a \neq b$.

[5] *Vera.* R è riflessiva e simmetrica.

Svolgimento 4. Prima di rappresentare graficamente l'insieme

$$X = \left\{(-1)^z + \frac{1}{z^2} : z \in \mathbb{Z}\setminus\{0\}\right\},$$

determiniamo alcuni dei suoi elementi:

- per $z = 1$, si ha $-1 + 1 = 0$;
- per $z = 2$, si ha $1 + \frac{1}{4} = \frac{5}{4}$;
- per $z = 3$, si ha $-1 + \frac{1}{9} = -\frac{8}{9}$;
- per $z = 4$, si ha $1 + \frac{1}{16} = \frac{17}{16}$;
- per $z = -1$, si ha $-1 + 1 = 0$;
- per $z = -2$, si ha $1 + \frac{1}{4} = \frac{5}{4}$;
- per $z = -3$, si ha $-1 + \frac{1}{9} = -\frac{8}{9}$;
- per $z = -4$, si ha $1 + \frac{1}{16} = \frac{17}{16}$.

Notiamo che il valore di X ottenuto per un certo $z \in \mathbb{Z} \setminus \{0\}$ è uguale a quello ottenuto per $-z$, per cui ogni numero in X è ripetuto due volte. Poiché le ripetizioni in un insieme non vanno conteggiate, possiamo equivalentemente riscrivere l'insieme X come segue:

$$X = \left\{ (-1)^n + \frac{1}{n^2} : n \in \mathbb{N} \setminus \{0\} \right\}.$$

Graficamente, l'insieme X ha una rappresentazione molto semplice:

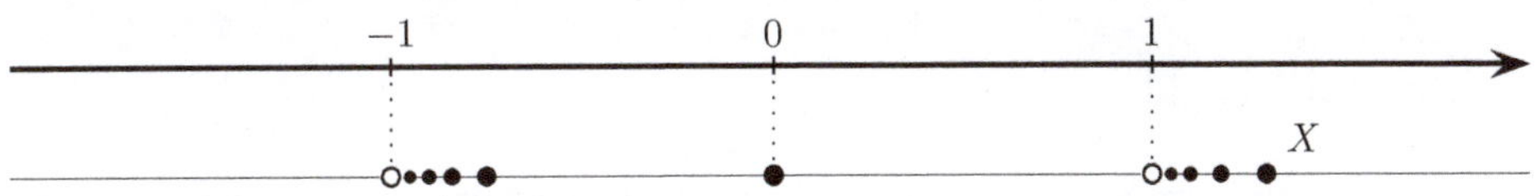

Si ha:

$$DX = \{-1, 1\}\,,\ FX = X \cup \{-1, 1\} = \overline{X}\,,\ \mathring{X} = \emptyset\,,\ \max X = \tfrac{5}{4}\,,\ \inf X = -1\,.$$

Determiniamo la risposta corretta (vera).

[1] *Falsa.* X non ha punti interni.

[2] *Falsa.* X è un insieme limitato.

[3] *Falsa.* $DX \subseteq FX$ e dunque $DX \setminus FX = \emptyset$.

[4] *Falsa.* X non ha un minimo, ma soltanto un estremo inferiore.

Pertanto, la risposta corretta (vera) è la [5].

Svolgimento 5. La matrice P è molto particolare, in quanto ha un solo "1" per riga e per colonna, mentre tutti gli altri elementi sono uguali a zero.[44] Le risposte suggeriscono che

[44] Invero, questa matrice P appartiene alla categoria delle cosiddette *matrici permutazione* (di ordine 4). Tale denominazione è dovuta al fatto che moltiplicando (a destra o a sinistra) una qualunque matrice A di tipo 4×4 per una matrice permutazione di ordine 4 si ottiene una matrice che ha gli stessi elementi di A, ma le cui righe o colonne sono permutate. Ad esempio, data un generica matrice A quadrata di ordine 4, il prodotto PA permuta le righe di A come segue

$$PA = \begin{pmatrix} 0 & 1 & 0 & 0 \\ 0 & 0 & 1 & 0 \\ 0 & 0 & 0 & 1 \\ 1 & 0 & 0 & 0 \end{pmatrix} \begin{pmatrix} a & b & c & d \\ e & f & g & h \\ i & j & k & l \\ m & n & o & p \end{pmatrix} = \begin{pmatrix} e & f & g & h \\ i & j & k & l \\ m & n & o & p \\ a & b & c & d \end{pmatrix},$$

mentre il prodotto AP permuta le colonne di A come segue

$$AP = \begin{pmatrix} a & b & c & d \\ e & f & g & h \\ i & j & k & l \\ m & n & o & p \end{pmatrix} \begin{pmatrix} 0 & 1 & 0 & 0 \\ 0 & 0 & 1 & 0 \\ 0 & 0 & 0 & 1 \\ 1 & 0 & 0 & 0 \end{pmatrix} = \begin{pmatrix} d & a & b & c \\ h & e & f & g \\ l & i & j & k \\ p & m & n & o \end{pmatrix}.$$

Si veda [GL2024], Capitolo 5, Sezione 5.1.15 (Matrici elementari).

la matrice P^{17} (ed, in generale, una qualunque potenza intera di P) possa essere dello stesso tipo. Per assicurarci che la congettura sia vera, calcoliamo alcune potenze della matrice P:

$$P^2 = PP = \begin{pmatrix} 0 & 1 & 0 & 0 \\ 0 & 0 & 1 & 0 \\ 0 & 0 & 0 & 1 \\ 1 & 0 & 0 & 0 \end{pmatrix} \begin{pmatrix} 0 & 1 & 0 & 0 \\ 0 & 0 & 1 & 0 \\ 0 & 0 & 0 & 1 \\ 1 & 0 & 0 & 0 \end{pmatrix} = \begin{pmatrix} 0 & 0 & 1 & 0 \\ 0 & 0 & 0 & 1 \\ 1 & 0 & 0 & 0 \\ 0 & 1 & 0 & 0 \end{pmatrix},$$

$$P^3 = P^2P = \begin{pmatrix} 0 & 0 & 1 & 0 \\ 0 & 0 & 0 & 1 \\ 1 & 0 & 0 & 0 \\ 0 & 1 & 0 & 0 \end{pmatrix} \begin{pmatrix} 0 & 1 & 0 & 0 \\ 0 & 0 & 1 & 0 \\ 0 & 0 & 0 & 1 \\ 1 & 0 & 0 & 0 \end{pmatrix} = \begin{pmatrix} 0 & 0 & 0 & 1 \\ 1 & 0 & 0 & 0 \\ 0 & 1 & 0 & 0 \\ 0 & 0 & 1 & 0 \end{pmatrix},$$

$$P^4 = P^3P = \begin{pmatrix} 0 & 0 & 0 & 1 \\ 1 & 0 & 0 & 0 \\ 0 & 1 & 0 & 0 \\ 0 & 0 & 1 & 0 \end{pmatrix} \begin{pmatrix} 0 & 1 & 0 & 0 \\ 0 & 0 & 1 & 0 \\ 0 & 0 & 0 & 1 \\ 1 & 0 & 0 & 0 \end{pmatrix} = \begin{pmatrix} 1 & 0 & 0 & 0 \\ 0 & 1 & 0 & 0 \\ 0 & 0 & 1 & 0 \\ 0 & 0 & 0 & 1 \end{pmatrix} = I_4 .$$

Siamo pronti per risolvere il problema. Essendo

$$P^{17} = P^{16}P = \left(P^4\right)^4 P = (I_4)^4 P = I_4 P = P,$$

la risposta corretta è la $\boxed{1}$.

Svolgimento 6. Sia $(K, +, \star)$ un corpo non commutativo, ossia:

(i) $(K, +)$ è un gruppo abeliano (il cui elemento neutro è denotato con 0);

(ii) $(K \setminus \{0\}, \star)$ è un gruppo non abeliano (il cui elemento neutro è denotato con 1);

(iii) $(\forall a, b, c \in K)\ \big(a \star (b + c) = a \star b + a \star c\big) \wedge \big((a + b) \star c = a \star c + b \star c\big)$.

Determiniamo la risposta corretta (falsa) tra le cinque presentate.

$\boxed{1}$ *Vera*, grazie al Lemma 6.45 nel Capitolo di Strutture Algebriche di [GL2024] (che vale per un anello, e dunque, *a fortiori*, per un campo).

$\boxed{2}$ *Vera*. $(K, \star)$ non è un gruppo: per $\boxed{1}$, si ha $0 \star k = 0$ per ogni $k \in K$, e dunque l'elemento 0 non ha inverso rispetto a $\star$, poiché non esiste $k \in K$ tale che $0 \star k = 1$.

$\boxed{3}$ **Falsa**, in quanto, come già detto, per $k = 0$ non esiste $h \in K$ tale che $k \star h = 1$.

$\boxed{4}$ *Vera*. Le due proprietà distributive di cui in (iii) non garantiscono che l'uguaglianza

$$a \star (b + c) = b \star a + c \star a$$

sia soddisfatta per ogni $a, b, c \in A$. Ciò suggerisce che la $\boxed{4}$ possa essere vera. Invero, essendo $(K \setminus \{0\}, \star)$ un gruppo non abeliano per quanto detto in (ii), esistono $h, k \in K \setminus \{0\}$ tali che $h \star k \neq k \star h$. Pertanto, per $a = h$, $b = k$ e $c = 0$, si ha

$$h \star (k + 0) = h \star k \neq k \star h = k \star h + 0 = k \star h + 0 \star h,$$

da cui la terna di elementi $(h, k, 0)$ dimostra la verità della risposta.

$\boxed{5}$ *Vera*. Sia $k \in K$ un elemento arbitrario del corpo K diverso da 0. Poiché $(K, +)$ è un gruppo, esiste $h \in K$ tale che $k + h = 0$. L'elemento h non può essere 0, altrimenti si avrebbe $k + 0 = k = 0$, contraddicendo l'ipotesi $k \neq 0$. La verità della $\boxed{5}$ segue.

Svolgimento 7. La disequazione

$$\log_2\left(\log_{\frac{1}{4}}(x+2)\right) \leqslant 0$$

equivale al seguente sistema di disequazioni

$$\begin{cases} x+2>0 \\ \log_{\frac{1}{4}}(x+2)>0 \\ 2^{\log_2 \log_{\frac{1}{4}}(x+2)} \leqslant 2^0 , \end{cases}$$

ove la prima disequazione garantisce che l'argomento del logaritmo in base $\frac{1}{4}$ sia positivo, la seconda disequazione assicura che l'argomento del logaritmo in base 2 sia positivo e la terza disequazione è una riformulazione della disequazione originaria che elimina il logaritmo in base 2. Essendo

$$\begin{cases} x+2>0 \\ \log_{\frac{1}{4}}(x+2)>0 \\ \log_{\frac{1}{4}}(x+2) \leqslant 1 \end{cases} \iff \begin{cases} x>-2 \\ x+2<1 \\ x+2 \geqslant \frac{1}{4} \end{cases} \iff \begin{cases} x>-2 \\ x<-1 \\ x \geqslant -\frac{7}{4} , \end{cases}$$

ne segue che l'insieme delle soluzioni del sistema (e dunque della disequazione originaria) è

$$S = \left[-\tfrac{7}{4}, -1\right[.$$

Pertanto, la risposta corretta è la $\boxed{2}$.

Svolgimento 8. Il limite

$$\lim_{x\to+\infty} \left(\frac{e^x+3}{e^x-2x}\right)^{\frac{e^x}{x}}$$

si presenta nella forma indeterminata $[1]^\infty$, in quanto, al divergere di x a $+\infty$, la base tende a 1 e l'esponente a $+\infty$ (per rendersene conto, basta applicare il *Teorema di de l'Hôpital* per entrambi i limiti). Riscriviamo il limite originario in una forma più 'addomesticata', al fine di risolverlo applicando alcuni limiti notevoli:

$$\begin{aligned} \lim_{x\to+\infty} \left(\frac{e^x+3}{e^x-2x}\right)^{\frac{e^x}{x}} &= \lim_{x\to+\infty} \left(\frac{e^x-2x+2x+3}{e^x-2x}\right)^{\frac{e^x}{x}} \\ &= \lim_{x\to+\infty} \left(1+\frac{2x+3}{e^x-2x}\right)^{\frac{e^x}{x}} \\ &= \lim_{x\to+\infty} \left(1+\frac{1}{\frac{e^x-2x}{2x+3}}\right)^{\frac{e^x}{x}} \\ &= \lim_{x\to+\infty} \left[\left(1+\frac{1}{\frac{e^x-2x}{2x+3}}\right)^{\frac{e^x-2x}{2x+3}}\right]^{\frac{2x+3}{e^x-2x}\,\frac{e^x}{x}} \\ &= e^2 , \end{aligned}$$

in quanto il limite (notevole) della funzione dentro le parentesi quadre vale 'e', mentre il limite dell'esponente vale

$$\begin{aligned}\lim_{x\to+\infty}\frac{2x+3}{e^x-2x}\,\frac{e^x}{x} &= \lim_{x\to+\infty}\frac{e^x\,(2x+3)}{e^x\left(x-\frac{2x^2}{e^x}\right)}\\ &= \lim_{x\to+\infty}\frac{2x+3}{x-\frac{2x^2}{e^x}}\\ &= \lim_{x\to+\infty}\frac{2}{1-\frac{4x\,e^x-2x^2e^x}{e^{2x}}} && (\textit{Teorema di de l'Hôpital})\\ &= \lim_{x\to+\infty}\frac{2}{1-\frac{4x-2x^2}{e^x}}\\ &= 2\,.\end{aligned}$$

Pertanto, la risposta corretta è la $\boxed{4}$.

Svolgimento 9. Denotiamo con $g(x)$ e $h(x)$ le due leggi che definiscono la funzione f, ossia

$$f(x) = \begin{cases} g(x) = |x|+1 & \text{se } x\in[-2,-1]\cup[2,3]\\ h(x) = |x|-3 & \text{altrimenti}\,. \end{cases}$$

Disegniamo i grafici delle funzioni g (in blu) e h (in magenta) in tutto il dominio $[-5,5]$, indicando

- con un tratto continuo le parti dei rispettivi grafici che contribuiscono alla definizione della funzione f (mentre la parte tratteggiata dei grafici di g e h non riguarda la definizione di f) e
- con un sottofondo colorato (rispettivamente in blu e magenta) le zone del dominio in cui la funzione f è definita da g e h, rispettivamente.

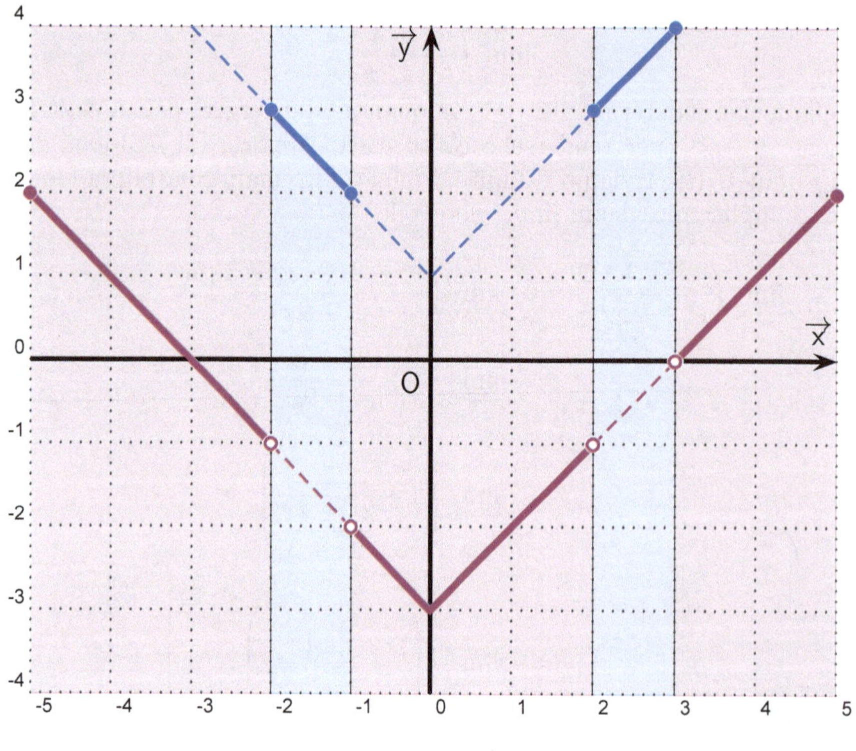

Determiniamo adesso quale tra le cinque risposte è corretta (falsa).

[1] *Vera.* La funzione f ha un solo punto angoloso, in $x = 0$.

[2] *Vera.* La funzione f ha esattamente quattro punti di discontinuità (di prima specie) in $x = -2$, $x = -1$, $x = 2$ e $x = 3$.

[3] *Vera.* Si ha:

$$\begin{aligned}\int_{-2}^{0} f(x)\,dx &= \int_{-2}^{-1} f(x)\,dx + \int_{-1}^{0} f(x)\,dx\\ &= \int_{-2}^{-1} (-x+1)\,dx + \int_{-1}^{0} (-x-3)\,dx\\ &= \tfrac{5}{2} - \tfrac{5}{2} = 0\,.\end{aligned}$$

(Si noti che il suddetto calcolo può rapidamente farsi in modo geometrico, in quanto i due integrali definiti sono uguali, in valore assoluto, all'area di due trapezi rettangoli aventi la stessa area.)

[4] *Vera.* La funzione f ha un minimo assoluto interno di valore -3, ottenuto in $x = 0$.

[5] **Falsa.** La funzione f ha un massimo assoluto nel punto di ascissa $x = 3$, che dunque è un massimo assoluto interno e non di frontiera.

Svolgimento 10. La funzione $f\colon \mathbb{R} \to \mathbb{R}$ definita da

$$f(x) = -x^2\,\mathrm{e}^{-x}$$

è molto simile alla funzione studiata nell'Esercizio 11 del Capitolo 10, definita dalla legge $f(x) = -x^2\,\mathrm{e}^{x-1}$, differenziandosene per il fatto che il secondo fattore è elevato a $-x$ anziché a $(x-1)$. Ne segue che, essendo l'esponente cambiato di segno (a meno di una costante), possiamo già congetturare che il grafico della funzione f sarà in qualche modo simmetrico – rispetto all'asse delle ordinate – al grafico della funzione del Capitolo 10.

*1) **Insieme d'esistenza. Continuità.*** Il dominio di f è già assegnato dal problema ed è l'intero insieme d'esistenza della legge cha la definisce, ossia $\mathbb{R}$. La funzione è ovviamente continua in $\mathbb{R}$, essendo il prodotto di due funzioni continue.

*2) **Localizzazione.*** Similmente a quanto abbiamo a suo tempo osservato per la funzione del Capitolo 10, poiché $-x^2 \leqslant 0$ per ogni $x \in \mathbb{R}$ ed inoltre $\mathrm{e}^{-x} > 0$ per ogni $x \in \mathbb{R}$, si ha

$$f(x) \begin{cases} = 0 & \text{se } x = 0\\ < 0 & \text{se } x \neq 0\,.\end{cases}$$

Ne segue che il grafico G_f è localizzato nel semipiano negativo, con l'eccezione del punto $O = (0,0)$, unica intersezione di G_f con gli assi coordinati.

*3) **Comportamento agli estremi e in frontiera. Asintoti.*** Calcoliamo gli unici due limiti necessari, ossia

$$\lim_{x\to-\infty}\left(-x^2\,\mathrm{e}^{-x}\right) = -\infty\,,$$

$$\lim_{x\to+\infty}\left(-x^2\,\mathrm{e}^{-x}\right) \overset{[\infty\cdot 0]}{=} \lim_{x\to-\infty}\frac{-x^2}{\mathrm{e}^{x}} = \lim_{x\to-\infty}\frac{-2x}{\mathrm{e}^{x}} = \lim_{x\to-\infty}\frac{-2}{\mathrm{e}^{x}} = 0\,.$$

Pertanto, l'asse delle ascisse è asintoto orizzontale destro per G_f. Inoltre, essendo

$$\lim_{x\to-\infty}\frac{f(x)}{x} = \lim_{x\to-\infty}\frac{-x^2\,\mathrm{e}^{-x}}{x} = \lim_{x\to-\infty}\left(-x\,\mathrm{e}^{-x}\right) = -\infty\,,$$

la funzione f non presenta asintoti obliqui.

*4) **Rappresentazione grafica parziale.*** Alla luce dei punti 1), 2) e 3), possiamo tracciare un grafico parziale di f (che, come previsto, è al momento il simmetrico del grafico della funzione del Capitolo 10):

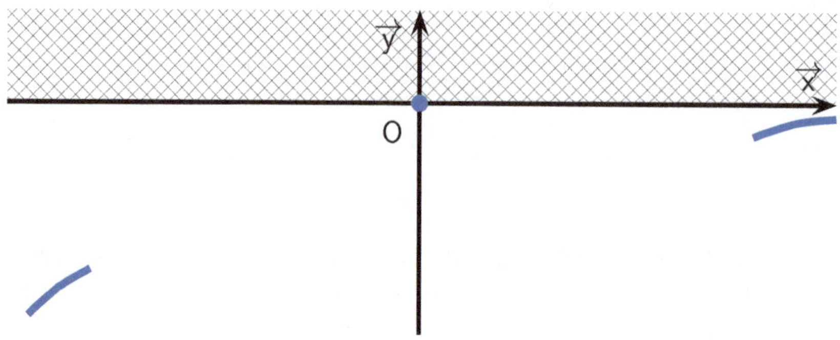

Rebus sic stantibus, possiamo soltanto scartare la risposta [1], che è vera in quanto f ha certamente un massimo assoluto di valore 0 (ottenuto per $x = 0$). Se la nostra congettura sulla simmetria si dovesse rivelare esatta, allora la risposta corretta (falsa) sarebbe la [1], in quanto la funzione f presenterebbe non uno ma due punti di flesso. Procediamo con la nostra analisi per verificare la validità della suddetta congettura.

*5) **Derivata prima.*** Essendo

$$f'(x) = -2x\,e^{-x} + x^2e^{-x} = e^{-x}\,x\,(x-2)\,,$$

la funzione f è derivabile in $\mathbb{R}$. Inoltre, risulta

		0		2	
e^{-x}	$+$		$+$		$+$
x	$-$	0	$+$		$+$
$x-2$	$-$		$-$	0	$+$
$f'(x)$	$+$	0	$-$	0	$+$
$f(x)$	$\nearrow$	max relativo	$\searrow$	min relativo	$\nearrow$

per cui f ha sia un massimo relativo che un minimo relativo. Si noti che nel punto di massimo relativo $x = 0$, la funzione f presenta un massimo assoluto, essendo $f(0) = 0 > f(x)$ per ogni $x \in \mathbb{R} \setminus \{0\}$.

*6) **Derivata seconda.*** Essendo

$$f''(x) = -e^{-x}\,(x^2-2x) + e^{-x}\,(2x-2) = -e^{-x}\,(x^2-4x+2)\,,$$

la funzione f ammette derivata seconda in tutto $\mathbb{R}$. Inoltre, essendo

$$x^2 - 4x + 2 = 0 \quad\Longleftrightarrow\quad x = 2 \pm \sqrt{2}\,,$$

ne segue

		$2-\sqrt{2}$		$2+\sqrt{2}$	
$-e^{-x}$	$-$		$-$		$-$
x^2-4x+2	$+$	0	$-$	0	$+$
$f''(x)$	$-$	0	$+$	0	$-$
$f(x)$	$\frown$	flesso	$\smile$	flesso	$\frown$

per cui, come previsto, f ha due punti di flesso in $x = 2 \pm \sqrt{2}$.

7) Rappresentazione grafica completa. Il grafico di f è il seguente:

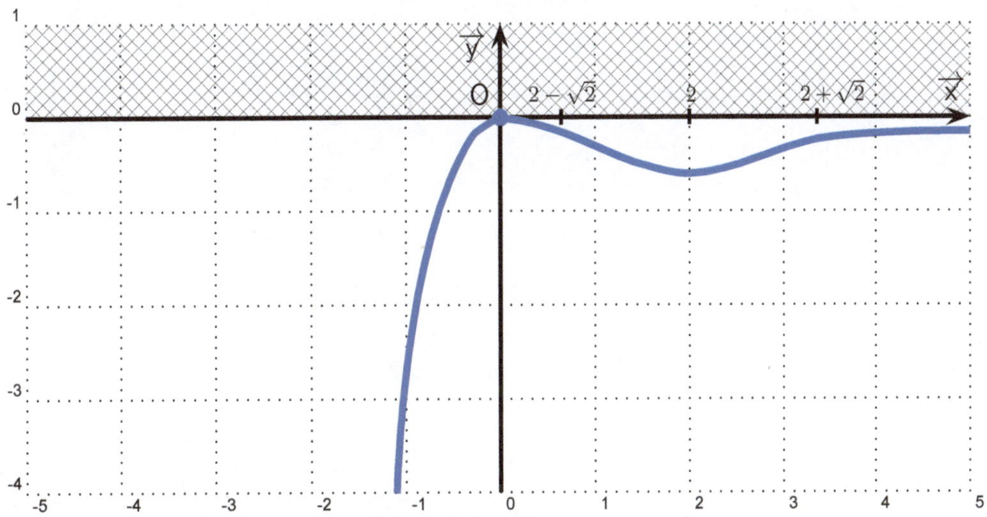

Una forma di simmetria rispetto al grafico della funzione dell'Esercizio 11 del Capitolo 10 (definita da $f(x) = -x^2 e^{x-1}$) è alfine confermata. (Ad onor del vero, notiamo una leggera anomalia in tale presunta simmetria, consistente nel fatto che la funzione studiata diverge a $-\infty$ al tendere di x a $-\infty$ più rapidamente di quanto la funzione del Capitolo 10 diverga a $+\infty$ al tendere di x a $+\infty$. Tuttavia, trattasi di un'anomalia marginale per i nostri fini.)

Infine, determiniamo la risposta corretta (falsa).

[1] **Falsa.** f ha due punti di flesso in $x = 2 \pm \sqrt{2}$.

[2] *Vera.* f ristretta a $]-\infty, -1]$ è invertibile, in quanto monotona crescente. Similmente, f ristretta a $[2, +\infty[$ è invertibile, in quanto monotona crescente. Le due precedenti osservazioni sono condizioni necessarie ma non sufficienti per l'invertibilità della funzione f in $]-\infty, -1] \cup [2, +\infty[$, perché potrebbe teoricamente fallire l'iniettività della funzione. Tuttavia, un semplice calcolo consente di verificare che $f(-1) = -e < -1 < f(2)$, per cui f ristretta a $]-\infty, -1] \cup [2, +\infty[$ è iniettiva e dunque invertibile.

[3] *Vera.* f ha esattamente un punto di minimo relativo in $x = 2$.

[4] *Vera.* f ha un massimo assoluto di valore 0 in $x = 0$.

[5] *Vera.* f ristretta a $]-\infty, 0]$ è concava.

Svolgimento 11. Risolviamo, con il *Metodo di integrazione per parti*, l'integrale indefinito

$$\int \log(3-x)\,dx\,.$$

Posto

$$\begin{aligned} f(x) &= \log(3-x)\,, \quad \text{da cui } f'(x) = -\frac{1}{3-x}\,, \\ g'(x) &= 1\,, \quad \text{da cui } g(x) = x\,, \end{aligned}$$

si ha

$$\begin{aligned} \int \log(3-x)\,dx &= \log(3-x)\,x - \int \frac{-x}{3-x}\,dx \\ &= x\,\log(3-x) - \int \frac{3-x+3}{3-x}\,dx \\ &= x\,\log(3-x) - \int 1\,dx - \int \frac{3}{3-x}\,dx \\ &= x\,\log(3-x) - x - 3\log|3-x| + C\,. \end{aligned}$$

Ne segue, applicando il (corollario del) *Teorema fondamentale del calcolo integrale*,

$$\begin{aligned} \int_{-2}^{0} \log(3-x)\,dx &= \Big[x\,\log(3-x) - x - 3\log|3-x|\Big]_{-2}^{0} \\ &= \Big(-3\log 3\Big) - \Big(-2\,\log 5 + 2 - 3\log 5\Big) \\ &= 5\log 5 - 3\log 3 - 2 \\ &= \log\frac{5^5}{3^3} - 2\,. \end{aligned}$$

Pertanto, la risposta corretta è la **3**.

Svolgimento 12. Il problema richiede di determinare la verità/falsità di cinque asserzioni relative ad una funzione *continua* f, conoscendo esattamente le leggi che definiscono la sua derivata $f'\colon \mathbb{R}\setminus\{0\} \to \mathbb{R}$, ossia

$$f'(x) = \begin{cases} -1 & \text{se } x \leqslant -2 \\ x+1 & \text{se } -2 < x < 0 \\ x-1 & \text{se } 0 < x < 2 \\ 1 & \text{se } x \geqslant 2\,. \end{cases}$$

Esistono ovviamente infinite funzioni continue f aventi f' come derivata. Allo scopo di ottenere informazioni sul comportamento della funzione f utilizzando alcuni teoremi fondamentali del calcolo differenziale, disegniamo il grafico della sua derivata f':

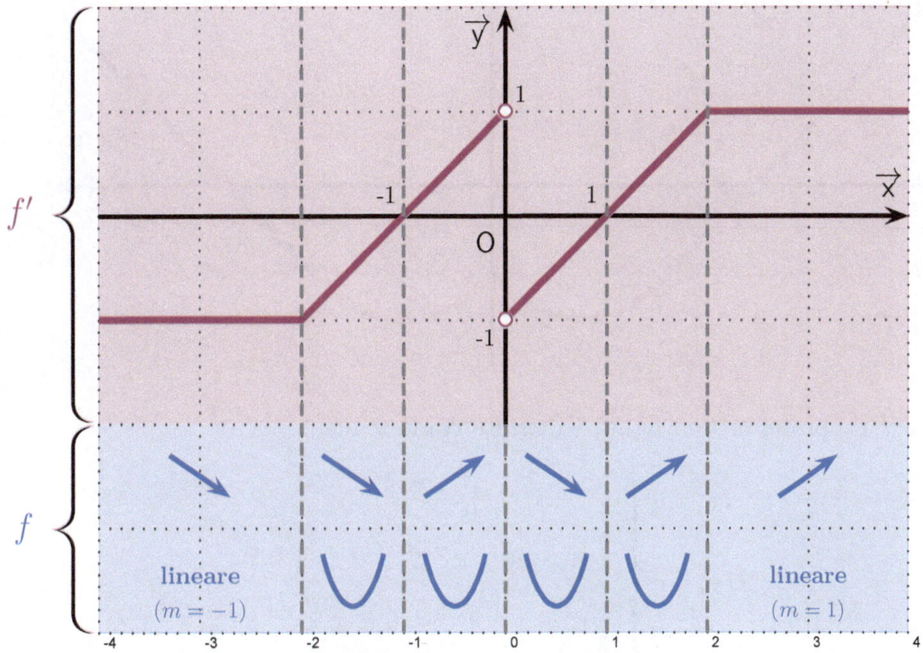

Dall'analisi effettuata si evince che:

- in $x = -1$ la funzione f ha un punto di minimo relativo;
- in $x = 0$ la funzione f ha un punto angoloso di massimo relativo;
- in $x = 1$ la funzione f ha un punto di minimo relativo;
- uno dei minimi relativi (possibilmente entrambi) è un minimo assoluto;
- la funzione f non è superiormente limitata (in quanto $\lim_{x\to\pm\infty} f(x) = +\infty$).

Visto che conosciamo esattamente la definizione di f', possiamo essere più precisi sulla legge che definisce la funzione f (anche se ciò non è strettamente necessario al fine di risolvere il quesito). Invero, essendo

$$\begin{aligned}
\int(-1)\,dx &= -x + C\,,\\
\int(x+1)\,dx &= \frac{x^2}{2} + x + C\,,\\
\int(x-1)\,dx &= \frac{x^2}{2} - x + C\,,\\
\int 1\,dx &= x + C\,,
\end{aligned}$$

la definizione di un'arbitraria funzione continua f avente f' come derivata è data da

$$f(x) = \begin{cases} -x + C_1 & \text{se } x \leqslant -2 \\ \frac{1}{2}x^2 + x + C_2 & \text{se } -2 < x \leqslant 0 \\ \frac{1}{2}x^2 - x + C_3 & \text{se } 0 < x < 2 \\ x + C_4 & \text{se } x \geqslant 2\,, \end{cases}$$

ove le costanti $C_1, C_2, C_3, C_4 \in \mathbb{R}$ sono tali che f sia continua.

Disegniamo il grafico di una delle infinite funzioni f che soddisfano le condizioni del problema (le altre primitive sono ottenute da f mediante una traslazione verticale):

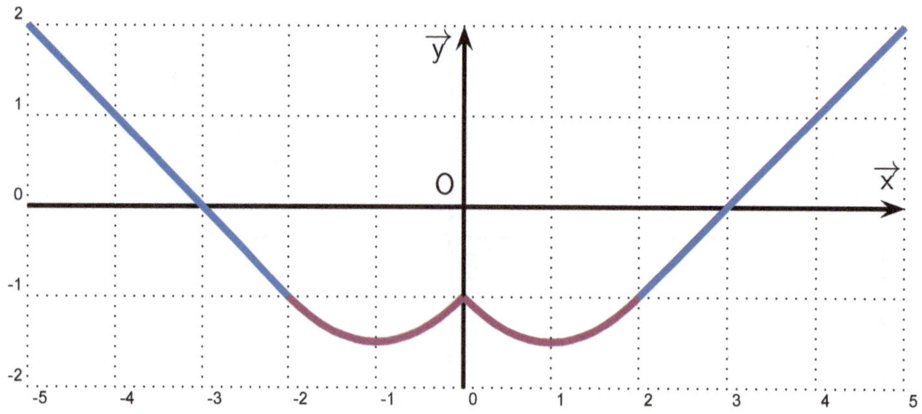

La funzione f rappresentata in figura è definita come segue:

$$f(x) = \begin{cases} -x-3 & \text{se } x \leqslant -2 \\ \frac{1}{2}x^2 + x - 1 & \text{se } -2 < x \leqslant 0 \\ \frac{1}{2}x^2 - x - 1 & \text{se } 0 < x < 2 \\ x-3 & \text{se } x \geqslant 2\,. \end{cases}$$

In generale, se imponiamo che la funzione f passi per un determinato punto (come nelle risposte [1], [2] e [5]), allora essa è **unica**.

Infine, risolviamo il problema dato determinando la risposta corretta (falsa).

[1] *Vera.* Se $f(2) = 1$, allora f ristretta all'intervallo $[2, 4]$ è definita da $f(x) = x - 1$. Ne segue

$$\int_2^4 f(x)\,dx = \int_2^4 (x-1)\,dx = \left[\frac{x^2}{2} - x\right]_2^4 = (8-4) - (2-2) = 4\,.$$

Graficamente, il risultato è ovvio, in quanto l'integrale definito è uguale al valore dell'area del trapezio rettangolo in colore verde:

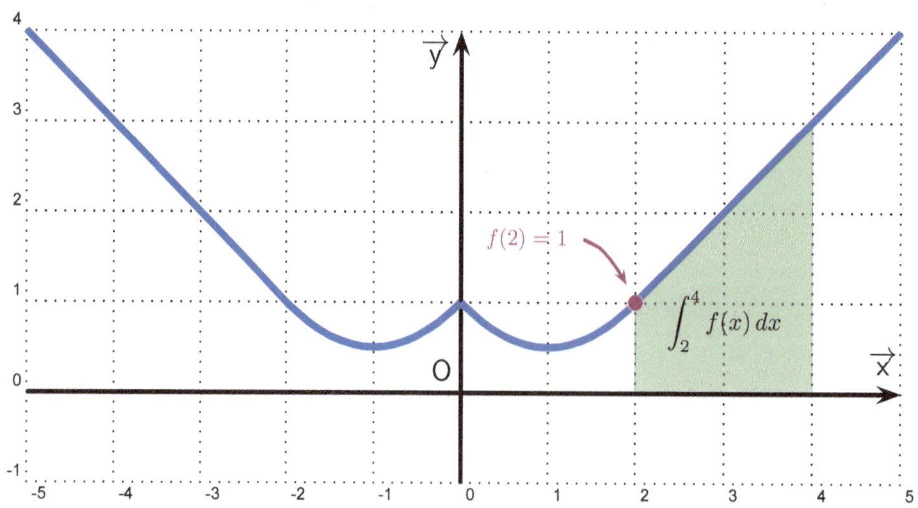

[2] *Vera.* Se $f(0) = 0$, allora f ristretta all'intervallo $[-1, 0]$ è definita da $f(x) = \frac{1}{2}x^2 + x$. Ne segue che $f(x) < 0$ per ogni $x \in [-1, 0[$ e dunque, per una delle proprietà dell'integrale definito, si ottiene

$$\int_{-1}^0 f(x)\,dx = \int_{-1}^0 \left(\frac{1}{2}x^2 + x\right) dx < 0\,.$$

Graficamente, l'integrale definito è dato dal valore dell'area in verde nella seguente figura, preso con segno negativo:

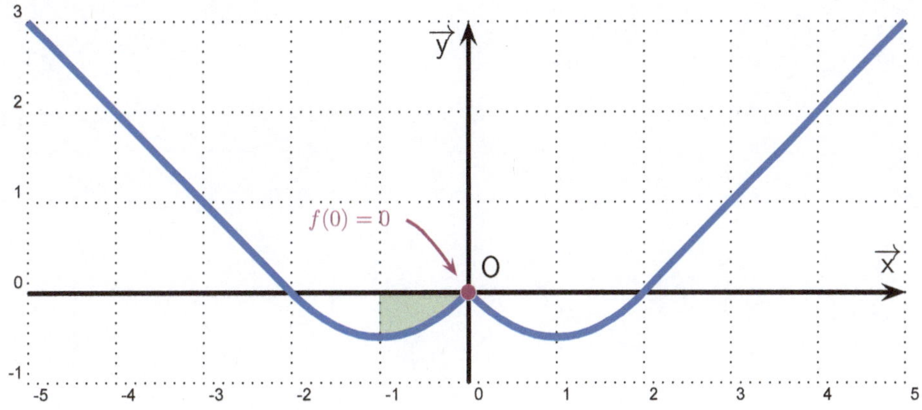

[3] *Vera.* f ha un punto di massimo relativo in $x = 0$, che però non è assoluto, in quanto f non è superiormente limitata.

[4] *Vera.* f ha esattamente un punto angoloso in $x = 0$.

[5] **Falsa.** Se $f(-1) = f(1) = 0$,[45] allora f ristretta all'intervallo $[-1, 1]$ è definita da

$$f(x) = \begin{cases} \frac{1}{2}x^2 + x + \frac{1}{2} & \text{se } -1 \leqslant x < 0 \\ \frac{1}{2}x^2 - x + \frac{1}{2} & \text{se } 0 \leqslant x \leqslant 1\,. \end{cases}$$

Ne segue che $f(x) > 0$ per ogni $x \in [-1, 1]$, $x \neq \pm\frac{1}{2}$ e dunque, per alcune proprietà dell'integrale definito, si ottiene

$$\int_{-1}^{1} f(x)\,dx = \int_{-1}^{0} \left(\frac{1}{2}x^2 + x + \frac{1}{2}\right) dx + \int_{0}^{1} \left(\frac{1}{2}x^2 - x + \frac{1}{2}\right) dx$$
$$= 2\int_{-1}^{0} \left(\frac{1}{2}x^2 + x + \frac{1}{2}\right) dx > 0\,.$$

Graficamente, l'integrale definito è il valore dell'area in verde nella seguente figura:

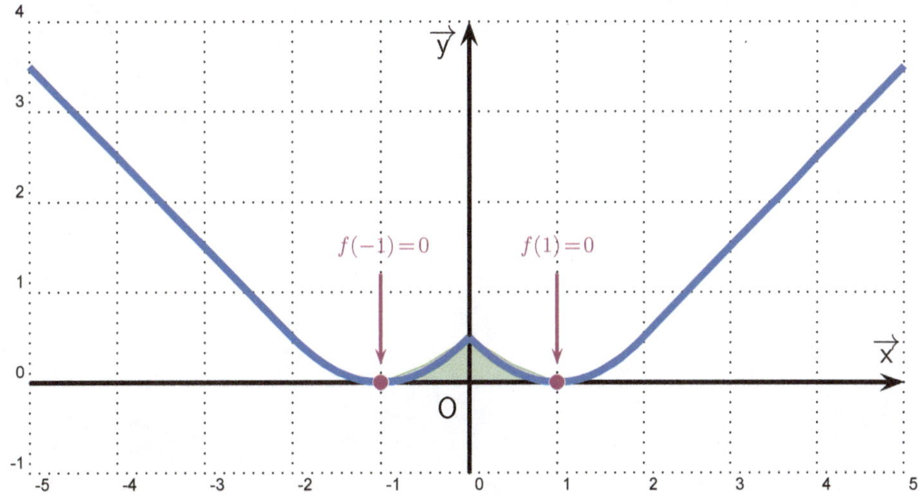

[45] Si noti che stiamo imponendo che il grafico della funzione f passi per i punti $(-1, 0)$ e $(1, 0)$ (in colore magenta nella figura che segue). In generale, *non* esiste una funzione f che sia continua, abbia una derivata f' definita in modo analitico e il cui grafico passi per due punti assegnati. Tuttavia, si dimostra facilmente che la nostra funzione f è pari, dunque se si impone il passaggio per due punti che siano simmetrici rispetto all'asse delle ordinate – come nel caso della risposta [5] – una tale funzione esiste (ed è unica).

Capitolo 12

Parte A.1

Esercizio 1. Siano A e B proposizioni logiche. Quale delle seguenti formule è una CONTRADDIZIONE?

[1] $A \Longrightarrow \neg A$

[2] $\left(A \vee \neg A\right) \wedge \left(B \Longrightarrow \neg B\right)$

[3] $\left(A \vee \neg A\right) \Longleftrightarrow \left(B \wedge \neg B\right)$

[4] $\left(B \Longrightarrow \neg B\right) \Longrightarrow B$

[5] Nessuna delle altre risposte

Esercizio 2. Sia $A = \{a_1, a_2, \dots, a_6\}$ un insieme contenente 6 elementi. Quanti sono i sottoinsiemi B di A tali che $a_6 \in B$ e $3 \leqslant |B| \leqslant 4$?

[1] 20

[2] 25

[3] 32

[4] 41

[5] Nessuna delle altre risposte

Esercizio 3. Siano date le matrici

$$A = \begin{pmatrix} -1 & 0 & 0 \\ 3 & 2 & 0 \\ -1 & 4 & 1 \end{pmatrix} \qquad \text{e} \qquad B = \begin{pmatrix} 1 & -1 & -3 \\ 0 & 3 & 6 \\ 4 & -1 & -6 \end{pmatrix}.$$

Quale delle seguenti asserzioni è VERA?

[1] $r(AB) = 3$

[2] Se C è una matrice 3×3 tale che $\det(C) = -3$, allora $\det\left(2A^{-1}C\right) = 12$

[3] Se C è una matrice 3×3 tale che $\det(ABC) = 0$, allora C non è invertibile

[4] $r(B) \neq 2$

[5] Nessuna delle altre risposte

Parte A.2

Esercizio 4. Dati gli insiemi $A = \{a, b, c\}$ e $X = \{x, y, z\}$, sia $f\colon \mathcal{P}(A) \to \mathcal{P}(X)$ una funzione tra i rispettivi insiemi delle parti. Quale delle seguenti asserzioni è FALSA?

[1] Se f è iniettiva, allora è suriettiva

[2] Se f è suriettiva, allora è iniettiva

[3] Se f non è biiettiva, allora esiste $Y \subseteq X$ tale che $f(B) \neq Y$ per ogni $B \in \mathcal{P}(A)$

[4] La relazione binaria $\mathcal{R}$ su $\mathcal{P}(A)$ definita da $B \mathcal{R} C$ se $f(B) = f(C)$ è d'equivalenza

[5] La relazione binaria $\mathcal{S}$ su $\mathcal{P}(A)$ definita da $B \mathcal{S} C$ se $|B| \leqslant |C|$ è d'ordinamento parziale

Esercizio 5. Sia dato l'insieme numerico

$$X = [-3, -2] \cup \left\{1 - \frac{3n}{n+3} : n \in \mathbb{N}\right\}.$$

Quale delle seguenti asserzioni è VERA?

[1] FX è un insieme finito

[2] X è un insieme chiuso

[3] $1 \in DX$

[4] $\left|DX \setminus \mathring{X}\right| = 3$

[5] Nessuna delle altre risposte

Parte A.3

Esercizio 6. Quanti sono i numeri naturali di cinque cifre che

- sono uguali se letti da destra verso sinistra e da sinistra verso destra e
- tali che la somma delle loro cifre è 17 ?

(Ad esempio, i numeri 14741 e 53135 sono di questo tipo.)

[1] 24

[2] 30

[3] 45

[4] 54

[5] Nessuna delle altre risposte

Parte B.1

Esercizio 7. Qual è l'insieme delle soluzioni della disequazione

$$\sqrt{x^2+x-2} \geqslant |2-x| \, ?$$

1. $\left[\frac{6}{5}, +\infty\right[$
2. $]-\infty, -2]$
3. $]-\infty, -2] \cup \left[1, \frac{6}{5}\right]$
4. $[-2, 1] \cup \left[\frac{6}{5}, +\infty\right[$
5. Nessuna delle altre risposte

Esercizio 8. Sia data la funzione $f\colon \mathbb{R} \to \mathbb{R}$ definita da

$$f(x) = \begin{cases} \log x + a & \text{se } x \geqslant 1 \\ 2ax^2 - bx + 1 & \text{se } x < 1, \end{cases}$$

ove $a, b \in \mathbb{R}$ sono parametri. Per quali valori di $a, b \in \mathbb{R}$ la funzione f è derivabile in tutto il suo dominio?

1. $(a, b) = (-2, -1)$
2. $(a, b) = \left(\frac{2}{3}, \frac{5}{3}\right)$
3. $(a, b) = \left(\frac{3}{4}, -\frac{7}{2}\right)$
4. $(a, b) = (1, -1)$
5. Nessuna delle altre risposte

Esercizio 9. Sia $f\colon [-2, 3[\cup [4, 6] \to \mathbb{R}$ la funzione avente il seguente grafico (composto da tratti lineari):

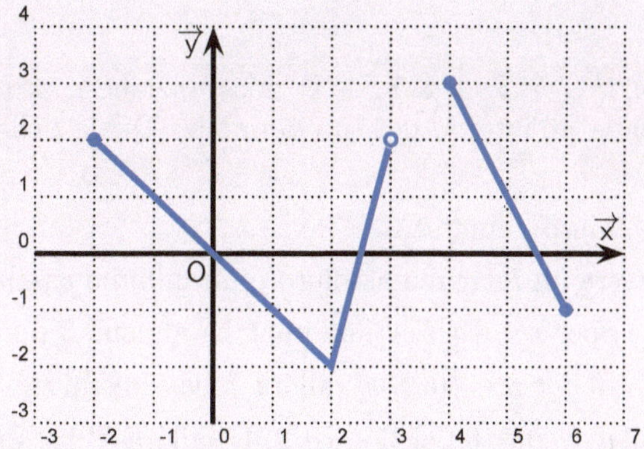

Quale delle seguenti asserzioni è FALSA?

1. $\displaystyle\int_0^3 f(x)\,dx \geqslant -\frac{3}{2}$
2. $\displaystyle\int_0^3 f(x)\,dx + \int_4^6 f(x)\,dx = 0$
3. $\displaystyle\int_{-2}^3 f(x)\,dx = 0$
4. $\displaystyle\lim_{x\to\frac{11}{4}} f(x) = 1$
5. Esiste $c \in \mathsf{dom} f$ tale che $f'(c) = -2$

Parte B.2

Esercizio 10. Quanto vale

$$\lim_{x\to+\infty}\left(\frac{2^x+x^2+4}{2^x+1}\right)^{\frac{2^{x+1}\,x^{-1}\operatorname{sen}^2\left(x^{-1}\right)}{(1+x^{-1})^3-1}}\ ?$$

1. 0
2. $\sqrt[3]{e^2}$
3. $-2\,e^{\frac{7}{3}}$
4. $3\,e^{-\frac{4}{3}}$
5. $+\infty$

Esercizio 11. Sia data la funzione f definita dalla legge

$$f(x)=\frac{e^{x-1}}{2-x}$$

in tutto il suo insieme d'esistenza. Quale delle seguenti asserzioni è FALSA?
(Non è necessario calcolare la derivata seconda.)

1. f ha un asintoto orizzontale ed un asintoto verticale
2. L'immagine di f è un insieme chiuso
3. f ha un punto di massimo relativo ma non un punto di minimo relativo
4. f ristretta a $]-\infty,2[$ è invertibile
5. f ristretta a $[3,+\infty[$ è invertibile

Parte B.3

Esercizio 12. Sia $f\colon [0,1]\cup[2,3]\cup[4,5]\to\mathbb{R}$ una funzione continua nel suo dominio e dotata di derivata seconda all'interno del suo dominio. Quale delle seguenti asserzioni è FALSA?

1. $\operatorname{im} f$ è un insieme chiuso e limitato
2. f potrebbe non avere un massimo assoluto o un minimo assoluto
3. Se $f(n)=f(n+1)$ per $n\in\{0,2,4\}$, allora f ha almeno 3 punti critici
4. Se $f(n)\,f(n+1)<0$ per $n\in\{0,2,4\}$, allora f ha almeno tre zeri distinti
5. Se $f'\left(n+\frac{1}{3}\right)-f'\left(n+\frac{2}{3}\right)=0$ per $n\in\{0,2,4\}$, allora f' ha almeno 3 punti critici

Soluzioni

Svolgimento 1. Ricordiamo che una formula è una contraddizione se risulta sempre falsa qualunque siano i valori di verità delle proposizioni logiche che la compongono;[46] in altri termini, la colonna corrispondente alla formula della rispettiva tavola di verità presenta sempre il valore 'F'. Le tavole di verità relative alle formule $\boxed{1}$–$\boxed{4}$ sono, nell'ordine, le seguenti:

A	$\neg A$	$A \Longrightarrow \neg A$
V	F	**F**
F	V	V

A	B	$\neg A$	$\neg B$	$A \vee \neg A$	$B \Longrightarrow \neg B$	$(A \vee \neg A) \wedge (B \Longrightarrow \neg B)$
V	V	F	F	V	F	**F**
V	F	F	V	V	V	V
F	V	V	F	V	F	**F**
F	F	V	V	V	V	V

A	B	$\neg A$	$\neg B$	$A \vee \neg A$	$B \wedge \neg B$	$(A \vee \neg A) \Longleftrightarrow (B \wedge \neg B)$
V	V	F	F	V	F	**F**
V	F	F	V	V	F	**F**
F	V	V	F	V	F	**F**
F	F	V	V	V	F	**F**

B	$B \Longrightarrow \neg B$	$(B \Longrightarrow \neg B) \Longrightarrow B$
V	F	V
F	V	**F**

Ne segue che l'unica contraddizione è data dalla formula $\boxed{\mathbf{3}}$.

Svolgimento 2. Dobbiamo determinare quanti sono i sottoinsiemi B dell'insieme $A = \{a_1, a_2, \ldots, a_6\}$ soddisfacenti le due seguenti condizioni:

(i) $a_6 \in B$;

(ii) $3 \leqslant |B| \leqslant 4$.

Per la condizione (ii), dobbiamo contare quanti sono i sottoinsiemi di A aventi cardinalità 3 o 4 e successivamente sommare tali numeri (usando la *Regola della somma*). Tuttavia, la condizione (i) impone un ulteriore vincolo, consistente nel fatto che uno degli elementi selezionati in ciascuno dei due casi sia a_6. Ne segue che il problema si riduce a contare (e successivamente sommare)

(1) il numero di sottoinsiemi di A di cardinalità 3 contenenti a_6 (scegliamo, senza ordine e ripetizione, 2 elementi dall'insieme $\{a_1, a_2, \ldots, a_5\}$),

(2) il numero di sottoinsiemi di A di cardinalità 4 contenenti a_6 (scegliamo, senza ordine e ripetizione, 3 elementi dall'insieme $\{a_1, a_2, \ldots, a_5\}$).

In definitiva, il numero richiesto è dato da

$$C_{5,2} + C_{5,3} = \binom{5}{2} + \binom{5}{3} = 10 + 10 = 20,$$

per cui la risposta corretta è la $\boxed{\mathbf{1}}$.

[46] Si veda [GA2017], Sezione 1.1.9 (Tautologia e contraddizione).

Svolgimento 3. Calcoliamo i determinanti delle matrici

$$A = \begin{pmatrix} -1 & 0 & 0 \\ 3 & 2 & 0 \\ -1 & 4 & 1 \end{pmatrix} \qquad \text{e} \qquad B = \begin{pmatrix} 1 & -1 & -3 \\ 0 & 3 & 6 \\ 4 & -1 & -6 \end{pmatrix}.$$

Si ha:

$$\det(A) = -2 \qquad \text{e} \qquad \det(B) = 0\,.$$

Possiamo già determinare la risposta corretta (vera).

[1] *Falsa.* Per il *Teorema di Binet*, $\det(AB) = \det(A) \cdot \det(B) = 0$, da cui $r(AB) \neq 3$.

[2] **Vera.** Se C è una matrice 3×3 tale che $\det(C) = -3$, allora si ha, utilizzando alcuni teoremi sui determinanti delle matrici,

$$\det(2A^{-1}C) = 2^3 \cdot \det(A)^{-1} \cdot \det(C) = 8 \cdot (-2)^{-1} \cdot (-3) = 12\,.$$

[3] *Falsa.* Per ogni matrice C quadrata di ordine 3, si ha, per il *Teorema di Binet*,

$$\det(ABC) = \det(A) \cdot \det(B) \cdot \det(C) = (-2) \cdot 0 \cdot \det(C) = 0\,.$$

Pertanto, se C è una matrice 3×3 tale che $\det(ABC) = 0$, allora non ne segue necessariamente la singolarità di C: si consideri, ad esempio, $C = I_3$.

[4] *Falsa.* Poiché $\det(B) = 0$ e la sua estratta 2×2 di Nord-Ovest ha determinante non nullo, si ha $r(B) = 2$.

Svolgimento 4. Ricordiamo che per una qualunque funzione $f\colon Y \to Z$ tale che $|Y| = |Z| = n \in \mathbb{N}$, si ha:[47]

$$f \text{ è iniettiva} \iff f \text{ è suriettiva} \iff f \text{ è biiettiva}\,. \tag{2}$$

Determiniamo la risposta corretta (falsa).

[1] *Vera.* In forza di (2), se f è iniettiva, allora è anche suriettiva.

[2] *Vera.* In forza di (2), se f è suriettiva, allora è anche iniettiva.

[3] *Vera.* Se f non è biiettiva, allora, in forza di (2), non è suriettiva. Ne segue che esiste $Y \in \mathcal{P}(X)$ che non sta nel codominio di f, ossia tale che $f(B) \neq Y$ per ogni $B \in \mathcal{P}(A)$.

[4] *Vera.* La relazione binaria $\mathcal{R}$ su $\mathcal{P}(A)$ definita da

$$B \,\mathcal{R}\, C \overset{\text{def}}{\iff} f(B) = f(C)$$

per ogni $B, C \in \mathcal{P}(A)$ soddisfa le seguenti proprietà:

- *(riflessiva)* $\big(\forall B \in \mathcal{P}(A)\big)\ B \,\mathcal{R}\, B$, in quanto $f(B) = f(B)$;
- *(simmetrica)* $\big(\forall B, C \in \mathcal{P}(A)\big)\ B \,\mathcal{R}\, C \Longrightarrow C \,\mathcal{R}\, B$, in quanto $f(B) = f(C)$ implica $f(C) = f(B)$;
- *(transitiva)* $\big(\forall B, C, D \in \mathcal{P}(A)\big)\ \big(B \,\mathcal{R}\, C \wedge C \,\mathcal{R}\, D\big) \Longrightarrow B \,\mathcal{R}\, D$, in quanto $f(B) = f(C)$ e $f(C) = f(D)$ implicano $f(B) = f(D)$.

[47] Si veda, ad esempio, il Teorema 2.56 del Capitolo di Insiemistica in [GA2017].

5 **Falsa.** La relazione binaria $\mathcal{S}$ su $\mathcal{P}(A)$ definita da

$$B \mathcal{S} C \overset{\text{def}}{\Longleftrightarrow} |B| \leqslant |C|$$

per ogni $B, C \in \mathcal{P}(A)$ soddisfa le seguenti proprietà:

- *(riflessiva)* $\big(\forall B \in \mathcal{P}(A)\big)\ B \,\mathcal{S}\, B$, in quanto $|B| \leqslant |B|$;
- *(transitiva)* $\big(\forall B, C, D \in \mathcal{P}(A)\big)\ \big(B \,\mathcal{S}\, C \wedge C \,\mathcal{S}\, D\big) \Longrightarrow B \,\mathcal{S}\, D$, poiché $|B| \leqslant |C|$ e $|C| \leqslant |D|$ implicano $|B| \leqslant |D|$.

D'altra parte, $\mathcal{S}$ **non** soddisfa la proprietà *antisimmetrica*, ossia

$$\big(\forall B, C \in \mathcal{P}(A)\big)\ \big(B \,\mathcal{S}\, C \ \wedge\ C \,\mathcal{S}\, B\big) \Longrightarrow B = C\,.$$

Invero, se fissiamo, ad esempio, $B = \{b\}$ e $C = \{c\}$, si ha $B \,\mathcal{S}\, C$ (in quanto $|B| \leqslant |C|$) e $C \,\mathcal{S}\, B$ (in quanto $|C| \leqslant |B|$) ma $B \neq C$. Ne segue che $\mathcal{S}$ **non** è una relazione d'ordinamento parziale (ma è una relazione binaria che si chiama *preordine totale*).[48]

Svolgimento 5. L'insieme numerico

$$X = [-3, -2] \cup \left\{1 - \frac{3n}{n+3} : n \in \mathbb{N}\right\}$$

è formato da un intervallo chiuso a cui è aggiunta una successione di punti. Al fine di capire il comportamento di tale successione, calcoliamone i primi sei valori:

- per $n = 0$, si ha $1 - 0 = 1$;
- per $n = 1$, si ha $1 - \frac{3}{4} = \frac{1}{4}$;
- per $n = 2$, si ha $1 - \frac{6}{5} = -\frac{1}{5}$;
- per $n = 3$, si ha $1 - \frac{9}{6} = -\frac{1}{2}$;
- per $n = 4$, si ha $1 - \frac{12}{7} = -\frac{5}{7}$;
- per $n = 5$, si ha $1 - \frac{15}{8} = -\frac{7}{8}$.

Ne segue che la successione $\left\{1 - \frac{3n}{n+3} : n \in \mathbb{N}\right\}$ 'sembra' convergere ad un numero negativo *(quale?)*. Accertiamoci della convergenza di tale successione. Essendo, per ogni $n \in \mathbb{N}$,

$$1 - \frac{3n}{n+3} = 1 - \frac{3n+9-9}{n+3} = 1 - \frac{3(n+3)-9}{n+3} = 1 - 3 + \frac{9}{n+3} = -2 + \frac{9}{n+3},$$

scopriamo che la successione è formata da numeri (razionali) ottenuti aggiungendo a -2 una quantità positiva decrescente che tende a 0 al crescere di $n \in \mathbb{N}$; in altri termini, la successione converge a -2 dalla destra. Pertanto, possiamo riscrivere l'insieme originario X nella seguente forma più 'addomesticata':

$$X = [-3, -2] \cup \left\{-2 + \frac{9}{n+3} : n \in \mathbb{N}\right\}.$$

Adesso la risoluzione dell'esercizio diventa routine. Si ha:

- $DX = [-3, -2]$ (sottoinsieme di X);

[48] I *preordini* (parziali o totali) sono delle relazioni binarie molto utilizzate nel campo della *modellizzazione delle preferenze* in economia matematica. A tal proposito, si veda, ad esempio, il seguente testo classico di microeconomia: A. Mas-Colell, M. D. Whinston, J. R. Green, *"Microeconomic Theory"*, Oxford University Press, New York 1995.

- $FX = \left\{1 - \frac{3n}{n+3} : n \in \mathbb{N}\right\} \cup \{-3\}$ (sottoinsieme di X);
- $\mathring{X} =]-3, -2[\,;$
- $\overline{X} = X \cup DX = X\,;$
- $\min X = -3\,, \max X = 1\,.$

Determiniamo la risposta corretta (vera).

[1] *Falsa.* FX è un insieme infinito.

[2] **Vera.** Essendo $X = \overline{X}$, X è un insieme chiuso.

[3] *Falsa.* $1 \notin DX = [-3, -2]\,.$

[4] *Falsa.* Essendo $DX \setminus \mathring{X} = [-3, -2] \setminus]-3, -2[= \{-3, -2\}$, si ha $|DX \setminus \mathring{X}| = 2\,.$

Svolgimento 6. Cominciamo con il discutere i due requisiti imposti dal problema ai numeri naturali $c_1 c_2 c_3 c_4 c_5$ di cinque cifre.

(A) La condizione che il numero $c_1 c_2 c_3 c_4 c_5$ sia *palindromo* (ossia uguale se letto da sinistra verso destra e da destra verso sinistra) equivale alle due condizioni

- $c_1 = c_5$,
- $c_2 = c_4$,

mentre la cifra centrale c_3 può assumere un qualunque valore. Ne segue che sarà sufficiente determinare le prime tre cifre c_1, c_2 e c_3 del numero.

(B) Innanzitutto dimostriamo che la condizione che la somma delle cinque cifre valga 17, ossia

$$c_1 + c_2 + c_3 + c_4 + c_5 = 17\,,$$

ossia equivalentemente

$$c_3 = 17 - (c_1 + c_2 + c_4 + c_5)\,,$$

implica che *la cifra centrale c_3 debba essere dispari.* Invero, essendo il numero palindromo in forza della condizione (A), si ha

$$c_1 = c_5 \ \wedge\ c_2 = c_4 \quad \Longrightarrow \quad c_1 + c_2 = c_4 + c_5 \quad \Longrightarrow \quad c_3 = 17 - 2(c_1 + c_2)\,,$$

per cui c_3 è un numero dispari, essendo la differenza tra un numero dispari e un numero pari. L'importanza di questa osservazione consiste nel fatto che essa consente di effettuare il calcolo richiesto dal problema mediante una semplice applicazione della *Regola della somma.* Infatti, possiamo operare come segue:

– analizziamo i cinque sottocasi possibili e mutualmente esclusivi (ottenuti scegliendo c_3 nell'insieme $\{1, 3, 5, 7, 9\}$) che si possono verificare;
– determiniamo il numero di configurazioni ammissibili in ciascuno di questi cinque casi;
– infine sommiamo i risultati parziali ottenuti.

Ad esempio, nel caso in cui $c_3 = 3$, il problema equivale a determinare il numero di distribuzioni di $14 = 17 - 3$ palline indistinguibili (le unità rimaste) su 4 scatole distinte (le cifre diverse da quella centrale), sotto le condizioni che la scatola c_1 contenga almeno una pallina (in quanto un numero con più di una cifra non può cominciare con la cifra 0), la scatola c_5 contenga lo stesso numero di palline della scatola c_1 e la scatola c_4 contenga lo stesso numero di palline della scatola c_2. In altri termini, il problema equivale a contare le distribuzioni di $\frac{14-2}{2} = 6$ palline indistinguibili su 2 scatole distinte (c_1 e c_2, visto che $c_5 = c_1$ e $c_4 = c_2$).

In forza delle considerazioni fatte in (A)–(B), i cinque casi possibili sono i seguenti:

(i) $\sqcup \quad \sqcup \quad \overset{1}{\sqcup} \quad \sqcup \quad \sqcup$ $\qquad \frac{17-1-2}{2} = 7$ palline su 2 scatole

(ii) $\sqcup \quad \sqcup \quad \overset{3}{\sqcup} \quad \sqcup \quad \sqcup$ $\qquad \frac{17-3-2}{2} = 6$ palline su 2 scatole

(iii) $\sqcup \quad \sqcup \quad \overset{5}{\sqcup} \quad \sqcup \quad \sqcup$ $\qquad \frac{17-5-2}{2} = 5$ palline su 2 scatole

(iv) $\sqcup \quad \sqcup \quad \overset{7}{\sqcup} \quad \sqcup \quad \sqcup$ $\qquad \frac{17-7-2}{2} = 4$ palline su 2 scatole

(v) $\sqcup \quad \sqcup \quad \overset{9}{\sqcup} \quad \sqcup \quad \sqcup$ $\qquad \frac{17-9-2}{2} = 3$ palline su 2 scatole.

Ne segue che il numero totale dei casi è dato da

$$\begin{aligned} C^{(r)}_{2,7} + C^{(r)}_{2,6} + C^{(r)}_{2,5} + C^{(r)}_{2,4} + C^{(r)}_{2,3} &= \binom{8}{7} + \binom{7}{6} + \binom{6}{5} + \binom{5}{4} + \binom{4}{3} \\ &= \binom{8}{1} + \binom{7}{1} + \binom{6}{1} + \binom{5}{1} + \binom{4}{1} \\ &= 8+7+6+5+4 \\ &= 30\,. \end{aligned}$$

La risposta corretta è pertanto la $\boxed{\mathbf{2}}$.

Svolgimento 7.
La disequazione

$$\sqrt{x^2+x-2} \geqslant |2-x|$$

è del tipo $\sqrt{A(x)} \geqslant B(x)$. Pertanto, essa è equivalente all'unione dei seguenti sistemi di disequazioni:

$$\begin{cases} |2-x| < 0 \\ x^2+x-2 \geqslant 0 \end{cases} \qquad \text{e} \qquad \begin{cases} |2-x| \geqslant 0 \\ x^2+x-2 \geqslant (2-x)^2 . \end{cases}$$

Poiché il primo sistema non ha soluzioni (in quanto il valore assoluto di una qualunque espressione è sempre non negativo), occorre e basta risolvere il secondo sistema. Inoltre, poiché la prima disequazione di tale sistema è sempre vera, la disequazione originaria risulta equivalente alla seguente disequazione

$$x^2+x-2 \geqslant x^2-4x+4\,, \tag{3}$$

ossia

$$5x \geqslant 6\,.$$

Ne segue che l'insieme della soluzioni è dato da

$$S = \left[\tfrac{6}{5}, +\infty\right[$$

e dunque la risposta corretta è la $\boxed{\mathbf{1}}$.

Si noti che, al fine di non confondere il lettore, abbiamo seguito la normale procedura risolutiva, che tuttavia risulta più lunga di quanto strettamente necessario. Invero, sarebbe bastato osservare che, se la condizione d'esistenza è soddisfatta (ossia se il radicando è non negativo), allora la disequazione assegnata equivale a quella ottenuta elevando al quadrato ambo i membri. In altri termini, la disequazione data è equivalente ad imporre che

(i) il radicando sia non negativo,

(ii) il radicando sia maggiore o uguale del quadrato del secondo membro (ossia la disequazione (3)).

Ne segue che, poiché la condizione (i) è implicata dalla condizione (ii), la disequazione originaria è equivalente alla disequazione (3).

Svolgimento 8. La funzione $f\colon \mathbb{R} \to \mathbb{R}$ definita da

$$f(x) = \begin{cases} \log x + a & \text{se } x \geqslant 1 \\ 2ax^2 - bx + 1 & \text{se } x < 1 \end{cases}$$

è ovviamente derivabile (e dunque continua) in tutti i punti del suo dominio, con l'eventuale esclusione del punto $x = 1$, ove cambia la legge di definizione. Pertanto, f è derivabile in $\mathbb{R}$ se e solo se f è derivabile in $x = 1$. Determiniamo i valori dei due parametri reali a e b che rendono f derivabile in $x = 1$, ossia $(a, b) \in \mathbb{R}^2$ tale che

(i) $\lim\limits_{x \to 1} f(x) = f(1)$, i.e., f è continua in $x = 1$,

(ii) $f'_-(1) = f'_+(1)$, che assieme a (i), implica che f è derivabile in $x = 1$.

Per quanto riguarda (i), osserviamo preliminarmente che f è continua in $x = 1$ dalla destra per qualsiasi valore dei parametri $a, b \in \mathbb{R}$. Ne segue che la condizione (i) equivale ad imporre

$$\begin{aligned} \lim_{x \to 1^-} f(x) = f(1) \quad &\Longleftrightarrow \quad \lim_{x \to 1^-} \left(2ax^2 - bx + 1\right) = \log 1 + a \\ &\Longleftrightarrow \quad 2a - b + 1 = a \\ &\Longleftrightarrow \quad a - b = -1\,. \end{aligned}$$

La condizione (ii) è equivalente (in forza della continuità delle due derivate) a

$$f'_-(1) = f'_+(1) \quad \Longleftrightarrow \quad \Big[4ax - b\Big]_{x=1} = \left[\frac{1}{x}\right]_{x=1} \quad \Longleftrightarrow \quad 4a - b = 1\,.$$

In definitiva, la coppia $(a, b) \in \mathbb{R}^2$ di parametri tale che f sia derivabile in $x = 1$ (e dunque in $\mathbb{R}$) si ottiene risolvendo il seguente sistema di due equazioni in due incognite:

$$\begin{cases} a - b = -1 \\ 4a - b = 1 \end{cases} \quad \Longleftrightarrow \quad (a, b) = \left(\tfrac{2}{3}, \tfrac{5}{3}\right).$$

Pertanto, la risposta corretta è la [2].

Svolgimento 9. Un'analisi puramente geometrica del grafico di f ci consente di determinare immediatamente la risposta corretta (falsa).

[1] **Falsa.** Graficamente

$$\int_0^3 f(x)\, dx$$

è la somma algebrica delle aree rappresentate nella figura che segue, con l'area in magenta presa con segno negativo e l'area in verde presa con segno positivo:

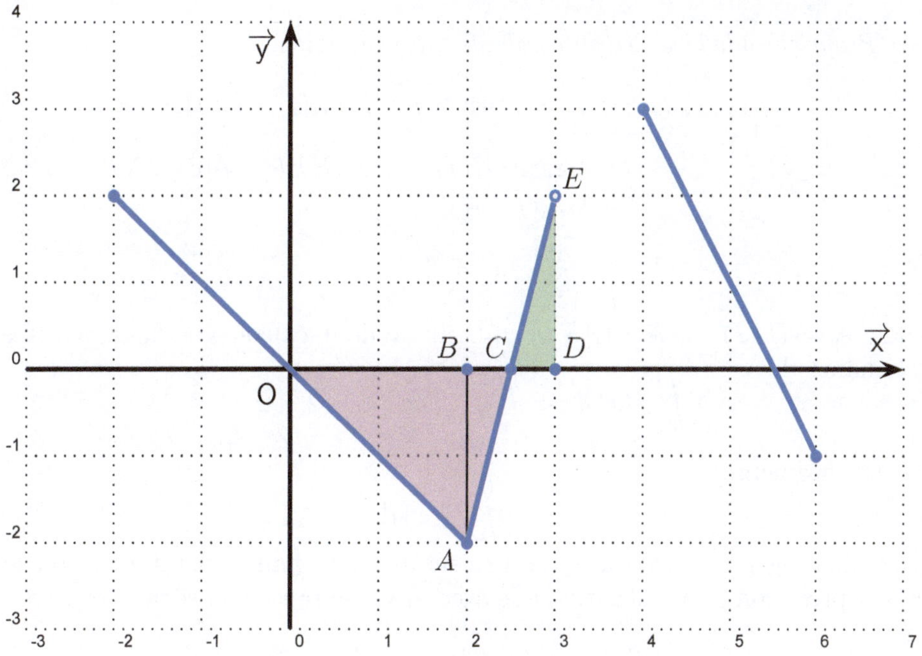

Per la *Proprietà additiva dell'integrale definito*, si ottiene

$$\begin{aligned}\int_0^3 f(x)\,dx &= \int_0^2 f(x)\,dx + \int_2^{\frac{5}{2}} f(x)\,dx + \int_{\frac{5}{2}}^3 f(x)\,dx\\ &= -\mathsf{Area}(ABO) - \mathsf{Area}(ABC) + \mathsf{Area}(CDE)\\ &= -\mathsf{Area}(ABO)\\ &= -2 < -\tfrac{3}{2},\end{aligned}$$

essendo $\mathsf{Area}(ABC) = \mathsf{Area}(CDE)$.

[2] *Vera.* Graficamente

$$\int_0^3 f(x)\,dx + \int_4^6 f(x)\,dx$$

è la somma algebrica delle aree rappresentate nella figura che segue, con le aree in magenta considerate con segno negativo e le aree in verde con segno positivo:

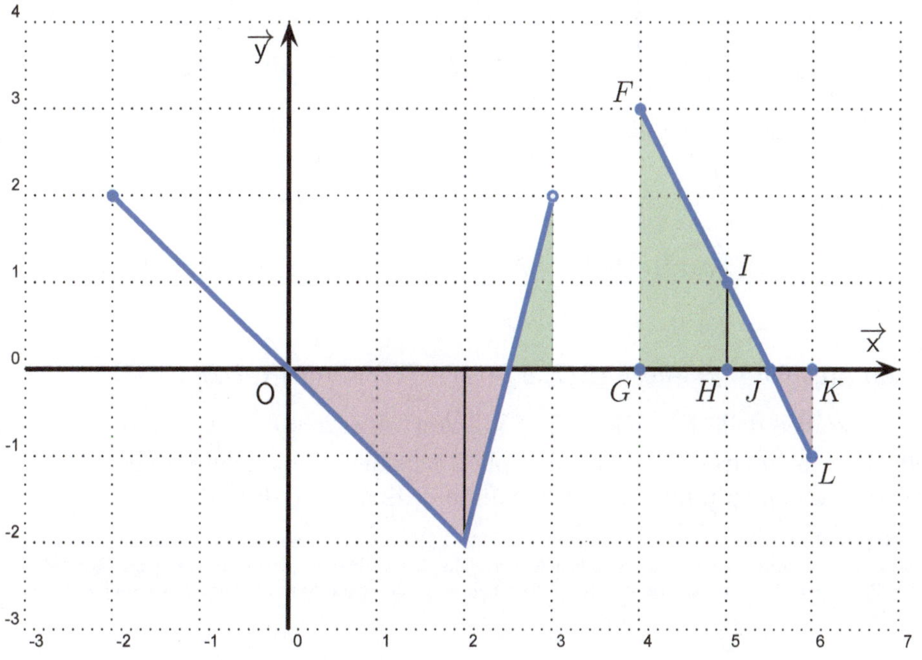

Per la *Proprietà additiva dell'integrale definito*, si ottiene

$$\begin{aligned}\int_4^6 f(x)\,dx &= \int_4^5 f(x)\,dx + \int_4^{\frac{11}{2}} f(x)\,dx + \int_{\frac{11}{2}}^6 f(x)\,dx \\ &= \mathsf{Area}(FGHI) + \mathsf{Area}(HIJ) - \mathsf{Area}(JKL) \\ &= \mathsf{Area}(FGHI) \\ &= \frac{3+1}{2}\cdot 1 = 2\,,\end{aligned}$$

essendo $\mathsf{Area}(HIJ) = \mathsf{Area}(JKL)$. Utilizzando i calcoli già fatti per il caso [1], concludiamo che

$$\int_0^3 f(x)\,dx + \int_4^6 f(x)\,dx = -2+2 = 0\,.$$

[3] *Vera.* Graficamente

$$\int_{-2}^3 f(x)\,dx$$

è la somma algebrica delle aree rappresentate nella figura che segue, con le aree in magenta prese con segno negativo e le aree in verde prese con segno positivo:

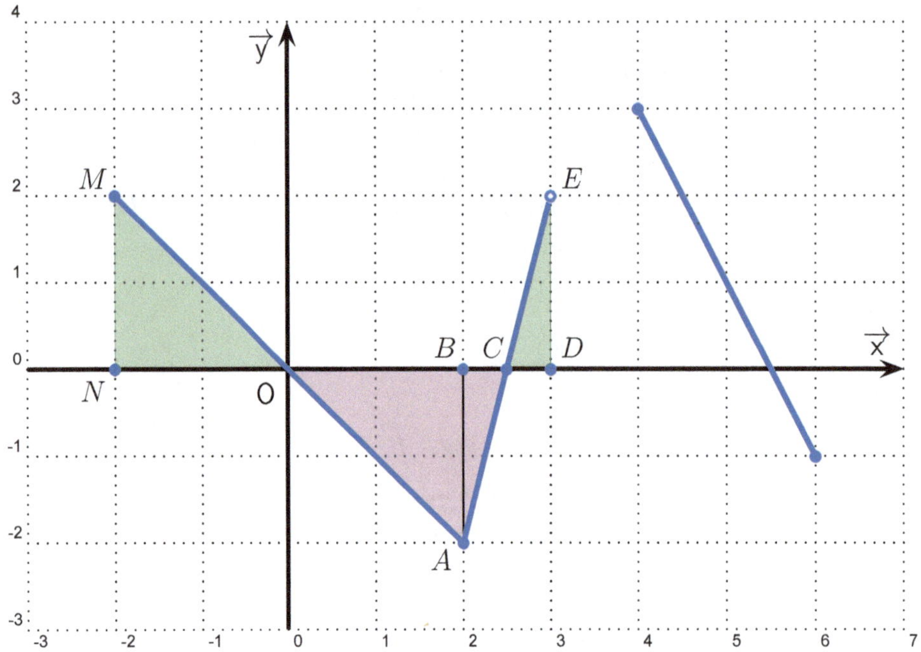

Per la *Proprietà additiva dell'integrale definito*, si ottiene

$$\begin{aligned}\int_{-2}^3 f(x)\,dx &= \int_{-2}^0 f(x)\,dx + \int_0^2 f(x)\,dx + \int_2^{\frac{11}{2}} f(x)\,dx + \int_{\frac{11}{2}}^3 f(x)\,dx \\ &= \Big(\mathsf{Area}(OMN) - \mathsf{Area}(ABO)\Big) + \Big(-\mathsf{Area}(ABC) + \mathsf{Area}(CDE)\Big) \\ &= 0+0 = 0\,,\end{aligned}$$

essendo $\mathsf{Area}(OST) = \mathsf{Area}(ABO)$ e $\mathsf{Area}(ABC) = \mathsf{Area}(CDE)$.

[4] *Vera.* Il grafico della restrizione di f all'intervallo $[2,3[$ è un tratto di una retta avente coefficiente angolare $\frac{\Delta y}{\Delta x} = 4$. Semplici considerazioni geometriche[49] permettono di dedurre che l'unico punto $x \in [2,3[$ avente ordinata 1 è dato da

[49] Tali considerazioni geometriche rendono la risoluzione del quesito molto semplice. Tuttavia, il lettore è invitato a fare i calcoli analitici per verificare la verità della suddetta asserzione, determinando prima l'equazione della retta che definisce f nell'intervallo $[2,3[$ e successivamente risolvendo il sistema formato dall'equazione di tale retta e dall'equazione (della retta orizzontale) $y=1$.

$$x = 2 + \tfrac{3}{4} = \tfrac{11}{4}\,,$$

ossia il grafico di f passa dal punto di coordinate $\left(\frac{11}{4}, 1\right)$. Essendo la funzione continua in $x = 1$, ne segue

$$\lim_{x \to \frac{11}{4}} f(x) = f\left(\tfrac{11}{4}\right) = 1\,.$$

5 *Vera.* Il grafico della restrizione di f all'intervallo chiuso $[4, 6]$ è un tratto di una retta avente coefficiente angolare $\frac{\Delta y}{\Delta x} = -2$. Pertanto, esistono infiniti punti del dominio di f in cui la derivata prima vale -2.

Svolgimento 10. Il limite

$$\lim_{x \to +\infty} \left(\frac{2^x + x^2 + 4}{2^x + 1} \right)^{\frac{2^{x+1}\, x^{-1} \mathrm{sen}^2\left(x^{-1}\right)}{(1+x^{-1})^3 - 1}} = \lim_{x \to +\infty} f(x)^{g(x)}$$

si presenta nella forma indeterminata $[1]^\infty$. Per dimostrare questo fatto, osserviamo che, al tendere di x a $+\infty$, si ha:

- la base $f(x)$ della potenza tende ad 1 (per rendersene conto, basta applicare due volte il *Teorema di de l'Hôpital*);
- l'esponente $g(x)$ della potenza tende a $+\infty$, in quanto si può riscrivere come segue

$$g(x) = \frac{x^{-1}}{\left(1 + x^{-1}\right)^3 - 1}\ \mathrm{sen}^2\left(x^{-1}\right)\, 2^{x+1} = \frac{\frac{1}{x}}{\left(1 + \frac{1}{x}\right)^3 - 1}\ \frac{\mathrm{sen}^2\left(\frac{1}{x}\right)}{\left(\frac{1}{x}\right)^2}\ \frac{2^{x+1}}{x^2}\,,$$

ove il primo fattore tende a $\frac{1}{3}$ (essendo il reciproco di un limite notevole), il secondo a 1 (essendo il quadrato di un limite notevole che vale 1) e il terzo a $+\infty$ (applichiamo due volte il *Teorema di de l'Hôpital*).

Riscriviamo il limite in una forma più 'addomesticata', al fine di risolverlo applicando alcuni limiti notevoli. Si ha:

$$\begin{aligned}
\lim_{x \to +\infty} \left(\frac{2^x + x^2 + 4}{2^x + 1} \right)^{g(x)} &= \lim_{x \to +\infty} \left(\frac{(2^x + 1) + (x^2 + 3)}{2^x + 1} \right)^{g(x)} \\
&= \lim_{x \to +\infty} \left(1 + \frac{1}{\frac{2^x+1}{x^2+3}} \right)^{g(x)} \\
&= \lim_{x \to +\infty} \left[\left(1 + \frac{1}{\frac{2^x+1}{x^2+3}} \right)^{\frac{2^x+1}{x^2+3}} \right]^{\frac{x^2+3}{2^x+1} g(x)} .
\end{aligned}$$

Poiché il limite della funzione dentro le parentesi quadre vale 'e', calcoliamo il limite dell'esponente:

$$\begin{aligned}
\lim_{x \to +\infty} \left(\frac{x^2 + 3}{2^x + 1}\, g(x) \right) &= \lim_{x \to +\infty} \left(\frac{x^2 + 3}{2^x + 1}\ \frac{\frac{1}{x}}{\left(1 + \frac{1}{x}\right)^3 - 1}\ \frac{\mathrm{sen}^2\left(\frac{1}{x}\right)}{\left(\frac{1}{x}\right)^2}\ \frac{2^{x+1}}{x^2} \right) \\
&= \lim_{x \to +\infty} \left(\frac{x^2 + 3}{x^2}\ \frac{\frac{1}{x}}{\left(1 + \frac{1}{x}\right)^3 - 1}\ \frac{\mathrm{sen}^2\left(\frac{1}{x}\right)}{\left(\frac{1}{x}\right)^2}\ \frac{2 \cdot 2^x}{2^x + 1} \right) \\
&= 1 \cdot \frac{1}{3} \cdot 1 \cdot 2 \\
&= \frac{2}{3}\,.
\end{aligned}$$

Ne segue che

$$\lim_{x\to+\infty}\left(\frac{2^x+x^2+4}{2^x+1}\right)^{\frac{2^{x+1}\,x^{-1}\mathrm{sen}^2\left(x^{-1}\right)}{\left(1+x^{-1}\right)^3-1}} = \mathrm{e}^{\frac{2}{3}} = \sqrt[3]{\mathrm{e}^2}.$$

e dunque la risposta corretta è la $\boxed{2}$.

Svolgimento 11. Studiamo la funzione f definita dalla legge

$$f(x)=\frac{\mathrm{e}^{x-1}}{2-x}$$

nel suo insieme d'esistenza.

1) ***Insieme d'esistenza. Continuità.*** La funzione f è continua in tutto il suo insieme d'esistenza

$$I=\mathbb{R}\setminus\{2\}.$$

Inoltre, f non presenta simmetrie e non è periodica.

2) ***Localizzazione.*** Studiamo il segno della funzione e l'esistenza di eventuali intersezioni con gli assi cartesiani. Essendo $\mathrm{e}^{x-1}>0$ per ogni $x\in\mathbb{R}$, si ottiene

$$f(x)\begin{cases} >0 & \text{se } x\in\,]-\infty,2[\\ <0 & \text{se } x\in\,]2,+\infty[\,. \end{cases}$$

Inoltre, essendo $f(0)=\frac{\mathrm{e}^{-1}}{2}$, l'unico punto di intersezione del grafico di f con gli assi cartesiani è dato da $\left(0,\frac{1}{2\mathrm{e}}\right)$.

3) ***Comportamento agli estremi e in frontiera. Asintoti.*** Poiché l'insieme di esistenza è $I=\,]-\infty,2[\,\cup\,]2,+\infty[\,$, calcoliamo quattro limiti (per il quarto, che si presenta nella forma indeterminata $\left[\frac{\infty}{\infty}\right]$, applichiamo il *Teorema di de l'Hôpital*):

$$\lim_{x\to-\infty}\frac{\mathrm{e}^{x-1}}{2-x}=0\,,$$

$$\lim_{x\to2^-}\frac{\mathrm{e}^{x-1}}{2-x}=+\infty\,,$$

$$\lim_{x\to2^+}\frac{\mathrm{e}^{x-1}}{2-x}=-\infty\,,$$

$$\lim_{x\to+\infty}\frac{\mathrm{e}^{x-1}}{2-x}=\lim_{x\to-\infty}\frac{\mathrm{e}^{x-1}}{-1}=-\infty\,.$$

Ne segue che il grafico di f presenta:

- un asintoto orizzontale sinistro di equazione $y=0$;
- un asintoto verticale completo di equazione $x=2$.

Inoltre, essendo

$$\lim_{x\to+\infty}\frac{f(x)}{x}=\lim_{x\to+\infty}\frac{\mathrm{e}^{x-1}}{x\,(2-x)}=\lim_{x\to+\infty}\frac{\mathrm{e}^{x-1}}{2-2x}=\lim_{x\to+\infty}\frac{\mathrm{e}^{x-1}}{-2}=-\infty\,,$$

il grafico di f non presenta asintoti obliqui.

*4) **Rappresentazione grafica parziale.*** Alla luce dei punti 1), 2) e 3), possiamo tracciare un grafico parziale approssimativo della funzione f:

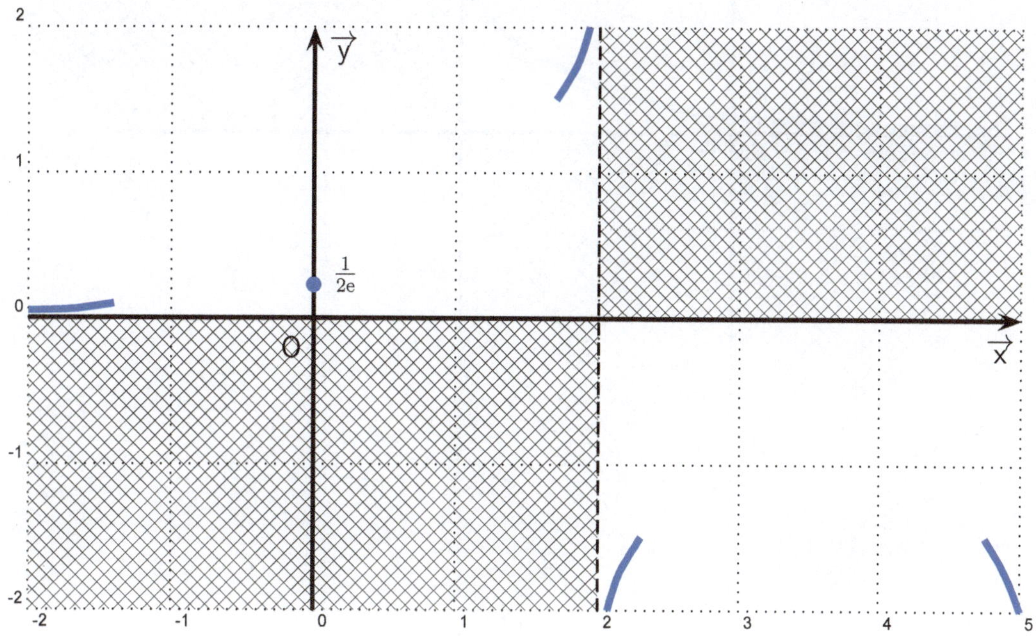

*5) **Derivata prima.*** Essendo

$$f'(x) = \frac{e^{x-1}(2-x) - e^{x-1}(-1)}{(2-x)^2} = -\frac{e^{x-1}(x-3)}{(2-x)^2},$$

la derivata prima f' ha lo stesso insieme d'esistenza $I = \mathbb{R} \setminus \{2\}$ di f, per cui f è derivabile in tutto il suo dominio. Si noti che f' risulta anche continua in tutto I. Inoltre, poiché $e^{x-1} > 0$ e $(2-x)^2 > 0$ per ogni $x \in I$, si ha:

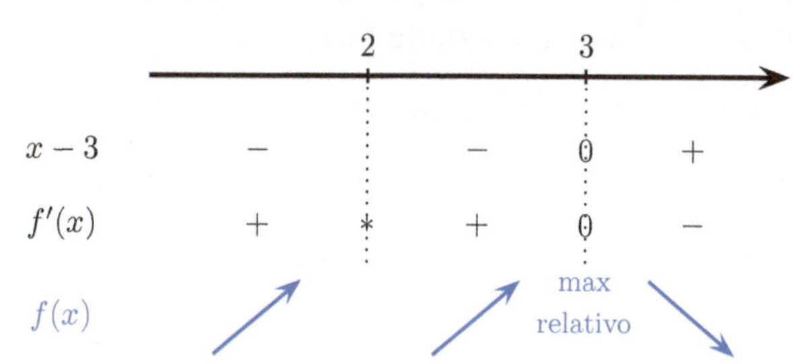

Ne segue che f presenta in $x = 3$ un punto critico M di massimo relativo, avente coordinate $(3, f(3)) = (3, -e^2)$.

*6) **Derivata seconda.*** Anche se non è necessario al fine di determinare la risposta corretta, calcoliamo la derivata seconda. Si ha (omettiamo alcuni tediosi calcoli)

$$f''(x) = \mathsf{D}\left(-\frac{e^{x-1}(x-3)}{(2-x)^2}\right) = \ldots = \frac{e^{x-1}(x^2-6x+10)}{(2-x)^3}$$

per ogni $x \in I$. Essendo $x^2 - 6x + 10 > 0$ per ogni $x \in \mathbb{R}$, si ottiene

$$f''(x) \begin{cases} < 0 \iff (2-x)^3 < 0 \iff 2-x < 0 \iff x > 2 \\ > 0 \iff (2-x)^3 > 0 \iff 2-x > 0 \iff x < 2, \end{cases}$$

per cui f è convessa nell'intervallo $]-\infty, 2[$ e concava nell'intervallo $]2, +\infty[$.

*7) **Rappresentazione grafica completa.*** Il grafico di f è il seguente:

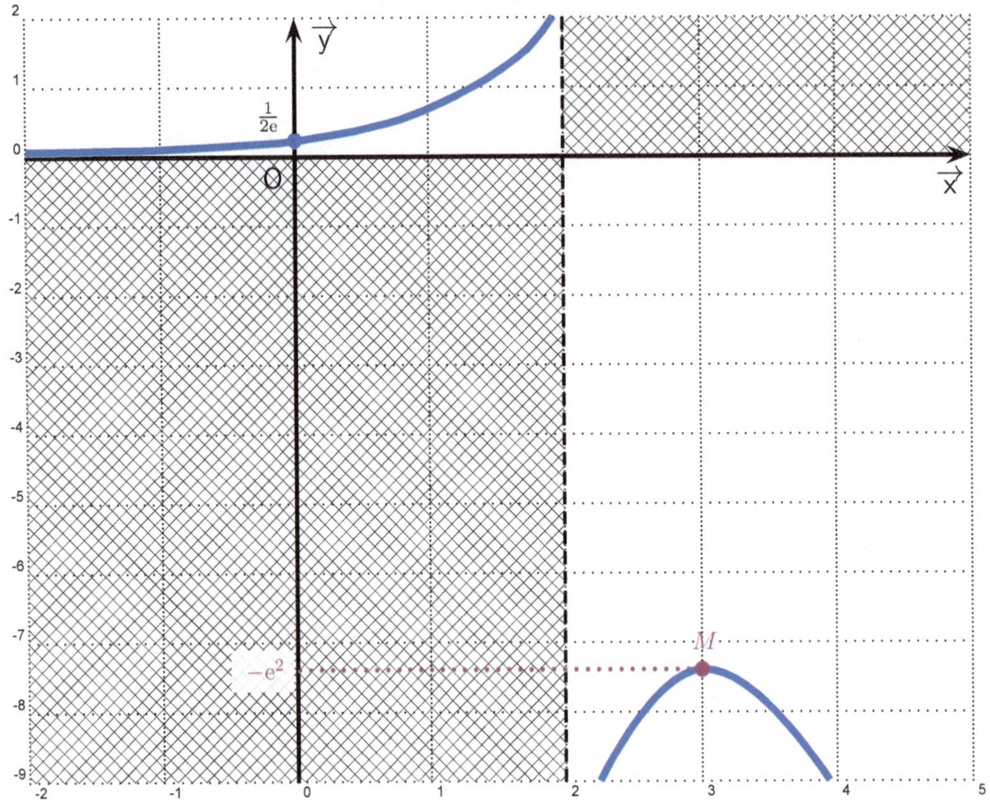

Determiniamo la risposta corretta (falsa).

[1] *Vera.* f ha un asintoto orizzontale (sinistro) e un asintoto verticale (completo).

[**2**] **Falsa.** L'immagine di f è $]-\infty, -e^2] \cup]0, +\infty[$, che non è un insieme chiuso in quanto non contiene il punto d'accumulazione 0.

[3] *Vera.* f ha un punto di massimo relativo ma non un punto di minimo relativo.

[4] *Vera.* f ristretta a $]-\infty, 2[$ è crescente, dunque invertibile.

[5] *Vera.* f ristretta a $[3, +\infty[$ è decrescente, dunque invertibile.

Svolgimento 12. Osserviamo preliminarmente che essendo la funzione f continua in $\mathsf{dom}f = [0, 1] \cup [2, 3] \cup [4, 5]$ e derivabile all'interno del suo dominio, alcuni teoremi fondamentali del calcolo differenziale (quali, ad esempio, *Rolle*, *Cauchy*, *Lagrangia*, *Weierstrass*) sono applicabili alle restrizioni di f a ciascuno dei tre intervalli chiusi $[0, 1]$, $[2, 3]$ e $[4, 5]$. Determiniamo la risposta corretta (falsa).

[1] *Vera.* Per il *Teorema di Weierstrass*, una funzione (reale di una variabile reale) continua in un intervallo chiuso e limitato ha sempre massimo assoluto M e minimo assoluto m, assumendo tutti i valori compresi tra M e m; in altri termini, il suo codominio è l'intervallo chiuso e limitato $[m, M]$. Pertanto, le restrizioni della nostra funzione f ai tre intervalli $[0, 1]$, $[2, 3]$ e $[4, 5]$ hanno come codominio un intervallo chiuso e limitato. Ne segue che $\mathsf{codom}f$ è l'unione di tre intervalli chiusi e limitati, per cui è un insieme chiuso e limitato (ma non necessariamente un intervallo, perchè i codomini delle tre restrizioni potrebbero anche essere a due a due disgiunti).

2 **Falsa.** Per il Teorema di Weierstrass, si ha

- f ristretta a $[0,1]$ ha un massimo assoluto M_1 e un minimo assoluto m_1,
- f ristretta a $[2,3]$ ha un massimo assoluto M_2 e un minimo assoluto m_2,
- f ristretta a $[4,5]$ ha un massimo assoluto M_3 e un minimo assoluto m_3.

Ne segue che, denotati

$$M = \max\{M_1, M_2, M_3\} \qquad \text{e} \qquad m = \max\{m_1, m_2, m_3\} ,$$

la nostra funzione f ha M come massimo assoluto e m come minimo assoluto. A scopo puramente esemplificativo, nella figura seguente rappresentiamo il grafico di una funzione $f\colon [0,1] \cup [2,3] \cup [4,5] \to \mathbb{R}$ soddisfacenti le ipotesi del problema e tale che il massimo assoluto M è uguale a M_1 (il massimo della sua restrizione all'intervallo $[0,1]$) e il minimo assoluto m è uguale a m_3 (il minimo della sua restrizione all'intervallo $[4,5]$).

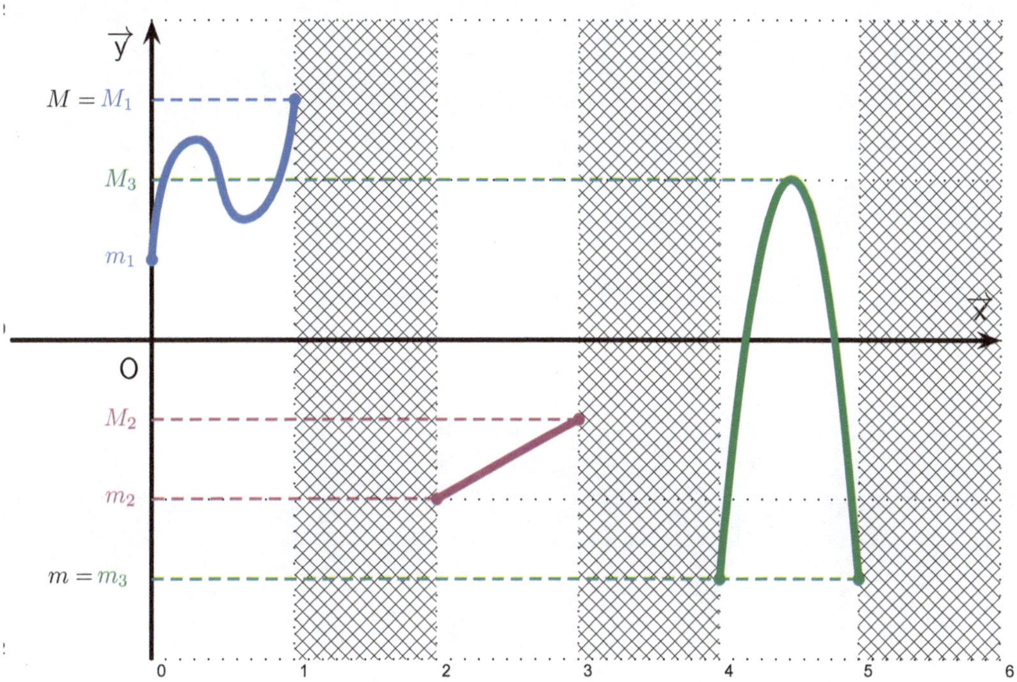

3 *Vera.* Scriviamo esplicitamente l'ipotesi $f(n) = f(n+1)$ per $n \in \{0,2,4\}$:

$$f(0) = f(1) , \quad f(2) = f(3) , \quad f(4) = f(5) .$$

Adesso applichiamo tre volte il *Teorema di Rolle* alle restrizioni di f agli intervalli chiusi e limitati $[0,1]$, $[2,3]$ e $[4,5]$, ottenendo tre punti critici distinti.

4 *Vera.* Scriviamo esplicitamente l'ipotesi $f(n)\,f(n+1) < 0$ per $n \in \{0,2,4\}$:

$$f(0)\,f(1) < 0 , \quad f(2)\,f(3) < 0 , \quad f(4)\,f(5) < 0 .$$

L'ipotesi vuole dire che $f(0)$ e $f(1)$ hanno segni diversi, $f(2)$ e $f(3)$ hanno segni diversi ed infine $f(4)$ e $f(5)$ hanno segni diversi. Essendo f continua, possiamo applicare tre volte il *Teorema di esistenza degli zeri* alle restrizioni di f agli intervalli $[0,1]$, $[2,3]$ e $[4,5]$, ottenendo tre punti distinti in cui la funzione f vale zero.

5 *Vera.* Scriviamo esplicitamente l'ipotesi $f'\big(n+\frac{1}{3}\big) = f'\big(n+\frac{2}{3}\big)$ per $n \in \{0,2,4\}$:

$$f'\big(\tfrac{1}{3}\big) = f'\big(\tfrac{2}{3}\big) , \quad f'\big(\tfrac{7}{3}\big) = f'\big(\tfrac{8}{3}\big) , \quad f'\big(\tfrac{13}{3}\big) = f'\big(\tfrac{14}{3}\big) .$$

Essendo f dotata di derivata seconda all'interno del suo dominio, la funzione f' sarà continua negli intervalli chiusi $\left[\frac{1}{3},\frac{2}{3}\right]$, $\left[\frac{7}{3},\frac{8}{3}\right]$ e $\left[\frac{13}{3},\frac{14}{3}\right]$, nonché derivabile negli intervalli aperti $\left]\frac{1}{3},\frac{2}{3}\right[$, $\left]\frac{7}{3},\frac{8}{3}\right[$ e $\left]\frac{13}{3},\frac{14}{3}\right[$. Possiamo pertanto applicare il *Teorema di Rolle* alla restrizione di f' agli intervalli chiusi e limitati $\left[\frac{1}{3},\frac{2}{3}\right]$, $\left[\frac{7}{3},\frac{8}{3}\right]$ e $\left[\frac{13}{3},\frac{14}{3}\right]$, ottenendo 3 punti distinti in cui la derivata della derivata prima (ossia la derivata seconda) vale 0. In altri termini, f' ha almeno tre punti critici distinti.

Capitolo 13

Parte A.1

Esercizio 1. Siano A e B proposizioni logiche. Quale delle seguenti formule NON è una TAUTOLOGIA?

[1] $\big(A \iff B\big) \implies \big(A \implies B\big)$

[2] $\neg\big(A \wedge B\big) \iff \big(\neg A \vee \neg B\big)$

[3] $\neg\big(A \vee B\big) \implies \big(\neg A \wedge \neg B\big)$

[4] $\big(\neg A \wedge \neg B\big) \implies \neg A$

[5] Nessuna delle altre risposte

Esercizio 2. Siano X e Y i seguenti insiemi numerici:

$$X = [0,4] \cup \left\{4 + \tfrac{1}{n+1} : n \in \mathbb{N}\right\} \qquad \text{e} \qquad Y =]5,6] \,.$$

Quale delle seguenti asserzioni è VERA?

[1] X e Y sono separati ma non contigui

[2] $X \cup Y$ è un insieme chiuso

[3] $D(X \cup Y)$ non è un insieme chiuso

[4] $F(X \setminus Y)$ è un insieme finito

[5] Nessuna delle altre risposte

Esercizio 3. Siano date le matrici

$$A = \begin{pmatrix} 1 & 0 \\ -1 & 3 \end{pmatrix} \qquad \text{e} \qquad B = \begin{pmatrix} 1 & -1 \\ 3 & 2 \end{pmatrix}.$$

Quale delle seguenti asserzioni è FALSA?
$\big(A^{(a)}$ denota la matrice aggiunta di A, I_2 è la matrice identica di ordine 2.$\big)$

[1] $A^{-1} = \begin{pmatrix} 1 & 0 \\ \frac{1}{3} & \frac{1}{3} \end{pmatrix}$

[2] $B^{-1} = \dfrac{1}{5}\begin{pmatrix} 2 & 1 \\ -3 & 1 \end{pmatrix}$

[3] $A^{-1}B = \dfrac{1}{3}\begin{pmatrix} 3 & 3 \\ 1 & -1 \end{pmatrix}$

[4] $B^{(a)}B = 5\,I_2$

[5] $AA^{(a)} = 3\,I_2$

Parte A.2

Esercizio 4. Siano R_1, R_2 e R_3 le relazioni binarie sull'insieme A dei residenti in Sicilia definite come segue per ogni $x, y \in A$:

$$\begin{aligned} x\,R_1\,y &\overset{\text{def}}{\iff} x \text{ è cugino di primo grado di } y\,, \\ x\,R_2\,y &\overset{\text{def}}{\iff} x \text{ è nonno di } y\,, \\ x\,R_3\,y &\overset{\text{def}}{\iff} x \text{ è coetaneo di } y \end{aligned}$$

(ove x è 'cugino di primo grado' di y se almeno uno dei genitori di x è fratello/sorella di almeno uno dei genitori di y). Quale delle seguenti asserzioni è FALSA?

[1] Per ogni $x, y, z \in A$, se $x\,R_2\,y$ e $y\,R_1\,z$, allora $x\,R_2\,z$

[2] R_1 non è antisimmetrica

[3] R_3 è una relazione di equivalenza

[4] R_1 non è transitiva

[5] Per ogni $x, y \in A$, se $x\,R_2\,y$ e $y\,R_2\,x$, allora $x\,R_3\,y$

Esercizio 5. Sia dato il sistema lineare

$$\begin{cases} 2ax - y - 3z = \frac{3}{2} \\ -x + (a-1)z = -1 \\ y + az = a \end{cases}$$

con $a \in \mathbb{R}$. Quale delle seguenti asserzioni è VERA?

[1] Il sistema è sempre possibile

[2] Per $a = \frac{3}{2}$, la terna $(x, y, z) = \left(1, \frac{3}{2}, 0\right)$ è l'unica soluzione del sistema

[3] Esistono due valori distinti di a per cui il sistema è impossibile

[4] Esistono infiniti valori di a per cui il sistema ammette infinite soluzioni

[5] Nessuna delle altre risposte

Parte A.3

Esercizio 6. Siano A e B due insiemi tali che $|A| = 6$, $|B| = 5$, $|A \cup B| = 9$. Quanti sono i sottoinsiemi di $A \cup B$ contenenti ESATTAMENTE 2 elementi di A ed ALMENO 1 elemento di B?

[1] 114

[2] 90

[3] 78

[4] 66

[5] 52

Parte B.1

Esercizio 7. Qual è l'insieme delle soluzioni della disequazione

$$\log_{\frac{1}{2}} \frac{3x+4}{x^2} > 0 \ ?$$

1. $]-1, 4[$
2. $]-2, -1[\cup]2, +\infty[$
3. $]-1, 2[$
4. $\left]-\frac{4}{3}, -1\right[\cup]4, +\infty[$
5. Nessuna delle altre risposte

Esercizio 8. Sia data la funzione $f\colon \mathbb{R} \to \mathbb{R}$ definita da

$$f(x) = \begin{cases} -x-1 & \text{se} \quad x < -2 \\ 1 & \text{se} \quad 1 \leqslant |x| \leqslant 2 \\ |x| & \text{se} \quad |x| < 1 \\ x-1 & \text{se} \quad x > 2\,. \end{cases}$$

Quale delle seguenti asserzioni è FALSA?

1. La tangente al grafico di f nel punto di ascissa $x = -\frac{1}{2}$ è la seconda bisettrice
2. f ha esattamente 5 punti angolosi
3. f è pari
4. $\int_{-2}^{2} f(x)\, dx = 3$
5. f ha punti di discontinuità di prima specie

Esercizio 9. Sia data la funzione $f\colon \mathbb{R} \to \mathbb{R}$ definita da

$$f(x) = \begin{cases} x^2 - 2\,\mathrm{e}^x + a & \text{se} \quad x \leqslant 0 \\ \log(\mathrm{e}+x) + bx & \text{se} \quad x > 0\,, \end{cases}$$

con a, b parametri reali. Per quali valori di $a, b \in \mathbb{R}$ la funzione f è derivabile in $\mathbb{R}$?

1. $(a,b) = \left(2, \frac{1}{\mathrm{e}}\right)$
2. $(a,b) = \left(3, \frac{4\mathrm{e}-1}{\mathrm{e}}\right)$
3. $(a,b) = \left(3, -\frac{2\mathrm{e}+1}{\mathrm{e}}\right)$
4. $(a,b) = \left(2, -\frac{\mathrm{e}+1}{\mathrm{e}}\right)$
5. Nessuna delle altre risposte

Parte B.2

Esercizio 10. Sia data la funzione f definita dalla legge

$$f(x) = \log \frac{x}{2-x}$$

in tutto il suo insieme di esistenza. Quale delle seguenti asserzioni è VERA?

1. f non ha punti di flesso
2. f è invertibile
3. f è dispari
4. f ha estremi relativi
5. Nessuna delle altre risposte

Esercizio 11. Quanto vale

$$\int_3^4 \frac{2x+1}{x^2-3x+2}\,dx\,?$$

1. $\log \frac{256}{27}$
2. $5\log 3 - 8\log 2$
3. $\log 2 - 3\log 5$
4. $\log \frac{9}{16}$
5. Nessuna delle altre risposte

Parte B.3

Esercizio 12. Sia $f\colon \mathbb{R} \to \mathbb{R}$ una funzione la cui derivata $f'\colon \mathbb{R} \to \mathbb{R}$ è definita da

$$f'(x) = -|2x|$$

per ogni $x \in \mathbb{R}$. Quale delle seguenti asserzioni è FALSA?

1. f non ha un punto di massimo relativo
2. f ha un punto di flesso in cui la tangente è parallela alla prima bisettrice
3. Se $f(0) = 1$, allora $\int_{-1}^{0} f(x)\,dx > 1$
4. Se $f(0) = 0$, allora $\int_{-1}^{0} f(x)\,dx = -\int_{0}^{1} f(x)\,dx$
5. f è decrescente e convessa in $]-\infty, 0[$

Soluzioni

Svolgimento 1. Ricordiamo che una formula *non* è una tautologia se risulta falsa per alcuni valori di verità delle proposizioni logiche che la compongono;[50] in altri termini, la colonna corrispondente alla formula della rispettiva tavola di verità presenta almeno un valore 'F'. Le tavole di verità relative alle formule [1]–[4] sono, nell'ordine, le seguenti:

A	B	$A \iff B$	$A \implies B$	$(A \iff B) \implies (A \implies B)$
V	V	V	V	**V**
V	F	F	F	**V**
F	V	F	V	**V**
F	F	V	V	**V**

A	B	$A \wedge B$	$\neg(A \wedge B)$	$\neg A$	$\neg B$	$(\neg A \vee \neg B)$	$\neg(A \wedge B) \iff (\neg A \vee \neg B)$
V	V	V	F	F	F	F	**V**
V	F	F	V	F	V	V	**V**
F	V	F	V	V	F	V	**V**
F	F	F	V	V	V	V	**V**

A	B	$A \vee B$	$\neg(A \vee B)$	$\neg A$	$\neg B$	$(\neg A \wedge \neg B)$	$\neg(A \vee B) \implies (\neg A \wedge \neg B)$
V	V	V	F	F	F	F	**V**
V	F	V	F	F	V	F	**V**
F	V	V	F	V	F	F	**V**
F	F	F	V	V	V	V	**V**

A	B	$\neg A$	$\neg B$	$(\neg A \wedge \neg B)$	$(\neg A \wedge \neg B) \implies \neg A$
V	V	F	F	F	**V**
V	F	F	V	F	**V**
F	V	V	F	F	**V**
F	F	V	V	V	**V**

Pertanto, tutte queste formule sono tautologie e la risposta corretta è la **[5]**.

Svolgimento 2. I due insiemi numerici

$$X = [0,4] \cup \left\{4 + \tfrac{1}{n+1} : n \in \mathbb{N}\right\} \qquad \text{e} \qquad Y =]5,6]$$

sono disgiunti. Rappresentiamoli graficamente:

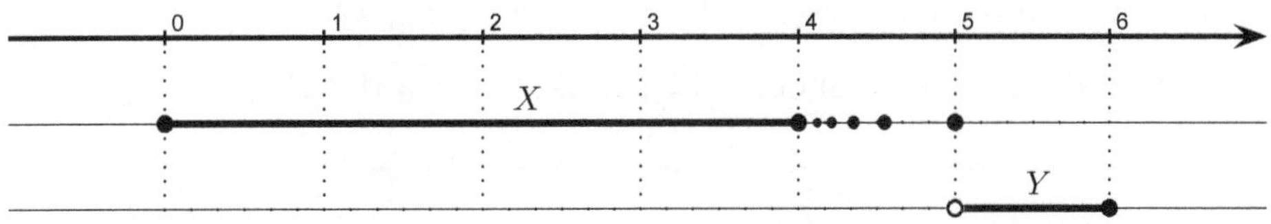

Si ha:

- $\mathring{X} =]0,4[$, $DX = [0,4]$, $FX = \left\{4 + \tfrac{1}{n+1} : n \in \mathbb{N}\right\} \cup \{0,4\}$, $\overline{X} = X$, $\min X = 0$, $\max X = 5$;
- $\mathring{Y} =]5,6[$, $DY = [5,6]$, $FY = \{5,6\}$, $\overline{Y} = Y \cup \{5\}$, $\inf Y = 5$, $\max Y = 6$.

[50] Si veda [GA2017], Sezione 1.1.9 (Tautologia e contraddizione).

Determiniamo la risposta corretta (vera).

[1] *Falsa.* X e Y sono separati *e* contigui, in quanto $\max X = 5 = \inf Y$.

[2] **Vera.** Essendo

$$X \cup Y = [0,4] \cup \left\{4 + \tfrac{1}{n+1} : n \in \mathbb{N}\right\} \cup [5,6]$$

(il numero 5 è ripetuto due volte, ma questo non modifica l'insieme), si ha

$$D(X \cup Y) = [0,4] \cup [5,6] \subseteq X \cup Y$$

per cui $X \cup Y$ è un insieme chiuso.

[3] *Falsa.* $D(X \cup Y) = [0,4] \cup [5,6]$ è un insieme chiuso.

[4] *Falsa.* $F(X \setminus Y) = FX$ è un insieme infinito.

Svolgimento 3. Calcoliamo l'aggiunta e l'inversa delle matrici A e B, ove

$$A = \begin{pmatrix} 1 & 0 \\ -1 & 3 \end{pmatrix} \quad \text{e} \quad B = \begin{pmatrix} 1 & -1 \\ 3 & 2 \end{pmatrix}.$$

Essendo

$$\det(A) = 3 \quad \text{e} \quad \det(B) = 5,$$

nonché

$$A^{(a)} = \begin{pmatrix} 3 & 0 \\ 1 & 1 \end{pmatrix} \quad \text{e} \quad B^{(a)} = \begin{pmatrix} 2 & 1 \\ -3 & 1 \end{pmatrix},$$

si ottiene

$$A^{-1} = \frac{1}{\det(A)} A^{(a)} = \begin{pmatrix} 1 & 0 \\ \frac{1}{3} & \frac{1}{3} \end{pmatrix} \quad \text{e} \quad B^{-1} = \frac{1}{\det(B)} B^{(a)} = \begin{pmatrix} \frac{2}{5} & \frac{1}{5} \\ -\frac{3}{5} & \frac{1}{5} \end{pmatrix}.$$

Determiniamo adesso la risposta corretta (falsa).

[1] *Vera*, poiché $A^{-1} = \begin{pmatrix} 1 & 0 \\ \frac{1}{3} & \frac{1}{3} \end{pmatrix}$.

[2] *Vera*, poiché $B^{-1} = \frac{1}{5}\begin{pmatrix} 2 & 1 \\ -3 & 1 \end{pmatrix}$.

[3] **Falsa.** Si ha:

$$A^{-1}B = \begin{pmatrix} 1 & 0 \\ \frac{1}{3} & \frac{1}{3} \end{pmatrix}\begin{pmatrix} 1 & -1 \\ 3 & 2 \end{pmatrix} = \begin{pmatrix} 1 & -1 \\ \frac{4}{3} & \frac{1}{3} \end{pmatrix} \neq \frac{1}{3}\begin{pmatrix} 3 & 3 \\ 1 & -1 \end{pmatrix}.$$

[4] *Vera.* Per un noto teorema, si ha $B^{(a)}B = \det(B)\, I_2 = 5\, I_2$.

[5] *Vera.* Per lo stesso teorema di cui in [4], si ha $A\, A^{(a)} = \det(A)\, I_2 = 3\, I_2$.

Svolgimento 4. Ricordiamo la definizione delle tre relazioni binarie R_1, R_2 e R_3 sull'insieme $A = \{\text{residenti in Sicilia}\}$:

$$x\, R_1\, y \overset{\text{def}}{\iff} x \text{ è cugino di primo grado di } y\,,$$
$$x\, R_2\, y \overset{\text{def}}{\iff} x \text{ è nonno di } y\,,$$
$$x\, R_3\, y \overset{\text{def}}{\iff} x \text{ è coetaneo di } y\,.$$

Determiniamo la risposta corretta (falsa).

[1] **Falsa.** Dobbiamo determinare se la formula

$$\Big(\forall x, y, z \in A\Big) \Big(x \, R_2 \, y \ \wedge \ y \, R_1 \, z\Big) \implies x \, R_2 \, z \tag{4}$$

è vera o falsa. Intuendo che possa essere falsa, cerchiamo un *controesempio*, che consiste in una terna (x, y, z) di elementi in A per cui la (4) non è verificata, ossia per cui si ha

$$\Big(x \, R_2 \, y \ \wedge \ y \, R_1 \, z\Big) \ \wedge \ \neg(x \, R_2 \, z) \, .$$

Consideriamo, ad esempio, il seguente caso:

- x è nonno di y (ossia $x \, R_2 \, y$), essendo il padre della madre di y;
- y è cugino di primo grado di z (ossia $y \, R_1 \, z$), in quanto i rispettivi padri sono fratelli (ma le madri non sono sorelle).

In tal caso, x *non* è nonno di z, in quanto non è il padre di un genitore di z. Pertanto, si ha $\neg(x \, R_2 \, z)$ e la (4) è falsa.

[2] *Vera.* R_1 *non* è antisimmetrica, in quanto esistono $x, y \in A$ distinti che sono cugini di primo grado, ossia

$$x \, R_1 \, y \, , \quad y \, R_1 \, x \, , \quad x \neq y \, .$$

[3] *Vera.* Verifichiamo che R_3 è una relazione di equivalenza.

Riflessiva: $\Big(\forall x \in A\Big) \ x \, R_3 \, x$. Ogni elemento x di A è ovviamente coetaneo di se stesso.

Simmetrica: $\Big(\forall x \in A\Big) \Big(x \, R_3 \, y \implies y \, R_3 \, x\Big)$. Se x è coetaneo di y, allora y è coetaneo di x.

Transitiva: $\Big(\forall x, y, z \in A\Big) \Big(\Big(x \, R_3 \, y \ \wedge \ y \, R_3 \, z\Big) \implies x \, R_3 \, z\Big)$. Se x è coetaneo di y e y è coetaneo di z, allora x è coetaneo di z.

[4] *Vera.* R_1 non è transitiva, in quanto esistono $x, y, z \in A$ tali che x è cugino di primo grado di y, y è cugino di primo grado di z, ma x non è cugino di primo grado di z.

[5] *Vera.* Occorre verificare la verità della formula

$$\Big(\forall x, y \in A\Big) \Big(\Big(x \, R_2 \, y \ \wedge \ y \, R_2 \, x\Big) \implies x \, R_3 \, y\Big) .$$

Siano x, y elementi arbitrari di A. Notiamo che se x è nonno di y, allora sicuramente y non è nonno di x. Ne segue che l'antecedente dell'implicazione è sempre falso, per cui l'implicazione è sempre vera in forza del principio '*ex falso quodlibet sequitur*' (dal falso segue qualsiasi cosa).[51]

Svolgimento 5. Per risolvere il sistema mediante il *Teorema di Rouchè-Capelli*, determiniamo il rango della matrice incompleta A e quello della matrice completa B al variare del parametro reale a, ove

$$A = \begin{pmatrix} 2a & -1 & -3 \\ -1 & 0 & a-1 \\ 0 & 1 & a \end{pmatrix} \qquad \text{e} \qquad B = \begin{pmatrix} 2a & -1 & -3 & \frac{3}{2} \\ -1 & 0 & a-1 & -1 \\ 0 & 1 & a & a \end{pmatrix} .$$

Poiché il determinante dell'estratta di Sud-Ovest

$$S = \begin{pmatrix} -1 & 0 \\ 0 & 1 \end{pmatrix}$$

è nullo, si ha $r(A) \geqslant 2$ per ogni $a \in \mathbb{R}$. Inoltre, essendo $\det(A) = -2a^2 + a + 3$, per cui

[51] Si veda la Sezione 1.1.4 del Capitolo di Logica in [GL2024].

$$\det(A) = 0 \iff 2a^2 - a - 3 = 0 \iff a = -1 \text{ oppure } a = \frac{3}{2},$$

si ottiene

$$r(A) = \begin{cases} 2 & \text{se } a \in \left\{-1, \frac{3}{2}\right\} \\ 3 & \text{se } a \in \mathbb{R} \setminus \left\{-1, \frac{3}{2}\right\}. \end{cases}$$

Per determinare il rango della matrice completa B al variare del parametro a, applichiamo il *Teorema degli orlati.* (Ricordiamo che ovviamente si ha $r(A) \leqslant r(B) \leqslant 3$ per ogni $a \in \mathbb{R}$.) Pertanto, dobbiamo soltanto calcolare i determinanti dei due orlati dell'estratta S. Un orlato è la matrice incompleta A. Il secondo orlato di S è

$$T = \begin{pmatrix} 2a & -1 & \frac{3}{2} \\ -1 & 0 & -1 \\ 0 & 1 & a \end{pmatrix}.$$

Essendo $\det(T) = a - \frac{3}{2}$, per cui $\det(T) = 0$ se e solo se $a = \frac{3}{2}$, si ottiene che il rango di B è uguale a quello di A per tutti i valori del parametro a, fatta eccezione per $a = -1$ (nel qual caso è 3 anziché 2). Ricapitolando, si ha

$$r(B) = \begin{cases} 2 & \text{se } a = \frac{3}{2} \\ 3 & \text{se } a \in \mathbb{R} \setminus \left\{\frac{3}{2}\right\}. \end{cases}$$

In conclusione, in forza del *Teorema di Rouchè-Capelli,* si ottiene

valore di a	$r(A)$	$r(B)$	sistema	numero soluzioni
$\frac{3}{2}$	2	2	indeterminato	∞^1
-1	2	3	impossibile	0
$\neq -1, \frac{3}{2}$	3	3	determinato	1

Alla luce di questa analisi, le risposte [1]–[4] sono tutte false, per cui la risposta corretta è la [5]. Si noti che, per $a = \frac{3}{2}$, la terna $(x, y, z) = \left(1, \frac{3}{2}, 0\right)$ è una soluzione del sistema, ma non è l'unica (il lettore è invitato a verificare).

Svolgimento 6. Per la *Proprietà dei quattro cardinali,* si ha

$$|A \cap B| = |A| + |B| - |A \cup B| = 6 + 5 - 9 = 2.$$

Graficamente, la situazione è la seguente:

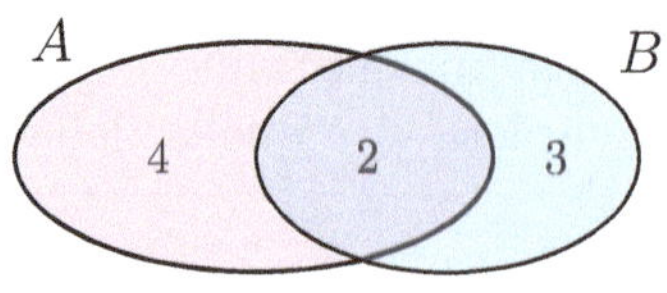

Occorre determinare il numero di sottoinsiemi C di $A \cup B$ che contengono

(i) *esattamente* due elementi di A,

(ii) *almeno* un elemento di B.

Consideriamo la seguente lista di casi esaustivi e mutualmente esclusivi relativi a (i):

(1) scegliamo entrambi gli elementi di A tra quelli di $A \setminus B$;

(2) scegliamo un elemento di A in $A \setminus B$ e l'altro in $A \cap B$;

(3) scegliamo entrambi gli elementi di A tra quelli di $A \cap B$.

Per la *Regola della somma*, dobbiamo contare il numero di configurazioni ammissibili in ciascuno dei tre casi di cui sopra e sommare i risultati. Si noti che, dovendo l'insieme C contenere almeno un elemento di B in forza del vincolo (ii), gli altri suoi elementi possono essere rispettivamente scelti come segue in ciascuno dei tre casi di cui sopra:

(1) scegliamo un qualunque sottoinsieme *non vuoto* di $B \setminus A$;

(2) scegliamo un qualunque sottoinsieme (anche vuoto) di $B \setminus A$;

(3) scegliamo un qualunque sottoinsieme (anche vuoto) di $B \setminus A$.

Per determinare il numero di configurazioni ammissibili in ciascuno dei 3 casi, utilizziamo la *Regola del prodotto* come segue (denotiamo con $\mathcal{P}(B \setminus A)$ l'insieme delle parti di $B \setminus A$).

Caso (1): $C_{4,2} \cdot |\mathcal{P}(B \setminus A) \setminus \{\emptyset\}|$.

In tal caso formiamo l'insieme ammissibile C scegliendo entrambi gli elementi di A tra quelli di $A \setminus B$ e successivamente scegliendo un qualunque sottoinsieme non vuoto di $B \setminus A$.

Caso (2): $C_{4,1} \cdot C_{2,1} \cdot |\mathcal{P}(B \setminus A)|$.

In tal caso formiamo l'insieme ammissibile C scegliendo un elemento di A tra quelli di $A \setminus B$, un altro elemento di A tra quelli di $A \cap B$ e poi scegliendo un qualunque sottoinsieme (anche vuoto) di $B \setminus A$.

Caso (3): $C_{2,2} \cdot |\mathcal{P}(B \setminus A)|$.

In tal caso formiamo l'insieme ammissibile C scegliendo entrambi gli elementi di A tra quelli di $A \cap B$ e poi scegliendo un qualunque sottoinsieme (anche vuoto) di $B \setminus A$.

In definitiva, il numero totale di sottoinsiemi C di $A \cup B$ che soddisfano entrambe le condizioni (i) e (ii) è dato da

$$C_{4,2} \cdot |\mathcal{P}(B \setminus A) \setminus \{\emptyset\}| \;+\; C_{4,1} \cdot C_{2,1} \cdot |\mathcal{P}(B \setminus A)| \;+\; C_{2,2} \cdot |\mathcal{P}(B \setminus A)|$$

ossia

$$\binom{4}{2}\left(2^3 - 1\right) + \binom{4}{1}\binom{2}{1} 2^3 + \binom{2}{2} 2^3 = 6 \cdot 7 + 4 \cdot 2 \cdot 8 + 1 \cdot 8 = 114 .$$

La risposta corretta è pertanto la $\boxed{1}$.

Svolgimento 7. La disequazione

$$\log_{\frac{1}{2}} \frac{3x+4}{x^2} > 0$$

è equivalente al seguente sistema di disequazioni:

$$\begin{cases} \dfrac{3x+4}{x^2} > 0 \\ \dfrac{3x+4}{x^2} < \left(\dfrac{1}{2}\right)^0 \end{cases} \iff \begin{cases} \dfrac{3x+4}{x^2} > 0 & (1) \\ \dfrac{x^2-3x-4}{x^2} > 0 . & (2) \end{cases}$$

Essendo

$$3x+4=0 \iff x = -\frac{4}{3} \qquad \text{e} \qquad x^2-3x-4=0 \iff x=-1 \text{ oppure } x=4 ,$$

si ha (indicando, come di consueto, con un tratto continuo gli insiemi delle soluzioni delle due disequazioni e del sistema):

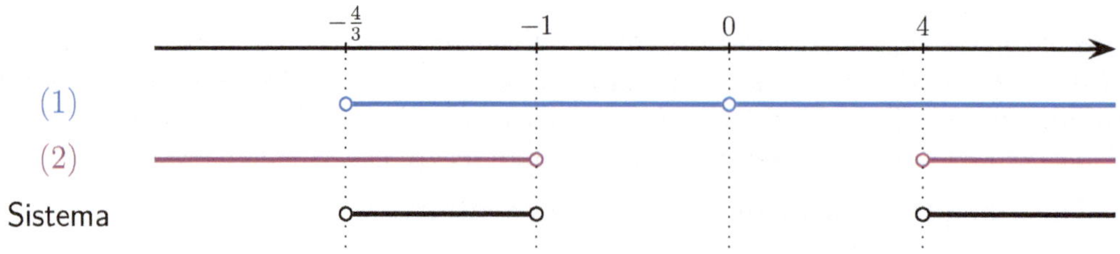

Concludiamo che la risposta corretta è la $\boxed{4}$, in quanto, denotati con S_1, S_2 ed S, rispettivamente, gli insiemi delle soluzioni di (1), di (2) e del sistema, si ha

$$S = S_1 \cap S_2 = \left(\left]-\tfrac{4}{3}, 0\right[\cup \left]0, +\infty\right[\right) \cap \left(\left[-\infty, -1\right[\cup \left]4, +\infty\right[\right) = \left]-\tfrac{4}{3}, -1\right[\cup \left]4, +\infty\right[\,.$$

Svolgimento 8. Consideriamo la funzione $f\colon \mathbb{R} \to \mathbb{R}$ definita da

$$f(x) = \begin{cases} -x-1 & \text{se } x < -2 \\ 1 & \text{se } 1 \leqslant |x| \leqslant 2 \\ |x| & \text{se } |x| < 1 \\ x-1 & \text{se } x > 2\,. \end{cases}$$

Il primo passo consiste nello scrivere analiticamente in modo più esplicito la definizione della funzione f. In forza delle seguenti equivalenze (facili da verificare)

$$\begin{aligned} 1 \leqslant |x| \leqslant 2 \quad &\Longleftrightarrow \quad -2 \leqslant x \leqslant -1 \quad \text{oppure} \quad 1 \leqslant x \leqslant 2\,, \\ |x| < 1 \quad &\Longleftrightarrow \quad -1 < x < 1\,, \end{aligned}$$

la definizione di f può essere riscritta come segue:

$$f(x) = \begin{cases} -x-1 & \text{se } x < -2 \\ 1 & \text{se } -2 \leqslant x \leqslant -1 \\ |x| & \text{se } -1 < x < 1 \\ 1 & \text{se } 1 \leqslant x \leqslant 2 \\ x-1 & \text{se } x > 2\,. \end{cases}$$

Il secondo passo consiste nel rappresentare graficamente la funzione f (il grafico di f è disegnato con un tratto continuo, le parti tratteggiate non rilevano ai fine della definizione di f, ed i colori sono utilizzati per evidenziare le rispettive regioni di competenza delle leggi):

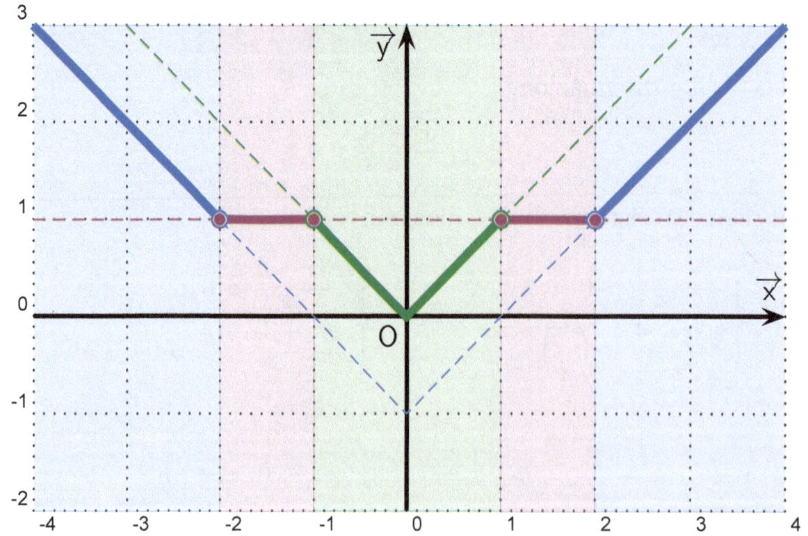

Possiamo immediatamente determinare la risposta corretta (falsa).

1 *Vera.* Nell'intervallo $]-1, 0]$ il grafico di f è quello della restrizione a $]-1, 0]$ della seconda bisettrice. Ne segue che la tangente al grafico di f nel punto di ascissa $x = -\frac{1}{2}$ è la funzione stessa, ossia la seconda bisettrice.

2 *Vera.* f ha esattamente 5 punti angolosi, in $x = \pm 2$, $x = \pm 1$ e $x = 0$.

3 *Vera.* Essendo il grafico di f simmetrico rispetto all'asse $\vec{y}$, la funzione f è pari (ossia $f(x) = f(-x)$ per ogni $x \in \mathbb{R}$).

4 *Vera.* Il valore di $\int_{-2}^{2} f(x)\,dx$ è uguale al somma delle aree dei due trapezi rettangoli evidenziati in verde nella seguente figura:

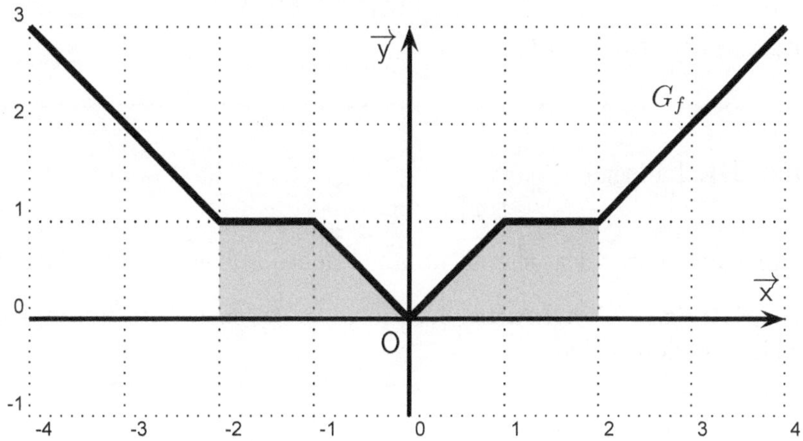

Ne segue che, per la *Proprietà additiva dell'integrale definito*, si ha

$$\int_{-2}^{2} f(x)\,dx = \int_{-2}^{0} f(x)\,dx + \int_{0}^{2} f(x)\,dx = \frac{3}{2} + \frac{3}{2} = 3\,.$$

5 **Falsa.** f è continua in $\mathbb{R}$ e dunque non presenta alcun punto di discontinuità.

Svolgimento 9. La funzione $f\colon \mathbb{R} \to \mathbb{R}$ definita da

$$f(x) = \begin{cases} x^2 - 2\,\mathrm{e}^x + a & \text{se} \quad x \leqslant 0 \\ \log(\mathrm{e} + x) + bx & \text{se} \quad x > 0 \end{cases}$$

è (continua e) derivabile in $\mathbb{R} \setminus \{0\}$ per ogni valore dei parametri $a, b \in \mathbb{R}$. Ne segue

$$f \text{ derivabile in } \mathbb{R} \iff f \text{ derivabile in } x = 0 \iff \begin{cases} \text{(i)} \ f \text{ continua in } x = 0 \\ \text{(ii)} \ f'_-(0) = f'_+(0)\,. \end{cases}$$

(i) Essendo f continua in $x = 0$ dalla sinistra, si ha:

$$\begin{aligned} f \text{ continua in } x = 0 \quad &\iff \quad \lim_{x \to 0^+} f(x) = f(0) \\ &\iff \quad \lim_{x \to 0^+} \Big(\log(\mathrm{e} + x) + bx \Big) = a - 2 \\ &\iff \quad a = 3\,. \end{aligned}$$

(ii) In forza della continuità delle derivate delle due leggi che definiscono f, si ha:

$$\begin{aligned} f'_-(0)=f'_+(0) \quad &\iff \quad \Big[\mathsf{D}\Big(x^2-2\,\mathrm{e}^x+a\Big)\Big]_{x=0}=\Big[\mathsf{D}\Big(\log(\mathrm{e}+x)+bx\Big)\Big]_{x=0} \\ &\iff \quad \Big[2x-2\mathrm{e}^x\Big]_{x=0}=\Big[\frac{1}{\mathrm{e}+x}+b\Big]_{x=0} \\ &\iff \quad -2=\frac{1}{\mathrm{e}}+b \\ &\iff \quad b=-\frac{2\mathrm{e}+1}{\mathrm{e}}\,. \end{aligned}$$

Ne segue che

$$f \text{ derivabile in } \mathbb{R} \quad \iff \quad (a,b)=\Big(3,-\tfrac{2\mathrm{e}+1}{\mathrm{e}}\Big)$$

e dunque la risposta corretta è la $\boxed{3}$.

Svolgimento 10. La legge

$$f(x)=\log\frac{x}{2-x}$$

definisce una funzione logaritmica, che ha un andamento abbastanza regolare.[52]

1) Insieme d'esistenza. Continuità. L'insieme d'esistenza I di f si ottiene risolvendo la disequazione razionale fratta

$$\frac{x}{2-x}>0\,.$$

Essendo

		0		2	
x	$-$	0	$+$		$+$
$2-x$	$+$		$+$	0	$-$
$\frac{x}{2-x}$	$-$	0	$+$	$*$	$-$

si ottiene

$$I=\,]0,2[\,.$$

La funzione f è continua in I e non presenta simmetrie.[53]

2) Localizzazione. Poiché il dominio non contiene lo zero, il grafico di f non interseca l'asse $\overrightarrow{y}$. Per determinare le eventuali intersezioni con l'asse $\overrightarrow{x}$, risolviamo il seguente sistema:

$$\begin{cases} y=\log\frac{x}{2-x} \\ y=0 \end{cases} \iff \begin{cases} \log\frac{x}{2-x}=0 \\ y=0 \end{cases} \iff \begin{cases} \frac{x}{2-x}=1 \\ y=0 \end{cases} \iff \begin{cases} x=1 \\ y=0\,. \end{cases}$$

Pertanto, l'unica intersezione con gli assi coordinati è data dal punto $A\equiv(1,0)$. Inoltre, essendo

$$f(x)>0 \quad\iff\quad \log\frac{x}{2-x}>0 \quad\iff\quad 1<x<2\,,$$

si ottiene

$$f(x)\begin{cases} <0 & \text{se } x\in\,]0,1[\\ =0 & \text{se } x=1 \\ >0 & \text{se } x\in\,]1,2[\,. \end{cases}$$

[52] Si confronti lo svolgimento di questo esercizio con quello dell'Esercizio 10 del Capitolo 6.

[53] Si ricorda che condizione necessaria (ovviamente non sufficiente) affinché una funzione presenti simmetrie è che il dominio sia simmetrico rispetto allo zero.

*3) **Comportamento agli estremi e in frontiera. Asintoti.*** Dobbiamo calcolare soltanto due limiti:

$$\lim_{x\to 0^+} \log\frac{x}{2-x} = -\infty \qquad \text{e} \qquad \lim_{x\to 2^-} \log\frac{x}{2-x} = +\infty\,.$$

Ne segue che il grafico di f presenta:

- un asintoto verticale destro, avente equazione $x = 0$;
- un asintoto verticale sinistro, avente equazione $x = 2$.

*4) **Rappresentazione grafica parziale.*** Alla luce dei punti 1), 2) e 3), possiamo tracciare un grafico parziale di f:

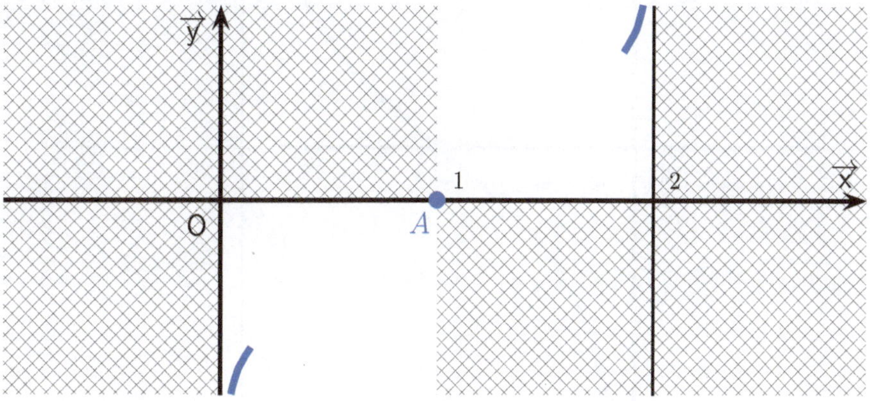

Il grafico parziale di f ci lascia già intuire il comportamento globale della funzione. A tal proposito, facciamo la seguente congettura (ovviamente da verificare mediante i calcoli che seguono) circa il comportamento di f:

- f è crescente in I;
- f è concava in $]0,1[$ e convessa in $]0,1[$;
- f ha un flesso ascendente nel punto di ascissa $x = 1$.

*5) **Derivata prima.*** Risultando

$$\log\frac{x}{x-2} \;=\; \log x - \log(2-x)$$

per ogni $x \in I =]0,2[$, si ottiene[54]

$$f'(x) \;=\; \mathsf{D}\big[\log x - \log(2-x)\big] \;=\; \frac{1}{x} - \frac{-1}{2-x} \;=\; \frac{2}{x(2-x)}\,.$$

Ne segue che f è derivabile in I. Inoltre, risultando $f'(x) > 0$ per ogni $x \in I$, la funzione f è crescente in I.

*6) **Derivata seconda.*** Avendosi

$$f''(x) \;=\; \mathsf{D}\left[\frac{2}{x(2-x)}\right] \;=\; \frac{4(x-1)}{x^2(2-x)^2}\,,$$

si ottiene (i facili calcoli sono lasciati al lettore)

$$f''(x) \begin{cases} <0 & \text{se } 0 < x < 1 \quad (\Longrightarrow\ f \text{ è concava}) \\ =0 & \text{se } x = 1 \\ >0 & \text{se } 1 < x < 2 \quad (\Longrightarrow\ f \text{ è convessa})\,. \end{cases}$$

[54] Naturalmente la derivata si può anche calcolare senza fare questa osservazione preliminare, ossia utilizzando la formula $\mathsf{D}\big[\log(g(x))\big] = \frac{g'(x)}{g(x)}$. Tuttavia, in tal modo il calcolo è un po' più articolato.

Ne segue che f ha un flesso ascendente in $x = 1$. Completiamo l'analisi calcolando il coefficiente angolare della tangente nel punto di flesso:

$$m = f'(1) = 2\,.$$

*7) **Rappresentazione grafica completa.*** Il grafico di f è il seguente:

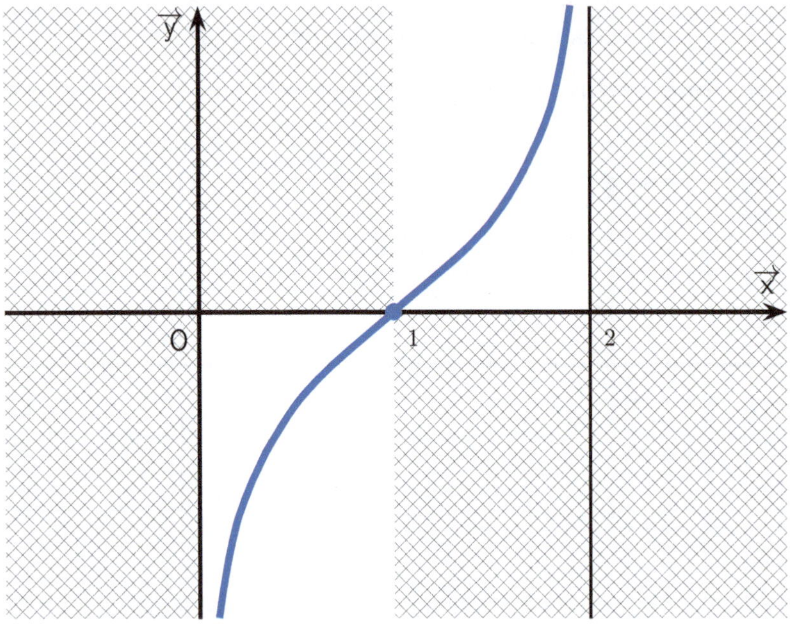

Determiniamo le risposta corretta (vera).

[1] *Falsa.* f ha un punto di flesso.

[2] Vera. f è crescente in I, dunque invertibile.

[3] *Falsa.* f *non* è dispari.

[4] *Falsa.* f *non* ha estremi relativi.

Svolgimento 11. Risolviamo il seguente integrale indefinito:

$$\int \frac{2x+1}{x^2-3x+2}\,dx\,.$$

Essendo

$$x^2 - 3x + 2 = 0 \quad \Longleftrightarrow \quad x = 1 \text{ oppure } x = 2\,,$$

esistono due costanti $a, b \in \mathbb{R}$ tali che

$$\frac{2x+1}{x^2-3x+2} = \frac{a}{x-1} + \frac{b}{x-2} \quad \Longleftrightarrow \quad 2x+1 = a(x-2) + b(x-1)$$
$$\Longleftrightarrow \quad 2x+1 = (a+b)x - (2a+b)$$

da cui, per il *Principio di identità dei polinomi*,

$$\begin{cases} 2 = a+b \\ 1 = -(2a+b) \end{cases} \quad \Longleftrightarrow \quad \begin{cases} a = -3 \\ b = 5 \end{cases}$$

e dunque

$$\frac{2x+1}{x^2-3x+2} = \frac{-3}{x-1} + \frac{5}{x-2}.$$

(Il lettore è invitato a verificare che i due valori trovati di a e b soddisfino l'uguaglianza di cui sopra.) Infine, per il *Metodo d'integrazione per decomposizione in somma*, otteniamo

$$\begin{aligned}\int \frac{2x+1}{x^2-3x+2}\,dx &= \int \frac{-3}{x-1}\,dx + \int \frac{5}{x-2}\,dx \\ &= -3\log|x-1| + 5\log|x-2| + C\,.\end{aligned}$$

Possiamo adesso risolvere l'integrale definito:

$$\begin{aligned}\int_3^4 \frac{2x+1}{x^2-3x+2}\,dx &= \Big[-3\log|x-1| + 5\log|x-2|\Big]_3^4 \\ &= \big(-3\log 3 + 5\log 2\big) - \big(-3\log 2 + 5\log 1\big) \\ &= -3\log 3 + 8\log 2 \\ &= \log \tfrac{2^8}{3^3} \\ &= \log \tfrac{256}{27}\,.\end{aligned}$$

Ne segue che la risposta corretta è la $\boxed{1}$.

Svolgimento 12. Rappresentiamo la derivata $f'\colon \mathbb{R} \to \mathbb{R}$ definita da

$$f'(x) = -|2x| = \begin{cases} -(-2x) = 2x & \text{se } x < 0 \\ -2x & \text{se } x \geqslant 0 \end{cases}$$

per trarre informazioni sulla crescenza/decrescenza e concavità/convessità di f:

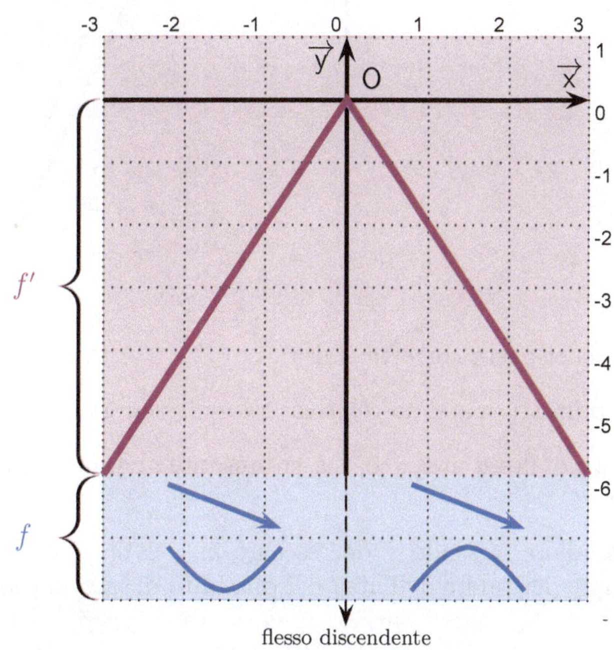

Invero, conoscendo con esattezza la definizione di f', possiamo precisare (a meno di una costante) le leggi che definiscono le infinite funzioni f aventi f' come derivata:

$$f(x) = \begin{cases} x^2 + C & \text{se } x < 0 \\ -x^2 + C & \text{se } x \geqslant 0\,, \end{cases} \tag{5}$$

ove C è una costante reale arbitraria.[55] Rappresentiamo nella figura che segue tre delle infinite primitive della funzione f', ottenute da (5) ponendo, rispettivamente, $C = 1$, $C = 0$ e $C = -\frac{1}{2}$ (per rendere i grafici leggibili, il sistema di riferimento cartesiano è *non omometrico*, ossia le unità di misura sui due assi cartesiani sono diverse):

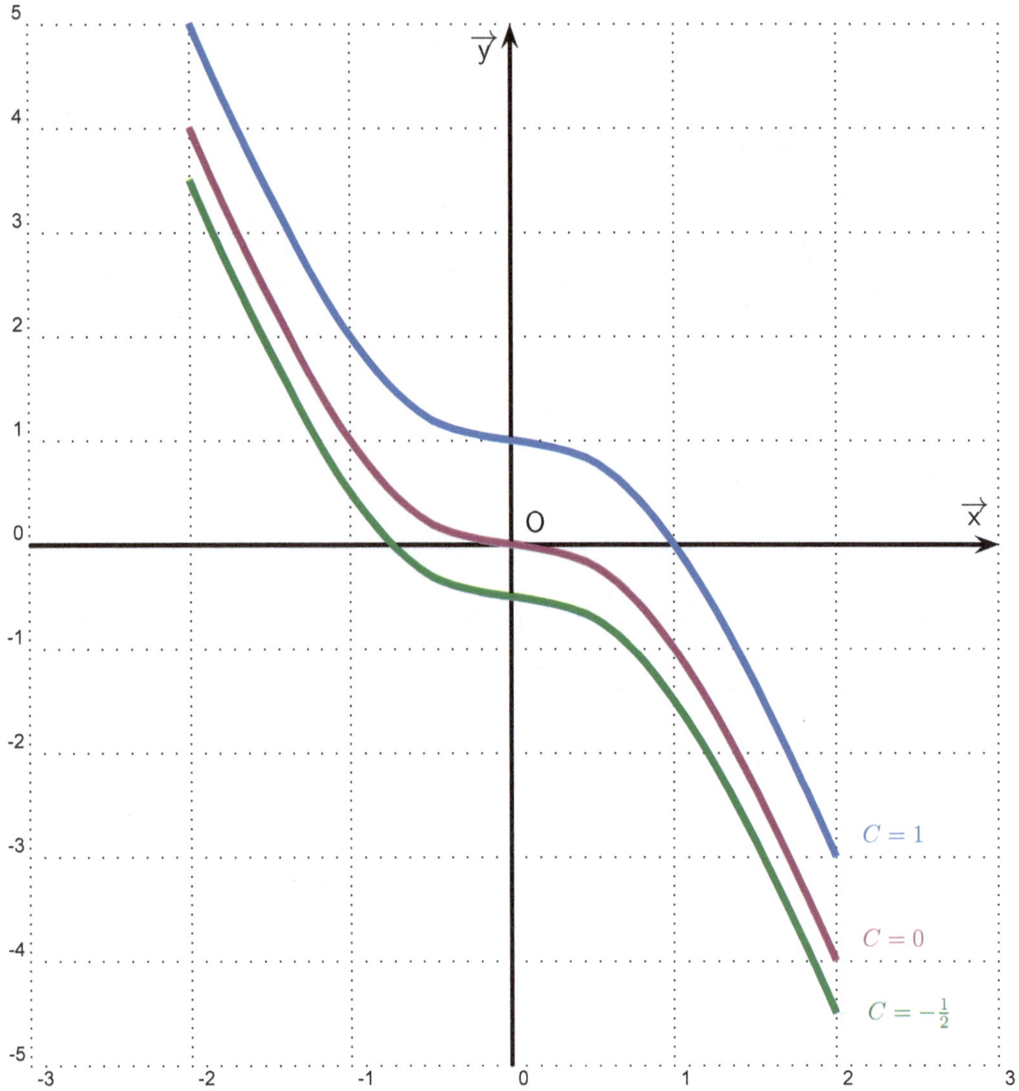

Determiniamo adesso la risposta corretta (falsa).

1 *Vera.* f non ha un punto di massimo relativo, essendo sempre decrescente.

2 **Falsa.** f ha un punto di flesso in $x = 0$, ma la tangente al grafico della funzione in tale punto è orizzontale.

3 *Vera.* Se $f(0) = 1$, allora, essendo f decrescente in $[-1, 0]$, il valore di $\int_{-1}^{0} f(x)\,dx$ è strettamente maggiore del valore dell'area del quadrato di lato unitario, ossia

$$\int_{-1}^{0} f(x)\,dx > 1\,.$$

(Si noti che in tal caso la funzione f è unica, ed è rappresentata dal grafico in colore blu in figura.)

[55] Si invita il lettore a confrontare la risoluzione di questo Esercizio con quelle degli Esercizi 12 (parte B.3) dei Capitoli 4, 9, 11 e 15. In particolare, il lettore dovrebbe essere in grado di rispondere alla seguente domanda: *Come mai la costante C delle due leggi nella definizione (5) della funzione f è la stessa?*

[4] *Vera.* Se $f(0) = 0$, allora f è una funzione dispari e dunque

$$\int_{-1}^{0} f(x)\,dx = -\int_{0}^{1} f(x)\,dx\,.$$

(Si noti che anche in tal caso la funzione f è unica, ed è rappresentata dal grafico in colore rosso in figura.)

[5] *Vera.* f è decrescente e convessa in $]-\infty, 0[$.

Si osservi che, per rispondere al quesito, non è necessario disegnare i grafici delle primitive della funzione f'.

Infine, come esercizio (appena più arduo), invitiamo il lettore a cimentarsi nel disegnare il grafico di tre primitive della funzione $f' \colon \mathbb{R} \to \mathbb{R}$ definita dalla legge

$$f'(x) = -|2x| - 1$$

per ogni $x \in \mathbb{R}$. Cosa cambia *esattamente*?

Capitolo 14

Parte A.1

Esercizio 1. Sia S la seguente relazione binaria sull'insieme $X = \{a, b, c, d\}$:

$$S = \{(x, x) : x \in X\} = \{(a, a), (b, b), (c, c), (d, d)\}.$$

Quale delle seguenti asserzioni è VERA?

[1] $S \cup \{(a, d), (d, a)\}$ non è una relazione di equivalenza

[2] $T = \big\{(x, y) : x, y \in \{a, b, c\}\big\} \cup \{(d, d)\}$ è una relazione di equivalenza il cui insieme quoziente X/T ha cardinalità 3

[3] $S \cup \{(a, b), (b, c), (c, a)\}$ è transitiva

[4] S non è antisimmetrica

[5] Nessuna delle altre risposte

Esercizio 2. Siano $\overrightarrow{r}$ ed $\overrightarrow{s}$ le rette aventi equazione, rispettivamente, $y = -x + 2$ e $y = k$, ove k è un parametro reale *negativo*. Per quale valore di $k < 0$, l'area del trapezio delimitato da $\overrightarrow{x}$, $\overrightarrow{s}$, $\overrightarrow{r}$, e $\overrightarrow{y}$ vale $\frac{5}{2}$?

[1] -4

[2] $-\frac{3}{2}$

[3] $-\frac{5}{2}$

[4] -1

[5] Nessuna delle altre risposte

Esercizio 3. Si considerino le seguenti strutture algebriche (l'operazione '$\cdot$' denota la moltiplicazione, di numeri o di matrici):

(a) $(\mathbb{Z}, \cdot)$;

(b) $(\mathcal{M}_2, \cdot)$, ove $\mathcal{M}_2$ è l'insieme delle matrici 2×2 ad elementi in $\mathbb{R}$;

(c) $(\mathbb{N}, +)$;

(d) $(\mathcal{M}_2[1], \cdot)$, ove $\mathcal{M}_2[1]$ è formato dalle matrici in $\mathcal{M}_2$ con determinante 1;

(e) $(\mathcal{M}_2[-1], \cdot)$, ove $\mathcal{M}_2[-1]$ è formato dalle matrici in $\mathcal{M}_2$ con determinante -1.

Quali strutture tra (a)–(e) costituiscono un GRUPPO?

[1] (a), (d) ed (e) soltanto

[2] (a) e (c) soltanto

[3] (d) soltanto

[4] (d) ed (e) soltanto

[5] Nessuna delle altre

Parte A.2

Esercizio 4. Siano X e Y i seguenti insiemi numerici:

$$X = [0,3[\cup \left\{4 + \tfrac{1}{n+1} : n \in \mathbb{N}\right\} \qquad \text{e} \qquad Y = \left[2, \tfrac{9}{2}\right[.$$

Quale delle seguenti asserzioni è VERA?

[1] $X \cup Y$ è chiuso

[2] $D(X \cup Y)$ non è un insieme chiuso

[3] $F(X \setminus Y)$ è un insieme infinito

[4] $X \cup Y$ ha soltanto un numero finito di punti di frontiera

[5] Nessuna delle altre risposte

Esercizio 5. Sia dato il sistema lineare

$$\begin{cases} x - y = 0 \\ ax + 3y = 1 \\ 3x + ay = a \end{cases}$$

con a parametro reale. Quale delle seguenti asserzioni è VERA?

[1] Per $a = -3$, il sistema è indeterminato

[2] Non esiste $a \in \mathbb{R}$ per cui il sistema è determinato

[3] Esistono due valori distinti di $a \in \mathbb{R}$ per cui il sistema è determinato

[4] Non esiste un numero infinito di valori di $a \in \mathbb{R}$ per cui il sistema è impossibile

[5] Nessuna delle altre risposte

Parte A.3

Esercizio 6. Quante sono le soluzioni dell'equazione

$$n_1 + n_2 + n_3 + n_4 = 15$$

con $n_1, n_2, n_3, n_4 \in \mathbb{N}$ tali che $j \leqslant n_j \leqslant 3j$ per ogni $j \in \{1, 2, 3, 4\}$?

[1] 29

[2] 34

[3] 45

[4] 56

[5] 72

Parte B.1

Esercizio 7. Qual è l'insieme delle soluzioni della disequazione

$$\sqrt{x^2 - 2x - 8} \geqslant x + 4 \;?$$

1. $\left]-\infty, -\frac{12}{5}\right]$
2. $[-4, 0] \cup [6, +\infty[$
3. $]-\infty, -4] \cup \left[\frac{1}{2}, +\infty\right[$
4. $\left[\frac{1}{2}, +\infty\right[$
5. Nessuna delle altre risposte

Esercizio 8. Quanto vale la derivata della funzione

$$f(x) = (x-1)^{x^3-1}$$

nel punto $x = 2$?

1. 1
2. 7
3. $3 - \log 2$
4. $\log 3 + 2\log 5$
5. Nessuna delle altre risposte

Esercizio 9. Quanto vale

$$\int_1^2 \log(3-x)\, dx \;?$$

1. $\log 4 - 1$
2. $3\log 5 + 2$
3. $-4\log 3 + 2$
4. $\log 2 - \log 5$
5. Nessuna delle altre risposte

Parte B.2

Esercizio 10. Sia $f \colon \mathbb{R} \to \mathbb{R}$ la funzione definita dalla legge

$$f(x) \;=\; |x-1| + |x+1| - |2x|$$

per ogni $x \in \mathbb{R}$. Quale delle seguenti asserzioni è FALSA?

1. f ha esattamente tre punti angolosi
2. f ha infiniti punti di minimo relativo
3. $\displaystyle\int_{-1}^{1} f(x)\,dx \;=\; \int_{-3}^{3} f(x)\,dx \;=\; 2$
4. $\displaystyle\int_{-2}^{0} f(x)\,dx \;<\; \int_{0}^{4} f(x)\,dx$
5. f è pari

Esercizio 11. Sia data la funzione f definita dalla legge

$$f(x) = x\,\mathrm{e}^{-\frac{1}{x}}$$

in tutto il suo insieme d'esistenza. Quale delle seguenti asserzioni è FALSA?

1. f ha un punto di discontinuità di seconda specie
2. f ha un asintoto obliquo destro e sinistro
3. f ristretta a $]0,+\infty[$ è invertibile
4. f ristretta a $]-\infty,0[$ è concava
5. f non ha massimi relativi

Parte B.3

Esercizio 12. Quale delle seguenti asserzioni è FALSA?

1. $\nexists \lim\limits_{x\to 0}\left(x\,\mathrm{e}^{\frac{1}{x}}\right)$
2. Se $f(x) = (\mathrm{sen}x)^{\log x}$, allora $f'\left(\frac{\pi}{2}\right) = 0$
3. Se $f(x) = x^2|x|$, allora $\nexists\, f'''(0)$
4. La funzione $f(x) = x - \sqrt{x}\,\log x^2$ non ha asintoti obliqui
5. La funzione $f(x) = \sqrt[5]{x^2}$ ha flesso a tangente verticale in $x = 0$

Soluzioni

Svolgimento 1. La relazione S sull'insieme $X = \{a,b,c,d\}$ è la *diagonale* di X, ossia il sottoinsieme di $X \times X$ costituito dalle coppie ordinate in cui la prima componente è uguale alla seconda componente:

$$S = \Big\{(x,x) : x \in X\Big\} = \Big\{(a,a),(b,b),(c,c),(d,d)\Big\}.$$

Graficamente possiamo rappresentare S come segue:

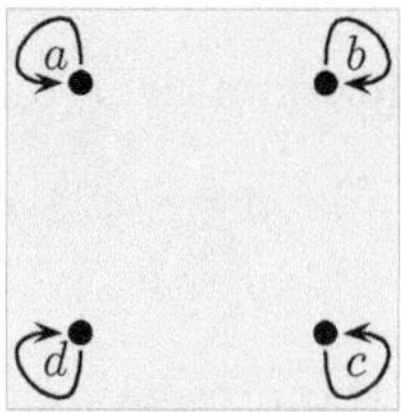

È chiaro che S è una relazione d'equivalenza su X — invero la minima relazione d'equivalenza su X — il cui insieme quoziente (ossia la partizione associata)

$$X/S = \Big\{\{a\},\{b\},\{c\},\{d\}\Big\}$$

ha cardinalità 4. Determiniamo la risposta corretta (vera).

1. *Falsa.* $S \cup \{(a,d),(d,a)\}$ è una relazione di equivalenza, la cui partizione associata è $\Big\{\{a,d\},\{b\},\{c\}\Big\}$. (Graficamente, questa relazione la si può rappresentare aggiungendo due frecce alla rappresentazione di S, una da a verso d e l'altra da d verso a.)

2. *Falsa.* La relazione binaria

$$T=\{(x,y) : x,y \in \{a,b,c\}\} \cup \{(d,d)\} = S \cup \Big\{(a,b),(b,a),(a,c),(c,a),(b,c),(c,b)\Big\}$$

è una relazione di equivalenza su X il cui insieme quoziente

$$X/T = \Big\{\{a,b,c\},\{d\}\Big\}$$

ha cardinalità 2 (e non 3). Graficamente, la relazione binaria T si rappresenta come segue:

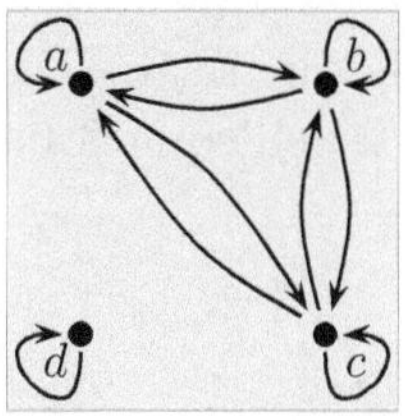

3. *Falsa.* La relazione binaria definita da

$$U = S \cup \{(a,b),(b,c),(c,a)\}$$

si rappresenta come segue:

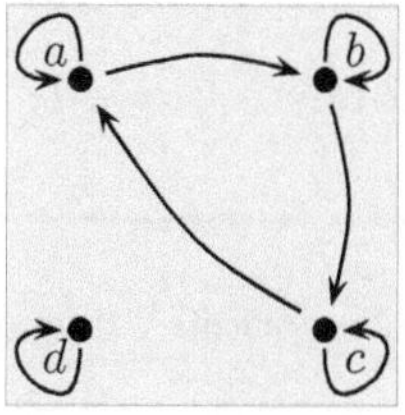

È immediato osservare che U *non* è transitiva, in quanto $a\,U\,b$ e $b\,U\,c$, ma $\neg(a\,U\,c)$. (Si noti che la reazione binaria U' ottenuta sostituendo (c,a) con (a,c), ossia $U' = S \cup \{(a,b),(b,c),(a,c)\}$, è transitiva e dunque, essendo anche riflessiva e antisimmetrica, è una relazione di ordinamento parziale.)

$\boxed{4}$ *Falsa.* S è *ovviamente* antisimmetrica.[56]

Essendo le quattro risposte $\boxed{1}$–$\boxed{4}$ false, ne segue che la risposta corretta è la $\boxed{\mathbf{5}}$.

Svolgimento 2. Ricordiamo le equazioni delle rette $\vec{r}$ ed $\vec{s}$:

$$(\vec{r}) \quad y = -x + 2\,,$$
$$(\vec{s}) \quad y = k\,,$$

ove il parametro reale k è negativo. Rappresentiamo graficamente il problema (l'area del trapezio il cui valore deve essere $\frac{5}{2}$ è in colore verde):

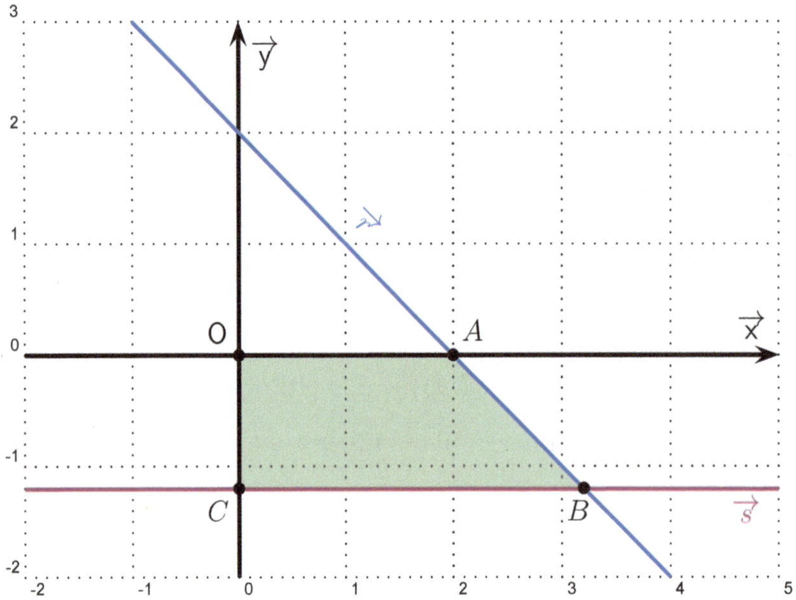

Poiché il punto B (intersezione delle due rette $\vec{r}$ e $\vec{s}$) ha coordinate $(2-k,k)$ (l'ascissa positiva di B si ottiene ponendo $y := k$ nell'equazione della retta $\vec{r}$), si ha

$$\begin{aligned}
\mathsf{Area(ABCO)} = \frac{5}{2} \quad &\iff \quad \frac{\overline{OA}+\overline{CB}}{2}\,\overline{OC} = \frac{5}{2} \\
&\iff \quad \frac{2+(2-k)}{2}\,|k| = \frac{5}{2} \\
&\iff \quad \frac{4-k}{2}\,(-k) = \frac{5}{2} \\
&\iff \quad k^2 - 4k - 5 = 0 \\
&\iff \quad k = -1 \text{ oppure } k = 5\,,
\end{aligned}$$

per cui, dovendo essere $k < 0$, la soluzione è $k = -1$. La risposta corretta è dunque la $\boxed{4}$.

---

[56] A dispetto dell'uso anapodittico dell'avverbio "ovviamente", il lettore dovrebbe comunque accertarsi della verità della suddetta affermazione.

Svolgimento 3. Questo esercizio si basa sulla mera conoscenza della nozione di gruppo. Ricordiamo che un *gruppo* è una coppia ordinata $(G, \star)$, ove

(i) G è un insieme non vuoto,

(ii) $\star\colon G \times G \to G$ è un'operazione (binaria interna) su G soddisfacente le seguenti proprietà:

(ii.1) *associativa:* $(\forall a, b, c \in G)\ (a \star b) \star c = a \star (b \star c)$,

(ii.2) *esistenza dell'elemento neutro:* $(\exists e \in G)\ (\forall a \in G)\ a \star e = e \star a = a$,

(ii.3) *esistenza degli elementi inversi:* $(\forall a \in G)\ (\exists a^{-1} \in G)\ a \star a^{-1} = a^{-1} \star a = e$.

Strutture algebriche meno raffinate di quella di gruppo sono quelle che soddisfanno soltanto alcune delle proprietà di cui sopra. In particolare:

- se la coppia ordinata $(G, \star)$ è tale che $\star$ è un'operazione binaria interna sull'insieme non vuoto G, allora $(G, \star)$ è un *gruppoide*;
- un gruppoide che soddisfa la proprietà (ii.1) è un *semigruppo*;
- un semigruppo che soddisfa la proprietà (ii.2) è un *semigruppo con unità.*

Determiniamo quale coppia ordinata di cui nelle risposte (a)–(e) è un gruppo.

(a) *No.* La coppia ordinata $(\mathbb{Z}, \cdot)$ non è un gruppo. Invero, $(\mathbb{Z}, \cdot)$ è un semigruppo con unità (il numero $1 \in \mathbb{Z}$) che *non* soddisfa la proprietà (ii.3), perché l'elemento $0 \in \mathbb{Z}$ non è invertibile rispetto alla moltiplicazione di numeri (in quanto $z \cdot 0 = 0$ per ogni $z \in \mathbb{Z}$).

(b) *No.* La coppia ordinata $(\mathcal{M}_2, \cdot)$ non è un gruppo. Invero, $(\mathcal{M}_2, \cdot)$ è un semigruppo con unità (la matrice identica I_2) che *non* soddisfa la proprietà (ii.3), perché una qualunque matrice quadrata avente determinante nullo non ammette matrice inversa rispetto all'operazione di moltiplicazione di matrici.

(c) *No.* La coppia ordinata $(\mathbb{N}, +)$ non è un gruppo. Invero, $(\mathbb{N}, +)$ è un semigruppo con unità (il numero $0 \in \mathbb{N}$) che *non* soddisfa la proprietà (ii.3), perché un qualunque numero $n \in \mathbb{N} \setminus \{0\}$ non è invertibile rispetto all'addizione di numeri (e ne sarebbe bastato anche uno solo di tali numeri naturali per fare fallire la proprietà (ii.3)).

(d) **Sì.** Verifichiamo che la coppia ordinata $(\mathcal{M}_2[1], \cdot)$ è un gruppo.

- Il prodotto di due matrici A e B di tipo 2×2 e con determinante uguale a 1 è la matrice AB di tipo 2×2, il cui determinante è, in forza del *Teorema di Binet*, $\det(AB) = \det(A) \cdot \det(B) = 1 \cdot 1 = 1$. pertanto, per ogni $A, B \in \mathcal{M}_2[1]$, il prodotto AB sta ancora in $\mathcal{M}_2[1]$, ossia la moltiplicazione tra matrici è un'operazione binaria interna su $\mathcal{M}_2[1]$. Pertanto, $(\mathcal{M}_2[1], \cdot)$ è un gruppoide.[57]
- La moltiplicazione tra matrici è, qualora fattibile, sempre associativa. Ne segue che, in particolare, la moltiplicazione tra matrici è associativa per elementi di $\mathcal{M}_2[1]$, e dunque $(\mathcal{M}_2[1], \cdot)$ è un semigruppo.
- L'unico elemento neutro per la moltiplicazione tra matrici 2×2 è la matrice identica I_2. Poiché $|I_2| = 1$, ne segue che $I_2 \in \mathcal{M}_2[1]$ *(questa verifica è fondamentale!)* e dunque $(\mathcal{M}_2[1], \cdot)$ è un semigruppo con unità.
- L'elemento inverso di un'arbitraria matrice quadrata A rispetto all'operazione di moltiplicazione è la matrice inversa A^{-1}, che esiste se e solo se $\det(A) \neq 0$. Ne segue che una qualsiasi matrice $A \in \mathcal{M}_2[1]$ ammette elemento inverso A^{-1}, essendo $\det(A) = 1 \neq 0$; inoltre, tale matrice A^{-1} sta ancora in $\mathcal{M}_2[1]$ *(questa verifica è fondamentale!)*, in quanto $\det(A^{-1}) = \frac{1}{\det(A)} = 1$.

[57] **Attenzione!** Questa verifica è necessaria, perché non è assicurato che la moltiplicazione su un 'particolare' sottoinsieme $\mathcal{N}$ dell'insieme $\mathcal{M}_2$ delle matrici quadrate di ordine 2 sia un'operazione binaria interna su $\mathcal{N}$: affinché ciò sia vero, l'implicazione "$A, B \in \mathcal{N} \Longrightarrow A \cdot B \in \mathcal{N}$" deve sempre risultare vera. A tal proposito, si veda quanto scritto al punto [5], ove la moltiplicazione tra matrici su un particolare sottoinsieme $\mathcal{N}$ di $\mathcal{M}_2$ *non* è un'operazione binaria interna su $\mathcal{N}$.

(e) *No.* La coppia ordinata $(\mathcal{M}_2[-1], \cdot)$ non è un gruppo. Invero, $(\mathcal{M}_2[-1], \cdot)$ non è nemmeno un gruppoide, in quanto la moltiplicazione di matrici *non* è un'operazione binaria interna su $\mathcal{M}_2[-1]$: basti notare che il prodotto di due matrici 2×2 aventi determinante uguale a -1 è una matrice 2×2 avente determinante uguale a 1 (e non -1).

Pertanto, la risposta corretta è la $\boxed{\mathbf{3}}$.

Svolgimento 4. Gli insiemi numerici

$$X = [0,3[\cup \left\{4 + \tfrac{1}{n+1} : n \in \mathbb{N}\right\} \qquad \text{e} \qquad Y = \left[2, \tfrac{9}{2}\right[$$

possono rappresentarsi graficamente come segue:

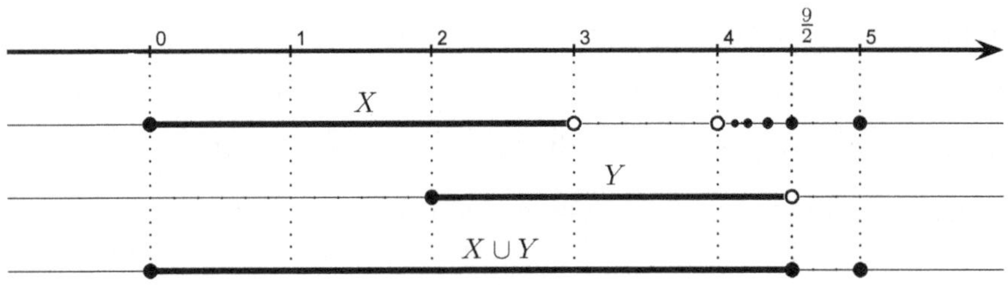

Si ha:

- $\overset{\circ}{X} =]0,3[$, $DX = [0,3] \cup \{4\}$, $FX = \left\{4 + \frac{1}{n+1} : n \in \mathbb{N}\right\} \cup \{0,3,4\}$, $\overline{X} = X \cup \{3,4\}$, $\min X = 0$, $\max X = 5$;
- $\overset{\circ}{Y} = \left]2, \frac{9}{2}\right[$, $DY = \left[2, \frac{9}{2}\right]$, $FY = \left\{2, \frac{9}{2}\right\}$, $\overline{Y} = Y \cup \left\{\frac{9}{2}\right\}$, $\min Y = 2$, $\sup Y = \frac{9}{2}$;
- $X \cup Y = \left[0, \frac{9}{2}\right] \cup \{5\}$, $(X \overset{\circ}{\cup} Y) = \left]0, \frac{9}{2}\right[$, $D(X \cup Y) = [0, \frac{9}{2}]$, $F(X \cup Y) = \left\{0, \frac{9}{2}, 5\right\}$, $\overline{X \cup Y} = X \cup Y$, $\min(X \cup Y) = 0$, $\max(X \cup Y) = 5$.

Determiniamo la risposta corretta (vera).

$\boxed{1}$ **Vera.** $X \cup Y$ è un insieme chiuso, in quanto $D(X \cup Y) \subseteq X \cup Y$.

$\boxed{2}$ *Falsa.* $D(X \cup Y) = \left[0, \frac{9}{2}\right]$ è un insieme chiuso.

$\boxed{3}$ *Falsa.* Essendo $X \setminus Y = [0, 2[\cup \left\{\frac{9}{2}, 5\right\}$, ne segue che $F(X \setminus Y) = \left\{0, 2, \frac{9}{2}, 5\right\}$ è un insieme finito.

$\boxed{4}$ *Falsa.* Poiché

$$X \cap Y = [2,3[\cup \left(\left\{4 + \tfrac{1}{n+1} : n \in \mathbb{N}\right\} \setminus \left\{\tfrac{9}{2}, 5\right\} \right),$$

l'insieme $X \cap Y$ ha infiniti punti di frontiera, in quanto

$$F(X \cap Y) = \{2,3\} \cup \left(\left\{4 + \tfrac{1}{n+1} : n \in \mathbb{N}\right\} \setminus \left\{\tfrac{9}{2}, 5\right\} \right).$$

Svolgimento 5. Dato il sistema lineare parametrico

$$\begin{cases} x - y = 0 \\ ax + 3y = 1 \\ 3x + ay = a \end{cases}$$

ove $a \in \mathbb{R}$, la matrice incompleta A e la matrice completa B ad esso associate sono

$$A = \begin{pmatrix} 1 & -1 \\ a & 3 \\ 3 & a \end{pmatrix} \quad \text{e} \quad B = \begin{pmatrix} 1 & -1 & 0 \\ a & 3 & 1 \\ 3 & a & a \end{pmatrix}.$$

In quanto segue, determiniamo il rango di A e di B al variare del parametro reale a, ove $1 \leqslant r(A) \leqslant 2$, $1 \leqslant r(B) \leqslant 3$ e $r(A) \leqslant r(B)$.

Per il rango di A, applichiamo il *Teorema degli orlati*, calcolando i determinanti dei due orlati dell'estratta 1×1 di Nord-Ovest costituito dall'elemento 1, ossia

$$P = \begin{pmatrix} 1 & -1 \\ a & 3 \end{pmatrix} \quad \text{e} \quad Q = \begin{pmatrix} 1 & -1 \\ 3 & a \end{pmatrix}.$$

Essendo $\det(P) = \det(Q) = 3 + a$, entrambi i determinanti si annullano per lo stesso valore $a = -3$ del parametro. Ne segue che

$$r(A) = \begin{cases} 1 & \text{se } a = -3 \\ 2 & \text{se } a \in \mathbb{R} \setminus \{-3\}. \end{cases}$$

Per quanto riguarda il rango di B, osserviamo preliminarmente che $\mathsf{r}(B) \geqslant 2$ qualunque sia il valore del parametro reale a, in quanto l'estratta

$$\begin{pmatrix} 1 & 0 \\ a & 1 \end{pmatrix}$$

(ottenuta selezionando la prima e seconda riga, nonché la prima e la terza colonna) ha sempre determinante non nullo. Per completare l'analisi, calcoliamo il determinante di B. Essendo $\det(B) = a^2 + 2a - 3$ e dunque

$$\det(B) = 0 \iff a = -3 \text{ oppure } a = 1,$$

si ottiene

$$r(B) = \begin{cases} 2 & \text{se } a \in \{-3, 1\} \\ 3 & \text{se } a \in \mathbb{R} \setminus \{-3, 1\}. \end{cases}$$

In conclusione, per il *Teorema di Rouchè-Capelli*, si ha:

valore di a	$r(A)$	$r(B)$	sistema	numero soluzioni
-3	1	2	impossibile	0
1	2	2	determinato	1
$\neq -3, 1$	2	3	impossibile	0

Ne segue che le risposte [1]–[4] sono false e dunque la risposta corretta è la [5].

Svolgimento 6. Il problema consiste nel determinare quante sono le quaterne $(n_1, n_2, n_3, n_4) \in \mathbb{N}^4$ di numeri naturali tali che le seguenti cinque condizioni siano soddisfatte:[58]

(i) $1 \leqslant n_1 \leqslant 3$,

(ii) $2 \leqslant n_2 \leqslant 6$,

(iii) $3 \leqslant n_3 \leqslant 9$,

(iv) $4 \leqslant n_4 \leqslant 12$,

(v) $n_1 + n_2 + n_3 + n_4 = 15$.

[58] Si confronti questo problema con l'Esercizio 6 del Capitolo 2.

Equivalentemente, il problema è quello di determinare il numero di distribuzioni di 15 palline indistinguibili su 4 scatole distinte, in modo che la prima contenga un numero di palline tra 1 e 3, la seconda contenga un numero di palline tra 2 e 6, la terza contenga un numero di palline tra 3 e 9, e l'ultima contenga un numero di palline tra 4 e 12.

Innanzitutto, provvediamo a semplificare il problema originario come segue. Poiché, in forza dei vincoli (i)-(iv), ciascuna scatola deve contenere un numero minimo di palline, cominciamo con il distribuire le $1+2+3+4=10$ palline che devono necessariamente stare nelle rispettive scatole (il che si può fare in un solo modo, in quanto le palline sono indistinguibili). Ne segue che il problema originario equivale al seguente:

Determinare il numero di distribuzioni di $15-10=5$ *palline indistinguibili su* 5 *scatole distinte* s_1, s_2, s_3, s_4, *in modo che*

(1) s_1 *contenga al più* $3-1=2$ *palline,*

(2) s_2 *contenga al più* $6-2=4$ *palline,*

(3) s_3 *contenga al più* $9-3=6$ *palline,*

(4) s_4 *contenga al più* $12-4=8$ *palline.*

Il modo più semplice di risolvere il nuovo problema si articola in due fasi successive:

(A) contiamo tutte le distribuzioni di 5 palline indistinguibili su 4 scatole distinte;

(B) eliminiamo dal computo di cui in (A) tutte le configurazioni che risultano inammissibili in forza dei vincoli (1)–(4).

Il calcolo di cui al passo (A) è semplice:

$$C^{(r)}_{4,5} = \binom{4+5-1}{5} = \binom{8}{5} = \binom{8}{3} = \frac{8\cdot 7\cdot 6}{3!} = 56\,.$$

Per quanto riguarda il calcolo di cui al passo (B), osserviamo preliminarmente che i vincoli (3) e (4) saranno sempre soddisfatti, in quanto abbiamo soltanto 5 palline da distribuire. Per accertarci che anche i vincoli (1) e (2) siano soddisfatti, dobbiamo eliminare i seguenti casi:

- 5 palline nella scatola s_1: una sola configurazione, ossia $\overset{5}{\sqcup}\overset{0}{\sqcup}\overset{0}{\sqcup}\overset{0}{\sqcup}$;
- 4 palline in s_1: le tre configurazioni $\overset{4}{\sqcup}\overset{1}{\sqcup}\overset{0}{\sqcup}\overset{0}{\sqcup}$, $\overset{4}{\sqcup}\overset{0}{\sqcup}\overset{1}{\sqcup}\overset{0}{\sqcup}$, $\overset{4}{\sqcup}\overset{0}{\sqcup}\overset{0}{\sqcup}\overset{1}{\sqcup}$;
- 3 in s_1 e 2 in un'altra: le tre configurazioni $\overset{3}{\sqcup}\overset{2}{\sqcup}\overset{0}{\sqcup}\overset{0}{\sqcup}$, $\overset{3}{\sqcup}\overset{0}{\sqcup}\overset{2}{\sqcup}\overset{0}{\sqcup}$, $\overset{3}{\sqcup}\overset{0}{\sqcup}\overset{0}{\sqcup}\overset{2}{\sqcup}$;
- 3 in s_1 e al più 1 nelle altre: le tre configurazioni $\overset{3}{\sqcup}\overset{1}{\sqcup}\overset{1}{\sqcup}\overset{0}{\sqcup}$, $\overset{3}{\sqcup}\overset{1}{\sqcup}\overset{0}{\sqcup}\overset{1}{\sqcup}$, $\overset{3}{\sqcup}\overset{0}{\sqcup}\overset{1}{\sqcup}\overset{1}{\sqcup}$;
- 5 palline nella scatola s_2: una sola configurazione, ossia $\overset{0}{\sqcup}\overset{5}{\sqcup}\overset{0}{\sqcup}\overset{0}{\sqcup}$.

In conclusione, il numero richiesto è dato da

$$\text{(A)} - \text{(B)} = C^{(r)}_{4,5} - \Big(1+3+3+3+1\Big) = 45$$

e dunque la risposta corretta è la $\boxed{3}$.

Svolgimento 7. La disequazione

$$\sqrt{x^2-2x-8} \geqslant x+4$$

è del tipo $\sqrt{A(x)} \geqslant B(x)$, per cui si ha

$$\sqrt{x^2-2x-8} \geqslant x+4 \iff \begin{cases} x+4<0 \\ x^2-2x-8 \geqslant 0 \end{cases} \text{oppure} \begin{cases} x+4 \geqslant 0 \\ x^2-2x-8 \geqslant (x+4)^2 \end{cases}$$
$$\iff \begin{cases} x<-4 \\ x^2-2x-8 \geqslant 0 \end{cases} \text{oppure} \begin{cases} x \geqslant -4 \\ 10x \leqslant -24 . \end{cases}$$

Risolviamo separatamente i due sistemi e poi facciamo l'unione delle loro soluzioni.

Per il primo sistema, essendo $x^2 - 2x - 8 = 0$ se e solo se $x \in \{-2, 4\}$, si ottiene (rappresentando, come al solito, gli insiemi delle soluzioni con un tratto continuo):

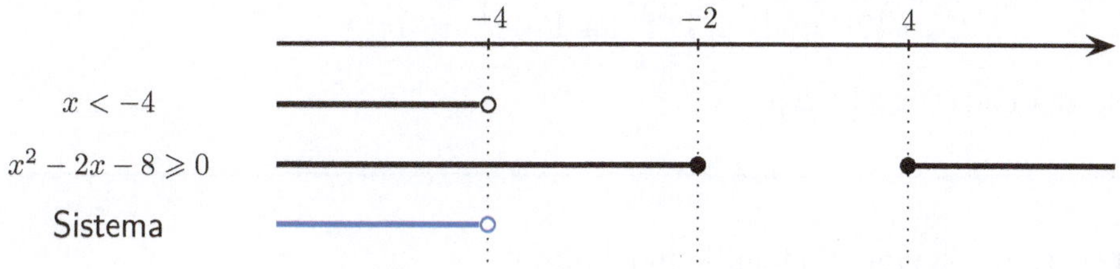

Pertanto, l'insieme S_1 delle soluzioni del primo sistema è dato da

$$S_1 =]-\infty, -4[\, .$$

Per il secondo sistema, si ha

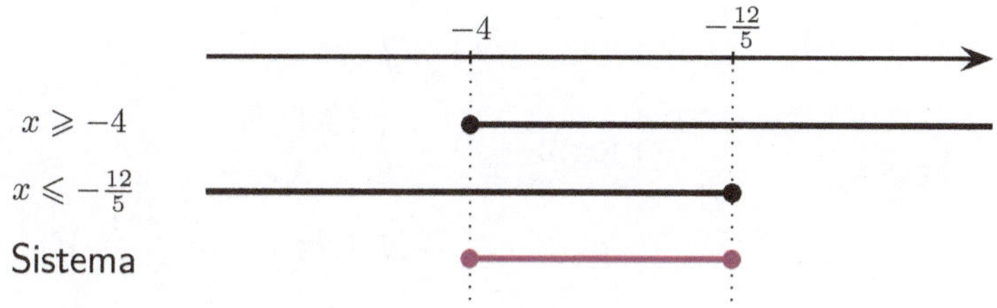

per cui l'insieme S_2 delle soluzioni del secondo sistema è dato da

$$S_2 = \left[-4, -\tfrac{12}{5}\right] .$$

In conclusione, l'insieme S delle soluzioni della disequazione originaria è dato da

$$S = S_1 \cup S_2 =]-\infty, -4[\cup \left[-4, -\tfrac{12}{5}\right] = \left]-\infty, -\tfrac{12}{5}\right]$$

e dunque la risposta corretta è la $\boxed{1}$.

Svolgimento 8. Si ha, per ogni $x > 1$ (trattasi di potenza con esponente reale, dunque la base deve essere positiva),

$$
\begin{aligned}
f'(x) &= \mathsf{D}\Big[(x-1)^{x^3-1}\Big] \\
&= \mathsf{D}\Big[\mathrm{e}^{\log(x-1)^{x^3-1}}\Big] \\
&= \mathsf{D}\Big[\mathrm{e}^{(x^3-1)\log(x-1)}\Big] \\
&= \mathrm{e}^{(x^3-1)\log(x-1)}\cdot \mathsf{D}\Big[(x^3-1)\log(x-1)\Big] \\
&= (x-1)^{x^3-1}\cdot\Big[3x^2\log(x-1)+(x^3-1)\frac{1}{x-1}\Big] \\
&= (x-1)^{x^3-1}\cdot\Big[3x^2\log(x-1)+(x^2+x+1)\Big].
\end{aligned}
$$

Ne segue che nel punto $x = 2$ tale derivata vale

$$f'(2) = 1^7\cdot\Big[3\cdot 4\cdot\log 1+7\Big] = 7.$$

Pertanto, la risposta corretta è la $\boxed{\mathbf{2}}$.

Svolgimento 9. Risolviamo l'integrale indefinito

$$\int \log(3-x)\,dx$$

mediante il *metodo di integrazione per parti*. Posto

$$
\begin{array}{lll}
f(x)=\log(3-x) & \text{da cui} & f'(x) = -\frac{1}{3-x}, \\
g'(x)=1 & \text{da cui} & g(x)=x,
\end{array}
$$

otteniamo

$$
\begin{aligned}
\int \log(3-x)\,dx &= x\log(3-x)-\int\frac{-x}{3-x}\,dx \\
&= x\log(3-x)-\int\frac{(3-x)-3}{3-x}\,dx \\
&= x\log(3-x)-\int 1\,dx-3\int\frac{-1}{3-x}\,dx \\
&= x\log(3-x)-x-3\log|3-x|+C.
\end{aligned}
$$

Per il *Teorema fondamentale del calcolo integrale*, si ha

$$
\begin{aligned}
\int_1^2 \log(3-x)\,dx &= \Big[x\log(3-x)-x-3\log|3-x|\Big]_1^2 \\
&= \Big(2\log 1-2-3\log 1\Big)-\Big(\log 2-1-3\log 2\Big) \\
&= -2+2\log 2+1 \\
&= \log 4-1.
\end{aligned}
$$

Pertanto, la risposta corretta è la $\boxed{\mathbf{1}}$.

Svolgimento 10. La funzione $f\colon \mathbb{R}\to\mathbb{R}$, definita da

$$f(x) = |x-1|+|x+1|-|2x|$$

per ogni $x\in\mathbb{R}$, è una funzione continua in $\mathbb{R}$ (in quanto somma di funzioni continue), ma potrebbe avere dei punti di non derivabilità (angolosi), a causa della presenza di valori assoluti. Esplicitiamo la legge che definisce f, decomponendola in tre leggi *senza* il valore assoluto. Invero, essendo, per ogni espressione A,

$$|A| = \begin{cases} A & \text{se } A \geqslant 0 \\ -A & \text{se } A < 0\,, \end{cases}$$

si ha, in particolare,

$$|x-1| = \begin{cases} x-1 & \text{se } x-1 \geqslant 0 \quad (\text{ossia } x \geqslant 1) \\ -x+1 & \text{se } x-1 < 0 \quad (\text{ossia } x < 1)\,, \end{cases}$$

$$|x+1| = \begin{cases} x+1 & \text{se } x+1 \geqslant 0 \quad (\text{ossia } x \geqslant -1) \\ -x-1 & \text{se } x+1 < 0 \quad (\text{ossia } x < -1)\,, \end{cases}$$

$$|2x| = \begin{cases} 2x & \text{se } 2x \geqslant 0 \quad (\text{ossia } x \geqslant 0) \\ -2x & \text{se } 2x < 0 \quad (\text{ossia } x < 0)\,. \end{cases}$$

Riassumiamo le informazioni ottenute nella seguente tabella:[59]

-1 0 1

$\lvert x-1\rvert$	$-x+1$	$-x+1$	$-x+1$	$x-1$
$\lvert x+1\rvert$	$-x-1$	$x+1$	$x+1$	$x+1$
$\lvert 2x\rvert$	$-2x$	$-2x$	$2x$	$2x$

Pertanto, f è definita da quattro leggi come segue:

$$f(x) = \begin{cases} (-x+1)+(-x-1)-(-2x) & = & 0 & \text{se } x \in\,]-\infty,-1[\\ (-x+1)+(x+1)-(-2x) & = & 2x+2 & \text{se } x \in [-1,0[\\ (-x+1)+(x+1)-(2x) & = & -2x+2 & \text{se } x \in [0,1[\\ (x-1)+(x+1)-(2x) & = & 0 & \text{se } x \in [1+\infty[\,. \end{cases}$$

Il grafico della funzione f è il seguente (in colore blu, tratto continuo):

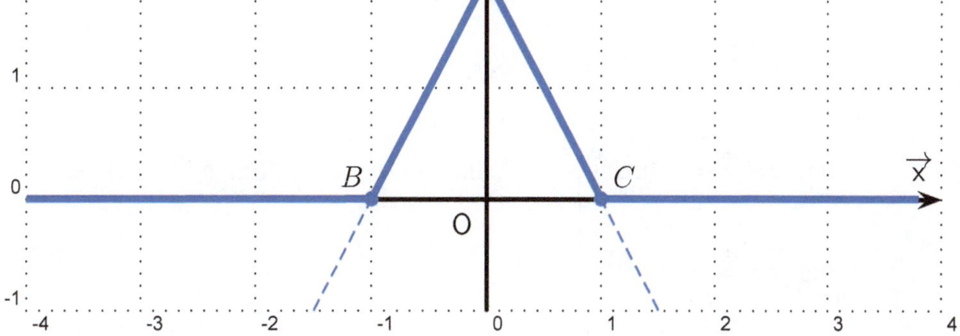

[59] Si noti che la legge nei tre punti -1, 0 e 1 può indifferentemente essere quella a destra o quella a sinistra (in forza della continuità della funzione 'valore assoluto').

[1] *Vera.* f ha esattamente tre punti angolosi, ottenuti per $x = -1$, $x = 0$ e $x = 1$.

[2] *Vera.* f ha infiniti punti di minimo relativo (improprio): invero, ogni elemento dell'insieme $]-\infty, -1] \cup [1, +\infty[$ è un punto di minimo relativo (e assoluto).

[3] *Vera.* Essendo la funzione f identicamente nulla al di fuori dell'intervallo $[-1, 1]$, si ha

$$\int_{-1}^{1} f(x)\, dx = \mathsf{Area}(ABC) = 2 = \int_{-3}^{3} f(x)\, dx .$$

[4] **Falsa.** Per ragioni similari a quelle di [3], si ha

$$\int_{-2}^{0} f(x)\, dx = \mathsf{Area}(ABO) = 1 = \mathsf{Area}(ACO) = \int_{0}^{4} f(x)\, dx .$$

[5] *Vera.* f è pari, essendo $f(x) = f(-x)$ per ogni $x \in \mathbb{R}$.

Svolgimento 11. Studiamo la funzione definita dalla legge

$$f(x) = x\, e^{-\frac{1}{x}}$$

nel suo insieme d'esistenza.

1) ***Insieme d'esistenza. Continuità.*** L'insieme d'esistenza si ottiene imponendo che l'esponente del numero e abbia significato, ossia $x \neq 0$. Pertanto, si ha

$$I = \mathbb{R} \setminus \{0\} .$$

La funzione f è continua in I. Inoltre, f non presenta simmetrie, in quanto, per ogni $x \in I$, si ha

$$f(-x) = -x\, e^{\frac{1}{x}} \neq \pm f(x) .$$

2) ***Localizzazione.*** Lo studio del segno della funzione f è immediato, in quanto $e^{-\frac{1}{x}} > 0$ per ogni $x \in I$. Pertanto, si ha

$$f(x) \begin{cases} < 0 & \text{se } x < 0 \\ > 0 & \text{se } x > 0 . \end{cases}$$

In particolare, il grafico G_f non interseca gli assi coordinati.

3) ***Comportamento agli estremi e in frontiera. Asintoti.*** Calcoliamo i quattro limiti al tendere di x agli estremi del dominio $I =]-\infty, 0[\cup]0, +\infty[$, applicando, nel caso in cui il limite si presenti nella forma indeterminata $[0 \cdot \infty]$, il *Teorema di de l'Hôpital*. Si ha:

$$\lim_{x \to -\infty} x\, e^{-\frac{1}{x}} = -\infty \cdot 1 = -\infty ,$$

$$\lim_{x \to 0^-} x\, e^{-\frac{1}{x}} = \lim_{x \to 0^-} \frac{e^{-\frac{1}{x}}}{\frac{1}{x}} = \lim_{x \to 0^-} \frac{\frac{1}{x^2}\, e^{-\frac{1}{x}}}{-\frac{1}{x^2}} = -\lim_{x \to 0^-} e^{-\frac{1}{x}} = -\infty ,$$

$$\lim_{x \to 0^+} x\, e^{-\frac{1}{x}} = 0 \cdot 0 = 0 ,$$

$$\lim_{x \to +\infty} x\, e^{-\frac{1}{x}} = +\infty \cdot 1 = +\infty .$$

Ne segue che il grafico di f presenta:

- un asintoto verticale sinistro, avente equazione $x = 0$;
- nessun asintoto orizzontale.

Determiniamo l'eventuale esistenza di asintoto obliquo. Essendo

$$m = \lim_{x\to\pm\infty} \frac{f(x)}{x} = \lim_{x\to\pm\infty} \frac{x\,e^{-\frac{1}{x}}}{x} = \lim_{x\to\pm\infty} e^{-\frac{1}{x}} = 1\,,$$

nonché

$$\begin{aligned} n = \lim_{x\to\pm\infty} \Big(f(x) - mx\Big) &= \lim_{x\to\pm\infty} \Big(x\,e^{-\frac{1}{x}} - x\Big) \\ &= \lim_{x\to\pm\infty} x\left(e^{-\frac{1}{x}} - 1\right) \\ &= -\lim_{x\to\pm\infty} \frac{e^{-\frac{1}{x}} - 1}{-\frac{1}{x}} \qquad \text{(limite notevole)} \\ &= -1\,, \end{aligned}$$

la retta di equazione

$$y = x - 1$$

è asintoto obliquo completo per il grafico di f.

4) ***Rappresentazione grafica parziale.*** Alla luce dei punti 1), 2) e 3), possiamo tracciare un grafico approssimativo della funzione f. Tale grafico è in colore blu oppure, *alternativamente*, in verde, in quanto al momento non siamo in grado di determinare il comportamento *esatto* di f al divergere di x a $\pm\infty$.

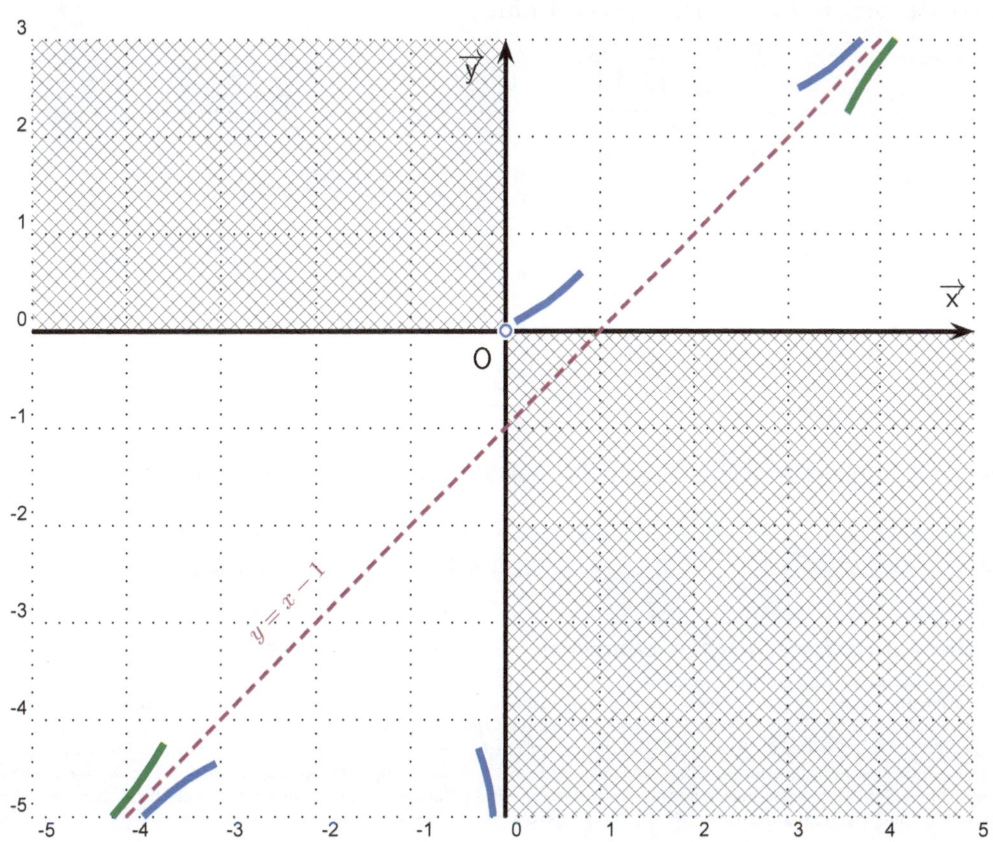

L'intuizione ci suggerisce che l'andamento del grafico, al tendere di x a $\pm\infty$, sia quello in colore blu.[60] Tuttavia, al momento non possiamo trarre alcuna conclusione, in quanto è necessario lo studio della derivata prima e della derivata seconda per determinare il comportamento preciso della funzione f. (A tal proposito, invitiamo sempre il lettore ad evitare di trarre delle conclusione azzardate in presenza di informazioni incomplete.)

5) Derivata prima. Per ogni $x \in I$, risulta

$$f'(x) = \mathrm{e}^{-\frac{1}{x}} + x\,\mathrm{e}^{-\frac{1}{x}}\frac{1}{x^2} = \mathrm{e}^{-\frac{1}{x}}\left(1+\frac{1}{x}\right) = \mathrm{e}^{-\frac{1}{x}}\,\frac{x+1}{x},$$

per cui f è derivabile in ogni punto del dominio. Inoltre, essendo

$$\frac{x+1}{x} > 0 \iff x < -1 \text{ oppure } x > 0,$$

si ha

$$f'(x)\begin{cases} >0 & \text{se } x \in \left]-\infty,-1\right[\cup \left]0,+\infty\right[& (\Longrightarrow f \nearrow) \\ =0 & \text{se } x=-1 & \text{(punto critico)} \\ <0 & \text{se } x \in \left]-1,0\right[& (\Longrightarrow f \searrow). \end{cases}$$

Ne segue che il grafico di f presenta un massimo relativo nel punto

$$M \equiv \big(-1, f(-1)\big) = \big(-1, -\mathrm{e}\big).$$

(Il lettore accorto potrebbe avere notato che a questo punto siamo già in grado di determinare la risposta corretta e dunque potremmo tranquillamente evitare di procedere con il tedioso calcolo della derivata seconda.)

6) Derivata seconda. Per ogni $x \in I$, risulta

$$\begin{aligned} f''(x) = \mathsf{D}\left[\frac{(x+1)\,\mathrm{e}^{-\frac{1}{x}}}{x}\right] &= \frac{\left(\mathrm{e}^{-\frac{1}{x}} + (x+1)\,\mathrm{e}^{-\frac{1}{x}}\frac{1}{x^2}\right)x - \big(x+1\big)\,\mathrm{e}^{-\frac{1}{x}}}{x^2} \\ &= \frac{\mathrm{e}^{-\frac{1}{x}}\left(x+\frac{x+1}{x}\right) - \mathrm{e}^{-\frac{1}{x}}\big(x+1\big)}{x^2} \\ &= \frac{\frac{x+1}{x}-1}{x^2}\,\mathrm{e}^{-\frac{1}{x}} \\ &= \frac{\mathrm{e}^{-\frac{1}{x}}}{x^3}. \end{aligned}$$

per cui f ammette derivata seconda in ogni punto del dominio. Inoltre, si ha

$$f''(x)\begin{cases} <0 & \text{se } x \in \left]-\infty,0\right[& (\Longrightarrow f \text{ concava}) \\ >0 & \text{se } x \in \left]0,+\infty\right[& (\Longrightarrow f \text{ convessa}). \end{cases}$$

7) Rappresentazione grafica completa. Il grafico di f è il seguente:

[60] Il tentativo di svelare l'arcano immediatamente, determinando le eventuali intersezioni del grafico della funzione f con l'asintoto obliquo, fallisce, perchè dovremmo risolvere un sistema (le cui equazioni sono la legge di f e l'equazione dell'asintoto) piuttosto arduo (invero il sistema è impossibile). Il lettore attento avrà probabilmente osservato che anche in alcuni quesiti dei capitoli precedenti si era già presentato tale problema, senza che venisse completamente affrontato – o anche menzionato – in quella sede. La ragione di tale (voluta) omissione è puramente didattica, in quanto riteniamo che sia produttivo che il lettore faccia da solo alcune osservazioni critiche. (Sempre che, naturalmente, decida di leggere questa nota!)

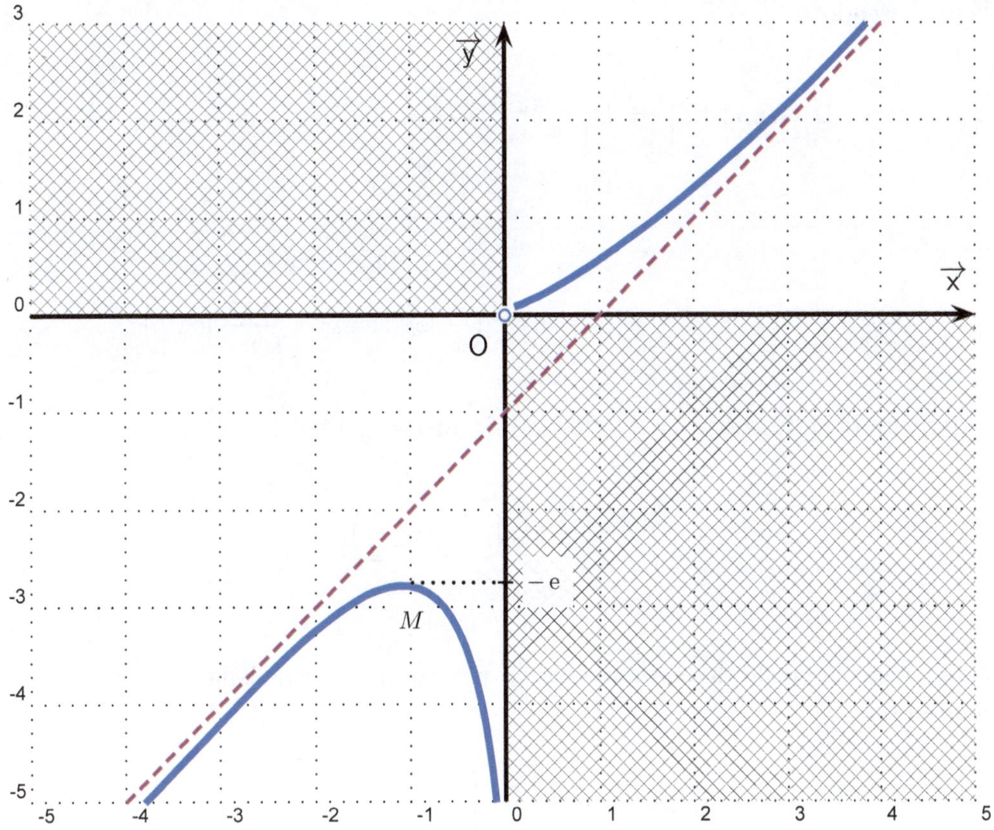

In conclusione, determiniamo la risposta corretta (falsa).

[1] *Vera.* f ha un punto di discontinuità di seconda specie in $x = 0$.

[2] *Vera.* f ha un asintoto obliquo completo, ossia la retta di equazione $y = x - 1$.

[3] *Vera.* f ristretta a $]0, +\infty[$ è crescente e dunque invertibile.

[4] *Vera.* f ristretta a $]-\infty, 0[$ è concava.

[5] **Falsa.** f ha un massimo relativo in $x = -1$.

Svolgimento 12. Verifichiamo la verità/falsità di ciascuna delle cinque asserzioni.

[1] *Vera.* Essendo

$$\lim_{x \to 0^-} \left(x\, e^{\frac{1}{x}} \right) = 0\,,$$

nonché

$$\begin{aligned} \lim_{x \to 0^+} \left(x\, e^{\frac{1}{x}} \right) &= \lim_{x \to 0^+} \frac{e^{\frac{1}{x}}}{\frac{1}{x}} && \text{(forma indeterminata } \left[\tfrac{\infty}{\infty}\right]\text{)} \\ &= \lim_{x \to 0^+} \frac{-\frac{1}{x^2}\, e^{\frac{1}{x}}}{-\frac{1}{x^2}} && \text{(\textit{Teorema di de l'Hôpital})} \\ &= +\infty\,, \end{aligned}$$

si ottiene

$$\nexists \lim_{x \to 0} \left(x\, e^{\frac{1}{x}} \right).$$

2 *Vera.* Essendo

$$\begin{aligned} \mathsf{D}\Big[(\operatorname{sen} x)^{\log x}\Big] &= \mathsf{D}\Big[\mathrm{e}^{\log(\operatorname{sen} x)^{\log x}}\Big] \\ &= \mathsf{D}\Big[\mathrm{e}^{\log x \cdot \log(\operatorname{sen} x)}\Big] \\ &= \mathrm{e}^{\log x \cdot \log(\operatorname{sen} x)}\left(\frac{1}{x}\log(\operatorname{sen} x) + \frac{\cos x}{\operatorname{sen} x}\log x\right) \\ &= (\operatorname{sen} x)^{\log x}\left(\frac{1}{x}\log(\operatorname{sen} x) + \frac{\cos x}{\operatorname{sen} x}\log x\right), \end{aligned}$$

la derivata della funzione $f(x) = (\operatorname{sen} x)^{\log x}$ in $x = \frac{\pi}{2}$ vale

$$1^{\log\frac{\pi}{2}}\left(\frac{2}{\pi}\log 1 + \frac{0}{1}\log\frac{\pi}{2}\right) = 0\,.$$

3 *Vera.* Calcoliamo le derivate successive nel punto $x = 0$ della funzione $f\colon \mathbb{R} \to \mathbb{R}$ definita da

$$f(x) = x^2|x| = \begin{cases} -x^3 & \text{se } x < 0 \\ x^3 & \text{se } x \geqslant 0\,. \end{cases}$$

In forza della continuità delle funzioni f', f'' e f''' in $x = 0$, si ha

$$\left.\begin{aligned} f'_-(0) &= \lim_{x\to 0^-}\left(-3x^2\right) = 0 \\ f'_+(0) &= \lim_{x\to 0^+}\left(3x^2\right) = 0 \end{aligned}\right\} \implies f'(0) = 0\,,$$

$$\left.\begin{aligned} f''_-(0) &= \lim_{x\to 0^-}(-6x) = 0 \\ f''_+(0) &= \lim_{x\to 0^+}(6x) = 0 \end{aligned}\right\} \implies f''(0) = 0\,,$$

$$\left.\begin{aligned} f'''_-(0) &= \lim_{x\to 0^-}(-6) = -6 \\ f'''_+(0) &= \lim_{x\to 0^+}(6) = 6 \end{aligned}\right\} \implies \nexists\, f'''(0)\,.$$

4 *Vera.* Determiniamo l'eventuale esistenza di un asintoto obliquo per la funzione definita dalla legge

$$f(x) = x - \sqrt{x}\,\log x^2\,.$$

Innanzitutto osserviamo che l'insieme d'esistenza di f è l'insieme $\mathbb{R}^+$ dei numeri reali (strettamente) positivi, per cui ha senso calcolare soltanto il limite della funzione al divergere di x a $+\infty$. Essendo

$$
\begin{aligned}
m &= \lim_{x\to+\infty} \frac{f(x)}{x} = \lim_{x\to+\infty} \frac{x-\sqrt{x}\,\log x^2}{x} \\
&= \lim_{x\to+\infty} \left(1-\frac{\log x^2}{\sqrt{x}}\right) \\
&= 1-\lim_{x\to+\infty} \frac{\log x^2}{\sqrt{x}} \\
&= 1-\lim_{x\to+\infty} \frac{\frac{2x}{x^2}}{\frac{1}{2}x^{-\frac{1}{2}}} \qquad (\textit{Teorema di de l'Hôpital}) \\
&= 1-\lim_{x\to+\infty} \frac{4\sqrt{x}}{x} \\
&= 1-4\lim_{x\to+\infty} \frac{1}{\sqrt{x}} \\
&= 1\,,
\end{aligned}
$$

nonché

$$
\begin{aligned}
n = \lim_{x\to+\infty} (f(x)-mx) &= \lim_{x\to+\infty} \left(\left(x-\sqrt{x}\,\log x^2\right)-x\right) \\
&= -\lim_{x\to+\infty} \left(\sqrt{x}\,\log x^2\right) \\
&= -\infty\,,
\end{aligned}
$$

il grafico di f non presenta asintoti obliqui.

5 **Falsa.** La funzione $f(x)=\sqrt[5]{x^2}$ è continua in $x=0$. Inoltre, si ha

$$
\begin{aligned}
f'_-(0) &= \lim_{h\to0^-} \frac{\sqrt[5]{h^2}}{h} = \lim_{h\to0^-} \frac{1}{\sqrt[5]{h^3}} = -\infty\,, \\
f'_+(0) &= \lim_{h\to0^+} \frac{\sqrt[5]{h^2}}{h} = \lim_{h\to0^+} \frac{1}{\sqrt[5]{h^3}} = +\infty\,.
\end{aligned}
$$

Ne segue che f ha un punto cuspidale in $x=0$ (e non un flesso a tangente verticale).

Capitolo 15

Parte A.1

Esercizio 1. Siano R e S le relazioni binarie sull'insieme $X = \{a, b, c, d\}$ definite da

$$R = \{(a, c), (c, a)\} \quad \text{e} \quad S = \{(x, x) : x \in X\}.$$

Quale delle seguenti asserzioni è FALSA?

[1] R è transitiva

[2] S è una relazione d'equivalenza il cui insieme quoziente ha 4 elementi

[3] $R \cup S$ è una relazione d'equivalenza il cui insieme quoziente ha 3 elementi

[4] S è antisimmetrica

[5] S è una relazione d'ordinamento parziale

Esercizio 2. Sia X il seguente insieme numerico:

$$X = \,]0,1[\, \cup \,]1,2[\, \cup \left\{2 + \frac{3}{n+2} : n \in \mathbb{N}\right\}.$$

Quale delle seguenti asserzioni è FALSA?

[1] $|F(DX)| = 2$

[2] $|D(FX)| = 1$

[3] $|F(\mathring{X})| = 2$

[4] $F(FX) = FX$

[5] $\max X = \frac{7}{2}$ e $\inf X = 0$

Esercizio 3. Sia data la matrice

$$A = \begin{pmatrix} 1 & 1 & -3 & 1 \\ -1 & 2 & 0 & 1 \\ 1 & -2 & 3 & 1 \\ -1 & -1 & 3 & 1 \end{pmatrix}.$$

Quanto vale il determinante della matrice $\frac{1}{3}A^2$?

[1] 108

[2] $-\frac{1}{9}$

[3] 4

[4] $-\frac{10}{3}$

[5] Nessuna delle altre risposte

Parte A.2

Esercizio 4. Sia dato il sistema lineare

$$\begin{cases} -2x & + & y & = & 0 \\ ax & + & (2a-1)y & = & 1 \\ -x & - & y & = & -a \end{cases}$$

con $a \in \mathbb{R}$. Quale delle seguenti asserzioni è VERA?

[1] Il sistema è determinato per esattamente due valori di $a \in \mathbb{R}$

[2] Esiste un valore di $a \in \mathbb{R}$ per cui il sistema ammette infinite soluzioni

[3] Per $a = -\frac{3}{5}$, la coppia $(x, y) = \left(-\frac{1}{5}, -\frac{2}{5}\right)$ è una delle infinite soluzioni del sistema

[4] Per $a = 1$, il sistema è impossibile

[5] Nessuna delle altre risposte

Esercizio 5. Quanti sono i numeri naturali di quattro cifre tali che il prodotto delle cifre valga 30? (Ad esempio, i numeri 1235 e 6151 sono di questo tipo.)

[1] 24

[2] 36

[3] 48

[4] 52

[5] Nessuna delle altre risposte

Parte A.3

Esercizio 6. In una spiaggia sono disponibili 5 ombrelloni di colori diversi (*a*rancione, *b*ianco, *c*iano, *d*enim, *e*bano) e 5 sedie a sdraio aventi gli stessi colori (a, b, c, d, e). In quanti modi è possibile sistemare le sedie a sdraio sotto gli ombrelloni in modo che ESATTAMENTE DUE sedie a sdraio siano collocate sotto ombrelloni dello stesso colore? (Ad esempio, un accoppiamento lecito di colori di ombrelloni-sedie è dato da *a*-*a*, *b*-*e*, *c*-*b*, *d*-*d*, *e*-*c*.)

[1] 20

[2] 35

[3] 40

[4] 54

[5] 65

Parte B.1

Esercizio 7. Sia f la funzione definita dalla legge

$$f(x) = -1 + \log_2 \frac{2x^2 - 18}{3x - 5}.$$

Qual è il più grande sottoinsieme dell'insieme d'esistenza per cui la funzione assume valori NON POSITIVI?

1. $\left]-3, \frac{5}{3}\right[\cup \left]3, +\infty\right[$
2. $\left]-3, -1\right] \cup \left]3, 4\right]$
3. $\left]-\infty, -1\right] \cup \left]\frac{5}{3}, 4\right]$
4. $\left]-\infty, -3\right[\cup \left[-1, \frac{5}{3}\right[\cup \left[4, +\infty\right[$
5. Nessuna delle altre risposte

Esercizio 8. Sia $f\colon \mathbb{R} \to \mathbb{R}$ la funzione definita dalle legge

$$f(x) = \frac{4^x}{x^4 + 1}$$

per ogni $x \in \mathbb{R}$. Qual è l'equazione della retta tangente al grafico di f nel punto di ascissa $x = 1$?

1. $y = 4(\log 2 + 1)\, x - 8 - 4\log 2$
2. $y = (3\log 4 - 1)\, x + 2 - \log 4$
3. $y = (\log 16 - 4)\, x + 6 - \log 16$
4. $y = (2 - \log 4)\, x + 2 - \log 8$
5. Nessuna delle altre risposte

Esercizio 9. Sia data la funzione $f\colon \mathbb{R} \to \mathbb{R}$ definita dalle leggi

$$f(x) = \begin{cases} x^x + a & \text{se } x > 0 \\ b(1-x)^{x-1} + ab & \text{se } x \leqslant 0, \end{cases}$$

ove a e b sono parametri reali. Per quale coppia di valori $(a, b) \in \mathbb{R}^2$ la funzione f NON è continua in $\mathbb{R}$?

1. $(a, b) = (-1, 2)$
2. $(a, b) = \left(-1, \frac{3}{2}\right)$
3. $(a, b) = (-3, 1)$
4. $(a, b) = (17, 1)$
5. Nessuna delle altre risposte

Parte B.2

Esercizio 10. Sia data la funzione definita dalla legge

$$f(x) = x \log\left(x^2 + \mathrm{e}\right)$$

in tutto il suo insieme di esistenza. Quale delle seguenti asserzioni è FALSA?

[1] f ha esattamente un punto di flesso

[2] f è invertibile

[3] f ristretta a $]-\infty, 0[$ è concava

[4] $\mathrm{im} f = \mathbb{R}$

[5] $\displaystyle\int_{-2}^{-1} f(x)\,dx = \int_{1}^{2} f(x)\,dx$

Esercizio 11. Quanto vale

$$\int_{-1}^{1} |2x|\,\mathrm{e}^{-|x|}\,dx\,?$$

[1] $4 - \frac{8}{\mathrm{e}}$

[2] $3\,\mathrm{e}^{-2} + 1$

[3] $2\,\mathrm{e} + 3$

[4] $7\,\mathrm{e} - 3$

[5] Nessuna delle altre risposte

Parte B.3

Esercizio 12. Sia $f\colon \mathbb{R} \to \mathbb{R}$ una funzione la cui derivata $f'\colon \mathbb{R} \to \mathbb{R}$ è definita dalla legge

$$f'(x) \;=\; |x-1| + |x+1| - |2x|$$

per ogni $x \in \mathbb{R}$. Quale delle seguenti asserzioni è FALSA?

[1] f ha un punto di flesso

[2] Se $f(0) = 0$, allora $\displaystyle\int_{-2}^{-1} f(x)\,dx = -\int_{1}^{2} f(x)\,dx$

[3] Se $f(1) = -1$, allora $\displaystyle\int_{0}^{1} f(x)\,dx \geqslant -1$

[4] Se $f(1) = \frac{5}{2}$, allora $f(x) > 0$ per ogni $x \in \mathbb{R}$

[5] f ha minimo assoluto e massimo assoluto

Soluzioni

Svolgimento 1. Le relazioni binarie $R = \{(a,c),(c,a)\}$, $S = \{(x,x) : x \in X\}$ e $R \cup S$ si rappresentano graficamente come segue:[61]

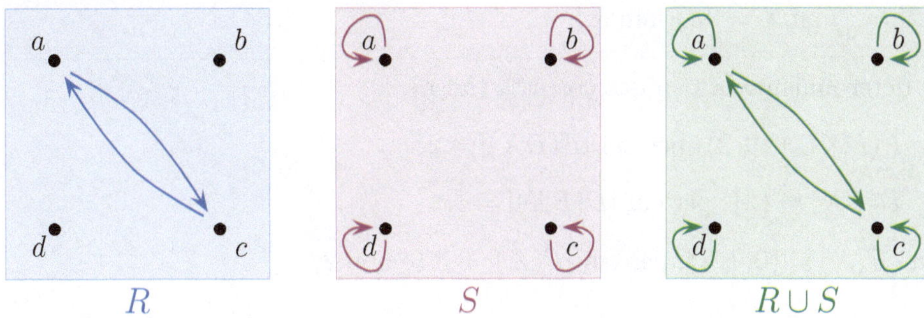

Determiniamo la risposta corretta (falsa).

1 **Falsa.** Ricordiamo che R è transitiva se risulta

$$\big(\forall x, y, z \in X\big)\ \big(x\,R\,y\ \wedge\ y\,R\,z\big) \implies x\,R\,z\,.$$

Osserviamo che gli elementi $x, y, z \in X$ per cui l'implicazione deve valere sono arbitrari, in particolare possono anche essere uguali. Ne segue che R *non* è transitiva, in quanto si ha $\big(a\,R\,c\ \wedge\ c\,R\,a\big)$, ma $\neg(a\,R\,a)$.

2 *Vera.* S è una relazione d'equivalenza su X, con insieme quoziente dato da

$$X/S = \big\{\{a\},\{b\},\{c\},\{d\}\big\}\,.$$

3 *Vera.* $R \cup S$ è una relazione d'equivalenza su X, con insieme quoziente dato da

$$X/(R \cup S) = \big\{\{a,c\},\{b\},\{d\}\big\}\,.$$

4 *Vera.* S è antisimmetrica, in quanto gli unici elementi $x, y \in X$ per cui si ha contemporaneamente $x\,S\,y$ e $y\,S\,x$ sono tali che $x = y$.

5 *Vera.* S è una relazione d'ordinamento parziale su X, in quanto riflessiva, antisimmetrica e transitiva. (Invero, S è l'unica relazione binaria su X che è contemporaneamente una relazione d'equivalenza e una relazione d'ordinamento parziale.)

Svolgimento 2. Rappresentiamo graficamente l'insieme numerico

$$X = \,]0,1[\, \cup \,]1,2[\, \cup \left\{2 + \frac{3}{n+2} : n \in \mathbb{N}\right\}$$

come segue:

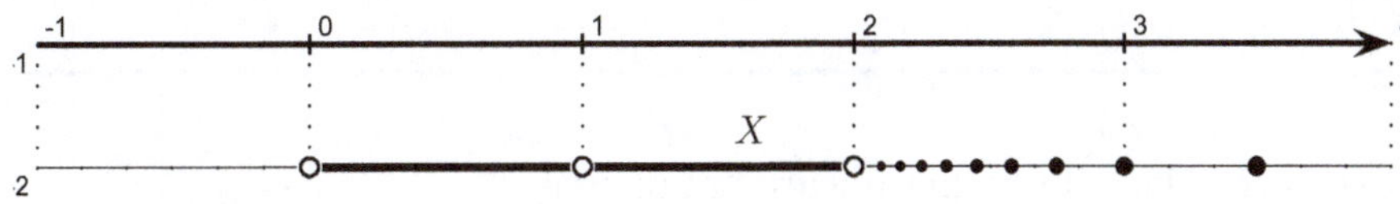

Si ha:

- $DX = [0,2]$;

[61] Si confronti questo esercizio con l'Esercizio 1 del Capitolo 14.

- $FX = \{0,1,2\} \cup \left\{2+\frac{3}{n+2} : n \in \mathbb{N}\right\}$;
- $\mathring{X} =]0,1[\cup]1,2[$;
- $\overline{X} = X \cup \{0,1,2\} = [0,2] \cup \left\{2+\frac{3}{n+2} : n \in \mathbb{N}\right\}$;
- $\max X = \frac{7}{2}$, $\inf X = 0$ ($\nexists \min X$).

Adesso determiniamo la risposta corretta (falsa).

[1] *Vera.* $F(DX) = \{0,2\}$, per cui $|F(DX)| = 2$.

[2] *Vera.* $D(FX) = \{2\}$, per cui $|D(FX)| = 1$.

[3] Falsa. $F(\mathring{X}) = \{0,1,2\}$, per cui $|F(\mathring{X})| = 3$ (e non 2).

[4] *Vera.* $F(FX) = FX$.

[5] *Vera.* $\max X = \frac{7}{2}$ e $\inf X = 0$.

Svolgimento 3. Calcoliamo il determinante di A, applicando alcune note proprietà che *non* lo modificano:

$$\begin{aligned}
\det(A) &= \det\begin{pmatrix} 1 & 1 & -3 & 1 \\ -1 & 2 & 0 & 1 \\ 1 & -2 & 3 & 1 \\ -1 & -1 & 3 & 1 \end{pmatrix} \\
&= \det\begin{pmatrix} 2 & -1 & 0 & 2 \\ -1 & 2 & 0 & 1 \\ 1 & -2 & 3 & 1 \\ -1 & -1 & 3 & 1 \end{pmatrix} && (\text{riga } 1 + \text{riga } 3 \longmapsto \text{riga } 1) \\
&= \det\begin{pmatrix} 2 & -1 & 0 & 2 \\ -1 & 2 & 0 & 1 \\ 2 & -1 & 0 & 0 \\ -1 & -1 & 3 & 1 \end{pmatrix} && (\text{riga } 3 - \text{riga } 4 \longmapsto \text{riga } 3) \\
&= 3\,(-1)^{4+3} \det\begin{pmatrix} 2 & -1 & 2 \\ -1 & 2 & 1 \\ 2 & -1 & 0 \end{pmatrix} && (\textit{Teorema di Laplace}, \text{ colonna } 3) \\
&= -3 \cdot (-6) \\
&= 18\,.
\end{aligned}$$

Ne segue

$$\det\left(\frac{1}{3}A^2\right) = \left(\frac{1}{3}\right)^4 \det(A)^2 = \frac{1}{3^4}\left(2\cdot 3^2\right)^2 = \frac{1}{3^4}\,2^2\,3^4 = 4\,,$$

per cui la risposta corretta è la [3].

Svolgimento 4. Dato il sistema lineare parametrico

$$\begin{cases} -2x + y = 0 \\ ax + (2a-1)y = 1 \\ -x - y = -a\,, \end{cases}$$

la matrice incompleta A e la matrice completa B ad esso associate sono le seguenti:

$$A = \begin{pmatrix} -2 & 1 \\ a & 2a-1 \\ -1 & -1 \end{pmatrix} \qquad \text{e} \qquad B = \begin{pmatrix} -2 & 1 & 0 \\ a & 2a-1 & 1 \\ -1 & -1 & -a \end{pmatrix}.$$

In quanto segue, determiniamo il rango di A e di B al variare del parametro reale a, ove $1 \leqslant r(A) \leqslant 2$ e $1 \leqslant r(B) \leqslant 3$.

Per quanto riguarda il rango di A, applichiamo il *Teorema degli orlati*, calcolando i determinanti dei due orlati dell'estratta di ordine 1 costituito dall'elemento -2, ossia i determinanti di

$$P = \begin{pmatrix} -2 & 1 \\ a & 2a-1 \end{pmatrix} \qquad \text{e} \qquad Q = \begin{pmatrix} -2 & 1 \\ -1 & -1 \end{pmatrix}.$$

Essendo $\det(Q) = 2 + 1 = 3 \neq 0$, non c'è alcun bisogno di calcolare $\det(P)$ per concludere

$$r(A) = 2 \quad \text{per ogni } a \in \mathbb{R}.$$

Per quanto riguarda il rango di B, è sufficiente calcolare il determinante di B. Essendo $\det(B) = 5a^2 - 2a - 3$ e dunque

$$\det(B) = 0 \quad \Longleftrightarrow \quad 5a^2 - 2a - 3 = 0 \quad \Longleftrightarrow \quad a = -\frac{3}{5} \text{ oppure } a = 1,$$

si ottiene

$$r(B) = \begin{cases} 2 & \text{se } a \in \left\{-\frac{3}{5}, 1\right\} \\ 3 & \text{se } a \in \mathbb{R} \setminus \left\{-\frac{3}{5}, 1\right\}. \end{cases}$$

Per il *Teorema di Rouchè-Capelli*, si ha

valore di a	$r(A)$	$r(B)$	sistema	numero soluzioni
$-\frac{3}{5}$	2	2	determinato	1
1	2	2	determinato	1
$\neq -\frac{3}{5}, 1$	2	3	impossibile	0

Alla luce di questa analisi, la risposta corretta (vera) è la **1**.

Svolgimento 5. Poiché la decomposizione del numero 30 in fattori primi è

$$30 = 1 \cdot 2 \cdot 3 \cdot 5,$$

i numeri di 4 cifre tali che il prodotto delle loro cifre sia 30 possono essere di due tipi:[62]

(i) una qualunque permutazione semplice degli elementi dell'insieme $\{1, 2, 3, 5\}$ (ad esempio, i numeri 1325, 5321 e 3152);

(ii) una qualunque permutazione con ripetizione degli elementi dell'insieme $\{1, 5, 6\}$, in cui l'elemento 1 è ripetuto due volte e gli altri una volta (ad esempio, i numeri 1156, 5116 e 6151).

È immediato osservare che esistono P_4 configurazioni del tipo (i), nonché $P^{(r)}_{2,1,1}$ configurazioni del tipo (ii). Ne segue che, in forza della *Regola della somma*, il numero totale di configurazioni soddisfacenti le condizioni del problema è dato da

$$P_4 + P^{(r)}_{2,1,1} = 4! + \frac{4!}{2!\,1!\,1!} = 24 + 12 = 36.$$

Pertanto, la risposta corretta è la **2**.

[62] Per dedurre che le configurazioni sono soltanto di due tipi, osserviamo che 5 dovrà necessariamente essere una delle quattro cifre, per cui le altre tre cifre potranno essere soltanto (i) 1, 2 e 3, oppure (ii) 1, 1 e 6.

Svolgimento 6. Questo problema equivale a contare quante sono le corrispondenze biunivoche da un insieme avente cinque elementi (i colori) in se stesso in modo che ci siano *esattamente due punti fissi.* (Equivalentemente, il problema è quello di contare le permutazioni di un insieme di cinque elementi aventi esattamente due punti fissi.) Per chiarire cosa si intenda per 'punto fisso' di una biiezione di un insieme in se stesso (o 'punto fisso' di una permutazione), consideriamo il seguente esempio.

Sia $X = \{a, b, c, d, e\}$ l'insieme dei colori. Nel testo del problema, si dice che l'accoppiamento ombrellone-sdraio dato da a-b, b-e, c-b, d-d, e-c soddisfa i requisiti richiesti. Tale accoppiamento corrisponde alla seguente biiezione da X in X:

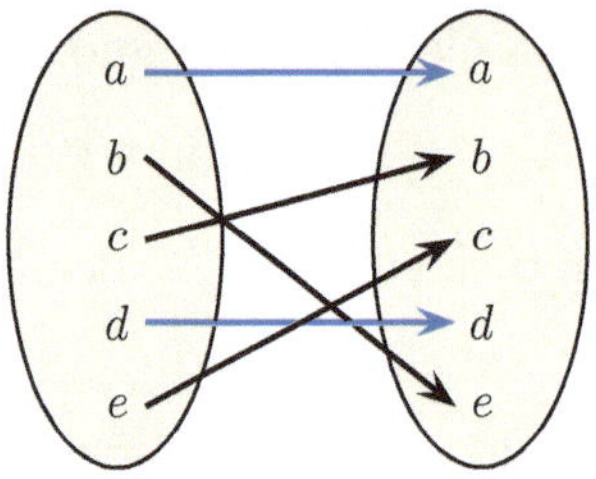

I *punti fissi* di questa biiezione sono a e d, in quanto si ha $a \mapsto a$ e $d \mapsto d$.

Risolviamo adesso l'esercizio utilizzando la terminologia introdotta. Applicheremo la *Regola del prodotto*.[63] Decomponiamo il calcolo del numero di biiezioni da X in X aventi esattamente due punti fissi in due stadi:

(i) determinare quante sono le possibili coppie di punti fissi;

(ii) per ogni coppia di punti fissi, contare quante biiezioni soddisfano la condizione data (ossia non creano altri punti fissi).

Ad esempio, le biiezioni di X in X aventi b e c come unici punti fissi sono le seguenti:

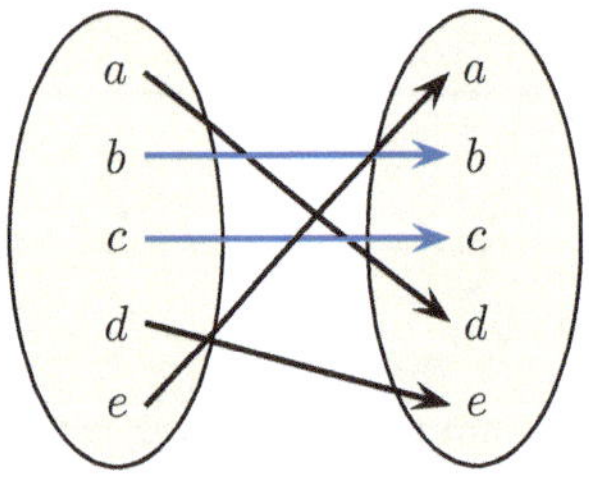

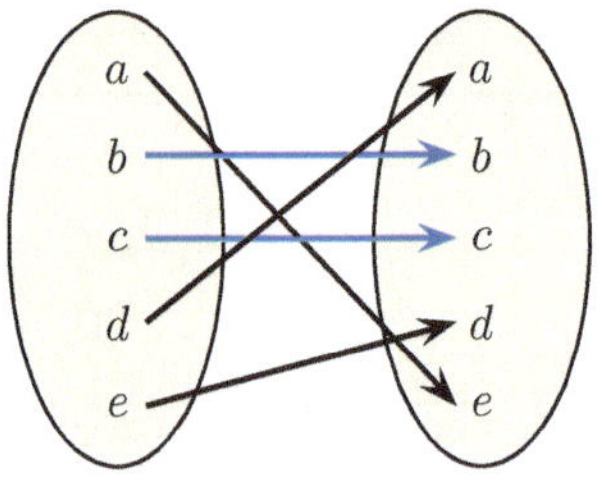

Sono due anche le biiezioni da X in X aventi, ad esempio, l'insieme $\{c, d\}$ come insieme di punti fissi. Invero, lo stadio (ii) del problema equivale a contare il numero di *permutazioni senza punti fissi* di 3 elementi (ossia permutazioni non aventi punti fissi).[64]

Possiamo adesso risolvere il problema. Poiché le scelte di cui allo stadio (i) possono farsi in $C_{5,2}$ modi e quelle di cui allo stadio (ii) possono farsi in 2 modi, il numero totale di corrispondenze biunivoche di un insieme di cinque elementi in se stesso aventi esattamente due punti fissi è dato da, applicando la regola del prodotto,

$$\binom{5}{2} \cdot 2 = \frac{5 \cdot 4}{2!} \cdot 2 = 20\,.$$

Pertanto, la risposta corretta è la $\boxed{1}$.

[63] Si veda [GL2024], Capitolo 3, Sezione 3.1.9 (Regole di decomposizione).

[64] Si veda [GA2024], Capitolo 3, Sezione 3.1.16 (Principio di inclusione-esclusione).

Consideriamo infine la seguente generalizzazione del problema dato:

Quanti sono gli accoppiamenti di $n \geqslant 1$ ombrelloni-sedie aventi n colori distinti, sotto la condizione che esattamente k sedie (con $0 \leqslant k \leqslant n$) siano collocate sotto ombrelloni aventi lo stesso colore delle sedie?

Estendendo il ragionamento fatto nel caso particolare, la soluzione è data da

$$C_{n,k}\, P^{(\mathsf{d})}_{n-k} \;=\; \binom{n}{k}\, !(n-k)$$

ove

$$P^{(\mathsf{d})}_{n-k} \;=\; !(n-k) \;=\; \sum_{j=0}^{n-k} (-1)^j\, \frac{(n-k)!}{j!}$$

è il numero di *permutazioni senza punti fissi* di $n-k$ elementi. Ad esempio, nel nostro caso si ha $n = 5$ e $k = 2$, per cui si ottengono

$$\begin{aligned} C_{5,2}\, P^{(\mathsf{d})}_3 \;&=\; \binom{5}{2}\, !3 \;=\; 10 \sum_{j=0}^{3} (-1)^j\, \frac{3!}{j!} \\ &=\; 10\left(\frac{3!}{0!} - \frac{3!}{1!} + \frac{3!}{2!} - \frac{3!}{3!}\right) \\ &=\; 10\,\big(6 - 6 + 3 - 1\big) \\ &=\; 10 \cdot 2 \;=\; 20 \end{aligned}$$

accoppiamenti leciti.

Svolgimento 7. Il problema di determinare il sottoinsieme S dell'insieme d'esistenza I della funzione definita dalla legge

$$f(x) = -1 + \log_2 \frac{2x^2 - 18}{3x - 5}$$

tale che f assuma valori non positivi equivale a risolvere il sistema di disequazioni

$$\begin{cases} \dfrac{2x^2 - 18}{3x - 5} > 0 & \text{(i)} \\[2ex] -1 + \log_2 \dfrac{2x^2 - 18}{3x - 5} \leqslant 0 & \text{(ii)}\,, \end{cases} \tag{6}$$

ove la disequazione (i) è la condizione d'esistenza della legge che definisce la funzione f, mentre la disequazione (ii) restringe l'insieme delle soluzioni al sottoinsieme di I per cui f assume valori non positivi. Determiniamo l'insieme delle soluzioni delle due disequazioni del sistema (6) e successivamente facciamone l'intersezione.

Per quanto riguarda la disequazione (i), essendo

$$2x^2 - 18 = 0 \iff x = \pm 3 \qquad \text{e} \qquad 3x - 5 = 0 \iff x = \frac{5}{3}$$

si ottiene

		-3		$\frac{5}{3}$		3	
$2x^2 - 18$	$+$	0	$-$		$-$	0	$+$
$3x - 5$	$-$		$-$	0	$+$		$+$
$\dfrac{2x^2 - 18}{3x - 5}$	$-$	0	$+$	$*$	$-$	0	$+$

per cui l'insieme S_1 delle soluzioni della (i) è dato da

$$S_1 = \left]-3, \tfrac{5}{3}\right[\cup \,]3, +\infty[\,.$$

Per quanto riguarda la disequazione (ii), innanzitutto riscriviamola come segue:

$$\begin{aligned}
\log_2 \frac{2x^2-18}{3x-5} \leqslant 1 \quad &\iff \quad 2^{\log_2 \frac{2x^2-18}{3x-5}} \leqslant 2^1 \\
&\iff \quad \frac{2x^2-18}{3x-5} \leqslant 2 \\
&\iff \quad \frac{2x^2-6x-8}{3x-5} \leqslant 0 \\
&\iff \quad \frac{x^2-3x-4}{3x-5} \leqslant 0\,.
\end{aligned}$$

Essendo

$$x^2-3x-4=0 \quad \iff \quad x=-1 \text{ oppure } x=4$$

si ottiene

		-1		$\frac{5}{3}$		4	
x^2-3x-4	$+$	0	$-$		$-$	0	$+$
$3x-5$	$-$		$-$	0	$+$		$+$
$\frac{x^2-3x-4}{3x-5}$	$-$	0	$+$	$*$	$-$	0	$+$

per cui l'insieme S_2 delle soluzioni della (ii) è dato da

$$S_2 = \,]-\infty, -1] \cup \left]\tfrac{5}{3}, 4\right].$$

In conclusione, rappresentando gli insiemi delle soluzioni di (i), di (ii) e del sistema con un tratto continuo, si ha

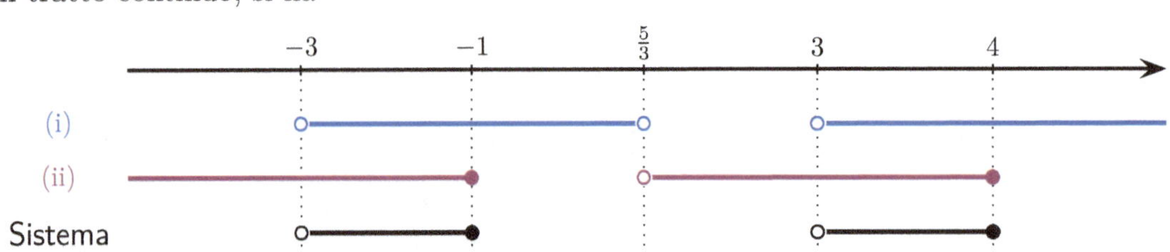

e dunque l'insieme delle soluzioni del sistema (6) è

$$S = S_1 \cap S_2 = \,]-3, -1] \cup \,]3, 4]\,.$$

Pertanto, la risposta corretta è la $\boxed{\mathbf{2}}$.

Svolgimento 8. Ricordiamo che l'equazione della retta tangente al grafico della funzione $f\colon \mathbb{R} \to \mathbb{R}$ definita da

$$f(x) = \frac{4^x}{x^4+1}$$

nel punto di ascissa $x = 1$ è data da

$$y - f(1) = f'(1)\big(x-1\big). \tag{7}$$

La derivata di f è

$$f'(x) \;=\; \frac{4^x \log 4\,(x^4+1) - 4^x(4x^3)}{(x^4+1)^2} \;=\; \frac{4^x(x^4\log 4 - 4x^3 + \log 4)}{(x^4+1)^2}\,,$$

e dunque nel punto di ascissa $x = 1$ essa vale

$$f'(1) \;=\; \frac{4\,(\log 4 - 4 + \log 4)}{(1+1)^2} \;=\; 2\log 4 - 4 \;=\; \log 16 - 4\,.$$

Essendo $f(1) = \frac{4}{2} = 2$, possiamo riscrivere l'equazione (7) come segue:

$$y - 2 \;=\; (\log 16 - 4)\,(x-1) \qquad\Longleftrightarrow\qquad y = (\log 16 - 4)\,x + 6 - \log 16\,.$$

Pertanto, la risposta corretta è la $\boxed{3}$.

Svolgimento 9. La funzione $f\colon \mathbb{R} \to \mathbb{R}$ definita da

$$f(x) \;=\; \begin{cases} x^x + a & \text{se } x > 0 \\ b(1-x)^{x-1} + ab & \text{se } x \leqslant 0 \end{cases}$$

è continua in $\mathbb{R} \setminus \{0\}$ per qualunque valore dei parametri $a, b \in \mathbb{R}$. L'unico punto in cui la continuità di f dipende dal valore dei parametri è quello in cui cambia la legge, ossia in $x = 0$. Pertanto, il problema consiste nell'identificare l'unica coppia $(a, b) \in \mathbb{R}^2$ di cui nelle risposte per cui f *non* sia continua in $x = 0$. Essendo

$$\begin{aligned}
\lim_{x\to 0^+} f(x) \;&=\; \lim_{x\to 0^+}(x^x + a) \\
&=\; a + \lim_{x\to 0^+} x^x \\
&=\; a + \lim_{x\to 0^+} \mathrm{e}^{\log x^x} \\
&=\; a + \mathrm{e}^{\lim_{x\to 0^+} x\log x} && \text{(continuità della funzione esponenziale)} \\
&=\; a + \mathrm{e}^{\lim_{x\to 0^+} \frac{\log x}{\frac{1}{x}}} \\
&=\; a + \mathrm{e}^{\lim_{x\to 0^+} \frac{\frac{1}{x}}{-\frac{1}{x^2}}} && (\textit{Teorema di de l'Hôpital}) \\
&=\; a + \mathrm{e}^{\lim_{x\to 0^+}(-x)} \\
&=\; a + \mathrm{e}^0 \\
&=\; a + 1\,,
\end{aligned}$$

nonché

$$\lim_{x\to 0^-} f(x) \;=\; \lim_{x\to 0^-}\Big(b(1-x)^{x-1} + ab\Big) \;=\; b + ab \;=\; f(0)\,,$$

si ha

$$\begin{aligned}
f \text{ continua in } \mathbb{R} \quad &\Longleftrightarrow \quad f \text{ continua in } 0 \\
&\Longleftrightarrow \quad \lim_{x\to 0^-} f(x) = f(0) = \lim_{x\to 0^+} f(x) \\
&\Longleftrightarrow \quad a + 1 = b(a+1)\,.
\end{aligned}$$

Le coppie ordinate $(a, b) = (-1, 2)$, $(a, b) = \left(-1, \frac{3}{2}\right)$, $(a, b) = (-3, 1)$ e $(a, b) = (17, 1)$ menzionate nelle risposte $\boxed{1}$-$\boxed{4}$ soddisfano l'equazione $a + 1 = b(a+1)$ *(verificare!)*. Pertanto, la risposta corretta è la $\boxed{5}$.

Svolgimento 10. Studiamo la funzione definita dalla legge

$$f(x) = x \log\left(x^2 + \mathrm{e}\right) .$$

*1) **Insieme d'esistenza. Continuità.*** L'insieme d'esistenza I di f si ottiene imponendo che l'argomento del logaritmo sia positivo. Poiché ciò è sempre vero essendo $x^2 + \mathrm{e} \geqslant \mathrm{e} > 0$ per ogni $x \in \mathbb{R}$, si ha

$$I = \mathbb{R} .$$

La funzione è ovviamente continua in $\mathbb{R}$. Inoltre, f è una funzione *dispari*, essendo per ogni $x \in \mathbb{R}$,

$$f(-x) = -x \log\left((-x)^2 + \mathrm{e}\right) = -x \log\left(x^2 + \mathrm{e}\right) = -f(x) .$$

*2) **Localizzazione.*** Essendo, per ogni $x \in \mathbb{R}$,

$$x^2 + \mathrm{e} \geqslant \mathrm{e} > 1 \quad \Longrightarrow \quad \log\left(x^2 + \mathrm{e}\right) > 0 ,$$

si ha

$$f(x) \begin{cases} < 0 & \text{se} \quad x \in \left]-\infty, 0\right[\\ = 0 & \text{se} \quad x = 0 \\ > 0 & \text{se} \quad x \in \left]0, +\infty\right[. \end{cases}$$

In particolare, l'unica intersezione del grafico di f con gli assi coordinati è l'origine $O \equiv (0,0)$.

*3) **Comportamento agli estremi e in frontiera. Asintoti.*** Dobbiamo calcolare soltanto due limiti, che, essendo la funzione dispari, saranno l'uno l'opposto dell'altro:

$$\lim_{x \to -\infty} x \log\left(x^2 + \mathrm{e}\right) = -\infty \quad \text{e} \quad \lim_{x \to +\infty} x \log\left(x^2 + \mathrm{e}\right) = +\infty .$$

Pertanto, f non presenta né asintoti verticali né asintoti orizzontali. Inoltre, essendo

$$\lim_{x \to \pm\infty} \frac{x \log(x^2 + \mathrm{e})}{x} = \lim_{x \to \pm\infty} \log\left(x^2 + \mathrm{e}\right) = +\infty ,$$

la funzione f non presenta nemmeno asintoti obliqui.

*4) **Rappresentazione grafica parziale.*** Alla luce dei punti 1), 2) e 3), possiamo tracciare un grafico parziale di f:

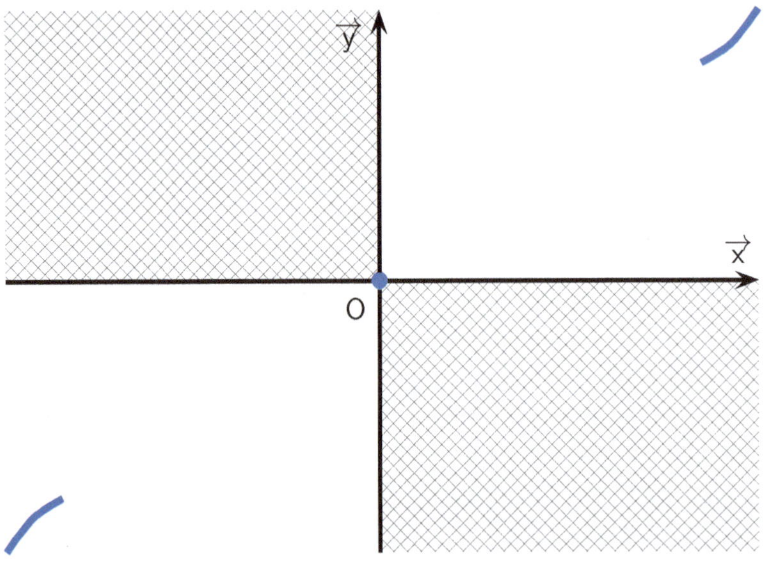

5) Derivata prima. Essendo

$$f'(x) = \log\left(x^2 + \mathrm{e}\right) + x\,\frac{2x}{x^2 + \mathrm{e}} = \log\left(x^2 + \mathrm{e}\right) + \frac{2x^2}{x^2 + \mathrm{e}}$$

la funzione f è derivabile in $\mathbb{R}$. Inoltre, essendo $f'(x)$ data dalla somma di un numero positivo (il primo addendo) ed un numero non negativo (il secondo addendo), risulta $f'(x) > 0$ per ogni $x \in \mathbb{R}$. Ne segue che la funzione f è crescente in $\mathbb{R}$.

6) Derivata seconda. Essendo, per ogni $x \in \mathbb{R}$,

$$\begin{aligned} f''(x) &= \mathsf{D}\left[\log\left(x^2 + \mathrm{e}\right) + \frac{2x^2}{x^2 + \mathrm{e}}\right] \\ &= \frac{2x}{x^2 + \mathrm{e}} + \frac{4x\,(x^2 + \mathrm{e}) - 2x^2(2x)}{(x^2 + \mathrm{e})^2} \\ &= \frac{2x\,(x^2 + 3\mathrm{e})}{(x^2 + \mathrm{e})^2}\,, \end{aligned}$$

si ottiene

$$f''(x) \begin{cases} < 0 & \text{se } x < 0 \quad (\Longrightarrow\ f \text{ è concava}) \\ = 0 & \text{se } x = 0 \\ > 0 & \text{se } x > 0 \quad (\Longrightarrow\ f \text{ è convessa}) \end{cases}$$

e dunque f ha un punto di flesso in $x = 0$. Completiamo l'analisi determinando la retta tangente al grafico di f nel punto di flesso. Essendo

$$f'(0) = \log(0 + \mathrm{e}) + 0 = 1\,,$$

la tangente nel punto di flesso è la prima bisettrice.

7) Rappresentazione grafica completa. Il grafico di f è il seguente:

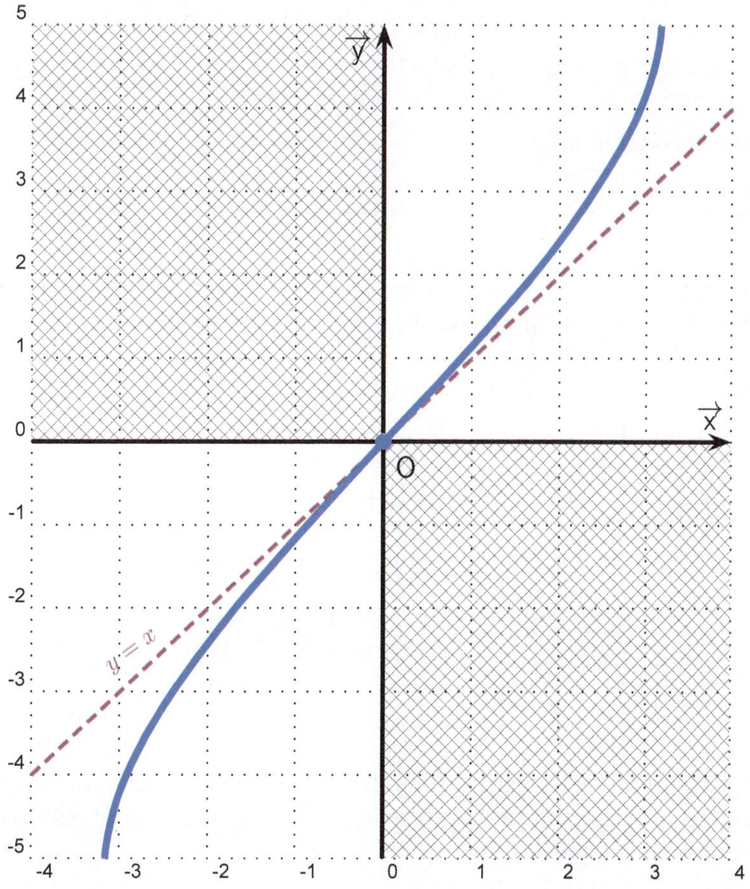

Tutte le risposte [1]–[4] sono ovviamente vere. La risposta corretta (falsa) è la [5], in quanto, essendo la funzione f dispari, deve risultare

$$\int_{-2}^{-1} f(x)\,dx = -\int_{1}^{2} f(x)\,dx\,.$$

Svolgimento 11. Innanzitutto scriviamo in modo più esplicito la funzione integranda, decomponendo il valore assoluto in due leggi:

$$f(x) = |2x|\,e^{-|x|} = \begin{cases} -2x\,e^{x} & \text{se } x < 0 \\ 2x\,e^{-x} & \text{se } x \geqslant 0\,. \end{cases}$$

Pertanto, per la *Proprietà additiva dell'integrale definito*, si ha:

$$\int_{-1}^{1} |2x|\,e^{-|x|}\,dx = \int_{-1}^{0} (-2x\,e^{x})\,dx + \int_{0}^{1} 2x\,e^{-x}\,dx\,.$$

Risolvendo mediante il *Metodo di integrazione per parti* i due integrali indefiniti di cui sopra (i semplici calcoli sono lasciati al lettore), si ottiene

$$\int (-2x\,e^{x})\,dx = -2x\,e^{x} + 2\,e^{x} + C \quad \text{e} \quad \int 2x\,e^{-x}\,dx = -2x\,e^{-x} - 2\,e^{-x} + C\,.$$

In forza del *Teorema fondamentale del calcolo integrale*, otteniamo

$$\begin{aligned} \int_{-1}^{1} |2x|\,e^{-|x|}\,dx &= \int_{-1}^{0} (-2x\,e^{x})\,dx + \int_{0}^{1} 2x\,e^{-x}\,dx \\ &= \Big[-2x\,e^{x} + 2\,e^{x}\Big]_{-1}^{0} + \Big[-2x\,e^{-x} - 2\,e^{-x}\Big]_{0}^{1} \\ &= \Big[2 - 2\,e^{-1} - 2\,e^{-1}\Big] + \Big[-2\,e^{-1} - 2\,e^{-1} + 2\Big] \\ &= 4 - 8\,e^{-1}\,, \end{aligned}$$

per cui la risposta corretta è la [1].

Svolgimento 12. Questo esercizio è uno dei più complessi del libro, sia perchè oggettivamente non facile che in quanto piuttosto lungo. Pur non essendo mai stato assegnato in un compito d'esame, riteniamo utile analizzarlo per esteso in questa sede, al fine di comprendere come eventualmente affrontare quesiti di questo tipo.

Abbiamo già studiato la funzione $f'\colon \mathbb{R} \to \mathbb{R}$, definita da

$$f'(x) = |x-1| + |x+1| - |2x|\,,$$

nell'Esercizio 8 del Capitolo 14. Ricordiamone la definizione esplicita:

$$f'(x) = \begin{cases} 0 & \text{se } x \in \left]-\infty, -1\right[\\ 2x+2 & \text{se } x \in \left[-1, 0\right[\\ -2x+2 & \text{se } x \in \left[0, 1\right[\\ 0 & \text{se } x \in \left[1 + \infty\right[\,. \end{cases}$$

In forza di alcuni teoremi del calcolo differenziale, il grafico della funzione f' (in colore magenta) ci fornisce informazioni sulla crescenza/decrescenza e convessità/concavità della funzione f (in colore blu) come segue:

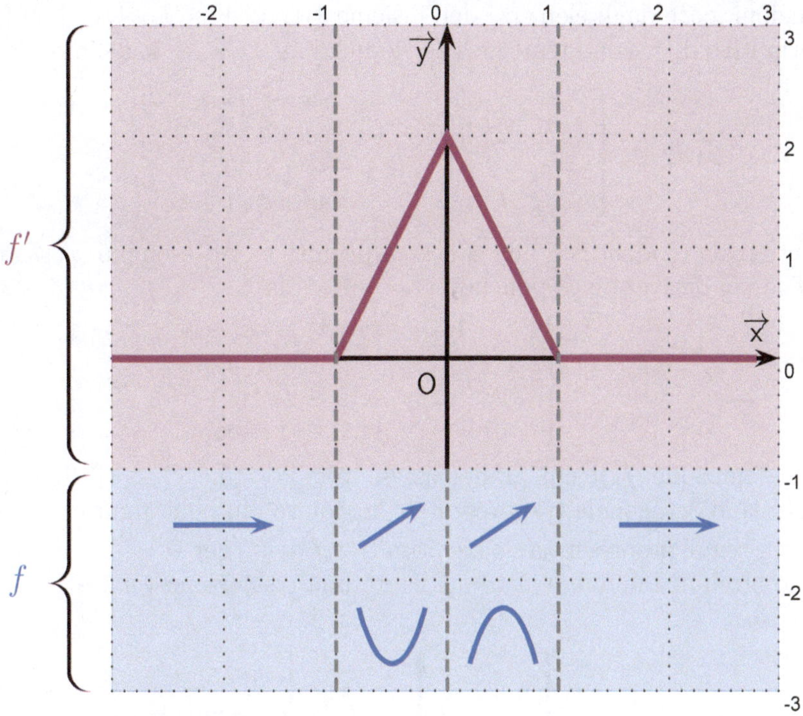

(La freccia blu orizzontale sta per "costante".) Poiché conosciamo esattamente la definizione della funzione f', possiamo essere molto più precisi, calcolando l'integrale di f' ed ottenendo le (infinite) funzioni f aventi f' come derivata. Invero, risultando

$$\int 0\,dx = C\,, \quad \int (2x+2)\,dx = x^2+2x+C\,, \quad \int (-2x+2)\,dx = -x^2+2x+C\,,$$

tutte e sole le funzioni f che sono primitive di f' sono definite da

$$f(x) \;=\; \begin{cases} C_1 & \text{se } x \in \left]-\infty,-1\right[\\ x^2+2x+C_2 & \text{se } x \in \left[-1,0\right[\\ -x^2+2x+C_3 & \text{se } x \in \left[0,1\right[\\ C_4 & \text{se } x \in \left[1+\infty\right[\,, \end{cases}$$

ove le costanti $C_1, C_2, C_3, C_4 \in \mathbb{R}$ sono tali che f sia continua e derivabile in tutto il suo dominio. Possiamo determinare la relazione funzionale esistente tra le costanti reali C_i, per $i = 1,2,3,4$, imponendo la continuità nei punti in cui cambia la legge,[65] ossia in $x=-1$, $x=0$ e $x=1$. Risultando

$$\lim_{x\to-1^-} f(x) = \lim_{x\to-1^+} f(x) \iff \lim_{x\to-1^-} C_1 = \lim_{x\to-1^+}(x^2+2x+C_2) \iff C_1 = C_2-1$$

nonché

$$\lim_{x\to0^-} f(x) = \lim_{x\to0^+} f(x) \iff \lim_{x\to0^-}(x^2+2x+C_2) = \lim_{x\to0^+}(-x^2+2x+C_3) \iff C_2 = C_3$$

e

$$\lim_{x\to1^-} f(x) = \lim_{x\to1^+} f(x) \iff \lim_{x\to1^-}(-x^2+2x+C_3) = \lim_{x\to1^+} C_4 \iff C_3+1 = C_4,$$

si ottiene il sistema di condizioni

$$\begin{cases} C_1 = C_2-1 \\ C_2 = C_3 \\ C_4 = C_3+1 \end{cases} \iff \begin{cases} C_2 = C_1+1 \\ C_3 = C_1+1 \\ C_4 = C_1+2\,, \end{cases}$$

[65] Il lettore è invitato a riflettere sulla seguente domanda: *Come mai non abbiamo imposto anche la condizione di derivabilità in tali punti?*

che ha ∞^1 soluzioni, date dagli elementi dell'insieme $\{(C, C+1, C+1, C+2) : C \in \mathbb{R}\}$. In definitiva, le primitive di f' sono (tutte e sole) le funzioni $f\colon \mathbb{R} \to \mathbb{R}$ definite da

$$f(x) = \begin{cases} C & \text{se } x \in \,]-\infty, -1[\\ x^2 + 2x + C + 1 & \text{se } x \in [-1, 0[\\ -x^2 + 2x + C + 1 & \text{se } x \in [0, 1[\\ C + 2 & \text{se } x \in [1 + \infty[\,, \end{cases}$$

ove ogni costante reale C identifica una specifica primitiva. Ad esempio, possiamo ottenere una funzione f la cui derivata è f' ponendo $C = -1$, ossia

$$f(x) = \begin{cases} -1 & \text{se } x \in \,]-\infty, -1[\\ x^2 + 2x & \text{se } x \in [-1, 0[\\ -x^2 + 2x & \text{se } x \in [0, 1[\\ 1 & \text{se } x \in [1 + \infty[\,. \end{cases}$$

Questa è l'unica funzione f il cui grafico passa per l'origine $\mathrm{O} \equiv (0, 0)$ del sistema di riferimento cartesiano ortogonale (rappresentato in colore blu nella figura che segue).

Nella figura che segue rappresentiamo tre primitive f di f' (per $C = \frac{1}{2}$, $C = -1$ e $C = -3$), i cui grafici sono ottenuti l'uno dall'altro mediante una traslazione verticale.

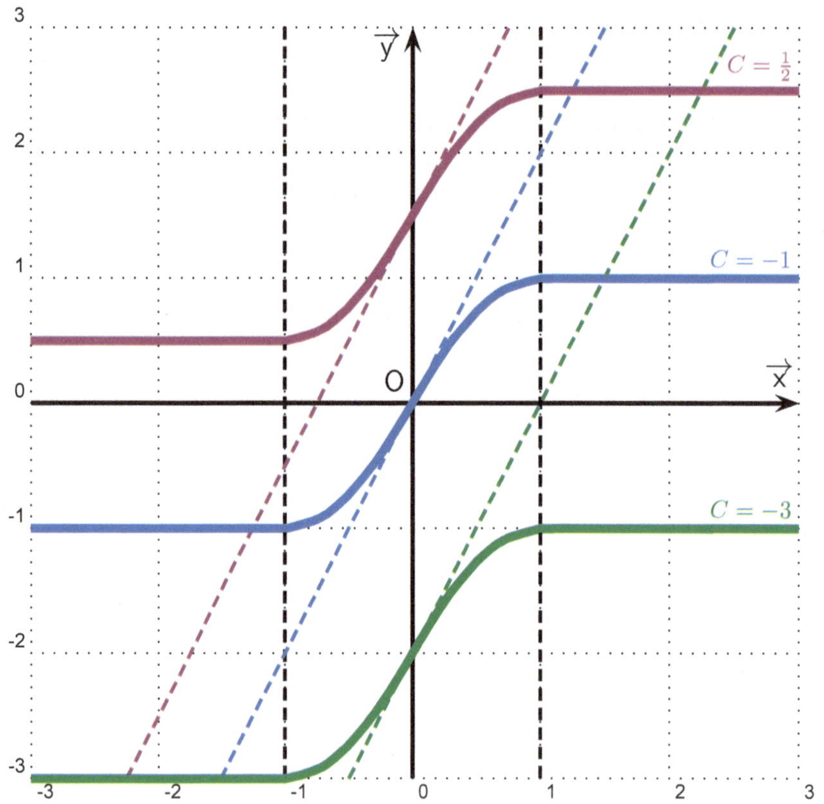

Prima di passare a determinare quale tra le cinque risposte date è quella corretta, facciamo alcune osservazioni di carattere generale.

- Nel punto di ascissa 0, tutte le funzioni f hanno un punto di flesso, in cui la tangente ha coefficiente angolare $m = f'(0) = 2$ (come si vede in figura); si noti che in tale punto la funzione f non ha derivata seconda (in quanto f' ha ivi un punto angoloso).
- Nei punti di ascissa -1 e 1, il grafico di una qualunque primitiva f ha una tangente sempre orizzontale, essendo per ipotesi $f'(-1) = f'(1) = 0$ (ma in tali punti non esiste la derivata seconda, per la stessa ragione di cui al punto precedente).

- Per $C > 0$, si ha $f(x) > 0$ per ogni $x \in \mathbb{R}$ (come si desume dalla figura); simmetricamente, per $C < -2$, si ha $f(x) < 0$ per ogni $x \in \mathbb{R}$.
- Il valore $C = -1$ è l'unico per cui la primitiva f è dispari, ossia $f(-x) = -f(x)$ per ogni $x \in \mathbb{R}$.

Infine, determiniamo la risposta corretta (falsa).

$\boxed{1}$ *Vera.* Come già osservato, ogni primitiva ha esattamente un punto di flesso.

$\boxed{2}$ *Vera.* Se $f(0) = 0$, allora f è la funzione dispari il cui grafico è in colore blu in figura; in particolare, risulta $f(x) = -1$ per ogni $x \in [-2, -1]$, nonché $f(x) = 1$ per ogni $x \in [1, 2]$. Ne segue che i rispettivi integrali definiti di tale f negli intervalli $[-2, -1]$ e $[1, 2]$ sono entrambi uguali all'area di un quadrato (con segno negativo nel primo caso), ossia

$$\int_{-2}^{-1} f(x)\,dx = -1 = -\int_{1}^{2} f(x)\,dx\,.$$

$\boxed{3}$ **Falsa.** Se $f(1) = -1$, allora f è la funzione il cui grafico è in colore verde in figura. Semplici considerazioni geometriche permettono di concludere che

$$\int_{0}^{1} f(x)\,dx < -1\,.$$

$\boxed{4}$ *Vera.* Se $f(1) = \frac{5}{2}$, allora f è la funzione il cui grafico è in colore magenta in figura. Ne segue f è positiva in tutto il dominio $\mathbb{R}$.

$\boxed{5}$ *Vera.* Una qualunque primitiva f di f' ha sia un minimo assoluto (assunto in infiniti punti) che un massimo assoluto (assunto in infiniti punti).

Capitolo 16

Parte A.1

Esercizio 1. Sia R la relazione binaria sull'insieme $A = \{a, b, c\}$ definita da

$$R = \{(a,a), (b,b), (c,c), (a,b), (b,a)\}.$$

Quale delle seguenti asserzioni è FALSA?

[1] R è una relazione d'equivalenza il cui insieme quoziente ha due elementi

[2] Esiste una relazione d'equivalenza su A propriamente contenuta in R

[3] $R \setminus \{(a,b)\}$ è antisimmetrica

[4] Non esiste una relazione d'ordinamento parziale contenuta in R

[5] $A^2 \setminus R$ è simmetrica

Esercizio 2. Siano $\overrightarrow{r}$ ed $\overrightarrow{s}$ le rette di equazione, rispettivamente, $x = -1$ e $x = 4$. Sia inoltre $\overrightarrow{t}$ una retta di equazione $y = mx + n$ passante per il punto $P \equiv (-1, 2)$ ed avente coefficiente angolare m positivo. Per quale valore di $m > 0$ l'area del trapezio delimitato da $\overrightarrow{r}$, $\overrightarrow{s}$, $\overrightarrow{x}$ e $\overrightarrow{t}$ vale $\frac{25}{2}$?

[1] $\frac{1}{5}$

[2] $\frac{2}{7}$

[3] $\frac{3}{8}$

[4] $\frac{2}{9}$

[5] Nessuna delle altre risposte

Esercizio 3. Siano date le matrici

$$A = \begin{pmatrix} -1 & 0 & 0 \\ 3 & 2 & 0 \\ 1 & -5 & \frac{1}{2} \end{pmatrix} \qquad \text{e} \qquad B = \begin{pmatrix} 1 & 0 & 0 \\ -2 & a & 4 \\ 7 & 1 & a \end{pmatrix}$$

con a parametro reale. Quale delle seguenti asserzioni è VERA?

[1] Esiste un numero infinito di valori di $a \in \mathbb{R}$ per cui $r(B) = 2$

[2] Per $a = 0$, $\det(2AB^{-1}) = \frac{1}{2}$

[3] Per $a = -2$, $r(AB) = 3$

[4] Per $a = 2$, AB è invertibile

[5] Nessuna delle altre risposte

Parte A.2

Esercizio 4. Sia dato il sistema lineare

$$\begin{cases} ax & & + & (1-a)z & = & -\frac{1}{2} \\ -x & + & 6ay & + & z & = & -1 \\ & & (1-a)y & + & z & = & 0 \end{cases}$$

con a parametro reale. Quale delle seguenti asserzioni è VERA?

[1] Il sistema è sempre possibile

[2] Per $a = 0$, la terna $(x, y, z) = \left(\frac{1}{2}, \frac{1}{2}, -\frac{1}{2}\right)$ è una delle infinite soluzioni del sistema

[3] Esistono due valori di $a \in \mathbb{R}$ per cui il sistema è impossibile

[4] Per $a = -\frac{1}{2}$, il sistema è indeterminato

[5] Nessuna delle altre risposte

Esercizio 5. Siano dati i seguenti insiemi numerici:

$$X =]-\infty, 0] \cup \left\{\frac{2}{n^2+1} : n \in \mathbb{N}\right\} \qquad \text{e} \qquad Y = [1, 2[\cup \mathbb{Z}\,.$$

Quale delle seguenti asserzioni è FALSA?

[1] Y è un insieme chiuso

[2] $F(FY) = \mathbb{Z}$

[3] $D(X \cap Y) \neq \emptyset$

[4] $\sup X \in Y$

[5] $D(DX)$ è un intervallo chiuso

Parte A.3

Esercizio 6. Siano dati gli insiemi

$$A = \{a_1, a_2, a_3, a_4, a_5, a_6, a_7, a_8\} \qquad \text{e} \qquad B = \{a_1, a_2, a_3, a_4\}\,.$$

Quanti sono i sottoinsiemi C di A tali che

$$|B \cap C| \leqslant 2 \leqslant |(A \setminus B) \cap C| \leqslant 3\,?$$

[1] 110

[2] 92

[3] 78

[4] 56

[5] Nessuna delle altre risposte

Parte B.1

Esercizio 7. Qual è l'insieme delle soluzioni della disequazione

$$\left(\frac{1}{3}\right)^{\frac{x^2-1}{7-2x}} < 3^{-1}\,?$$

1. $\left]-\infty,-4\right[\cup \left]2,\frac{7}{2}\right[$
2. $\left]-4,2\right[\cup \left]\frac{7}{2},+\infty\right[$
3. $\left]-\infty,1\right[\cup \left]\frac{7}{2},+\infty\right[$
4. $\left]1,\frac{7}{2}\right[\cup \left]4,+\infty\right[$
5. Nessuna delle altre risposte

Esercizio 8. Sia $f\colon [-2,6] \to \mathbb{R}$ una funzione dotata di derivata seconda in $]-2,3[\cup]3,6[$ ed avente il seguente grafico:

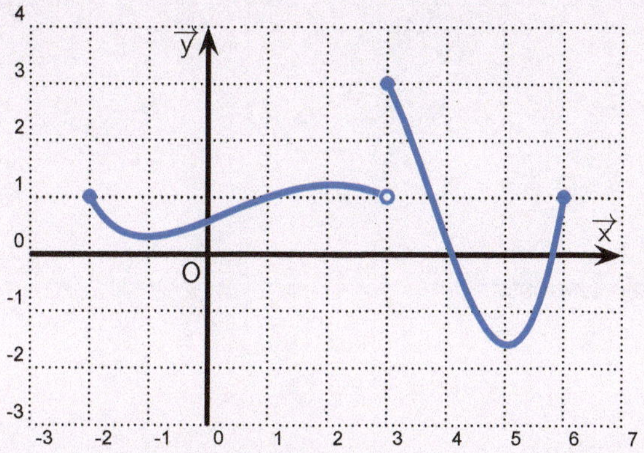

Quale delle seguenti asserzioni è FALSA?

1. $\lim\limits_{x\to 1^+} f(x) > \lim\limits_{x\to 4^-} f(x)$
2. f ristretta a $\left]\frac{7}{2},\frac{9}{2}\right[$ è invertibile con funzione inversa decrescente e derivabile
3. f ha tre punti critici distinti
4. $f'(x) \geqslant 0$ per ogni $x \in \left]-\frac{1}{2},\frac{3}{2}\right[$
5. Non esiste $x \in \mathsf{dom} f$ tale che $f'(x) = -\frac{2}{3}$

Esercizio 9. Quanto vale la derivata della funzione definita da

$$f(x) = (x-3)^{\log(x-3)}$$

nel punto $x = 5$?

1. $2^{\log 2}\log 2$
2. $\log 4 - 3\log 5$
3. $-\log 3 + 2\log 2$
4. $-4^{\log 4}$
5. Nessuna delle altre risposte

Parte B.2

Esercizio 10. Sia f la funzione definita dalla legge

$$f(x) = \frac{1}{2}x - \log\sqrt{x}$$

in tutto il suo insieme d'esistenza. Quale delle seguenti asserzioni è FALSA?

[1] f ha un minimo relativo e assoluto

[2] $\operatorname{im} f$ è un intervallo chiuso non limitato

[3] f ha esattamente un punto critico

[4] f è convessa

[5] f ristretta a $\left[\frac{1}{2}, 2\right]$ è invertibile

Esercizio 11. Quanto vale

$$\int_0^1 x\sqrt{1-x}\,dx\,?$$

[1] $\frac{1}{3}$

[2] $2-\sqrt{3}$

[3] $\frac{4}{15}$

[4] $\sqrt{3}+6$

[5] Nessuna delle altre risposte

Parte B.3

Esercizio 12. Sia $f\colon [0,+\infty[\to \mathbb{R}$ una funzione continua tale che $f(2) = f(3) = 2$ e $f(5) = -2$. Quale delle seguenti asserzioni è VERA?

[1] Se $f'(x) \leqslant 0$ in $]0,+\infty[$, allora f ha infiniti punti critici

[2] Esiste $c \in \,]3,5[$ tale che $f(c) = -2$

[3] Se $f'(x) < 0$ per ogni $x \in [3,+\infty[$, allora f non è inferiormente limitata

[4] Esiste $c \in [0,5]$ tale che $f(c) = 2c - \frac{1}{2}$

[5] Se $f'(x) \geqslant 0$ per ogni $x \in \,]0,3[$, allora $\int_0^3 f(x)\,dx \geqslant 2$

Capitolo 17

Parte A.1

Esercizio 1. Siano A e B due insiemi tali che $|A| = 4$, $|B| = 5$ e $|A \cup B| = 6$. Quale delle seguenti asserzioni è FALSA?

1. $|\mathcal{P}(A \times B)| = 2^{20}$
2. $|A \setminus B| = |A \cap B| - |B \setminus A|$
3. $C_{|A \cup B|, |A \cap B|} = 20$
4. $|B \setminus A| + |B| \neq |A \cup B| + |A \setminus B|$
5. $|\mathcal{P}(A \cup B)| - |\mathcal{P}(A \cap B)| = 56$

Esercizio 2. Sia A una proposizione logica. Quale delle seguenti formule è una TAUTOLOGIA?

1. $(A \Longrightarrow A) \Longrightarrow (\neg A \Longrightarrow A)$
2. $(A \Longrightarrow \neg A) \Longrightarrow A$
3. $(\neg A \Longrightarrow A) \Longrightarrow A$
4. $(A \Longrightarrow (\neg A \wedge A)) \Longrightarrow A$
5. Nessuna delle altre risposte

Esercizio 3. Siano date le matrici

$$A = \begin{pmatrix} -1 & 0 & 0 \\ 4 & 1 & 0 \\ 1 & 1 & 2 \end{pmatrix} \quad \text{e} \quad B = \begin{pmatrix} 0 & 1 & 0 \\ -1 & 3 & 1 \\ -6 & 7 & 3 \end{pmatrix}.$$

Quale delle seguenti asserzioni è FALSA? (I_3 denota la matrice identica di ordine 3.)

1. Esiste una matrice C tale che $(BA)^{-1}C = I_3$
2. $\det(\frac{2}{3}A^{-1}B) = \frac{4}{9}$
3. $r(AB) = 3$
4. Esiste un'unica matrice C tale che $\det(A^{-1}C) = 1$
5. Se C è una matrice 3×3 tale che $\det(C) = \frac{1}{6}$, allora $r(ABC) = 3$

Parte A.2

Esercizio 4. Sia dato il sistema lineare

$$\begin{cases} ax + y + (2a+1)z = a-1 \\ y + z = -1 \\ 2x + ay + (4+a)z = 2-a \end{cases}$$

con a parametro reale. Quale delle seguenti asserzioni è FALSA?

1. Il sistema non è mai determinato
2. Esistono al più due valori distinti di $a \in \mathbb{R}$ per cui il sistema è indeterminato
3. Per $a = 1$, la terna $(x, y, z) = (3, 0, -1)$ è una delle infinite soluzioni del sistema
4. Il sistema è sempre indeterminato oppure impossibile
5. Il sistema è sempre possibile

Esercizio 5. Siano X e Y gli insiemi numerici

$$X = \left\{3 + \frac{1}{n} : n \in \mathbb{N}^*\right\} \quad \text{e} \quad Y = \left\{3 - \frac{1}{2n} : n \in \mathbb{N}^*\right\}$$

ove $\mathbb{N}^* = \mathbb{N} \setminus \{0\}$. Quale delle seguenti asserzioni è VERA?

1. $\left|X \mathring{\cup} Y\right| = 1$
2. $FX \cup FY = F(X \cup Y)$
3. $DX \cap DY = D(X \cap Y)$
4. $DX \cup DY \neq D(X \cup Y)$
5. Nessuna delle altre risposte

Parte A.3

Esercizio 6. Quante sono le soluzioni del sistema

$$\begin{cases} n_1 + n_2 + n_3 + n_4 + n_5 = 12 \\ n_1 + n_2 = 5 \end{cases}$$

ove n_1, n_2, n_3, n_4 e n_5 sono numeri interi non negativi tali che $n_3 \leqslant 4$?

1. 162
2. 180
3. 196
4. 204
5. 228

Parte B.1

Esercizio 7. Qual è l'insieme delle soluzioni della disequazione

$$2^{\sqrt{\frac{x^2+2x-15}{x}}} > 4\,?$$

[1] $]-\infty,-5[\,\cup\,]3,+\infty[$

[2] $]-2,5[$

[3] $]-3,0[\,\cup\,]5,+\infty[$

[4] $]0,+\infty[$

[5] Nessuna delle altre risposte

Esercizio 8. Quanto vale la derivata della funzione

$$f(x) = \left(9 - x^2\right)^{\mathrm{e}^x}$$

nel punto $x = 1$?

[1] $\mathrm{e}\,2^{\mathrm{e}}\left(\log 3 - \frac{1}{2}\right)$

[2] $\mathrm{e}^2\,3^{3\mathrm{e}}\left(\log 2 - \frac{1}{4}\right)$

[3] $\mathrm{e}\,8^{\mathrm{e}}\left(\log 8 - \frac{1}{4}\right)$

[4] $\mathrm{e}^2\,4^{\mathrm{e}^2}\left(\log 4 - \frac{1}{2}\right)$

[5] Nessuna delle altre risposte

Esercizio 9. Quanto vale

$$\lim_{x\to+\infty} \left(4^x\right)^{2-x}\,?$$

[1] 0

[2] 1

[3] e

[4] $+\infty$

[5] Nessuna delle altre risposte

Parte B.2

Esercizio 10. Sia data la funzione definita dalla legge

$$f(x) = \frac{e^x}{8 - x^2}$$

in tutto il suo insieme di esistenza. Quale delle seguenti asserzioni è FALSA? (Per rispondere al quesito non è necessario calcolare la derivata seconda.)

1. f non è limitata inferiormente
2. f ristretta a $[0, 2]$ ha un minimo assoluto di frontiera
3. f ristretta a $]3, +\infty[$ ha un massimo assoluto
4. f ristretta a $\left]-\frac{5}{2}, -\frac{3}{2}\right[$ è invertibile
5. $\text{im} f$ contiene l'intervallo $]-\infty, 0[$

Esercizio 11. Sia $f\colon \mathbb{R} \to \mathbb{R}$ la funzione definita da

$$f(x) = \begin{cases} x^2 e^{-x-1} & \text{se} \quad x \leqslant 0 \\ -x^2 + x & \text{se} \quad x > 0 \,. \end{cases}$$

Quanto vale

$$\int_{-1}^{2} f(x)\, dx\, ?$$

1. $e^{-2} - 3$
2. $\frac{1}{3} - 2\, e^{-1}$
3. $e - e^{-4}$
4. $\frac{15}{4} + e^{-2}$
5. Nessuna delle altre risposte

Parte B.3

Esercizio 12. Sia $f\colon [-3, 3] \cup]4, 6] \to \mathbb{R}$ una funzione dotata di derivata terza all'interno del suo dominio. Quale delle seguenti asserzioni è VERA?

1. f può avere al più un punto di discontinuità
2. Se $f(-3) > 0$ e $f(6) < 0$, allora esiste $x \in \mathsf{dom} f$ tale che $f(x) = 0$
3. Se $f(-2) > 0$ e $f(5) < 0$, allora esiste $x \in \mathsf{dom} f$ tale che $f'(x) < 0$
4. Se $f(-2) = f(1) = 1$ e $f(-1) = f(2) = -1$, allora esiste $x \in \mathsf{dom} f$ tale che $f''(x) = 0$
5. Nessuna delle altre risposte

Capitolo 18

Parte A.1

Esercizio 1. Siano dati gli insiemi numerici

$$X = \mathbb{Z} \setminus \mathbb{N} \qquad \text{e} \qquad Y = \left\{-1 + \frac{1}{n+1} : n \in \mathbb{N}\right\}.$$

Quale delle seguenti asserzioni è FALSA?

1. $D(DY) = \emptyset$
2. $DX = \emptyset$
3. $DY \cap X \neq \emptyset$
4. $\max X = \inf Y$
5. $FX \cap DY = \emptyset$

Esercizio 2. Siano dati sul piano il punto $A \equiv (4, 0)$ e la retta $\overrightarrow{r}$ di equazione $x+3y-3=0$. Qual è il punto P del primo quadrante tale che P stia su $\overrightarrow{r}$ e l'area del triangolo AOP valga $\frac{4}{3}$?

1. $\left(\frac{5}{2}, \frac{1}{6}\right)$
2. $\left(1, \frac{2}{3}\right)$
3. $\left(2, \frac{1}{3}\right)$
4. $\left(\frac{1}{2}, \frac{5}{6}\right)$
5. Nessuna delle altre risposte

Esercizio 3. Quanti sono i numeri naturali di tre cifre tali che il prodotto delle loro cifre valga 0?

1. 145
2. 180
3. 212
4. 243
5. Nessuna delle altre risposte

Parte A.2

Esercizio 4. Sia dato il sistema lineare:

$$\begin{cases} ax + y = a-2 \\ 2x + y = 0 \\ 8x + 2ay = 2 \end{cases}$$

con a parametro reale. Quale delle seguenti asserzioni è VERA?

1. Per $a = 2$, il sistema ammette un'unica soluzione
2. Esistono due valori di $a \in \mathbb{R}$ per cui il sistema è determinato
3. Esiste $a \in \mathbb{R}$ per cui il sistema è indeterminato
4. Per $a = \frac{3}{2}$, la coppia $(x, y) = (1, -2)$ è una delle infinite soluzioni del sistema
5. Nessuna delle altre risposte

Esercizio 5. Siano A e B due insiemi tali che $|A| = 4$ e $|B| = 5$. Quale delle seguenti asserzioni è VERA?

1. Il numero di funzioni iniettive da A in B è $5!$
2. Il numero di funzioni iniettive da A in B è $4 \cdot 4!$
3. Il numero di funzioni suriettive da A in B è $4^5 - 5!$
4. Il numero di funzioni suriettive da A in B è $5^4 - 4!$
5. Nessuna delle altre risposte

Parte A.3

Esercizio 6. Siano $\mathrm{Bi}(\mathbb{R})$ l'insieme delle funzioni biunivoche da $\mathbb{R}$ in $\mathbb{R}$ e $\mathrm{Co}(\mathbb{R})$ l'insieme delle funzioni biunivoche e continue da $\mathbb{R}$ in $\mathbb{R}$. Quale delle seguenti asserzioni è FALSA?

1. Per ogni $f \in \mathrm{Bi}(\mathbb{R})$ esiste $g \in \mathrm{Bi}(\mathbb{R})$ tale che $g(f(x)) = x$ per ogni $x \in \mathbb{R}$
2. Non esiste $f \in \mathrm{Bi}(\mathbb{R})$ tale che, per ogni $g \in \mathrm{Bi}(\mathbb{R})$, $f(g(x)) = g(f(x))$ per ogni $x \in X$
3. Esiste $f \in \mathrm{Co}(\mathbb{R})$ non monotona
4. $\mathrm{Bi}(\mathbb{R})$ è un gruppo rispetto all'operazione di composizione di funzioni
5. $\mathrm{Co}(\mathbb{R})$ è un gruppo rispetto all'operazione di composizione di funzioni

Parte B.1

Esercizio 7. Sia $f\colon \mathbb{R} \to \mathbb{R}$ la funzione avente il seguente grafico:

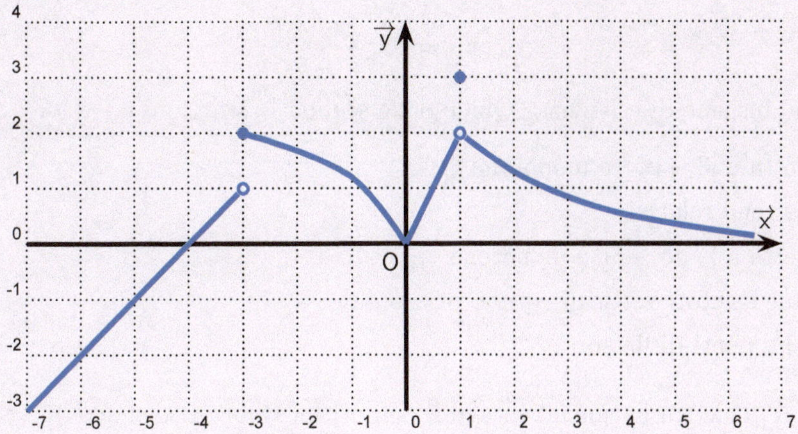

Quale delle seguenti asserzioni è FALSA?

1. $\lim_{x\to 1} f(x) > \lim_{x\to -3^-} f(x)$
2. $\int_{-7}^{-3} f(x)\,dx = -4$
3. $\mathrm{im} f$ è un insieme chiuso
4. $\int_{-7}^{-3} f(x)\,dx > -\int_{-3}^{1} f(x)\,dx$
5. Se f è derivabile in $\mathbb{R} \setminus \{-3, 0, 1\}$, allora non esiste $x \in \mathbb{R}$ tale che $f'(x) = -\frac{2}{3}$

Esercizio 8. Quanto vale

$$\lim_{x\to 2^+} \log \frac{e^{\operatorname{sen}(x-2)} - 1}{(x-1)^2 - 1}\ ?$$

1. $+\infty$
2. $\log \frac{1}{2}$
3. $e^{-\frac{1}{2}}$
4. $-\frac{1}{2}$
5. Nessuna delle altre risposte

Esercizio 9. Sia $f\colon \mathbb{R} \to \mathbb{R}$ la funzione definita come segue:

$$f(x) = \begin{cases} |x+2| & \text{se } |x| \geqslant 3 \\ |x| - 2 & \text{se } |x| < 3\,. \end{cases}$$

Quale delle seguenti asserzioni è FALSA?

1. f ha esattamente un punto di discontinuità di prima specie
2. f non è derivabile in due punti distinti del suo dominio
3. $\int_{-3}^{3} f(x)\,dx = -3$
4. f ha esattamente un punto angoloso
5. L'immagine di f ristretta a $[0, +\infty[$ è un insieme chiuso

Parte B.2

Esercizio 10. Sia f la funzione definita dalla legge

$$f(x) = \log \frac{x-3}{x+5}$$

in tutto il suo insieme di esistenza. Quale delle seguenti asserzioni è FALSA?

1. f ristretta a $]3, +\infty[$ è monotona
2. f ha estremi relativi
3. f ristretta a $]-\infty, -5[$ è monotona
4. f ha due asintoti verticali ed uno orizzontale
5. f non ha punti di flesso

Esercizio 11. Quale tra i seguenti integrali definiti ha valore MASSIMO?

1. $\displaystyle\int_0^2 \frac{8x}{4x^2+3}\,dx$
2. $\displaystyle\int_0^1 \left(1 - e^{-x}\right) dx$
3. $\displaystyle\int_0^{\frac{\pi}{2}} (8x + \operatorname{sen} x)\,dx$
4. $\displaystyle\int_{\frac{1}{2}}^1 \left(\frac{1}{x} - 8\right) dx$
5. $\displaystyle\int_0^2 (x + e^x)\,dx$

Parte B.3

Esercizio 12. Sia $f\colon [0,8] \to \mathbb{R}$ una funzione dotata di derivata terza continua all'interno del suo dominio. Quale delle seguenti asserzioni è VERA?

1. Se f è continua in tutto il suo dominio, allora ha un massimo assoluto interno
2. Se $f'(2)\cdot f''(2) = 0$ e $f'(2)\cdot f'''(2) = -1$, allora f ha un punto di flesso in $x = 2$
3. Se $f'(3) = f''(3) = 0$, allora f ha un flesso a tangente orizzontale in $x = 3$
4. Se $f(1) = 5$ e f è crescente in $[1, 5[$ e decrescente in $\left]5, \frac{11}{2}\right]$, allora $\displaystyle\int_1^{\frac{11}{2}} f(x)\,dx \geqslant 0$
5. Nessuna delle altre risposte

Capitolo 19

Parte A.1

Esercizio 1. Siano dati sul piano i due punti $P \equiv (2,3)$ e $Q \equiv (6,1)$. Siano inoltre $\overrightarrow{r}$ la retta passante per P e Q, ed $\overrightarrow{s}$ la retta perpendicolare ad $\overrightarrow{r}$ e passante per Q. Quanto vale l'area del quadrilatero situato nel primo quadrante e delimitato dalle rette $\overrightarrow{r}$, $\overrightarrow{s}$, $\overrightarrow{x}$ e $\overrightarrow{y}$?

[1] $\frac{59}{4}$
[2] $\frac{81}{8}$
[3] $\frac{13}{2}$
[4] $\frac{25}{2}$
[5] Nessuna delle altre risposte

Esercizio 2. Quanti sono i numeri naturali di quattro cifre tali che il prodotto delle loro quattro cifre valga 12 ?
(Ad esempio, i numeri naturali 4311 e 1223 sono di questo tipo.)

[1] 24
[2] 36
[3] 48
[4] 52
[5] Nessuna delle altre risposte

Esercizio 3. Sia dato il sistema lineare

$$\begin{cases} x + \lambda y = 1 \\ \lambda x + y = 1 \end{cases}$$

con λ parametro reale. Quale delle seguenti asserzioni è VERA?

[1] Esistono due valori distinti di $\lambda \in \mathbb{R}$ per cui il sistema è impossibile
[2] Per ogni $\lambda \in \{-2, -1, 0, 3, 6\}$, il sistema è determinato
[3] Il sistema non è mai indeterminato
[4] Per $\lambda = -3$, il sistema ammette almeno due soluzioni distinte
[5] Nessuna delle altre risposte

Parte A.2

Esercizio 4. Siano A, B e C matrici quadrate di ordine 3. Quale delle seguenti asserzioni è VERA? (Ω denota la matrice nulla 3×3.)

1. Se $\det(A^{-1}) \cdot \det(B^{-1}) < 0$ e $r(C^{-1}) = 3$, allora $r(ABC) \leqslant 2$
2. Se A non è invertibile e B è invertibile, allora $r(A^3B^{-1}) = 2$
3. Se $AB = \Omega$, allora non esiste A^{-1} oppure non esiste B^{-1}
4. Se $\det(A) = 4$, $\det(C) = \frac{1}{2}$ e $AC = B^{-1}$, allora $\det(2B) = \frac{1}{2}$
5. Se A e B sono matrici triangolari, allora anche AB è triangolare

Esercizio 5. Sia dato l'insieme numerico

$$X = [-3, -1[\cup \left\{ \frac{-2n+1}{n+2} : n \in \mathbb{N} \right\}.$$

Quale delle seguenti asserzioni è FALSA?

1. $\overline{X} \setminus FX$ è un insieme aperto
2. $|FX \cap DX| = 2$
3. $|FX| = 5$
4. X non è chiuso
5. $D(FX) = \emptyset$

Parte A.3

Esercizio 6. Siano dati i seguenti numeri naturali:

(a) $P^{(r)}_{3,1,3,1}$

(b) P_6

(c) $D_{9,4}$

(d) $D^{(r)}_{8,4}$

(e) $C^{(r)}_{4,5} \cdot C^{(r)}_{3,5}$.

Quale delle seguenti asserzioni è VERA?

1. (d) > (c) > (e) > (a)
2. (c) > (d) > (b)
3. (c) > (b) > (e)
4. (e) > (c) > (a)
5. (c) > (a) > (e) > (b)

Parte B.1

Esercizio 7. Sia $f\colon [-5,5] \to \mathbb{R}$ la funzione avente il seguente grafico:

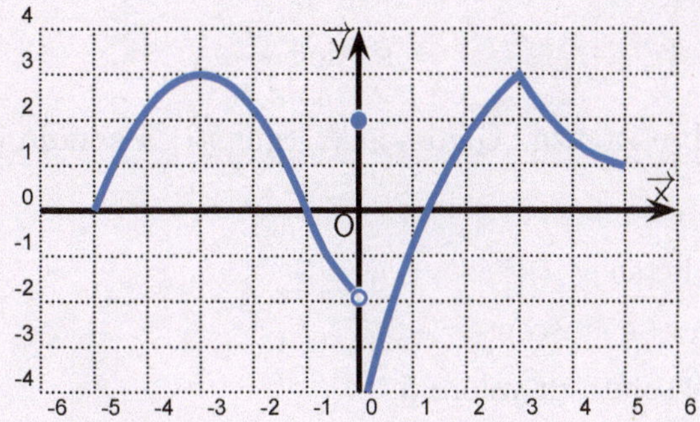

Si considerino le seguenti asserzioni:

(a) f ha esattamente tre punti di massimo relativo;

(b) esiste $x_0 \in \mathsf{dom} f$ per cui non esiste $\lim_{x\to x_0} f(x)$;

(c) l'immagine di f ristretta a $]-1,1[$ è un insieme aperto;

(d) $\displaystyle\int_{-5}^{-1} f(x)\,dx > 6$;

(e) se f è derivabile in $]0,3[\,\cup\,]3,5[$, allora esiste $x \in \mathsf{dom} f$ tale che $f'(x) = -1$.

Quali asserzioni tra (a)–(e) sono VERE?

1. (a), (b) e (c) soltanto
2. (a), (c) e (d) soltanto
3. (b) e (d) soltanto
4. (a), (d) ed (e) soltanto
5. Tutte tranne (c)

Esercizio 8. Sia data la funzione f definita dalla legge

$$f(x) = \left(\frac{1}{2}\right)^{\sqrt{\frac{x^2-9}{2x}}} - \frac{1}{4}.$$

Qual è il più grande insieme per cui la funzione assume valori NON NEGATIVI?

1. $[-3,0[\,\cup\,[3,+\infty[$
2. $[-3,-1]\,\cup\,]0,+\infty[$
3. $[-3,0[\,\cup\,[3,9]$
4. $]-\infty,-1]\,\cup\,]0,9]$
5. Nessuna delle altre risposte

Esercizio 9. Quanto vale

$$\lim_{x\to 2}\left(5-x^2\right)^{\frac{(5-x^2)^3-1}{(4-x^2)^2}}\ ?$$

1. 0
2. $+\infty$
3. 2
4. e^3
5. Nessuna delle altre risposte

Parte B.2

Esercizio 10. Sia data la funzione definita dalla legge

$$f(x) = 1 + \log \frac{e^x}{x-3}$$

in tutto il suo insieme di esistenza. Quale delle seguenti asserzioni è FALSA?

[1] f ristretta a $]3,4[$ è convessa

[2] f ha un punto di flesso

[3] f ristretta a $[5,+\infty[$ è crescente

[4] f ha un minimo assoluto di valore 5

[5] $\operatorname{im} f$ è un intervallo chiuso e non limitato

Esercizio 11. Quanto vale

$$\int_{\frac{5}{2}}^{6} \frac{2x}{x^2 - x - 2}\, dx \, ?$$

[1] $\frac{14}{3}\log 2$

[2] $\frac{5}{3}\log 2 - \log 6)$

[3] $2\log 6 - \frac{11}{3}\log 2$

[4] $4\log 6 - \frac{21}{3}\log 2$

[5] Nessuna delle altre risposte

Parte B.3

Esercizio 12. Sia $f\colon \mathbb{R} \to \mathbb{R}$ la funzione definita come segue:

$$f(x) = \begin{cases} -2 & \text{se} \quad x \leqslant -7 \\ \frac{1}{2}x + \frac{3}{2} & \text{se} \quad -7 < x < -3 \\ -x^2 + 9 & \text{se} \quad -3 \leqslant x \leqslant \frac{5}{2} \\ -\frac{1}{2}x + 4 & \text{se} \quad \frac{5}{2} < x < 4 \\ 2 & \text{se} \quad 4 \leqslant x \leqslant 6 \\ x^2 - 5x - 4 & \text{se} \quad x > 6\,. \end{cases}$$

Quale delle seguenti asserzioni è FALSA?

[1] $\displaystyle\int_{-8}^{-2} f(x)\, dx = -\frac{10}{3}$

[2] f ha esattamente cinque punti angolosi

[3] $\displaystyle\int_{3}^{7} f(x)\, dx > \frac{33}{4}$

[4] f ha almeno un punto di discontinuità di prima specie

[5] $\operatorname{im} f$ è un intervallo chiuso

Capitolo 20

Parte A.1

Esercizio 1. Sia R la relazione binaria sull'insieme $X = \{a, b, c, d, e\}$ definita da

$$R = \Big\{(a, b), (a, c), (a, d), (a, e), (b, c), (b, d), (b, e), (c, d), (c, e)\Big\} \cup \Delta(X)$$

ove $\Delta(X) = \{(x, x) : x \in X\}$. Quale delle seguenti asserzioni è VERA?

- [1] R è una relazione di ordinamento parziale non totale
- [2] R non è antisimmetrica
- [3] R è completa
- [4] R non è transitiva
- [5] Nessuna delle altre risposte

Esercizio 2. Siano $\overrightarrow{r}$ la retta di equazione $y = 2x + 3$, A il punto d'intersezione di $\overrightarrow{r}$ con l'asse delle ordinate, ed $\overrightarrow{s}$ la retta parallela all'asse delle ascisse e passante per A. Per quale valore di $n > 3$, la retta $\overrightarrow{t}$ di equazione $y = mx + n$ e perpendicolare ad $\overrightarrow{r}$ forma con le rette $\overrightarrow{s}$, $\overrightarrow{x}$ e $\overrightarrow{y}$ un trapezio la cui area vale 11?

- [1] $\frac{17}{3}$
- [2] 4
- [3] $\frac{22}{5}$
- [4] 5
- [5] Nessuna delle altre risposte

Esercizio 3. Siano X e Y i seguenti insiemi numerici:

$$X = \left\{2 + \frac{1}{n^2 + 1} : n \in \mathbb{N}\right\} \qquad \text{e} \qquad Y = [3, 4]\ .$$

Quale delle seguenti asserzioni è FALSA?

- [1] $X \cup Y$ non è chiuso
- [2] $|F(Y \setminus X)| = 1$
- [3] X ha infiniti punti di frontiera ed infiniti punti isolati
- [4] $D(DX) = \emptyset$
- [5] X e Y sono separati e contigui

Parte A.2

Esercizio 4. Quanti sono i numeri naturali PARI di tre cifre tali che la somma delle loro cifre valga 10? (Ad esempio, i numeri 442 e 136 sono di questo tipo.)

[1] 22

[2] 29

[3] 33

[4] 38

[5] Nessuna delle altre risposte

Esercizio 5. Sia dato il sistema lineare

$$\begin{cases} ax & & = 0 \\ x & - \quad 2y & = 0 \\ & ay & = 0 \\ -2ax & - \quad 2ay & = 0 \end{cases}$$

con a parametro reale. Quale delle seguenti asserzioni è FALSA?

[1] Il sistema non è mai impossibile

[2] Esiste $a_0 \in \mathbb{R}$ tale che il sistema è determinato per ogni $a \in \mathbb{R} \setminus \{a_0\}$

[3] La coppia $(x, y) = (0, 0)$ è soluzione del sistema per infiniti valori distinti di $a \in \mathbb{R}$

[4] Esiste $a \in \mathbb{R}$ per cui le soluzioni del sistema sono tutti e soli i punti di una retta

[5] Il sistema ammette almeno due soluzioni distinte per due valori distinti di $a \in \mathbb{R}$

Parte A.3

Esercizio 6. Siano A e B due insiemi tali che $|A| = 7$, $|B| = 5$ e $|A \cup B| = 10$. Qual è il più PICCOLO tra i seguenti numeri naturali?

[1] Il numero di funzioni iniettive da B in $A \setminus B$

[2] Il numero di funzioni iniettive da $B \setminus A$ in A

[3] Il numero di tutte le funzioni da $A \setminus B$ in $B \setminus A$

[4] Il numero di funzioni suriettive da A in $A \cap B$

[5] Il numero di relazioni binarie *non riflessive* su $B \setminus A$

Parte B.1

Esercizio 7. Quanto vale

$$\lim_{x\to 1^-} \log\left[\frac{1}{3}(1-x^2)\frac{(2-x^2)^3-1}{\operatorname{sen}(1-x^2)^2}\right]\,?$$

[1] $\log 9$

[2] 0

[3] $+\infty$

[4] $-\log 2$

[5] Nessuna delle altre risposte

Esercizio 8. Siano $f, g\colon [0,3] \to \mathbb{R}$ le funzioni definite rispettivamente da

$$f(x) = x^2 + 6 \qquad \text{e} \qquad g(x) = 2x + 6$$

per ogni $x \in [0,3]$. Quanto vale l'area della regione di piano delimitata dai grafici di f e g? (Suggerimento: trattasi della somma delle aree di due regioni di piano.)

[1] $\frac{8}{3}$

[2] $\frac{29}{6}$

[3] $\frac{17}{5}$

[4] $\frac{9}{2}$

[5] Nessuna delle altre risposte

Esercizio 9. Qual è il coefficiente angolare della retta tangente al grafico della funzione

$$f(x) = (x-1)^{\log(x-1)-3} + \log(x+1)$$

nel punto di ascissa $x = 2$?

[1] $-\frac{8}{3}$

[2] $\frac{3}{4} - 4\log 3$

[3] $\frac{1}{2} + \log 3$

[4] $\frac{15}{4}$

[5] Nessuna delle altre risposte

Parte B.2

Esercizio 10. Sia data la funzione definita dalla legge

$$f(x) = \frac{\log x}{2x^2}$$

in tutto il suo insieme di esistenza. Quale delle seguenti asserzioni è VERA?

[1] f non ha estremi relativi

[2] f ristretta a $]e, +\infty[$ è concava

[3] $\int_1^{\frac{3}{2}} f(x)\,dx \leqslant 0$

[4] f ha un punto di flesso

[5] Nessuna delle altre risposte

Esercizio 11. Quanto vale

$$\int_4^5 \frac{2x^2 - 5x + 1}{x - 3}\,dx\ ?$$

[1] $2(5 + \log 4)$

[2] $3 - \log 8$

[3] $\log 2 + 11$

[4] $\log 16 + \log 2 - 1$

[5] Nessuna delle altre risposte

Parte B.3

Esercizio 12. Sia $f\colon\ [0,2] \cup [4,6] \cup [8,10] \to \mathbb{R}$ una funzione continua nel suo dominio e dotata di derivata seconda all'interno del suo dominio. Quale delle seguenti asserzioni è VERA?

[1] Se $f(0)=f(4)=f(8)$, allora esiste un punto del grafico di f a tangente orizzontale

[2] Se $f(1) \cdot f(5) < 0$ e $f(5) \cdot f(9) < 0$, allora il grafico di f interseca $\overrightarrow{x}$ in due punti

[3] f ha un minimo assoluto e un massimo relativo

[4] Se $f'\left(\frac{9}{2}\right) \cdot f'\left(\frac{11}{2}\right) < 0$, allora f ha un punto critico

[5] Se $f(0) = f(2) = 4$ e $f'(x) \geqslant 0$ all'interno del dominio, allora $\int_0^2 f(x)\,dx > 8$

Capitolo 21

Parte A.1

Esercizio 1. Siano dati i seguenti vettori nello spazio reale euclideo $\mathbb{R}^3$:

$$\mathbf{v_1} = \begin{pmatrix} 2 \\ 1 \\ 0 \end{pmatrix}, \quad \mathbf{v_2} = \begin{pmatrix} 1 \\ 0 \\ 1 \end{pmatrix}, \quad \mathbf{v_1} \begin{pmatrix} 0 \\ 4 \\ 4 \end{pmatrix}.$$

Quale delle seguenti asserzioni è FALSA?

[1] La dimensione di $\text{span}(\mathbf{v_2}, \mathbf{v_2})$ è almeno 2

[2] $\mathbf{v_2} \in \text{span}(\mathbf{v_1}, \mathbf{v_3})$

[3] Un qualunque vettore di $\mathbb{R}^3$ è combinazione lineare di $\mathbf{v_1}$, $\mathbf{v_2}$ e $\mathbf{v_3}$

[4] $\mathbf{v_2}$ e $\mathbf{v_3}$ sono linearmente indipendenti

[5] Il vettore nullo $\mathbf{0}$ appartiene a $\text{span}(\mathbf{v_3})$

Esercizio 2. Siano X e Y i seguenti insiemi numerici:

$$X = \left\{ \frac{1}{n^2+1} : n \in \mathbb{N} \right\} \cup \mathbb{N} \qquad \text{e} \qquad Y = [0,1] \cup \mathbb{Z}.$$

Quale delle seguenti asserzioni è VERA?

[1] $|D(FX)| = 1$

[2] $FX \subseteq FY$

[3] $D(Y \setminus X)$ è un insieme finito

[4] $X \cup Y$ non è chiuso

[5] X non è chiuso

Esercizio 3. Sia R la relazione binaria su $\mathbb{N}$ definita da

$$m\,R\,n \quad \Longleftrightarrow \quad m = n \ \text{ oppure } \ m = 2n \ \text{ oppure } \ m = \frac{n}{2}$$

per ogni $m, n \in \mathbb{N}$. Quale delle seguenti asserzioni è VERA?

[1] R è antisimmetrica

[2] R è riflessiva e simmetrica, ma non transitiva

[3] R è una relazione d'equivalenza

[4] R è una relazione d'ordinamento parziale non totale

[5] Nessuna delle altre risposte

Parte A.2

Esercizio 4. Sia dato il sistema lineare:

$$\begin{cases} -3x & + & y & + & az & = & 1 \\ x & - & ay & + & z & = & 2 \\ x & - & 2y & + & z & = & a\,. \end{cases}$$

Quale delle seguenti asserzioni è VERA?

1. Il sistema è sempre possibile
2. Per $a = -3$, il sistema è indeterminato
3. Il sistema non è mai indeterminato
4. Il sistema è determinato per due valori negativi di a
5. Il sistema è impossibile per due valori distinti di a

Esercizio 5. Un lido ha posizionato 15 ombrelloni su una griglia rettangolare 3x5, in modo che ombrelloni adiacenti sulla stessa riga o sulla stessa colonna distino 1 metro:

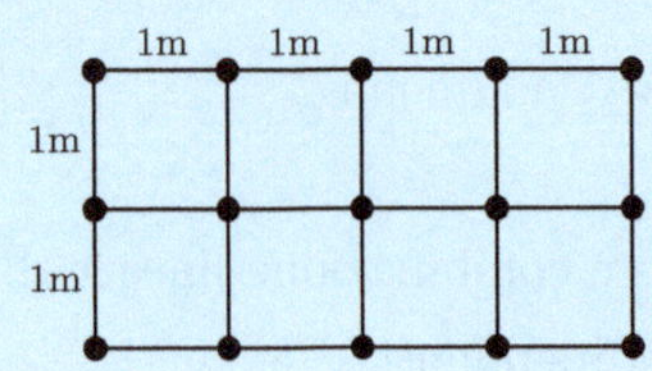

Un Decreto Legge ha recentemente disposto che la distanza minima tra ombrelloni sotto cui stazionano bagnanti debba essere di almeno 1 metro e 30 centimetri. In quanti modi 8 bagnanti distinti possono disporsi sotto i 15 ombrelloni in modo che la legge sia rispettata?

1. $8!$
2. $D_{15,8} - D_{5,2}\,D_{3,2}$
3. $C_{3,2}\,C_{5,2}\,(P_{15} - P_8)$
4. 0
5. Nessuna delle altre risposte

Parte A.3

Esercizio 6. Una *funzione di scelta* sull'insieme $X = \{a, b, c, d\}$ è una mappa

$$f\colon \mathcal{P}(X) \setminus \{\emptyset\} \to X \quad \text{tale che} \quad f(A) \in A \quad \text{per ogni } A \in \mathrm{dom} f\,.$$

Quante sono le funzioni di scelta su X tali che $f(X) = f(\{a, b, c\}) = f(\{a, b\})$?
(Ad esempio, $f(X) = f(\{a, b, c\}) = f(\{a, b\}) = a$, $f(\{a, b, d\} = b$, $f(\{a, c\})) = c$, etc.)

1. $2^3 3^4$
2. $2^4 3^4$
3. $2^5 3^4$
4. $2^5 3^3$
5. $2^6 3^3$

Parte B.1

Esercizio 7. Qual è l'insieme di esistenza della funzione definita dalla legge

$$f(x) = \sqrt{\frac{2x^2 - 3x - 5}{x - x^2}} \log(2 - x)\,?$$

1. $[-1, 0[\cup]1, 2[$
2. $]-\infty, -1] \cup]0, 2[$
3. $\left]-1, \frac{5}{2}\right[$
4. $[-1, 0[\cup \left]\frac{5}{2}, +\infty\right[$
5. Nessuna delle altre risposte

Esercizio 8. Quanto vale

$$\lim_{x \to +\infty} \left(\frac{x - 1}{x + 2}\right)^{\sqrt{x}}\,?$$

1. e^{-3}
2. $+\infty$
3. 0
4. 1
5. Nessuna delle altre risposte

Esercizio 9. Sia $f\colon \mathbb{R} \to \mathbb{R}$ la funzione definita dalla legge

$$f(x) = |x - 1|\, x$$

per ogni $x \in \mathbb{R}$. Quale delle seguenti asserzioni è VERA?

1. f non ha punti angolosi
2. $\displaystyle\int_0^1 f(x)\, dx = \frac{1}{6}$
3. f non ha massimo relativo
4. f non ha minimo relativo
5. $\displaystyle\int_1^2 f(x)\, dx \leqslant \int_{-1}^0 f(x)\, dx$

Parte B.2

Esercizio 10. Sia f la funzione definita dalla legge

$$f(x) = \frac{x-1}{x-4}$$

in tutto il suo insieme d'esistenza. Quale delle seguenti asserzioni è VERA?

1. f ha punti critici
2. f non ha punti di flesso
3. f ristretta a $]12, +\infty[$ è concava verso il basso
4. f è inferiormente limitata
5. Nessuna delle altre risposte

Esercizio 11. Quanto vale

$$\int_{\frac{3}{2}}^{2} \frac{x+5}{x^2+x-2}\, dx\,?$$

1. $\log \frac{4}{3}$
2. $3 + \log \frac{1}{2}$
3. $2 - \log \frac{5}{2}$
4. $\log \frac{7}{2}$
5. Nessuna delle altre risposte

Parte B.3

Esercizio 12. Sia $f\colon \mathbb{R} \to \mathbb{R}$ una funzione la cui derivata $f'\colon \mathbb{R} \to \mathbb{R}$ è definita dalla legge

$$f'(x) = |x-1|\, x$$

per ogni $x \in \mathbb{R}$. Quale delle seguenti asserzioni è VERA?

1. f ha un minimo relativo in $x = 1$
2. f ha non un minimo assoluto
3. f ha esattamente due punti di flesso
4. f ha un massimo relativo
5. Nessuna delle altre risposte

Capitolo 22

Parte A.1

Esercizio 1. Siano $\overrightarrow{r}$ e $\overrightarrow{s}$ le rette di equazione, rispettivamente, $y = 2x - 8$ e $x = k$, con k parametro reale. Per quale valore di $k \in \,]0,4[$ l'area del trapezio delimitato dalle rette $\overrightarrow{r}$, $\overrightarrow{s}$, $\overrightarrow{x}$ e $\overrightarrow{y}$ è pari a 12?

[1] 1
[2] $\frac{3}{2}$
[3] 2
[4] $\frac{8}{3}$
[5] 3

Esercizio 2. Sia data la matrice

$$A = \begin{pmatrix} 1 & \lambda & 1 \\ 1 & \lambda & 2 \\ \lambda & 1 & 1 \end{pmatrix}$$

con λ parametro reale. Quale delle seguenti asserzioni è FALSA?

[1] $r(A) \geqslant 2$ per ogni $\lambda \in \mathbb{R}$
[2] Esistono due valori distinti di $\lambda \in \mathbb{R}$ per cui $r(A) \leqslant 2$
[3] $\det(A\,A^{-1}) = 1$ per ogni $\lambda \in \mathbb{R}$
[4] Per $\lambda = 0$, $\det(A^{-1}) = -1$
[5] $r(A) = 3$ per ogni $\lambda \in [2, +\infty[$

Esercizio 3. Sia R la relazione binaria su $\mathbb{Z}$ definita da

$$p\,R\,q \iff p - q \geqslant 1$$

per ogni $p, q \in \mathbb{Z}$. Quale delle seguenti asserzioni è VERA?

[1] R è totale
[2] R non è antisimmetrica
[3] R è antisimmetrica e transitiva
[4] R è una relazione d'ordinamento parziale non totale
[5] Nessuna delle altre risposte

Parte A.2

Esercizio 4. Sia dato il sistema lineare:

$$\begin{cases} x + \frac{a}{2}y + z = 1 \\ ax + 3y - 4z = -3 \\ 3x - 4y + 5z = -a. \end{cases}$$

Quale delle seguenti asserzioni è VERA?

1. Il sistema è sempre possibile
2. Per $a = -2$, il sistema è indeterminato
3. Per $a = 0$, il sistema è impossibile
4. Il sistema è impossibile per due valori distinti di a
5. Nessuna delle altre risposte

Esercizio 5. Sia X l'insieme numerico

$$X = (\mathbb{Z} \setminus \mathbb{N}) \cup \mathbb{P} \cup \,]-\infty, -10[$$

ove $\mathbb{P} = \{2n : n \in \mathbb{N}\}$. Quale delle seguenti asserzioni è VERA?

1. $FX \setminus DX$ è un insieme finito
2. X è chiuso
3. $\inf X \neq -\sup X$
4. $X \setminus \mathbb{P}$ è aperto
5. Nessuna delle altre risposte

Parte A.3

Esercizio 6. Quanti sono i numeri naturali $c_1 c_2 c_3$ di tre cifre tali che il prodotto delle loro cifre è un numero pari (lo 0 è considerato pari) e risulta $|c_1 - c_3| = 2$?
(Ad esempio, 270 e 345 soddisfano le condizioni date.)

1. 95
2. 110
3. 125
4. 140
5. 155

Parte B.1

Esercizio 7. Quanto vale
$$\lim_{x\to+\infty} \mathrm{e}^{\operatorname{sen}\frac{3+\sqrt{x^3}}{2x^2-3}} \,?$$

1. Non esiste
2. e
3. $\mathrm{e}^{\frac{\pi}{2}}$
4. 1
5. Nessuna delle altre risposte

Esercizio 8. Qual è l'insieme delle soluzioni della disequazione
$$\sqrt{|x-3|} > \sqrt{2x-5}\,?$$

1. $\left[\frac{5}{2}, \frac{8}{3}\right[$
2. $\left[\frac{5}{2}, +\infty\right[$
3. $\left]\frac{8}{3}, +\infty\right[$
4. $\left]2, \frac{5}{2}\right[$
5. Nessuna delle altre risposte

Esercizio 9. Sia $f\colon \mathbb{R} \to \mathbb{R}$ la funzione definita dalla legge
$$f(x) = |x-1|\,|x-2|$$
per ogni $x \in \mathbb{R}$. Quale delle seguenti asserzioni è FALSA?

1. f ha esattamente due punti angolosi
2. f ha esattamente due zeri
3. f ha un minimo assoluto
4. f non ha un massimo relativo
5. $\displaystyle\int_1^2 f(x)\,dx > \frac{1}{8}$

Parte B.2

Esercizio 10. Sia f la funzione definita dalla legge

$$f(x) = x^3 - 2x^2 - 4x$$

in tutto il suo insieme d'esistenza. Quale delle seguenti asserzioni è FALSA?

[1] f ha un solo punto di flesso

[2] f ha un solo punto di massimo relativo

[3] f ristretta a $]2, +\infty[$ è concava verso l'alto

[4] f interseca l'asse delle ascisse in tre punti

[5] f non ha punti di minimo relativo

Esercizio 11. Quanto vale

$$\int_4^5 \frac{2x-1}{x^2-6x+9}\,dx\,?$$

[1] $\log 2 - \frac{5}{2}$

[2] $-5\log 2$

[3] $2\log 2 + \log\frac{5}{2}$

[4] $\frac{5}{2} + \log 4$

[5] Nessuna delle altre risposte

Parte B.3

Esercizio 12. Sia $f\colon \mathbb{R} \to \mathbb{R}$ una funzione la cui derivata $f'\colon \mathbb{R} \to \mathbb{R}$ è definita dalla legge

$$f'(x) = |x-1|\,|x-2|$$

per ogni $x \in \mathbb{R}$. Quale delle seguenti asserzioni è VERA?

[1] Esiste un intervallo in cui f è decrescente

[2] f ha tre punti di flesso

[3] f ha due punti di minimo relativo

[4] f ha un punto di massimo relativo non assoluto

[5] Nessuna delle altre risposte

Capitolo 23

Parte A.1

Esercizio 1. Siano A e B proposizioni logiche. Quale delle seguenti formule è una CONTRADDIZIONE?

1. $(A \wedge \neg A) \vee (B \Longrightarrow \neg B)$
2. $(A \vee \neg A) \implies (B \Longrightarrow (\neg A \vee B))$
3. $(A \Longleftrightarrow \neg A) \implies (B \Longleftrightarrow \neg B)$
4. $(B \Longrightarrow B) \implies \neg(\neg A \Longrightarrow \neg A)$
5. Nessuna delle altre risposte

Esercizio 2. Sia dato l'insieme numerico

$$X = [0,3[\cup \left\{3 + \frac{n+1}{n+2} : n \in \mathbb{N}\right\}.$$

Quale delle seguenti asserzioni è VERA?

1. X è chiuso
2. FX è un insieme finito
3. $\mathring{X} \cup \{0,3,4\} = DX$
4. $\overline{DX} \neq DX$
5. Nessuna delle altre risposte

Esercizio 3. Siano date le rette $\overrightarrow{r}$ di equazione $y = -\frac{1}{2}x + 1$ ed $\overrightarrow{s}$ di equazione $x = k$, con $0 < k < 2$. Per quali valori di $k \in]0,2[$, l'area del trapezio formato dalle rette $\overrightarrow{r}$, $\overrightarrow{s}$, $\overrightarrow{x}$ e $\overrightarrow{y}$ vale $\frac{3}{4}$?

1. $\frac{1}{2}$
2. 1
3. $\frac{2}{3}$
4. $\frac{6}{5}$
5. Nessuna delle altre risposte

Parte A.2

Esercizio 4. Sia dato il sistema lineare

$$\begin{cases} ax & & - & z & = 0 \\ x & + & y & & = 1 \\ x & & + & (a^2-a-1)z & = 0 \end{cases}$$

ove a è un parametro reale. Quale delle seguenti asserzioni è VERA?

1. Per $a = 1$, il sistema ammette un'unica soluzione
2. Esiste un solo a per cui il sistema è impossibile
3. Il sistema è indeterminato per due valori distinti di a
4. Esiste un solo a per cui il sistema è determinato
5. Nessuna delle altre risposte

Esercizio 5. Sia R la relazione binaria su $\mathbb{Z}$ definita da

$$p\,R\,q \iff pq \geqslant 0$$

per ogni $p, q \in \mathbb{Z}$. Quale delle seguenti asserzioni è FALSA?

1. R non è totale
2. R è riflessiva
3. R è transitiva
4. R non è una relazione d'equivalenza
5. R non è una relazione d'ordinamento

Parte A.3

Esercizio 6. Si devono dipingere 4 piatti diversi, ciascuno con un colore, avendo a disposizione 3 colori differenti. In quanti modi si possono dipingere i piatti in modo tale che esattamente 2 colori siano utilizzati?

1. 28
2. 42
3. 66
4. 84
5. Nessuna delle altre risposte

Parte B.1

Esercizio 7. Qual è l'insieme delle soluzioni della disequazione

$$\log \frac{x+2}{x^2} > 0\,?$$

1. $]-2,-1] \cup]2,+\infty]$
2. $]-2,+\infty[$
3. $]-2,-1] \cup]0,+\infty[$
4. $]-1,0[\cup]0,2[$
5. Nessuna delle altre risposte

Esercizio 8. Quanto vale

$$\lim_{x\to 1} (2-x^5)^{\frac{(2-x)^2-1}{2(1-x)(1-x^5)}}\,?$$

1. 0
2. e
3. $+\infty$
4. 1
5. Nessuna delle altre risposte

Esercizio 9. Sia data la funzione $f\colon \mathbb{R} \to \mathbb{R}$ definita da

$$f(x) = \begin{cases} ax+b & \text{se } x < -1 \\ 2^{-x} - c & \text{se } -1 \leqslant x \leqslant 0 \\ bx^2 - c & \text{se } 0 < x < 1 \\ c-1 & \text{se } x \geqslant 1 \end{cases}$$

ove $a, b, c \in \mathbb{R}$. Per quale terna $(a,b,c) \in \mathbb{R}^3$, se esiste, f è CONTINUA in $\mathbb{R}$?

1. $(a,b,c) = \left(\frac{3}{4}, \frac{1}{4}, -1\right)$
2. $(a,b,c) = \left(-1, -\frac{1}{3}, 0\right)$
3. $(a,b,c) = \left(-\frac{1}{2}, -\frac{1}{4}, -\frac{2}{3}\right)$
4. $(a,b,c) = \left(-\frac{3}{2}, 0, \frac{1}{2}\right)$
5. Non esiste una tale terna $(a,b,c) \in \mathbb{R}^3$

Parte B.2

Esercizio 10. Siano $f\colon \mathbb{R} \to \mathbb{R}$ e $g\colon \mathbb{R} \to \mathbb{R}$ le funzioni definite da

$$f(x) = x^3 \qquad \text{e} \qquad g(x) = x^2 + 2x$$

per ogni $x \in \mathbb{R}$. Quanto vale l'area compresa tra i grafici di f e g nell'intervallo $[0, 4]$?

[1] 32
[2] $\frac{88}{3}$
[3] 24
[4] $\frac{64}{3}$
[5] 16

Esercizio 11. Sia f la funzione definita dalla legge

$$f(x) = \log(-x^2 + 3x + 4)$$

in tutto il suo insieme d'esistenza. Quale delle seguenti asserzioni è VERA?

[1] f ha un punto di massimo assoluto
[2] f ha un asintoto verticale
[3] f non ha zeri
[4] f ha un punto di flesso
[5] Nessuna delle altre risposte

Parte B.3

Esercizio 12. Sia $f\colon \mathbb{R} \to \mathbb{R}$ una funzione la cui derivata $f'\colon \mathbb{R} \to \mathbb{R}$ è definita da

$$f'(x) = -|x| + 1$$

per ogni $x \in \mathbb{R}$. Quale delle seguenti asserzioni è VERA?

[1] f ha un punto di flesso a tangente orizzontale
[2] $\inf f = -\sup f$
[3] f non ha punti di flesso
[4] f non ha punti di massimo relativo
[5] f non ha punti di minimo relativo

Capitolo 24

Parte A.1

Esercizio 1. Sia data la matrice

$$A = \begin{pmatrix} 4 & 4 & a \\ a & 2 & 0 \\ 1-a & -1 & 2 \end{pmatrix}$$

con $a \in \mathbb{R}$. Quale delle seguenti asserzioni è FALSA?

1. Per $a = 8$, $r(A) = 2$
2. Per $a = 0$, A è invertibile
3. Per ogni $a \in \mathbb{R}$, $AA^{(a)} = A^{(a)}A$
4. Per $a = 2$, esiste B tale che $\det(AB) \neq 0$
5. Per $a = 1$, $\det(A) = 7$

Esercizio 2. Sia $\mathcal{R}$ la seguente relazione binaria sull'insieme $X = \{a, b, c\}$:

$$\mathcal{R} = \{(a,a),(b,b),(c,c),(a,b),(b,a)\}$$

Quale delle seguenti asserzioni è FALSA?

1. $\mathcal{R}$ è d'equivalenza e $|X/\mathcal{R}| = 2$
2. $\mathcal{R} \setminus \{(a,b),(b,a)\}$ è antisimmetrica
3. Esiste un'unica relazione d'equivalenza $\mathcal{S}$ su X tale che $\mathcal{S} \subset \mathcal{R}$
4. Esistono due relazioni d'equivalenza distinte $\mathcal{S}, \mathcal{T}$ su X contenenti propriamente $\mathcal{R}$
5. $\mathcal{R}$ non è completa

Esercizio 3. Siano A e B insiemi tali che $|A| = |B| = 8$ e $|A \cup B| = 13$. Quanti sono i sottoinsiemi di A contenenti al più un elemento di B?

1. 128
2. 96
3. 74
4. 62
5. 50

Parte A.2

Esercizio 4. Sia dato il sistema lineare

$$\begin{cases} ax & - & y & + & (a-1)z & = & a \\ x & + & ay & & & = & -1 \\ 2x & - & y & + & z & = & 0 \end{cases}$$

ove $a \in \mathbb{R}$. Quale delle seguenti asserzioni è VERA?

[1] Per $a = -1$, il sistema ammette infinite soluzioni

[2] Esiste un solo $a \in \mathbb{R}$ per cui il sistema è indeterminato

[3] Il sistema è impossibile per due valori distinti di $a\ in\mathbb{R}$

[4] Il sistema è sempre possibile

[5] Nessuna delle altre risposte

Esercizio 5. Siano dati gli insiemi numerici

$$X = \left\{\frac{n^2-1}{n^2+1} : n \in \mathbb{N}\right\} \quad \text{e} \quad Y =]1,2[\cup \left\{2 + \frac{1}{n} : n \in \mathbb{N}^*\right\}.$$

Quale delle seguenti asserzioni è VERA?

[1] $X \cup FY$ ha infiniti punti di accumulazione

[2] $D(FX) \setminus \overline{Y} = \emptyset$

[3] $X \cup Y \cup \{1\}$ è un insieme chiuso

[4] X e Y sono separati, ma non contigui

[5] $|D(FY)| = 2$

Parte A.3

Esercizio 6. Sia $\mathcal{F}$ la famiglia dei sottoinsiemi di $X = \{a, b, c, d\}$ aventi cardinalità maggiore o uguale a 3. In quanti modi è possibile selezionare simultaneamente un elemento da ciascuno degli insiemi in $\mathcal{F}$?

[1] 324

[2] 258

[3] 192

[4] 144

[5] 96

Parte B.1

Esercizio 7. Qual è l'insieme d'esistenza della funzione f definita da

$$f(x) = \sqrt{\frac{(x+3)(x^2-x-2)}{x-4}}\ ?$$

1. $]-2,0[\ \cup\ ]3,+\infty[$
2. $]-\infty,-3]\ \cup\ [-1,2]\ \cup\ ]4,+\infty[$
3. $[-3,-1]\ \cup\ [2,+\infty[$
4. $[-1,0]\ \cup\ [3,4[\ \cup\ ]5,+\infty[$
5. Nessuna delle altre risposte

Esercizio 8. Sia data la funzione $f\colon \mathbb{R} \to \mathbb{R}$ definita da

$$f(x) = \begin{cases} ae^{x^2-1}+b & \text{se } x \leqslant 1 \\ a-2x^2 & \text{se } x > 1\,, \end{cases}$$

ove a, b sono parametri reali. Per quale coppia $(a,b) \in \mathbb{R}^2$ la funzione f è derivabile in $\mathbb{R}$?

1. $(a,b) = (-4,-3)$
2. $(a,b) = (1,-3)$
3. $(a,b) = (8,-2)$
4. $(a,b) = (-2,-2)$
5. Nessuna delle altre risposte

Esercizio 9. Sia $f\colon \mathbb{R} \to \mathbb{R}$ la funzione definita dalla legge

$$f(x) = (x+1)\log(x+1).$$

Quale delle seguenti asserzioni è FALSA?

1. $\int_0^2 f(x)\,dx > 0$
2. f ha esattamente un punto di flesso
3. f ha un minimo assoluto
4. f non ha asintoti
5. $y = x$ è tangente al grafico di f nel punto $(0,0)$

Parte B.2

Esercizio 10. Siano $f \colon \mathbb{R} \to \mathbb{R}$ e $g \colon \mathbb{R} \to \mathbb{R}$ le funzioni definite da

$$f(x) = \frac{1}{27}x^3 \qquad \text{e} \qquad g(x) = \frac{1}{3}x$$

per ogni $x \in \mathbb{R}$. Quanto vale l'area compresa tra i grafici di f e g nell'intervallo $[0, 3]$?

[1] $\frac{2}{5}$
[2] $\frac{1}{3}$
[3] $\frac{1}{7}$
[4] $\frac{3}{4}$
[5] Nessuna delle altre risposte

Esercizio 11. Sia f la funzione definita da

$$f(x) = 1 - e^{\frac{1}{x}}$$

in tutto il suo insieme d'esistenza. Quale delle seguenti asserzioni è VERA?

[1] f non ha flessi
[2] f è decrescente in tutto il suo dominio
[3] f è limitata superiormente
[4] f non ha asintoti
[5] Il grafico di f interseca l'asse delle ascisse in un solo punto

Parte B.3

Esercizio 12. Sia $f \colon \mathbb{R} \to \mathbb{R}$ la funzione definita da

$$f(x) = \begin{cases} |x+3| & \text{se } x \leqslant -1 \text{ oppure } 0 \leqslant x < 2 \\ |x-3| & \text{altrimenti}. \end{cases}$$

Quale delle seguenti asserzioni è FALSA?

[1] f ha esattamente tre punti angolosi
[2] f non ha un massimo relativo
[3] $\displaystyle\int_{-3}^{-1} f(x)\,dx = 2\int_{2}^{4} f(x)\,dx$
[4] f ha almeno tre punti di discontinuità
[5] Esistono 5 punti distinti in cui f non è derivabile

Capitolo 25

Parte A.1

Esercizio 1. Siano date le matrici

$$A = \begin{pmatrix} 1 & 0 & 0 \\ 0 & a^2-1 & 0 \\ 0 & 0 & 1 \end{pmatrix} \qquad \text{e} \qquad B = \begin{pmatrix} \frac{1}{2} & 1 & 4 \\ 0 & 1 & 5 \\ 1 & 0 & 1 \end{pmatrix}$$

con $a \in \mathbb{R}$. Quale delle seguenti asserzioni è VERA?

1. $r(AB) = 3$ per ogni $a \in \mathbb{R}$
2. $r(B) \leqslant 2$
3. Esistono due valori distinti $a_1, a_2 \in \mathbb{R}$ tali che $AB = BA$
4. Esistono tre valori distinti $a_1, a_2, a_3 \in \mathbb{R}$ tali che $\det(A) = \det(B^{-1})$
5. Nessuna delle altre risposte

Esercizio 2. Siano $\overrightarrow{r}$ e $\overrightarrow{s}$ le rette aventi equazione

$$(\overrightarrow{r}) \quad x = k\,, \qquad (\overrightarrow{s}) \quad y = \frac{h}{k}x$$

con h, k parametri reali positivi. Per quale tra le seguenti coppie $(h, k) \in \mathbb{R}^2$ l'area del triangolo formato da $\overrightarrow{r}, \overrightarrow{s}, \overrightarrow{x}$ NON è un numero intero?

1. $(h, k) = (2, 5)$
2. $(h, k) = (4, 1)$
3. $(h, k) = (2, 6)$
4. $(h, k) = (1, 3)$
5. $(h, k) = (2, 2)$

Esercizio 3. Sia dato l'insieme numerico

$$X = \left\{(-1)^n 2 - \frac{1}{n^2+1} : n \in \mathbb{N}\right\} \cup [2, +\infty]\,.$$

Quale delle seguenti asserzioni è FALSA?

1. Non esiste $x_0 \in \mathbb{R}$ tale che $X \cup \{x_0\}$ è chiuso
2. $|D(FX)| = 2$
3. DX è un insieme chiuso
4. L'interno di X è un intervallo
5. $\overline{\mathring{X}} \subseteq X$

Parte A.2

Esercizio 4. Sia dato il sistema lineare

$$\begin{cases} ax + 2y + az = 0 \\ x + y - z = -2 \\ 3x + az = 3 \end{cases}$$

ove $a \in \mathbb{R}$. Quale delle seguenti asserzioni è VERA?

1. Per $a = -1$, il sistema ammette infinite soluzioni
2. Esiste un solo $a \in \mathbb{R}$ per cui il sistema è impossibile
3. Per $a = 6$, l'unica soluzione è $\left(0, -\frac{3}{2}, \frac{1}{2}\right)$
4. Il sistema non è mai indeterminato
5. Nessuna delle altre risposte

Esercizio 5. Siano A, B insiemi tali che

$$|A| = |B| = 7 \qquad \text{e} \qquad |A \cup B| = 11\,.$$

Quanti sono i sottoinsiemi di A contenenti esattamente 2 elementi di B?

1. 12
2. 20
3. 24
4. 36
5. 48

Parte A.3

Esercizio 6. Una *triangolazione di un poligono regolare* è una partizione del poligono in triangoli i cui vertici sono vertici del poligono. Ad esempio, le triangolazioni di un quadrato $ABCD$ sono due, ottenute tracciando le due diagonali AC e BD. Quante sono le triangolazioni di un pentagono regolare $ABCDE$? (Esibire tutte le triangolazioni.)

1. 3
2. 4
3. 5
4. 6
5. 7

Parte B.1

Esercizio 7. Qual è l'insieme delle soluzioni della disequazione

$$e^{\frac{x^2-4}{x^2-2x-3}} > 1\,?$$

[1] $]-2,-1[\,\cup\,]4,+\infty[$
[2] $]-\infty,-2[\,\cup\,]3,+\infty[$
[3] $]-2,3[$
[4] $]1,2[\,\cup\,]5,+\infty[$
[5] Nessuna delle altre risposte

Esercizio 8. Quanto vale

$$\lim_{x\to+\infty}\left(\frac{x-2}{x+1}\right)^{\log x}\,?$$

[1] 0
[2] $+\infty$
[3] $e^{\frac{1}{3}}$
[4] 1
[5] Nessuna delle altre risposte

Esercizio 9. Sia $f\colon \mathbb{R}\to\mathbb{R}$ la funzione definita da

$$f(x)=\begin{cases}|x+1| & \text{se } |x|\leqslant 2\\ |x-1| & \text{se } |x|>2\,.\end{cases}$$

Quale delle seguenti asserzioni è VERA?

[1] f ha esattamente una discontinuità di prima specie
[2] f ha un punto di massimo relativo
[3] f ristretta a $]0,3[$ è invertibile
[4] f non ha un punto di minimo relativo
[5] Nessuna delle altre risposte

Parte B.2

Esercizio 10. Siano $f\colon \mathbb{R} \to \mathbb{R}$ e $g\colon \mathbb{R} \to \mathbb{R}$ le funzioni definite da

$$f(x) = x^2 + 1 \qquad \text{e} \qquad g(x) = 2x + 1$$

per ogni $x \in \mathbb{R}$. Quanto vale l'area compresa tra i grafici di f e g nell'intervallo $\left[-\frac{1}{2}, 2\right]$?

1. $\frac{11}{5}$
2. $\frac{7}{3}$
3. $\frac{9}{7}$
4. $\frac{13}{8}$
5. Nessuna delle altre risposte

Esercizio 11. Sia f la funzione definita da

$$f(x) = \frac{x-1}{x+2}$$

in tutto il suo insieme d'esistenza. Quale delle seguenti asserzioni è FALSA?

1. f ristretta a $\left]-\frac{1}{2}, +\infty\right[$ è invertibile
2. $\displaystyle\int_{-\frac{1}{2}}^{0} f(x)\,dx < 0$
3. f ristretta a $]-\infty, -2[$ è concava verso l'alto
4. f ha un asintoto verticale ed uno orizzontale
5. Non esiste $c \in]0, 1[$ tale che $f'(c) = \frac{1}{2}$

Parte B.3

Esercizio 12. Sia $f\colon \mathbb{R} \to \mathbb{R}$ la funzione definita da

$$f(x) = \begin{cases} |x+k| & \text{se } |x| \leqslant k \\ |x-k| & \text{se } |x| > k \end{cases}$$

ove $k > 0$ è un parametro reale. Quale delle seguenti asserzioni è FALSA?

1. f ha un punto di massimo relativo per ogni $k > 0$
2. f ha un punto di minimo relativo per qualche $k > 0$
3. $\displaystyle\int_{-k}^{k} f(x)\,dx = k^2$ per ogni $k > 0$
4. f non è superiormente limitata per qualche $k > 0$
5. $\displaystyle\int_{0}^{2k} f(x)\,dx = 2k^2$ per ogni $k > 0$

Capitolo 26

Parte A.1

Esercizio 1. Quante sono le relazioni riflessive su un insieme di cardinalità 2?

1. 1
2. 3
3. 4
4. 6
5. Nessuna delle altre risposte

Esercizio 2. Siano $\overrightarrow{r}$ e $\overrightarrow{s}$ le rette aventi equazione

$$(\overrightarrow{r}) \quad y = \frac{1}{2}x - \frac{1}{2}, \qquad (\overrightarrow{s}) \quad y = k.$$

Per quale $k > 0$ l'area del trapezio formato dalle rette $\overrightarrow{r}$, $\overrightarrow{s}$, $\overrightarrow{x}$ e $\overrightarrow{y}$ è pari a 6?

1. $k = \frac{3}{2}$
2. $k = 2$
3. $k = \frac{8}{3}$
4. $k = 3$
5. Nessuna delle altre risposte

Esercizio 3. Sia dato l'insieme numerico

$$X = \left\{2^{n-100} - \frac{1}{n^2 + 100} : n \in \mathbb{N}\right\}.$$

Quale delle seguenti asserzioni è VERA?

1. Tutti i punti di X sono isolati
2. $D(FX) \neq \emptyset$
3. $\mathring{X} \nsubseteq X$
4. X non è chiuso
5. Nessuna delle altre risposte

Parte A.2

Esercizio 4. Sia dato il sistema lineare

$$\begin{cases} ax + 2y = 0 \\ x + ay = 1 \\ ax - ay = 0 \end{cases}$$

ove $a \in \mathbb{R}$. Quale delle seguenti asserzioni è VERA?

1. Il sistema è indeterminato per ogni $a \in \mathbb{R} \setminus \{0, -2\}$
2. Esiste un solo $a \in \mathbb{R}$ per cui il sistema è determinato
3. Il sistema è impossibile per $a = \pm\sqrt{2}$
4. Il sistema non è mai indeterminato
5. Nessuna delle altre risposte

Esercizio 5. Sia $\mathcal{M}$ l'insieme delle matrici del tipo

$$A = \begin{pmatrix} a & 0 & 0 \\ 0 & a & 0 \\ b & 0 & a \end{pmatrix}$$

con $a, b \in \mathbb{R}$ e $a \neq 0$. Se $*$ è l'operazione di prodotto tra matrici, quale delle seguenti asserzioni è FALSA?

1. $A * B \in \mathcal{M}$ per ogni $A, B \in \mathcal{M}$
2. $\mathcal{M}$ è un insieme infinito
3. Esistono $A, B \in \mathcal{M}$ tali che $A * B \neq B * A$
4. $(\mathcal{M}, *)$ è un gruppo
5. Non esistono $A, B \in \mathcal{M}$ tali che $A * B$ è nulla

Parte A.3

Esercizio 6. Una *triangolazione di un poligono regolare* è una partizione del poligono in triangoli i cui vertici sono vertici del poligono. Ad esempio, le triangolazioni di un quadrato $ABCD$ sono 2, ciascuna ottenuta tracciando una delle due diagonali AC e BD. Inoltre, le triangolazioni di un pentagono regolare $ABCDE$ sono 5. Quante sono le triangolazioni di un esagono regolare $ABCDEF$?

1. 8
2. 10
3. 12
4. 14
5. 16

Parte B.1

Esercizio 7. Qual è l'insieme delle soluzioni della disequazione

$$0.5^{\frac{(x-1)(x+2)(x-3)}{(x+1)(x-2)}} > 1\,?$$

1. $]-2,-1[\,\cup\,]1,2[\,\cup\,]3,+\infty[$
2. $]-\infty,-2[\,\cup\,]-1,1[\,\cup\,]2,3[$
3. $]-2,-1[\,\cup\,]2,3[$
4. $]-\infty,-2[\,\cup\,]2,+\infty[$
5. $]-\infty,-2[\,\cup\,]-1,1[\,\cup\,]3,+\infty[$

Esercizio 8. Quanto vale

$$\lim_{x\to-\infty}\left(\frac{x+1}{x-1}\right)^{\frac{x}{\log(-x)}}\,?$$

1. 0
2. $+\infty$
3. e^2
4. 1
5. Non esiste

Esercizio 9. Sia f la funzione definita dalla legge

$$f(x)=\frac{(x-2)^2}{x}$$

in tutto il suo insieme d'esistenza. Quale delle seguenti asserzioni è VERA?

1. f ha un minimo relativo e un massimo relativo
2. f ha un asintoto verticale e un asintoto orizzontale
3. f ristretta a $]0,+\infty[$ è invertibile
4. $\int_1^2 f(x)\,dx \leqslant 0$
5. Nessuna delle altre risposte

Parte B.2

Esercizio 10. Quanto vale

$$\int_0^2 \frac{x-1}{x+2}\,dx\,?$$

1. $2 - 3\log 2$
2. $2\log 4 + 3$
3. $2\log 2 - 4\log 3$
4. $\log 3 - 4$
5. Nessuna delle altre risposte

Esercizio 11. Sia f la funzione definita da

$$f(x) = |x-1| - |x+1| + |x|$$

in tutto il suo insieme d'esistenza. Quale delle seguenti asserzioni è FALSA?

1. f ristretta a $]-\infty, 1[$ è invertibile
2. $\int_{-2}^{2} f(x)\,dx = 4$
3. Esiste $x_0 \in \mathbb{R}$ tale che $f'(x_0) = -3$
4. $\int_{-1}^{4} f(x)\,dx \geqslant 3$
5. f ristretta a $]1, +\infty[$ è monotona

Parte B.3

Esercizio 12. Sia $f\colon [1,5] \cup [6,10] \to \mathbb{R}$ una funzione continua. Quale delle seguenti asserzioni è FALSA?

1. f ha minimo assoluto
2. $\Big(f \text{ strettamente crescente } \wedge\ f(3)\cdot f(9) \leqslant 0\Big) \implies (\exists c \in \operatorname{dom} f)\ f(c) = 0$
3. $\Big(f \text{ debolmente crescente } \wedge\ f(6) \geqslant 2\Big) \implies \int_6^{10} f(x)\,dx \geqslant 8$
4. $\Big(f \text{ monotona } \wedge\ f(1) = f(5) = 1\Big) \implies \int_1^5 f(x)\,dx \geqslant 3$
5. $\Big(\exists f' \text{ in }]1,5[\ \wedge\ f(1) = 6\ \wedge\ f(5) = -2\Big) \implies (\exists c \in \operatorname{dom} f)\ f'(c) = -2$

Capitolo 27

Parte A.1

Esercizio 1. Siano $\overrightarrow{r}$ e $\overrightarrow{s}$ le rette di equazione, rispettivamente, $y = x + 4$ e $y = k$, ove $0 \leqslant k \leqslant 4$. Sia $\overrightarrow{t}$ la retta perpendicolare ad $\overrightarrow{r}$ e passante per il punto $P \equiv (2, 6)$. Qual è il valore di k tale che l'area del trapezio formato dalle rette $\overrightarrow{s}$, $\overrightarrow{t}$, $\overrightarrow{x}$ e $\overrightarrow{y}$ sia pari a 14?

1. $\frac{3}{4}$
2. $\frac{3}{2}$
3. 2
4. 3
5. $\frac{7}{2}$

Esercizio 2. Sia dato l'insieme numerico

$$X = \left\{2 + \frac{n+1}{n^2+1} \ : \ n \in \mathbb{N}\right\} \cup [-2, 2[\ .$$

Quale delle seguenti asserzioni è FALSA?

1. Esiste $x_0 \in \mathbb{R}$ tale che $X \cup \{x_0\}$ è chiuso
2. $|D(FX)| = 1$
3. $\mathring{X} \cap FX \neq \emptyset$
4. $\left|\overline{X} \setminus X\right| = 1$
5. X ha infiniti punti isolati

Esercizio 3. Sia dato il sistema lineare

$$\begin{cases} ax - y = 1 \\ 4x - ay = 2 \end{cases}$$

ove $a \in \mathbb{R}$. Quale delle seguenti asserzioni è FALSA?

1. Per $a = 4$, il sistema è determinato
2. Per $a = 0$, $(\frac{1}{2}, -1)$ è l'unica soluzione del sistema
3. Il sistema è determinato per infiniti $a \in \mathbb{R}$
4. Per $a = 2$, $(2, 3)$ è una delle infinite soluzioni del sistema
5. Esistono $a_1, a_2 \in \mathbb{R}$ distinti per cui il sistema non ha soluzioni

Parte A.2

Esercizio 4. Siano dati gli insiemi $X = \{1, 2, 3, 4, 5\}$ e $Y = \{a, b, c\}$. Quante sono le funzioni suriettive da X in Y tali che esistono esattamente due elementi di X la cui immagine è l'elemento a?

[1] 28
[2] 36
[3] 52
[4] 60
[5] 74

Esercizio 5. Siano A e B due insiemi tali che $|A| = 7$, $|A \cap B| = 4$ e $|B \setminus A| = |A \setminus B|$. Quanti sono i sottoinsiemi di $A \cup B$ che contengono esattamente due elementi di A?

[1] 168
[2] 144
[3] 120
[4] 96
[5] 74

Parte A.3

Esercizio 6. Siano dati gli insiemi $X = \{1, 2, 3, 4, 5, 6\}$ e $Y = \{a, b, c, d\}$. Quante sono le funzioni suriettive da X in Y tali che esistono esattamente due elementi di X la cui immagine è l'elemento a?

[1] 196
[2] 254
[3] 375
[4] 442
[5] 540

Parte B.1

Esercizio 7. Qual è l'insieme delle soluzioni della disequazione

$$\log \frac{x^2 - 1}{2x - 1} > 0\,?$$

[1] $]0, 2[$

[2] $\left]-\infty, \frac{1}{2}\right[$

[3] $]2, +\infty[$

[4] $]-\infty, -1[\, \cup\,]1, +\infty[$

[5] Nessuna delle altre risposte

Esercizio 8. Quanto vale

$$\int_7^8 \frac{x - 2}{x^2 - 7x + 6}\, dx\,?$$

[1] $\frac{4}{5} \log \frac{34}{5}$

[2] $\frac{3}{5} \log \frac{72}{7}$

[3] $\frac{2}{5} \log \frac{35}{2}$

[4] $\frac{2}{5} \log \frac{42}{5}$

[5] $\frac{1}{5} \log \frac{56}{3}$

Esercizio 9. Sia $f : \mathbb{R} \to \mathbb{R}$ la funzione definita dalla legge

$$f(x) = |x| + 2|x + 1| - 2|x - 2|$$

per ogni $x \in \mathbb{R}$. Quale delle seguenti asserzioni è FALSA?

[1] f ha esattamente tre punti angolosi

[2] f ristretta a $]-6, 0[$ non è invertibile

[3] $\int_{-1}^{0} f(x)\, dx > -2$

[4] Esiste $x_0 \in \mathbb{R}$ tale che $f'(x_0) = 1$

[5] f ha un punto di minimo assoluto

Parte B.2

Esercizio 10. Sia f la funzione definita dalla legge

$$f(x) = x^2 + \log(x-1)$$

in tutto il suo insieme d'esistenza. Quale delle seguenti asserzioni è VERA?

1. f ha un massimo relativo
2. L'immagine di f non è un intervallo
3. f non ha asintoti
4. f ha esattamente un punto di flesso
5. Nessuna delle altre risposte

Esercizio 11. Siano $f\colon \mathbb{R} \to \mathbb{R}$ e $g\colon \mathbb{R} \to \mathbb{R}$ le funzioni definite da

$$f(x) = x^2 \qquad \text{e} \qquad g(x) = 3x$$

per ogni $x \in \mathbb{R}$. Quanto vale l'area compresa tra i grafici di f e g nell'intervallo $[0,5]$?

1. $\frac{61}{5}$
2. $\frac{79}{6}$
3. 54
4. $\frac{67}{2}$
5. 81

Parte B.3

Esercizio 12. Sia $f\colon \mathbb{R} \to \mathbb{R}$ una funzione la cui derivata f' è definita dalla legge

$$f'(x) = |x| + 2|x+1| - 2|x-2|$$

per ogni $x \in \mathbb{R}$. Quale delle seguenti asserzioni è VERA?

1. f è concava nell'intervallo $[-2,0]$
2. f ha un punto di massimo relativo
3. f non ha punti di flesso
4. f non ha un minimo assoluto
5. f ha un massimo assoluto

Capitolo 28

Parte A.1

Esercizio 1. Sia data la matrice

$$A = \begin{pmatrix} 1 & 0 & 1 & 1 \\ 0 & a^2 & 1 & 1 \\ 0 & 1 & 1 & 0 \\ 1 & 0 & 0 & 1 \end{pmatrix}$$

ove a è un parametro reale. Quale delle seguenti asserzioni è VERA?

1. Esistono infiniti $a \in \mathbb{R}$ tali che $r(A) \geqslant 3$
2. Esistono al più due valori di $a \in \mathbb{R}$ per cui $r(A) = 4$
3. Esiste almeno un valore di $a \in \mathbb{R}$ tale che $r(A) \leqslant 2$
4. Per $a = \pm 1$, $r(A) = 3$
5. Per $a = -2$, non esiste B tale che $\det(AB) = 1$

Esercizio 2. Sia dato il sistema lineare

$$\begin{cases} ax + y = \frac{3}{4} \\ 3x - 2y = a \end{cases}$$

con a parametro reale. Quale delle seguenti asserzioni è FALSA?

1. Il sistema è determinato per infiniti $a \in \mathbb{R}$
2. Esiste un solo $a \in \mathbb{R}$ per cui il sistema è impossibile
3. Per $a = 0$, $(x, y) = \left(\frac{1}{2}, \frac{3}{4}\right)$ è l'unica soluzione del sistema
4. Per $a = 1$, il sistema ammette almeno una soluzione
5. Per $a = -\frac{3}{2}$, $(x, y) = \left(1, \frac{9}{4}\right)$ è una delle infinite soluzioni del sistema

Esercizio 3. Sia dato l'insieme numerico

$$X = \,]-1, 1[\, \cup \{-1 - \tfrac{1}{n+1} : n \in \mathbb{N}\} \cup \{1 + \tfrac{1}{n+1} : n \in \mathbb{N}\}.$$

Quale delle seguenti asserzioni è VERA?

1. Esistono $a, b \in \mathbb{R}$ tali che $X \cup \{a, b\}$ è chiuso
2. FX è un insieme finito
3. $\mathring{X}$ è un insieme finito
4. $X \cup FX$ non è chiuso
5. Nessuna delle altre risposte

Parte A.2

Esercizio 4. Siano $\mathcal{R}$ e $\mathcal{T}$ le relazione binarie su $X = \{a, b, c\}$ date da

$$\mathcal{R} = \{(a, a), (b, b), (c, c)\} \quad \text{e} \quad \mathcal{T} = \{(a, a), (b, b), (c, c), (a, b), (b, a)\}.$$

Quale delle seguenti asserzioni è VERA?

[1] $\mathcal{R}$ è transitiva e non è antisimmetrica

[2] $\mathcal{T}$ è transitiva e non è completa

[3] $\mathcal{R}$ non è una relazione d'equivalenza

[4] $\mathcal{T}$ è una relazione equivalenza con 5 classi

[5] Nessuna delle altre risposte

Esercizio 5. Dato l'insieme $X = \{i_1, i_2, i_3, a, b, c, d, e\}$ di squadre di calcio (partecipanti agli ottavi di Champions League), dicesi *sorteggio* una partizione di X in 4 classi di cardinalità 2. Quanti sono i sorteggi tali che una classe sia formata da due squadre dell'insieme $\{i_1, i_2, i_3\}$? (Ad esempio, la partizione $\{\{a, b\}, \{c, d\}, \{e, i_1\}, \{i_2, i_3\}\}$ è un sorteggio di questo tipo.)

[1] 28

[2] 36

[3] 45

[4] 60

[5] 84

Parte A.3

Esercizio 6. La *probabilità* di un evento è il rapporto tra il numero di casi favorevoli all'evento e il numero dei casi possibili. In relazione all'esercizio precedente, si consideri il seguente evento E: "Sorteggio in cui una delle classi della partizione è formata da due elementi dell'insieme $\{i_1, i_2, i_3\}$". Qual è la probabilità che l'evento E si verifichi?
(In termini più concreti, qual è la probabilità che negli ottavi di Champions League 2022-2023 due delle tre squadre italiane qualificate (Inter, Milan e Napoli) si scontrino tra loro?)

[1] $\frac{3}{7}$

[2] $\frac{5}{8}$

[3] $\frac{4}{9}$

[4] $\frac{5}{12}$

[5] Nessuna delle altre risposte

Parte B.1

Esercizio 7. Qual è l'insieme delle soluzioni della disequazione

$$\frac{(x^2-9)(x-2)(x-4)}{x^2-7x+6} > 0\ ?$$

- [1] $]-\infty, 1[\ \cup\ ]2, 3[\ \cup\ ]4, 6[$
- [2] $]-3, 2[\ \cup\ ]3, 4[\ \cup\ ]6, +\infty[$
- [3] $]-3, 1[\ \cup\ ]2, 3[\ \cup\ ]4, 6[$
- [4] $]-\infty, -3[\ \cup\ ]1, 2[\ \cup\ ]3, 4[\ \cup\ ]6, +\infty[$
- [5] Nessuna delle altre risposte

Esercizio 8. Quanto vale

$$\int_{-3}^{-2} \frac{-x+1}{x^2-3x-4}\,dx\ ?$$

- [1] $\frac{2}{5}\log\frac{340}{7}$
- [2] $\frac{3}{5}\log\frac{169}{13}$
- [3] $\frac{1}{5}\log\frac{343}{54}$
- [4] $\frac{2}{5}\log\frac{42}{5}$
- [5] $\frac{1}{5}\log\frac{541}{11}$

Esercizio 9. Quanto vale la derivata della funzione

$$f(x) = (x^2)^{e^x}$$

nel punto $x = 1$?

- [1] 2e
- [2] 1
- [4] 2
- [3] e^2
- [5] Nessuna delle altre risposte

Parte B.2

Esercizio 10. Sia data la funzione $f\colon \mathbb{R} \to \mathbb{R}$ definita dalla legge

$$f(x) = |x| + 2|x-1| - 3|x-2| .$$

Quale delle seguenti asserzioni è FALSA?

1. $\int_1^2 f(x)dx \leqslant \frac{1}{2}$
2. f ha esattamente tre punti angolosi
3. f è limitata
4. Esiste $x_0 \in \mathbb{R}$ tale che $f'(x_0) = 6$
5. $\int_0^1 f(x)dx = -3$

Esercizio 11. Sia f la funzione definita da

$$f(x) = \frac{e^x}{x^2-1}$$

in tutto il suo insieme d'esistenza. Quale delle seguenti asserzioni è VERA?

1. f non ha punti di minimo relativo
2. f ha esattamente due asintoti
3. f è limitata inferiormente
4. f ristretta a $]-1,1[$ ha un massimo assoluto
5. Nessuna delle altre risposte

Parte B.3

Esercizio 12. Sia $f\colon \mathbb{R} \to \mathbb{R}$ una funzione tale che la sua derivata $f'\colon \mathbb{R} \to \mathbb{R}$ è definita da

$$f'(x) = |x-1| + |x+1| - 3|x|.$$

Quale delle seguenti asserzioni è FALSA?

1. f ha un flesso ascendente
2. Se $f(-\frac{1}{2}) = 1$, allora $\int_{-\frac{1}{2}}^{\frac{1}{2}} f(x)\,dx > 1$
3. f ha un minimo relativo e un massimo relativo
4. f non ha un punto angoloso
5. f ristretta a $\left[-\frac{2}{3}, \frac{2}{3}\right]$ non è monotona

Capitolo 29

Parte A.1

Esercizio 1. Sia data la matrice

$$A = \begin{pmatrix} -1 & a & 2 & 0 \\ 0 & 1 & -1 & 2 \\ -2 & 3 & 2 & 4 \end{pmatrix}$$

ove a è un parametro reale. Quale delle seguenti asserzioni è VERA?

1. Per $a = \frac{1}{2}$, $r(A) = 3$
2. Per $a = 0$, la matrice $A(I_4)^{-1}$ è invertibile
3. Esistono esattamente due valori distinti di $a \in \mathbb{R}$ tali che $r(A) = 3$
4. Esistono almeno due valori distinti di $a \in \mathbb{R}$ per cui $r(A) \leqslant 2$
5. Nessuna delle altre risposte

Esercizio 2. Siano $\overrightarrow{r}$ e $\overrightarrow{s}$ le rette di equazione, rispettivamente, $y = -2x + 4$ e $y = k$ ove $0 < k < 4$. Per quale valore di k l'area del quadrilatero situato nel primo quadrante e formato dalle rette $\overrightarrow{r}$, $\overrightarrow{s}$, $\overrightarrow{x}$ e $\overrightarrow{y}$ è pari a 3?

1. $k = \frac{5}{7}$
2. $k = \frac{11}{3}$
3. $k = 2$
4. $k = \frac{3}{2}$
5. Nessuna delle altre risposte

Esercizio 3. Siano A, B due insiemi tali che

$$|A| = 7\,, \quad |B| = 5\,, \quad |A \cup B| = 8\,.$$

Quale delle seguenti asserzioni è FALSA?

1. $|A \times B| - |A \cup B| = D^{(r)}_{|A \setminus B|, |A \setminus B|}$
2. $|\mathcal{P}(A \cap B)| \geqslant |\mathcal{P}(A \setminus B)| + |\mathcal{P}(B \setminus A)|$
3. $C_{|A \cap B|, |A \setminus B|} = C_{|A \cap B|, |B \setminus A|}$
4. $2\,|\mathcal{P}(A \cap B)| < C_{|A \cup B|, |A \setminus B|}$
5. $3\,C_{|A \cap B|, |A \setminus B|} \leqslant |\mathcal{P}(A \cap B)|$

Parte A.2

Esercizio 4. Siano dati gli insiemi numerici

$$X = \mathbb{R} \setminus \mathbb{Z}, \quad Y = \mathbb{Q} \setminus \mathbb{N}, \quad W = \mathbb{Z} \setminus \mathbb{N}.$$

Quale delle seguenti asserzioni è FALSA?

1. $X \cup W$ non è chiuso
2. $DY = \mathbb{Q}$
3. $FX = \mathbb{Z}$
4. $\mathring{X} = X$
5. $DW = \emptyset$

Esercizio 5. Siano A, B, C tre insiemi tali che

- $|A| = 11$, $|B| = 9$, $|C| = 7$,
- $|A \cap B| = 5$, $|A \cap C| = 4$, $|B \cap C| = 3$,
- $|A \cap B \cap C| = 1$.

Quanti sono i sottoinsiemi di $A \cup B \cup C$ non contenenti alcun elemento di C ed al più un elemento di B?

1. 24
2. 32
3. 40
4. 48
5. 56

Parte A.3

Esercizio 6. Siano A, B, C tre insiemi soddisfacenti le condizioni di cui nell'esercizio di Parte A2. Quanti sono i sottoinsiemi di $A \cup B \cup C$ che contengono esattamente 1 elemento di C ed esattamente 2 elementi di B?

1. 244
2. 396
3. 478
4. 556
5. 624

Parte B.1

Esercizio 7. Qual è l'insieme delle soluzioni della disequazione

$$\log_{\frac{1}{2}} \frac{x^2-1}{x+19} > 0\,?$$

1. $]-\infty,-4[\,\cup\,]0,2[$
2. $]-1,1[\,\cup\,]5,+\infty[$
3. $]-4,-1[\,\cup\,]1,5[$
4. $]-5,-2[\,\cup\,]-1,3[$
5. Nessuna delle altre risposte

Esercizio 8. Quanto vale

$$\int_{-3}^{3} \frac{2x-1}{x^2-x-20}\,dx\,?$$

1. $\frac{1}{5}+\log 6$
2. $\log\frac{10}{3}-\frac{1}{2}$
3. $\frac{4}{3}-\log 3$
4. $\frac{1}{3}\log 21$
5. $\log\frac{7}{4}$

Esercizio 9. Quale delle seguenti asserzioni è FALSA?

1. Se $f(x)=\dfrac{2}{e^{x-1}-1}$, allora $f'(2)=-\frac{2e}{e^2-2e+1}$
2. Se $f(x)=\log\left((3x+1)^2\right)$, allora $f'(0)=6$
3. Se $f(x)=x^{2x}$, allora $f'(2)=16(\log 4+2)$
4. Se $f(x)=x\log(x-2)$, allora $f'(8)=\log 6+\frac{4}{3}$
5. Se $f(x)=\dfrac{e^x-1}{x-4}$, allora $f'(0)=\frac{1}{8}$

Parte B.2

Esercizio 10. Sia $f\colon \mathbb{R} \to \mathbb{R}$ la funzione definita da

$$f(x) = \begin{cases} |x-1| & \text{se } |x+1| \leqslant 3 \\ \frac{1}{2}x & \text{altrimenti.} \end{cases}$$

Quale delle seguenti asserzioni è FALSA?

[1] f ha esattamente un punto di discontinuità

[2] f non è derivabile in esattamente tre punti

[3] f ristretta a $]-\infty, 1[$ è invertibile

[4] $\int_{-6}^{4} f(x)\,dx \leqslant 8$

[5] $\int_{-6}^{-4} f(x)\,dx < -4$

Esercizio 11. Sia f la funzione definita da

$$f(x) = -\log(x^2+1) + 2$$

in tutto il suo insieme d'esistenza. Quale delle seguenti asserzioni è FALSA?

[1] f non ha asintoti

[2] f ha un massimo assoluto

[3] f ha esattamente due punti di flesso

[4] Esiste $x_0 \leqslant 2$ tale che $f(x_0) = f(-x_0) = 0$

[5] $\int_{-2}^{2} f(x)\,dx \geqslant 4$

Parte B.3

Esercizio 12. Sia $f\colon \mathbb{R} \to \mathbb{R}$ una funzione la cui derivata è la funzione $f'\colon \mathbb{R} \setminus \{-4\} \to \mathbb{R}$ definita da

$$f'(x) = \begin{cases} |x-1| & \text{se } |x+1| \leqslant 3, x \neq -4 \\ \frac{1}{2}x & \text{altrimenti.} \end{cases}$$

Quale delle seguenti asserzioni è VERA?

[1] f ha esattamente due punti di flesso

[2] f ha sempre due punti angolosi

[3] f non può avere un punto di discontinuità di terza specie

[4] Se f è continua, allora f ha un minimo assoluto ma non un massimo assoluto

[5] Nessuna delle altre risposte

Capitolo 30

Parte A.1

Esercizio 1. Sia data la matrice

$$A = \begin{pmatrix} 0 & a \\ 1 & 0 \\ 0 & 3 \end{pmatrix}$$

con a parametro reale. Quale delle seguenti asserzioni è VERA?

1. Per $a \neq 0$, $\det(AA^T) \neq 0$
2. Esiste $a \in \mathbb{R}$ tale che $\det(A^TA) \leqslant 0$
3. Esiste $a \in \mathbb{R}$ tale che $\det(AA^T) = \det(A^TA)$
4. Per ogni $a \in \mathbb{R}$, $\det((A^TA)^2) = \det(A^TA)^2$
5. Nessuna delle altre risposte

Esercizio 2. Siano A e B proposizioni logiche. Quale tra le seguenti formule NON è una CONTRADDIZIONE?

1. $\neg\big((B \Longrightarrow \neg B) \Longrightarrow \neg B\big)$
2. $(A \wedge \neg A) \vee (B \wedge \neg B)$
3. $(B \vee \neg B) \Longrightarrow (A \wedge \neg A)$
4. $\big((B \Longrightarrow A) \vee (A \Longrightarrow B)\big) \Longleftrightarrow (A \wedge B)$
5. Nessuna delle altre risposte

Esercizio 3. Sia dato il sistema lineare

$$\begin{cases} ax + 4y = -1 \\ x + ay = 2 \end{cases}$$

ove $a \in \mathbb{R}$. Quale delle seguenti asserzioni è FALSA?

1. Per $a = 1$, il sistema è determinato
2. Esiste $a \in \mathbb{R}$ per cui il sistema è indeterminato
3. Il sistema è impossibile per due valori distinti di a
4. Il sistema è possibile per infiniti $a \in \mathbb{R}$
5. Per $a = -\frac{1}{2}$, il sistema ha un'unica soluzione

Parte A.2

Esercizio 4. Sia dato l'insieme numerico

$$X = \mathbb{Z} \cup \left\{ \frac{1+3n}{n} : n \in \mathbb{N}^* \right\} \cup \,]0,1[\, \cup \,[4,6[\,.$$

Quale delle seguenti asserzioni è FALSA?
($\overline{\mathring{X}}$ denota la chiusura dell'interno di X, mentre $\mathring{\overline{X}}$ denota l'interno della chiusura di X.)

[1] X non ha massimo e non ha minimo

[2] $D(DX) = DX \setminus \{3\}$

[3] Tutti i punti di $F(FX)$ sono isolati

[4] $\overline{\mathring{X}}$ contiene propriamente $\mathring{\overline{X}}$

[5] DX ha esattamente un punto isolato

Esercizio 5. Sia A un insieme di cardinalità 6. Quante sono le relazioni d'equivalenza su A aventi due classi?

[1] 18

[2] 26

[3] 31

[4] 44

[5] 55

Parte A.3

Esercizio 6. Siano A e B due insiemi tali che $|A| = 6$ e $|B| = 2$. Qual è l'insieme di cardinalità maggiore tra i seguenti?

[1] Funzioni suriettive da A a B

[2] Funzioni iniettive da B in A

[3] Relazioni d'equivalenza su A aventi tre classi

[4] Soluzioni intere dell'equazione $x_1 + x_2 = |A|$

[5] Permutazioni con ripetizione di x e y, in cui x si ripete $|A|$ volte e y $|B|$ volte

Parte B.1

Esercizio 7. Sia $f\colon \mathbb{R} \to \mathbb{R}$ la funzione definita dalla legge

$$f(x) = \mathrm{e}^x(x+1).$$

Quale delle seguenti asserzioni è FALSA?

1. $\int_a^b f(x)\,dx > 0$ per ogni $a, b \in \mathbb{R}$ tali che $-1 \leqslant a < b$
2. f ha un minimo assoluto
3. $y = 0$ è asintoto orizzontale per f
4. $y = x + 1$ è tangente al grafico di f nel punto $(0, 1)$
5. f ha esattamente un punto di flesso

Esercizio 8. Qual è l'insieme di esistenza della funzione definita dalla legge

$$f(x) = \sqrt{\log\left(\frac{x^2-1}{4x-2}\right)}\ ?$$

1. $\left]-\infty, 2-\sqrt{3}\right] \cup \left[2+\sqrt{3}, +\infty\right[$
2. $\left]-1, \frac{1}{2}\right[\cup \left]2+\sqrt{3}, +\infty\right[$
3. $\left[2-\sqrt{3}, \frac{1}{2}\right[\cup \left[2+\sqrt{3}, +\infty\right[$
4. $\left]-\infty, \frac{1}{2}\right[\cup \left[2-\sqrt{3}, 2+\sqrt{3}\right]$
5. Nessuna delle altre risposte

Esercizio 9. Quanto vale, se esiste,

$$\lim_{x\to-\infty} \log\left(\frac{x^2+\log(x^2)}{\mathrm{e}^{-x}-x}\right)\ ?$$

1. $+\infty$
2. e
3. $-\infty$
4. 1
5. Non esiste

Parte B.2

Esercizio 10. Quanto vale
$$\int_0^{\mathrm{e}} \frac{1}{1+\mathrm{e}^x}\,dx\,?$$

[1] $\mathrm{e}^{\mathrm{e}} + \log \frac{\mathrm{e}}{1+\mathrm{e}}$

[2] $\mathrm{e} + \log \frac{2}{1+\mathrm{e}^{\mathrm{e}}}$

[3] $\mathrm{e} - \log \frac{1}{1+\mathrm{e}^{\mathrm{e}}}$

[4] $\mathrm{e} - \log \frac{\mathrm{e}^{\mathrm{e}}}{2+\mathrm{e}}$

[5] Nessuna delle altre risposte

Esercizio 11. Sia $f\colon \mathbb{R} \to \mathbb{R}$ la funzione definita da
$$f(x) = \begin{cases} |2x-1| - |x| & \text{se } |x+1| \leqslant 2 \\ |x| - 1 & \text{se } |x+1| > 2\,. \end{cases}$$
Quale delle seguenti asserzioni è VERA?

[1] f ha 2 punti di discontinuità

[2] f ha 4 punti angolosi

[3] $\int_0^1 f(x)\,dx = 0$

[4] Esiste $x \in \mathbb{R}$ tale che $f''(x) \neq 0$

[5] f non ha minimo assoluto

Parte B.3

Esercizio 12. Sia $f\colon [0,2] \cup [4,6] \to \mathbb{R}$ una funzione continua nel suo dominio e derivabile nel suo interno. Quale delle seguenti asserzioni è FALSA?

[1] Se $f(0) = -3$ e $f(2) = 1$, allora esiste $c \in \,]0,2[$ tale che $f'(c) = 2$

[2] f ha un massimo assoluto e un minimo assoluto

[3] Se $f(x) = x + 1$ in $[0,2]$, allora $\int_{\frac{1}{2}}^{\frac{3}{2}} f(x)\,dx \geqslant 2$

[4] Se f ha sempre lo stesso valore in frontiera, allora f ha un estremo assoluto interno

[5] Se $f(x) \geqslant 2$ per ogni $x \in [4,6]$ e $f'\left(\frac{9}{2}\right) \cdot f'\left(\frac{11}{2}\right) \geqslant 0$, allora $\int_4^6 f(x)\,dx > 4$

Appendice: Risposte

Capitolo	Esercizio											
	1	2	3	4	5	6	7	8	9	10	11	12
16	4	1	5	4	3	1	1	5	1	5	3	1
17	4	3	4	2	2	2	3	3	2	4	2	4
18	5	2	5	5	1	2	5	2	5	2	3	2
19	1	2	5	3	4	1	5	5	4	2	1	4
20	1	5	2	2	5	1	2	1	1	4	1	4
21	4	4	1	3	2	1	2	4	2	4	3	4
22	3	3	3	5	2	2	4	1	4	5	4	2
23	4	3	2	3	3	2	4	2	5	1	1	2
24	4	4	1	3	2	1	2	4	2	4	3	4
25	3	4	1	2	5	3	5	4	2	4	5	3
26	3	2	1	4	3	4	2	4	1	1	4	2
27	3	3	5	4	1	5	5	5	3	4	2	2
28	1	2	1	2	3	1	4	3	1	1	4	5
29	5	3	4	2	5	5	3	5	1	4	4	4
30	4	4	2	3	3	3	4	3	3	2	3	5

Finito di stampare nel mese di luglio 2024
nella Rotolito S.p.A.
Via Sondrio, 3 – 20096 Pioltello (MI)

note

note

note

note

note

note